W0260069

Teubner Studienbücher

Mechanik

Becker: **Technische Strömungslehre**
Eine Einführung in die Grundlagen und technischen Anwendungen
der Strömungsmechanik. 3. Aufl. 144 Seiten. DM 11,80

Becker/Piltz: **Übungen zur Technischen Strömungslehre**
120 Seiten. DM 10,80

Becker/Bürger: **Kontinuumsmechanik**
Eine Einführung in die Grundlagen und einfache Anwendungen
228 Seiten. DM 29,– (LAMM)

Magnus: **Schwingungen**
Eine Einführung in die theoretische Behandlung von Schwingungs-
problemen. 2. Aufl. 251 Seiten. DM 18,80 (LAMM)

Magnus/Müller: **Grundlagen der Technischen Mechanik**
300 Seiten. DM 24,– (LAMM)

Müller/Magnus: **Übungen zur Technischen Mechanik**
292 Seiten. DM 24,– (LAMM)

Wieghardt: **Theoretische Strömungslehre**
Eine Einführung. 2. Aufl. 237 Seiten. DM 24,– (LAMM)

Mathematik

Böhmer: **Spline-Funktionen**
Theorie und Anwendungen. 340 Seiten. DM 24,80

Clegg: **Variationsrechnung**
138 Seiten. DM 14,80

Collatz: **Differentialgleichungen**
Eine Einführung unter besonderer Berücksichtigung der Anwendungen.
5. Aufl. 226 Seiten. DM 18,80 (LAMM)

Collatz/Krabs: **Approximationstheorie**
Tschebyscheffsche Approximation mit Anwendungen. 208 Seiten. DM 26,80

Constantinescu: **Distributionen und ihre Anwendung in der Physik**
144 Seiten. DM 16,80

Fischer/Sacher: **Einführung in die Algebra**
238 Seiten. DM 15,80

Grigorieff: **Numerik gewöhnlicher Differentialgleichungen**
Band 1: Einschrittverfahren. 202 Seiten. DM 13,80
Band 2: Mehrschrittverfahren

Hainzl: **Mathematik für Naturwissenschaftler**
311 Seiten. DM 29,– (LAMM)

Hilbert: **Grundlagen der Geometrie**
11. Aufl. VII, 271 Seiten. DM 18,80

Jaeger/Wenke: **Lineare Wirtschaftsalgebra**
Eine Einführung
Band 1: XVI, 174 Seiten. DM 17,80 (LAMM)
Band 2: IV, 160 Seiten. DM 17,80 (LAMM)

Fortsetzung auf der 3. Umschlagseite

Teubner Studienbücher Mechanik

E. Becker / W. Bürger
Kontinuumsmechanik

Leitfäden der angewandten Mathematik und Mechanik LAMM

Unter Mitwirkung von
Prof. Dr. E. Becker, Darmstadt
Prof. Dr. G. Hotz, Saarbrücken
Prof. Dr. K. Magnus, München
Prof. Dr. E. Meister, Darmstadt
Prof. Dr. Dr. h. c. F. K. G. Odqvist, Stockholm
Prof. Dr. Dr. h. c. E. Stiefel, Zürich

herausgegeben von
Prof. Dr. Dr. h. c. H. Görtler, Freiburg

Band 20

Die Lehrbücher dieser Reihe sind einerseits allen mathematischen Theorien und Methoden von grundsätzlicher Bedeutung für die Anwendung der Mathematik gewidmet; andererseits werden auch die Anwendungsgebiete selbst behandelt. Die Bände der Reihe sollen dem Ingenieur und Naturwissenschaftler die Kenntnis der mathematischen Methoden, dem Mathematiker die Kenntnisse der Anwendungsgebiete seiner Wissenschaft zugänglich machen. Die Werke sind für die angehenden Industrie- und Wirtschaftsmathematiker, Ingenieure und Naturwissenschaftler bestimmt, darüber hinaus aber sollen sie den im praktischen Beruf Tätigen zur Fortbildung im Zuge der fortschreitenden Wissenschaft dienen.

Kontinuumsmechanik

Eine Einführung in die Grundlagen
und einfache Anwendungen

Von Dr. rer. nat. E. Becker
Professor an der Technischen Hochschule Darmstadt
und Dr. rer. nat. W. Bürger
Professor an der Technischen Hochschule Darmstadt

1975. Mit 85 Figuren und 110 Aufgaben

 Springer Fachmedien Wiesbaden GmbH

Prof. Dr. rer. nat. Ernst Becker

1929 geboren in Darmstadt. 1947 bis 1951 Studium der
Physik an der Technischen Hochschule Darmstadt und
der Universität Göttingen. 1951 bis 1954 Max-Planck-
Institut für Strömungsforschung Göttingen. 1954 Promotion an der Universität Göttingen. 1954 bis 1959 Aero-
dynamische Versuchsanstalt Göttingen. 1959 bis 1962
Institut für Angewandte Mathematik und Mechanik der
Deutschen Versuchsanstalt für Luft- und Raumfahrt,
Freiburg i. Br. 1960 Habilitation für Angewandte Mathematik und Mechanik an der Universität Freiburg. 1962
bis 1963 Associate Professor, Yale-University. Ab 1963
ord. Professor der Mechanik an der Technischen Hochschule Darmstadt. 1974 Präsident der Gesellschaft für
Angewandte Mathematik und Mechanik.

Prof. Dr. rer. nat. Wolfgang Bürger

1931 geboren in Dresden. Studium der Physik an den Universitäten Göttingen und Hamburg. Von 1956 bis 1961
Mitarbeiter am Max-Planck-Institut für Strömungsforschung
in Göttingen, von 1961 bis 1964 am Institut für Meteorolo-
gie der Technischen Hochschule Darmstadt und von 1964
bis 1972 am Institut für Mechanik der Technischen Hochschule Darmstadt. 1967 Promotion an der Technischen
Hochschule Darmstadt. 1971 Habilitation für Mechanik in
Darmstadt. Seit 1972 Professor für Mechanik an der
Technischen Hochschule Darmstadt.

ISBN 978-3-519-02319-7   ISBN 978-3-663-12198-5 (eBook)
DOI 10.1007/978-3-663-12198-5

© Springer Fachmedien Wiesbaden 1975
Ursprünglich erschienen bei B.G. Teubner Stuttgart 1975

Satz: G. Hartmann, Nauheim
Druck: J. Beltz, Hemsbach, Bergstraße
Binderei: G. Gebhardt, Schalkhausen/Ansbach
Umschlaggestaltung: W. Koch, Sindelfingen

Vorwort

Das Buch ist hervorgegangen aus Vorlesungen, die wir beide seit mehreren Jahren vor
einem gemischten Zuhörerkreis aus Mathematikern und Ingenieuren an der Technischen
Hochschule Darmstadt gehalten haben. Wir waren bemüht, das Gebiet für beide inter-
essant zu machen, die Mathematiker in einer ihnen verständlichen Sprache in Anwen-
dungsnähe zu bringen und die Ingenieure an die Grundlagen ihrer Wissenschaft heranzu-
führen. Wir finden es bedenklich, daß in der Mechanik wie in allen Ingenieurwissen-
schaften eine so starke Zersplitterung in Spezialgebiete eingetreten ist. An unseren
Hochschulen werden zum Beispiel Strömungsmechanik und Elastomechanik als Fächer
gelehrt, die scheinbar fast nichts miteinander zu tun haben. Dies ist unter anderem eine
Folge der historischen Entwicklung der technischen Mechanik, die sich frühzeitig und
fast ausschließlich auf zwei ideale Materialklassen mit linearem Stoffgesetz spezialisiert
hat, auf den hookeschen elastischen Festkörper und das newtonsche Fluid. Bezeichnen-
derweise war es die zunehmende Verwendung von Materialien mit nichtlinearem Stoff-
verhalten, zum Beispiel von Kunststoffen, die in letzter Zeit eine Neubesinnung auf
die Grundlagen der Kontinuumsmechanik eingeleitet hat. Schon vorher war in der
Gasdynamik die Einbeziehung der Thermodynamik in die Kontinuumsmechanik unum-
gänglich geworden. Ein tieferes Verständnis und ein größerer Überblick lassen sich gewinnen, wenn man sich bemüht, die Gemeinsamkeiten der verschiedenen Zweiggebiete
der Mechanik und Thermodynamik der Kontinua zu erkennen und ihre Grundlagen
gemeinsam zu entwickeln. Die zu frühe Spezialisierung verstellt den Weg zu einem
tieferen Eindringen auch in die Spezialgebiete. Unser Lehrbuch soll den Blick auf die
tieferen Zusammenhänge lenken und den Weg von dort zu den Anwendungen zeigen.
Unter den Wissenschaftlern, die sich heute mit Kontinuumsmechanik beschäftigen,
stehen sich verschiedene Schulen zum Teil recht feindselig gegenüber. Wir haben von
der Arbeit all dieser Schulen etwas profitiert, uns aber keiner angeschlossen, sondern in
unserer Darstellung all das verwendet, was uns für unsere Zwecke nützlich erschien.
Wir hoffen, uns damit aus dem Sog schnellebiger Moden herauszuhalten.
Die Behandlung der Kontinuumsmechanik von einem einheitlichen Standpunkt setzt
selbstverständlich einen etwas höheren Grad der Abstraktion voraus als das Studium
eines eng begrenzten Teilgebiets. Wir hoffen, daß es uns gelungen ist, den dazu nötigen
mathematischen Aufwand auf ein Minimum zu reduzieren. So haben wir auf die Einführung krummliniger Koordinaten so gut wie vollständig verzichtet, damit nicht der
physikalische Gehalt der Theorie hinter dem Tensorformalismus verschwindet, obwohl
wir uns bewußt sind, daß für eine spezielle Anwendung häufig ein der Geometrie des
Problems angepaßtes krummliniges Koordinatensystem zweckmäßig ist. Mathematische
Hilfsmittel, die über das hinausgehen, was Ingenieurstudenten in den Grundvorlesungen
an den Technischen Hochschulen und Universitäten lernen, werden zusammen mit den
Begriffen der Kontinuumsmechanik eingeführt und dort, wo sie gebraucht werden, ausführlich erklärt. Nach den in unseren Vorlesungen gesammelten Erfahrungen haben
wir die Darstellung am Anfang etwas breiter gehalten als in den späteren Kapiteln. Die,
namentlich für manchen Ingenieur, etwas abstrakte Darstellung im Text haben wir

durch sehr viele Übungsaufgaben ergänzt und erläutert. Das Spektrum der Aufgaben erstreckt sich von einfachen Übungsbeispielen bis zu recht anspruchsvollen Ergänzungen, die sich der Leser erarbeiten kann. Das selbständige Lösen von Übungsaufgaben ist eine unabdingbare Voraussetzung für ein mehr als nur oberflächliches Eindringen in die Kontinuumsmechanik. Der Leser lasse sich nicht entmutigen, wenn ihm die Lösung einer Aufgabe einmal nicht auf Anhieb gelingt.

Unser Buch ist kein Handbuch, sondern ein einführendes Lehrbuch. Dem Charakter eines Lehrbuches entsprechend und wegen der Beschränkung im Umfang konnten wir nicht alle Anwendungsgebiete der Kontinuumsmechanik in gleicher Breite darstellen. Unter anderem fehlt das wichtige Gebiet der Plastizität. Wir sind aber zuversichtlich, daß ein Leser, der die in unserem Buch dargestellten Grundlagen gut verstanden hat, sich leicht in andere Anwendungsgebiete der Kontinuumsmechanik einarbeiten kann.

Das Buch verdankt sehr viel den zahlreichen Gesprächen, die wir im Laufe der Jahre mit unseren Mitarbeitern, Dr. rer. nat. G. Böhme und Dr. rer. nat. H. Buggisch, über Kontinuumsmechanik und Thermodynamik geführt haben. Viele ihrer Anregungen und Beiträge sind unmittelbar in den Text des Buches und der Aufgaben eingeflossen. Hierfür danken wir ihnen herzlich. Dankbar erinnern wir uns auch der Ruhe und Gastfreundlichkeit im Gasthof „Zur Waldeslust" in Aschbach im Odenwald, wo wir den größten Teil des Manuskripts aufgeschrieben haben.

Für Unzulänglichkeiten des Buches übernehmen wir beide in gleichem Maße die Verantwortung. Im übrigen trösten wir uns mit Albert Einstein, der in einem Brief an seinen Übersetzer ins Französische, Maurice Solovine, unter Hinweis auf Epikur schrieb: „Der menschliche Leser freut sich, wenn er so einen Lapsus entdeckt, also warum ihm sein Vergnügen wegnehmen?"

Darmstadt, im Frühjahr 1975   Ernst Becker
                                                               Wolfgang Bürger

Inhalt

1. Kinematische Grundlagen

1.1 Einleitung

Die Kontinuumsmechanik ist eine phänomenologische Theorie. In ihr werden ausgehend
von beobachteten Phänomenen und experimentellen Erfahrungen in makroskopischer
Betrachtung idealisierte, mathematische Modelle für das mechanisch-thermodynamische
Verhalten der Materie konstruiert. Beispiele für solche Modelle sind ideale Flüssigkeiten,
ideal elastische Festkörper u.a. Dabei kommt man grundsätzlich ohne Rückgriff auf die
mikroskopische, atomare Struktur der Materie aus, obwohl natürlich die Kenntnis dieser Struktur heuristische Hinweise für die zweckmäßige oder richtige Wahl der kontinuumsmechanischen Modelle geben kann. Eine wichtige Aufgabe der Kontinuumsmechanik ist es, die aus den Modellen auf mathematischem Wege gezogenen Folgerungen zu studieren und sie auf konkrete physikalische und technische Fragestellungen
anzuwenden. Je erfolgreicher diese Anwendung ist, desto besser ist das zugrundeliegende
Modell.

Wie schon die Bezeichnung „Kontinuums"-Mechanik andeutet, wird die Materie in die-
ser Theorie als Kontinuum, im Euklidischen Raum unserer Anschauung, betrachtet.
Die das Kontinuum konstituierenden Punkte nennt man m a t e r i e l l e P u n k t e.
Grundlegend für die Anwendbarkeit der Theorie ist die Annahme, daß die materiellen
Punkte identifiziert werden können. Zur Unterstützung der Vorstellung von materiellen
Punkten denke man etwa an eine strömende Flüssigkeit, in der ein kleines Volumen
durch eine Farblösung angefärbt wird. Man kann dieses angefärbte Flüssigkeitselement
auf seiner Bahn durch den Raum verfolgen. Je kleiner das angefärbte Volumen ist,
desto besser approximiert es einen materiellen Punkt der Flüssigkeit, der seine Position
im Raum nach Maßgabe der Bewegung der Flüssigkeit mit der Zeit ändert.

Die materiellen Punkte des Kontinuums bezeichnen wir vorläufig mit dem Symbol X.
Genauer gesagt: jedem materiellen Punkt ordnen wir auf eindeutige Weise ein Kennzeichen X zu. Das heißt, jeder materielle Punkt erhält einen ihn identifizierenden „Namen". Weiter unten werden wir spezielle Vektoren als Kennzeichen X einführen.

Unter einem K ö r p e r $\mathfrak{B}$ versteht man eine zusammenhängende kompakte Menge
materieller Punkte. Der Rand dieser Punktmenge wird mit $\partial\mathfrak{B}$ bezeichnet und O b e r -
f l ä c h e des Körpers $\mathfrak{B}$ genannt. In den folgenden Kapiteln werden wir uns häufig
einen beliebigen Körper $\mathfrak{B}$ aus dem Kontinuum herausgeschnitten denken, indem wir
das Kontinuum durch beliebige Vorgabe eines Randes $\partial\mathfrak{B}$ in den Körper und seine Umgebung zerlegen. Viele der folgenden Überlegungen beruhen gerade darauf, daß die
Wahl eines Körpers $\mathfrak{B}$, auf den z.B. gewisse Erhaltungssätze angewandt werden, weitgehend in unser Belieben gestellt ist.

Zur Beschreibung von Lage und Bewegung der materiellen Punkte benötigt man ein
B e z u g s s y s t e m . Hierzu eignet sich jedes starre System (starres Dreibein, starrer
Körper), auf das man Lage und Bewegung der Punkte beziehen kann. Nach Festlegung
eines Bezugspunktes, oder Nullpunktes, im Bezugssystem kann man die Lage aller

materiellen Punkte durch ihre von diesem Bezugspunkt ausgehenden Ortsvektoren **x** beschreiben. Unter einer K o n f i g u r a t i o n des Körpers $\mathfrak{B}$ versteht man eine stetige und ein-eindeutige Zuordnung von Ortsvektoren **x** zu den materiellen Punkten von $\mathfrak{B}$

$$\mathbf{x} = \chi(X) \tag{1.1}$$

Die vorausgesetzte Stetigkeit bedeutet, daß „benachbarte" materielle Punkte sich stets an benachbarten Orten befinden, und die Ein-eindeutigkeit bedeutet, daß ein materieller Punkt nicht an mehreren Orten sein kann und daß an einem Ort nicht mehrere materielle Punkte sein können. Mit diesen Annahmen ist die Umkehrung von (1.1) möglich

$$X = \chi^{-1}(\mathbf{x}) \tag{1.2}$$

Die Zuordnung (1.1) ist nach mathematischer Sprechweise eine topologische Abbildung oder topologische Transformation der materiellen Punkte auf die Punkte des Raums; man nennt eine solche Abbildung auch einen H o m ö o m o r p h i s m u s. Eine stetige zeitliche Aufeinanderfolge von Konfigurationen heißt eine B e w e g u n g des Körpers

$$\mathbf{x} = \chi(X; t) \tag{1.3}$$

Der Parameter t, von dem **x** stetig abhängen soll, bedeutet die Zeit.

Wir wählen nun die Kennzeichen X der materiellen Punkte in besonders einfacher und zweckmäßiger Weise, indem wir sie mit den Ortsvektoren $\boldsymbol{\xi}$ identifizieren, die die Lage der betreffenden Punkte zu einer fest gewählten A n f a n g s z e i t, oder R e f e - r e n z z e i t, t = τ geben. Die Konfiguration eines Körpers $\mathfrak{B}$ zur Zeit t = τ heißt R e f e r e n z k o n f i g u r a t i o n. Die Bewegung von $\mathfrak{B}$ wird dann beschrieben durch

$$\mathbf{x} = \mathbf{x}(\boldsymbol{\xi}, t; \tau) \tag{1.4}$$

(Zur Vereinfachung der Schreibweise identifizieren wir das Funktionssymbol **x** auf der rechten Seite mit dem Symbol der abhängigen Größe, des Ortsvektors **x**, auf der linken Seite). Durch den Homöomorphismus (1.4) wird der durch den Vektor **x** gekennzeichnete Ort des durch $\boldsymbol{\xi}$ gekennzeichneten materiellen Punktes zur Zeit t festgelegt. Die Referenzzeit τ geht als Parameter in diesen Zusammenhang ein, weil bei anderer Wahl von τ auch die Kennzeichen $\boldsymbol{\xi}$ der materiellen Punkte wechseln. Gemäß obiger Einführung von $\boldsymbol{\xi}$ genügt (1.4) der Relation

$$\mathbf{x}(\boldsymbol{\xi}, \tau; \tau) = \boldsymbol{\xi} \tag{1.5}$$

Zur Zeit t = τ stimmt nämlich der Ortsvektor des durch $\boldsymbol{\xi}$ gekennzeichneten materiellen Punktes definitionsgemäß mit $\boldsymbol{\xi}$ überein. Die Umkehrung von (1.5) schreiben wir in der Form

$$\boldsymbol{\xi} = \boldsymbol{\xi}(\mathbf{x}, t; \tau) \tag{1.6}$$

(1.6) gibt den materiellen Punkt an, der sich zur Zeit t am Ort x befindet. Hierbei gilt

$$\xi(x, t; t) = x \tag{1.7}$$

Zur Referenzzeit $\tau = t$ stimmt nämlich ξ mit dem Ortsvektor x des durch ξ gekennzeichneten Punktes überein.

Will man eine konkrete Fragestellung der Kontinuumsmechanik mathematisch-rechnerisch behandeln, so muß man ein Koordinatensystem einführen. Für die folgende Darstellung reicht es aus, ein rechtwinklig-cartesisches K o o r d i n a t e n s y s t e m zu verwenden. Dadurch werden für den Lernenden die Schwierigkeiten der Vektor- und Tensoranalysis in nicht-cartesischen Koordinaten vermieden. Hinter diesen Schwierigkeiten ist der eigentliche Gehalt der Kontinuumsmechanik oft nur noch mit Mühe zu erkennen. Selbstverständlich sind bei Lösung konkreter Fragen häufig nicht-cartesische Koordinaten vorteilhaft, wenn sie den speziellen geometrischen Gegebenheiten des Problems angepaßt sind; doch spielt das in diesem Buch keine Rolle.

Unter Voraussetzung rechtwinklig-cartesischer Koordinaten werden wir vielfach Vektoren und Tensoren in Indexschreibweise angeben. So schreiben wir für den Ortsvektor x mit den cartesischen Komponenten x_1, x_2, x_3 kurz: x_i. Ganz entsprechend schreiben wir für die vektoriellen Kennzeichen ξ der materiellen Punkte mit den Komponenten ξ_1, ξ_2, ξ_3 kurz: ξ_i. Man nennt die ξ_i übrigens m a t e r i e l l e K o o r d i n a t e n oder L a g r a n g e s c h e K o o r d i n a t e n ; die x_i heißen r ä u m l i c h e K o o r d i - n a t e n , O r t s k o o r d i n a t e n oder E u l e r s c h e K o o r d i n a t e n . Die Beziehungen (1.4) und (1.6) lassen sich wie folgt schreiben

$$x_i = x_i(\xi_1, \xi_2, \xi_3, t; \tau) \qquad i = 1, 2, 3$$
$$\xi_i = \xi_i(x_1, x_2, x_3, t; \tau) \qquad i = 1, 2, 3 \tag{1.8}$$

Wir halten uns an die gebräuchliche Konvention, daß über Indizes, die in einem algebraischen Ausdruck doppelt vorkommen, zu summieren ist. Demnach bedeutet z.B.

$$x_i x_i = x_1^2 + x_2^2 + x_3^2 = x \cdot x = x^2 = |x|^2 \tag{1.9}$$

Parallel zur Indexschreibweise werden wir die symbolische Schreibweise für Vektoren und Tensoren verwenden (also x statt x_i usw.). Nach unserer Erfahrung erleichtert es das Eindringen in die Kontinuumsmechanik, wenn man gelernt hat, beide Notationen nebeneinander zu benutzen. Die symbolische Schreibweise verdeutlicht den vom Koordinatensystem unabhängigen Gehalt der Formeln und unterstreicht z.B. den Operator-charakter von Tensoren. Die Indexschreibweise gestattet, Formeln ohne viel Denkarbeit kalkülmäßig herzuleiten und umzuformen.

Die Transformation (1.4) ist nach Voraussetzung stetig in den Variablen ξ_i; dies bedeutet anschaulich, daß ein Auseinanderreißen des Materials, ein Bruch, ausgeschlossen wird. Wir hatten außerdem Stetigkeit in t gefordert. Darüber hinaus setzen wir von jetzt ab auch stetige Differenzierbarkeit in allen Variablen voraus, und zwar bis zu der Differentiationsordnung, bis zu der wir diese Voraussetzung im folgenden jeweils benötigen.

12   1. Kinematische Grundlagen

Die Funktionaldeterminante der Transformation (1.4) wird mit Δ bezeichnet

$$\Delta(\boldsymbol{\xi}, t; \tau) = \frac{\partial(x_1, x_2, x_3)}{\partial(\xi_1, \xi_2, \xi_3)} \tag{1.10}$$

(die Elemente dieser Determinante sind die Ableitungen $\partial x_i / \partial \xi_i$, vgl. auch Abschn. 1.3). Wegen der Umkehrbarkeit von (1.8) existiert auch die Determinante der Transformation (1.6)

$$\frac{\partial(\xi_1, \xi_2, \xi_3)}{\partial(x_1, x_2, x_3)} = \frac{1}{\Delta} \tag{1.11}$$

Die Determinante Δ hat einerlei Vorzeichen, und es wird später gezeigt werden (Abschn. 1.3), daß stets $\Delta > 0$ ist.

Abschließend noch ein Hinweis: statt der seither der Deutlichkeit halber gewählten Sprechweise „durch $\boldsymbol{\xi}$ gekennzeichneter materieller Punkt" oder „durch $\mathbf{x}$ gegebener Ort" werden wir im folgenden einfach die Ausdrucksweise „materieller Punkt $\boldsymbol{\xi}$" und „Ort $\mathbf{x}$" verwenden.

1.2 Ableitungen nach der Zeit

ϕ sei eine für jeden materiellen Punkt zu allen Zeiten angebbare Größe. M.a.W.: ϕ sei als Funktion der materiellen Koordinaten ξ_i und der Zeit t gegeben

$$\phi = \phi(\xi_1, \xi_2, \xi_3, t; \tau) = \phi(\boldsymbol{\xi}, t; \tau) \tag{1.12}$$

Nach (1.6) oder (1.8) kann man die materiellen Koordinaten ξ_i durch die Ortskoordinaten x_i ersetzen[1]

$$\phi = \phi(\boldsymbol{\xi}(\mathbf{x}, t; \tau), t; \tau) = \phi(\mathbf{x}, t) \tag{1.13}$$

Man nennt (1.12) eine m a t e r i e l l e   B e s c h r e i b u n g der Größe ϕ und (1.13) eine F e l d b e s c h r e i b u n g . Die materielle Beschreibung gibt den Wert von ϕ für den materiellen Punkt $\boldsymbol{\xi}$ zur Zeit t an, die Feldbeschreibung liefert den Wert von ϕ am Ort $\mathbf{x}$ zur Zeit t. Es ist klar, und wird hier ohne Beweis mitgeteilt, daß die Feldbeschreibung unabhängig sein muß von der willkürlich wählbaren Referenzzeit τ, so daß in $\phi(\mathbf{x}, t)$ der Parameter τ nicht mehr vorkommt. – Der Parameter τ, und häufig auch die Zeit t, spielen übrigens im folgenden vielfach keine Rolle. In diesen Fällen wird τ, und oft auch t, nicht explizit in den Formeln angegeben, selbst wenn eine explizite Abhängigkeit von diesen Größen besteht.

---

[1] Der Einfachheit halber wird dasselbe Funktionssymbol ϕ zur Beschreibung der Funktion $\phi(\boldsymbol{\xi}, t)$ und der Funktion $\phi(\mathbf{x}, t)$ benutzt.

Wir definieren zwei verschiedene Ableitungen der Größe ϕ nach der Zeit, die wir durch verschiedene Symbole voneinander unterscheiden, nämlich die l o k a l e Ableitung

$$\frac{\delta\phi}{\delta t} = \frac{\partial\phi(\mathbf{x}, t)}{\partial t} \tag{1.14}$$

und die m a t e r i e l l e oder s u b s t a n t i e l l e Ableitung

$$\frac{D\phi}{Dt} = \frac{\partial\phi(\boldsymbol{\xi}, t)}{\partial t} \tag{1.15}$$

(Die materielle Ableitung wird später auch häufig mit · bezeichnet werden: $\dot{\phi}$). Die lokale Ableitung gibt die zeitliche Änderung der Größe ϕ an einem festen Ort $\mathbf{x}$ an. Die materielle Ableitung gibt die zeitliche Änderung für einen individuellen materiellen Punkt an. Ein raumfester Beobachter, der am Beobachtungsort die Größe ϕ mißt, stellt als ihre zeitliche Änderung $\delta\phi/\delta t$ fest, ein mit dem materiellen Punkt $\boldsymbol{\xi}$ mitbewegter Beobachter dagegen $D\phi/Dt$.

Die Geschwindigkeit $\mathbf{v}$ der materiellen Punkte ist definiert durch

$$\mathbf{v}(\boldsymbol{\xi}, t) = \frac{D\mathbf{x}}{Dt} = \frac{\partial\mathbf{x}(\boldsymbol{\xi}, t)}{\partial t}, \qquad \text{d.h. } v_i = \frac{Dx_i}{Dt} = \frac{\partial x_i(\boldsymbol{\xi}, t)}{\partial t} \tag{1.16}$$

(1.16) gibt unmittelbar die materielle Beschreibung $\mathbf{v}(\boldsymbol{\xi}, t)$, aus der sich die Feldbeschreibung ergibt, wenn man nach (1.6) $\boldsymbol{\xi}$ durch $\mathbf{x}$ ersetzt. Das Geschwindigkeitsfeld $\mathbf{v}(\mathbf{x}, t)$ spielt vor allem für die Beschreibung der Bewegung von Fluiden eine wichtige Rolle. Wenn das Geschwindigkeitsfeld nicht von der Zeit abhängt, d.h. wenn $\mathbf{v} = \mathbf{v}(\mathbf{x})$ gilt, nennt man die Bewegung eine s t a t i o n ä r e S t r ö m u n g , andernfalls spricht man von einer i n s t a t i o n ä r e n S t r ö m u n g .

Die Beschleunigung der materiellen Punkte ist durch

$$\mathbf{a}(\boldsymbol{\xi}, t) = \frac{D\mathbf{v}}{Dt} = \frac{\partial\mathbf{v}(\boldsymbol{\xi}, t)}{\partial t} = \frac{\partial^2\mathbf{x}(\boldsymbol{\xi}, t)}{\partial t^2} = \frac{D^2\mathbf{x}}{Dt^2} \tag{1.17}$$

gegeben.

Zwischen der materiellen und der lokalen Zeitableitung besteht ein Zusammenhang, der sich wie folgt herleiten läßt: Aus

$$\phi(x_1, x_2, x_3, t) = \phi(x_1(\xi_1, \xi_2, \xi_3, t), x_2(\ldots), x_3(\ldots), t) \tag{1.18}$$

folgt

$$\frac{D\phi}{Dt} = \frac{\partial\phi}{\partial x_k} \frac{\partial x_k(\boldsymbol{\xi}, t)}{\partial t} + \frac{\partial\phi(x_1, x_2, x_3, t)}{\partial t} \tag{1.19}$$

(Man beachte, daß nach der Summationskonvention über den doppelt vorkommenden Index k zu summieren ist!) Unter Verwendung der Definitionen (1.14) und (1.16) läßt sich (1.19) folgendermaßen schreiben

$$\frac{D\phi}{Dt} = \frac{\partial\phi}{\partial x_k}\, v_k + \frac{\delta\phi}{\delta t} \tag{1.20}$$

Wenn wir unter ϕ eine skalare Größe verstehen, was seither noch nicht vorausgesetzt werden mußte, so können wir (1.20) symbolisch in der Form

$$\frac{D\phi}{Dt} = \operatorname{grad}\phi \cdot \mathbf{v} + \frac{\delta\phi}{\delta t} \tag{1.21}$$

schreiben, wobei $\cdot$ das Symbol für das Skalarprodukt zweier Vektoren ist. Nach (1.20) setzt sich die materielle Ableitung $D\phi/Dt$ additiv zusammen aus der l o k a l e n Ableitung $\delta\phi/\delta t$ und der k o n v e k t i v e n Ableitung $v_k\,\partial\phi/\partial x_k$. Selbst wenn das Feld ϕ von der Zeit nicht abhängt, $\phi = \phi(\mathbf{x})$, ist die materielle Ableitung nach der Zeit im allgemeinen von null verschieden. Sie reduziert sich dann auf die konvektive Ableitung. Für einen mit dem materiellen Punkt $\boldsymbol{\xi}$ mitbewegten Beobachter ändert sich ϕ in diesem Fall deshalb mit der Zeit, weil er seinen Ort mit der Zeit ändert und weil ϕ an verschiedenen Orten im allgemeinen verschiedene Werte hat.

Aus (1.20) ergibt sich für die Beschleunigung $\mathbf{a}$

$$a_i = \frac{\partial v_i}{\partial x_k}\, v_k + \frac{\delta v_i}{\delta t} \tag{1.22a}$$

oder $\quad \mathbf{a} = (\operatorname{grad}\mathbf{v})\,\mathbf{v} + \dfrac{\delta\mathbf{v}}{\delta t} \tag{1.22b}$

Durch Vergleich mit der Formel (1.22a) ergibt sich, daß die l o k a l e B e s c h l e u n i g u n g $\delta\mathbf{v}/\delta t$ der Vektor mit den Komponenten $\delta v_i/\delta t$ ist. Die Bedeutung der k o n v e k t i v e n B e s c h l e u n i g u n g $(\operatorname{grad}\mathbf{v})\,\mathbf{v}$ ergibt sich ebenfalls aus (1.22a): Sie ist der Vektor mit den Komponenten $(\partial v_i/\partial x_k)\,v_k$. Man kann (1.22b) demnach auch als symbolische Schreibweise einer Matrizengleichung interpretieren, indem man die Vektoren $\mathbf{a}$, $\mathbf{v}$, $\delta\mathbf{v}/\delta t$ als Spaltenmatrizen auffaßt und unter grad $\mathbf{v}$ die symbolische Abkürzung für die 3 x 3-Matrix mit den Elementen $\partial v_i/\partial x_k$ versteht (i = Zeilenindex, k = Spaltenindex). Dann bedeutet $(\operatorname{grad}\mathbf{v})\,\mathbf{v}$ das Produkt der Matrizen grad $\mathbf{v}$ und $\mathbf{v}$ (in dieser Reihenfolge). Demnach geht der Vektor der konvektiven Beschleunigung aus dem Geschwindigkeitsvektor durch eine lineare, homogene Transformation hervor; die Matrix dieser Transformation ist grad $\mathbf{v}$ mit den Elementen $\partial v_i/\partial x_k$. Lineare, homogene Vektortransformationen nennt man T e n s o r e n (genauer: Tensoren zweiter Stufe).

Es ist für das folgende von erheblichem heuristischem Wert, Tensoren als Operatoren aufzufassen. Dies führt zu folgender Sprechweise: „Der Tensor grad $\mathbf{v}$ operiert auf den Vektor $\mathbf{v}$ und liefert hierdurch den Vektor der konvektiven Beschleunigung". Wir verstehen unter grad $\mathbf{v}$ also jetzt das Symbol für einen Tensor, nämlich für den „Gradiententensor" des Geschwindigkeitsfeldes. Die 3 x 3-Matrix mit den Elementen $\partial v_i/\partial x_k$ ist die

Repräsentation dieses Tensors in dem von uns gewählten Koordinatensystem, ebenso wie die Spaltenmatrix mit den Elementen v_i die Repräsentation des Vektors $\mathbf{v}$ in diesem Koordinatensystem ist (d.i. seine Komponentendarstellung in Matrixform). Diese Repräsentationen ändern sich bei Wechsel des Koordinatensystems (vgl. Abschn. 1.5), die Gl. (1.22b) hat jedoch eine vom Koordinatensystem unabhängige Bedeutung, die gerade durch die symbolische Schreibweise betont wird.

Durch einfaches Ausrechnen in cartesischen Koordinaten bestätigt man folgende Identität, die öfters von Nutzen ist

$$\mathbf{a} = \frac{\delta \mathbf{v}}{\delta t} + (\operatorname{grad} \mathbf{v})\, \mathbf{v} = \frac{\delta \mathbf{v}}{\delta t} + \frac{1}{2} \operatorname{grad} \mathbf{v}^2 - \mathbf{v} \times \operatorname{rot} \mathbf{v} \tag{1.23}$$

mit der üblichen Bedeutung der Symbole grad, rot, $\times$ ($\mathbf{v}^2$ ist das Skalarprodukt $\mathbf{v} \cdot \mathbf{v}$).

Neben der lokalen und der materiellen Zeitableitung werden in der Kontinuumsmechanik, vor allem in der Materialtheorie, zuweilen noch weitere Ableitungen nach der Zeit definiert und verwendet. Hierauf gehen wir kurz zu Ende von Abschn. 1.4 ein.

Mit den seither bereitgestellten Hilfsmitteln ist eine Diskussion der besonders in der Dynamik der Fluide wichtigen Begriffe Stromlinie, Bahnlinie und Streichlinie möglich: Gegeben sei das Geschwindigkeitsfeld $\mathbf{v}(\mathbf{x}, t)$. Zu fester Zeit t wird durch $\mathbf{v}$ an jeder Stelle eine Richtung gegeben, abgesehen von Ausnahmepunkten, in denen z.B. $\mathbf{v} = 0$ ist. Die Integralkurven dieses Richtungsfeldes heißen Stromlinien (Fig. 1.1); die Tangentenrichtung der Stromlinien stimmt hiernach überall mit der Richtung von $\mathbf{v}$ überein. Die Stromlinien genügen demnach folgendem System von drei gewöhnlichen Differentialgleichungen

$$\frac{d\mathbf{x}}{d\sigma} = \mathbf{v}(\mathbf{x}, t), \qquad \text{d.h.} \quad \frac{dx_i}{d\sigma} = v_i(x_1, x_2, x_3, t) \tag{1.24}$$

σ ist der Kurvenparameter auf den Stromlinien. Integration des Systems (1.24) mit der Anfangsbedingung $\mathbf{x} = \mathbf{x}_0$ für $\sigma = 0$ führt auf

$$\mathbf{x} = \mathbf{x}(\sigma; t, \mathbf{x}_0), \qquad \text{d.h.} \quad x_i = x_i(\sigma; t, x_{10}, x_{20}, x_{30}) \tag{1.25}$$

Hierdurch liegt die zur Zeit t durch den Ort $\mathbf{x}_0$ führende Stromlinie fest, wobei die Zählung des laufenden Parameters an der Stelle $\mathbf{x}_0$ beginnt. Die einzelnen Stromlinien unterscheiden sich durch den Scharparameter $\mathbf{x}_0$. Um sämtliche Stromlinien in Umgebung eines Punktes P zu erhalten, muß man $\mathbf{x}_0$ alle Punkte auf einer Fläche durch P durchlaufen lassen, die nirgends von Stromlinien tangiert, sondern überall von ihnen durchstoßen wird.

Fig. 1.1
Geschwindigkeitsfeld mit Stromlinien

Unter den Bahnlinien versteht man die von den materiellen Punkten mit der Zeit durchlaufenen Bahnen. Man erhält sie bei gegebenem Geschwindigkeitsfeld durch Integration folgenden Gleichungssystems

$$\frac{d\mathbf{x}}{dt} = \mathbf{v}(\mathbf{x}, t), \qquad \text{d.h.} \quad \frac{dx_i}{dt} = v_i(x_1, x_2, x_3, t) \tag{1.26}$$

Mit der Anfangsbedingung $\mathbf{x} = \boldsymbol{\xi}$ für $t = \tau$ erhält man

$$\mathbf{x} = \mathbf{x}(\boldsymbol{\xi}, t; \tau) \tag{1.4}$$

Damit ist aus dem Geschwindigkeitsfeld durch Integration die Bewegung (1.4) wiedergewonnen. Für die Bahnlinien ist t Kurvenparameter, $\boldsymbol{\xi}$ Scharparameter und τ ein für alle Bahnlinien gleicher, fest gewählter Parameter.

Bei stationärer Strömung hängt definitionsgemäß das Geschwindigkeitsfeld nicht von der Zeit ab: $\mathbf{v} = \mathbf{v}(\mathbf{x})$. Die Gleichungen (1.24) und (1.26) werden dann identisch (wenn man σ und t identifiziert), und Strom- und Bahnlinien fallen daher zusammen. Bei instationären Strömungen trifft dies nur noch auf eine spezielle Klasse von Strömungen zu, im allgemeinen sind hier Strom- und Bahnlinien verschieden. Die Bahnlinien sind zeitunabhängig, während sich die Form der Stromlinien mit der Zeit im allgemeinen ändern wird. Dabei gilt jedoch folgendes: Greift man zur Zeit t einen materiellen Punkt $\boldsymbol{\xi}$ am Ort $\mathbf{x}$ heraus, so tangiert die Bahnlinie dieses Punktes die zur Zeit t durch den Ort $\mathbf{x}$ gehende Stromlinie, denn durch den Geschwindigkeitsvektor $\mathbf{v}(\mathbf{x}, t)$ liegt die gemeinsame Tangentenrichtung von Strom- und Bahnlinie fest (Fig. 1.2).

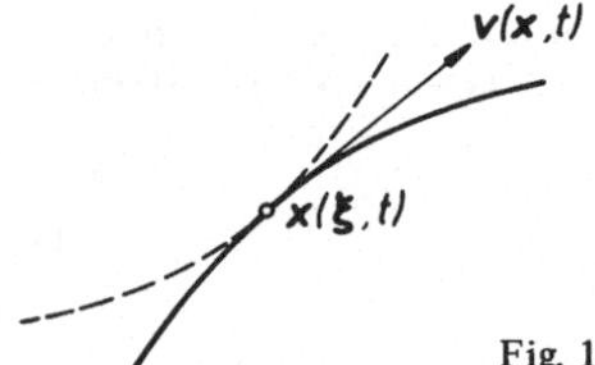

Fig. 1.2
Berührung von Bahnlinie und Stromlinie

Streichlinien werden folgendermaßen definiert: Man wählt in (1.4) $t = t_0$ und $\boldsymbol{\xi} = \mathbf{y}$ fest und läßt τ variieren

$$\mathbf{x} = \mathbf{x}(\mathbf{y}, t_0; \tau) \tag{1.27}$$

Hierdurch wird zur Zeit t_0 der Ort aller materiellen Punkte gegeben, die zu irgendeiner Zeit τ den festen Ort $\mathbf{y}$ passierten ($\tau < t_0$) oder ihn noch passieren werden ($\tau > t_0$); vgl. Fig. 1.3. Zur Veranschaulichung stelle man sich einen Gärtner vor, der aus einem Gartenschlauch Wasser verspritzt. Wenn er die Schlauchdüse an einem festen Ort in eine feste Richtung hält, so ist die von den Wassertropfen gebildete zeitunabhängige Kurve

Fig. 1.3
Streichlinie (ausgezogen) und Bahnlinien (gestrichelt)

sowohl Strom- als auch Bahn- und Streichlinie. Wenn er die Düse zwar an einem festen Ort hält, ihre Richtung aber mit der Zeit ändert, so ist die von den Tropfen gebildete Kurve eine Streichlinie, aber keine Strom- oder Bahnlinie mehr. Sie verbindet alle Wasserteilchen, die den festen Ort der Schlauchdüse passiert haben.

Aufgaben. 1.2.1. Berechnen Sie die Stromlinien für das ebene Geschwindigkeitsfeld $u(x, y, t) = - Ue^{-\alpha t} \cos \pi x/a \sin \pi y/a$, $v(x, y, t) = + Ue^{-\alpha t} \sin \pi x/a \cos \pi y/a$ und skizzieren Sie den Stromlinienverlauf! Das Geschwindigkeitsfeld ist eine exakte Lösung der Bewegungsgleichungen für ein inkompressibles newtonsches Fluid.

1.2.2. Man zeige: Notwendig und hinreichend dafür, daß zu allen Zeiten die Bahnlinien einer Bewegung mit den Stromlinien zusammenfallen, ist folgende Bedingung für das Geschwindigkeitsfeld

$$v(x, t) = f(x, t)\, v_0(x) \text{ mit } |v_0(x)| = 1$$

1.2.3. Aus der Düse eines Gartenschlauchs in der Höhe h tritt unter dem Winkel $\alpha(t)$ mit konstanter Geschwindigkeit U ein Wasserstrahl aus (Fig. 1.4). Berechnen Sie Bahnlinien und Streichlinien (in Parameterdarstellung). Was können Sie über die Stromlinien sagen? Skizzieren Sie den Verlauf je einer ausgewählten Bahnlinie und Streichlinie.

1.2.4. Eine starre kreiszylindrische Walze rollt auf einer Ebene ab (Fig. 1.5). Ermitteln Sie die Form der Bahnlinien und der Stromlinien sowie der Streichlinie durch den Ort des Mittelpunkts der Walze zur Zeit t.

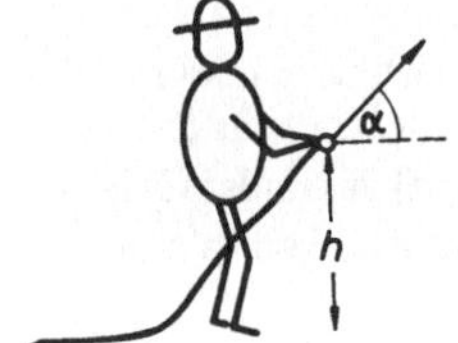

Fig. 1.4
Skizze zu Aufgabe 1.2.3

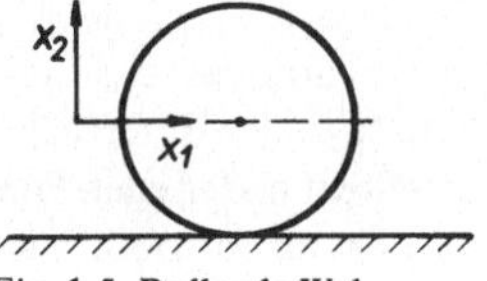

Fig. 1.5 Rollende Walze
(Aufgabe 1.2.4)

1.3 Transporttheoreme

Im folgenden werden wir außer Körpern $\mathfrak{B}$, die wir auch „materielle Volumina" nennen, „materielle Flächen" $\mathfrak{S}$ und „materielle Linien" $\mathfrak{L}$ betrachten. Sowohl materielle Flächen als auch materielle Linien sollen definitionsgemäß zu allen Zeiten aus denselben materiellen Punkten bestehen. Die Oberfläche eines Körpers ist z.B. eine geschlossene materielle Fläche. Der Rand einer nicht geschlossenen materiellen Fläche $\mathfrak{S}$ endlicher Ausdehnung ist eine geschlossene materielle Linie $\mathfrak{L}$. Gegenstand unserer Untersuchung wird die zeitliche Änderung von Integralen folgender Art sein ($\phi(x, t)$ sei ein skalares Feld)

$$\int\limits_{\mathfrak{B}} \phi \, dx_1 \, dx_2 \, dx_3 = \int\limits_{\mathfrak{B}} \phi \, dV \tag{1.28}$$

$$\int\limits_{\mathfrak{S}} \phi \, dx_1 \, dx_2 = \int\limits_{\mathfrak{S}} \phi \, dA_3 \tag{1.29}$$

$$\int\limits_{\mathfrak{L}} \phi \, dx_1 \tag{1.30}$$

Die Integrationsbereiche sind zeitabhängig, weil sie mit den materiellen Punkten durch den Raum transportiert werden; daher spricht man bei den Formeln für die zeitliche Änderung der Integralwerte von Transporttheoremen.

1.3.1 Deformationsgradient, Volumenänderung. Zur Herleitung der Transporttheoreme sind verschiedene Hilfsmittel nötig, von denen in diesem Abschnitt einige bereitgestellt werden. Durch Differentiation von Gl. (1.4) bzw. (1.8) erhält man

$$dx_i = \frac{\partial x_i(\xi_1, \xi_2, \xi_3, t)}{\partial \xi_k} \, d\xi_k = F_{ik} d\xi_k \tag{1.31}$$

oder, symbolisch geschrieben

$$dx = F \, d\boldsymbol{\xi} \tag{1.32}$$

Der Tensor **F**, mit der Matrix $F_{ik} = \partial x_i/\partial \xi_k$, heißt D e f o r m a t i o n s g r a d i e n t. Er transformiert das Linienelement $d\boldsymbol{\xi}$, das zwei infinitesimal benachbarte materielle Punkte in der Referenzkonfiguration (Zeit τ) verbindet, in das Linienelement dx, das dieselben materiellen Punkte in der aktuellen Konfiguration (Zeit t) verbindet (Fig. 1.6). Wenn der Deformationsgradient nicht von $\boldsymbol{\xi}$ abhängt, spricht man von h o m o - g e n e r D e f o r m a t i o n des Kontinuums; es gilt dann

$$x_i = F_{ik}(t; \tau) \, \xi_k \quad \text{oder} \quad x = F\boldsymbol{\xi} \tag{1.33}$$

Die Transformation (1.32) läßt sich umkehren

$$d\xi_i = \frac{\partial \xi_i(x_1, x_2, x_3, t)}{\partial x_k} \, dx_k = (F^{-1})_{ik} dx_k \tag{1.34}$$

oder $d\boldsymbol{\xi} = F^{-1} \, dx$

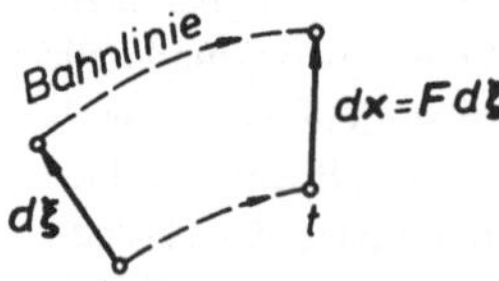

Fig. 1.6
Transformation eines materiellen Linienelementes

Der inverse Deformationsgradient $\mathbf{F}^{-1}$ hat also die Elemente $\partial\xi_i/\partial x_k$. Es gilt natürlich

$$\mathbf{F}\mathbf{F}^{-1} = \mathbf{F}^{-1}\mathbf{F} = \mathbf{I} \tag{1.35}$$

($\mathbf{I}$ = Einheitstensor), d.h.

$$\frac{\partial x_i}{\partial\xi_k}\,\frac{\partial\xi_k}{\partial x_j} = \frac{\partial\xi_i}{\partial x_k}\,\frac{\partial x_k}{\partial\xi_j} = \delta_{ij} \tag{1.36}$$

Man überzeugt sich hiervon direkt, indem man die Identität $x_i = x_i(\xi_1(x_1, x_2, x_3, t), \xi_2(\ldots), \xi_3(\ldots), t)$ nach der Kettenregel nach x_j differenziert.

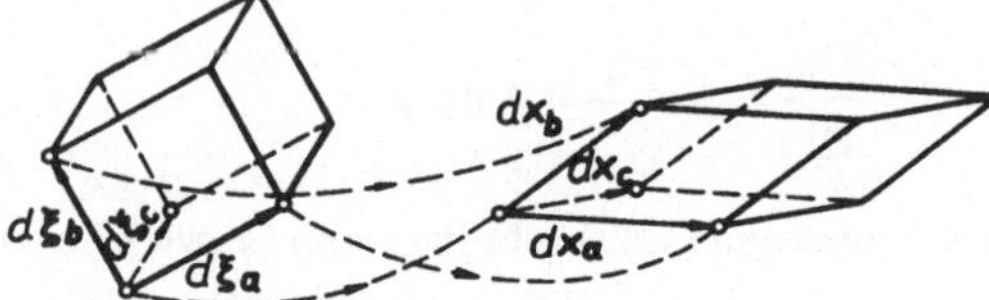

Fig. 1.7
Transformation eines materiellen
Quaders

Fig. 1.7 zeigt einen rechtwinklig begrenzten infinitesimalen Körper in der Referenzkonfiguration, der aufgespannt wird von den drei infinitesimalen Vektoren $d\boldsymbol{\xi}_a$, $d\boldsymbol{\xi}_b$, $d\boldsymbol{\xi}_c$

$$d\boldsymbol{\xi}_a : \begin{pmatrix} 1 \\ 0 \\ 0 \end{pmatrix} ds_a, \qquad d\boldsymbol{\xi}_b : \begin{pmatrix} 0 \\ 1 \\ 0 \end{pmatrix} ds_b, \qquad d\boldsymbol{\xi}_c : \begin{pmatrix} 0 \\ 0 \\ 1 \end{pmatrix} ds_c \tag{1.37}$$

Der Körper hat den Volumeninhalt $dV_0 = ds_a\,ds_b\,ds_c$ (der Index „0" bezieht sich auf die Referenzkonfiguration). Zur Zeit t sind die Vektoren $d\boldsymbol{\xi}_a$, $d\boldsymbol{\xi}_b$ und $d\boldsymbol{\xi}_c$ in die Vektoren $d\mathbf{x}_a = \mathbf{F}d\boldsymbol{\xi}_a$, $d\mathbf{x}_b = \mathbf{F}d\boldsymbol{\xi}_b$ und $d\mathbf{x}_c = \mathbf{F}d\boldsymbol{\xi}_c$ übergegangen. Der Volumeninhalt ist jetzt gegeben durch das Spatprodukt $dV = (d\mathbf{x}_a \times d\mathbf{x}_b) \cdot d\mathbf{x}_c$. Dies ergibt nach Einsetzen der Vektoren $d\mathbf{x} = \mathbf{F}d\boldsymbol{\xi}$

$$dV = (\det \mathbf{F})\,ds_a\,ds_b\,ds_c \tag{1.38}$$

oder $dV = \Delta dV_0$ (1.39)

Die aus den Elementen von $\mathbf{F}$ gebildete Determinante wurde in (1.39) mit Δ abgekürzt. Diese Determinante ist nämlich nichts anderes als die in (1.10) eingeführte Funktionaldeterminante der Transformation (1.4). Das Ergebnis (1.39) ist unabhängig von der Form des Volumenelementes. Da $\Delta = 1$ für $t = \tau$ ist und da Δ als stetige Funktion der Zeit vorausgesetzt wird, bleibt stets $\Delta > 0$. Andernfalls müßte zu irgendeiner Zeit $\Delta = 0$ werden, was ausgeschlossen ist (vgl. Abschn. 1.1).

20   1. Kinematische Grundlagen

Für die materielle Ableitung der Determinante $\Delta(\boldsymbol{\xi}, t) = \Delta(F_{11}(\boldsymbol{\xi}, t), F_{12}, \ldots, F_{33})$ gilt

$$\frac{D\Delta}{Dt} = \frac{\partial\Delta}{\partial F_{ik}} \frac{DF_{ik}}{Dt} = \frac{\partial\Delta}{\partial F_{ik}} \frac{\partial^2 x_i(\boldsymbol{\xi}, t)}{\partial\xi_k \partial t} = \frac{\partial\Delta}{\partial F_{ik}} \frac{\partial v_i(\boldsymbol{\xi}, t)}{\partial\xi_k} \tag{1.40}$$

oder:
$$\frac{D\Delta}{Dt} = \frac{\partial\Delta}{\partial F_{ik}} \frac{\partial v_i(x, t)}{\partial x_\varrho} \frac{\partial x_\varrho(\boldsymbol{\xi}, t)}{\partial\xi_k} = \frac{\partial\Delta}{\partial F_{ik}} F_{\varrho k} \frac{\partial v_i}{\partial x_\varrho} \tag{1.41}$$

Nun ist aber (Beweis folgt weiter unten)

$$\frac{\partial\Delta}{\partial F_{ik}} F_{\varrho k} = \Delta\delta_{i\varrho} \tag{1.42}$$

Somit geht (1.41) über in

$$\frac{D\Delta}{Dt} = \Delta \frac{\partial v_i}{\partial x_i} = \Delta \operatorname{div} \mathbf{v} \tag{1.43}$$

Zum Beweis von (1.42) geht man vom Entwicklungssatz für Determinanten aus

$$\Delta_{ik} F_{\varrho k} = \delta_{i\varrho}\Delta \tag{1.44}$$

Δ_{ik} ist die zum Element F_{ik} gehörende zweireihige Unterdeterminante von Δ mit dem Vorzeichen $(-1)^{i+k}$. Keines der Elemente F_{im} kommt in Δ_{ik} vor; daher ergibt sich aus (1.44) durch Differentiation nach F_{im}

$$\Delta_{\varrho m} = \Delta_{ik} \delta_{i\varrho} \delta_{mk} = \delta_{i\varrho} \frac{\partial\Delta}{\partial F_{im}} = \frac{\partial\Delta}{\partial F_{\varrho m}} \tag{1.45}$$

Ändert man die Indizes um und setzt in (1.44) ein, so ergibt sich (1.42). Übrigens gilt (s. Aufgabe 1.3.1)

$$\frac{d^2\Delta}{dt^2} = \Delta \operatorname{div}\left(\frac{\delta\mathbf{v}}{\delta t} + \mathbf{v} \operatorname{div} \mathbf{v}\right) \tag{1.46}$$

1.3.2 Volumenintegrale, Massenbilanz. Dieser Abschnitt bringt das R e y n o l d s s c h e T r a n s p o r t t h e o r e m für Volumenintegrale; dieses Theorem ist vor allem für die Formulierung und Umformung der Bilanzgleichungen für Masse, Impuls, Energie wichtig. Gegeben sei das Feld $\phi(x, t)$; zur Erleichterung der Vorstellung nehmen wir zunächst an, ϕ sei ein skalares Feld. Wir integrieren ϕ über das von einem Körper $\mathfrak{B}$ eingenommene Volumen und bezeichnen den Wert des Integrals mit ψ

$$\psi(t) = \int_{\mathfrak{B}} \phi \, dV \tag{1.47}$$

ψ hängt aus zwei Gründen von der Zeit ab: erstens weil der Integrand ϕ explizit von der Zeit abhängt, zweitens weil sich der Integrationsbereich $\mathfrak{B}$ mit der Zeit ändert. Die zeitliche Ableitung von ψ bezeichnen wir mit $D\psi/Dt$ oder $\dot\psi$, wobei das Symbol D/Dt daran erinnert, daß die Integration sich über ein „mitschwimmendes", materielles Volumen $\mathfrak{B}$ erstreckt. Wir erhalten einen für spätere Anwendungen wichtigen Ausdruck für $D\psi/Dt$, indem wir das Integral von den räumlichen Koordinaten x_i als Integrationsvariablen auf die materiellen Koordinaten ξ_i transformieren

$$\psi(t) = \int_{\mathfrak{B}_0} \phi(\mathbf{x}(\boldsymbol{\xi}, t), t)\, \Delta(\boldsymbol{\xi}, t)\, dV_0 \tag{1.48}$$

Hierbei wurde (1.39) benutzt. Die Integration erstreckt sich über den zeitunabhängigen Bereich $\mathfrak{B}_0$, nämlich über das vom Körper in der Referenzkonfiguration eingenommene Volumen; $dV_0 = d\xi_1\, d\xi_2\, d\xi_3$ ist das Volumenelement in der Referenzkonfiguration. Zur Ableitung nach t muß daher nur der Integrand differenziert werden

$$\frac{D\psi}{Dt} = \int_{\mathfrak{B}_0} \left(\frac{D\phi}{Dt}\Delta + \phi\,\frac{D\Delta}{Dt}\right) dV_0 \tag{1.49}$$

Unter Verwendung von (1.43) erhalten wir

$$\frac{D\psi}{Dt} = \int_{\mathfrak{B}_0} \left(\frac{D\phi}{Dt} + \phi\,\mathrm{div}\,\mathbf{v}\right)\Delta\, dV_0 = \int_{\mathfrak{B}} \left(\frac{D\phi}{Dt} + \phi\,\mathrm{div}\,\mathbf{v}\right) dV \tag{1.50}$$

Dieses Ergebnis heißt R e y n o l d s s c h e s   T r a n s p o r t t h e o r e m. Die Beschränkung auf ein skalares Feld ϕ war unwesentlich, Gl. (1.50) gilt in dieser Form auch für Vektor- und Tensorfelder. Um dies einzusehen, muß man in (1.50) ϕ nur nacheinander mit den Komponenten dieser Felder identifizieren. Da im folgenden das Transporttheorem, außer für skalare Felder, nur noch für Vektorfelder benötigt wird, sei die entsprechende Formel explizit angegeben:

Mit der Definition

$$\boldsymbol{\beta}(t) = \int_{\mathfrak{B}} \mathbf{b}(\mathbf{x}, t)\, dV \tag{1.51}$$

wird nach (1.50)

$$\frac{D\boldsymbol{\beta}}{Dt} = \int_{\mathfrak{B}} \left(\frac{D\mathbf{b}}{Dt} + \mathbf{b}\,\mathrm{div}\,\mathbf{v}\right) dV \tag{1.52}$$

Das Reynoldssche Transporttheorem läßt sich in einer Reihe von äquivalenten Formulierungen schreiben. Indem man den Ausdruck (1.21) für $D\phi/Dt$ benutzt, erhält man aus (1.50)

$$\frac{D\psi}{Dt} = \int_{\mathfrak{B}} \left(\frac{\delta\phi}{\delta t} + \underbrace{\mathrm{grad}\,\phi \cdot \mathbf{v} + \phi\,\mathrm{div}\,\mathbf{v}}_{\mathrm{div}(\phi\,\mathbf{v})}\right) dV \tag{1.53}$$

Das Volumenintegral über div $(\phi\,v)$ kann in ein Oberflächenintegral verwandelt werden mit dem Ergebnis

$$\frac{D\psi}{Dt} = \int_{\mathfrak{B}} \frac{\delta\phi}{\delta t}\,dV + \int_{\partial\mathfrak{B}} \phi v \cdot n\,dA \tag{1.54}$$

n ist der nach außen gerichtete Normalen-Einheitsvektor von $\partial\mathfrak{B}$ (Fig. 1.8); $n\,dA = dA$ ist das vektorielle Flächenelement von $\partial\mathfrak{B}$. Ganz analog zu (1.54) kann man (1.52) in folgender Form schreiben

$$\frac{D\beta}{Dt} = \int_{\mathfrak{B}} \frac{\delta b}{\delta t}\,dV + \int_{\partial\mathfrak{B}} b(v \cdot n)\,dA \tag{1.55}$$

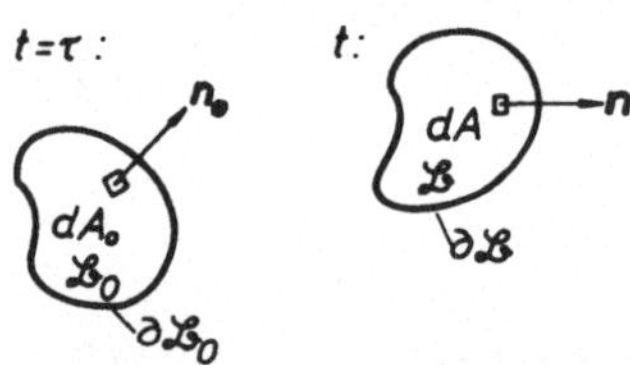

Fig. 1.8
Transformation eines materiellen Flächenelementes

Die Formulierungen (1.54) und (1.55) zeigen deutlich voneinander getrennt die beiden Ursachen für eine zeitliche Änderung von ψ und β: Das Volumenintegral berücksichtigt die zeitliche Änderung des Integranden, das Oberflächenintegral trägt der Veränderung des Integrationsbereichs Rechnung. Zum besseren Verständnis sei noch auf das eindimensionale Analogon des Reynoldsschen Transporttheorems hingewiesen, nämlich auf die bekannte Beziehung für die Ableitung eines einfachen Integrals nach einem Parameter t

$$\frac{d}{dt} \int_{a(t)}^{b(t)} f(x, t)\,dx = \int_{a(t)}^{b(t)} \frac{\partial f}{\partial t}\,dx + \dot{b}f(b, t) - \dot{a}f(a, t) \tag{1.56}$$

Die beiden integralfreien Terme entsprechen dem Oberflächenintegral in (1.54), (1.55); $\dot{a}$ und $\dot{b}$ sind die „Geschwindigkeiten", mit denen sich die Integralgrenzen verschieben.

Für eine weitere Umformung des Reynoldsschen Transporttheorems formulieren wir zunächst die Massenbilanz. Hierzu postulieren wir die Existenz eines Dichtefeldes $\rho(x, t)$ derart, daß die Masse m jedes beliebigen Körpers $\mathfrak{B}$ durch

$$m(\mathfrak{B}) = \int_{\mathfrak{B}} \rho(x, t)\,dV \tag{1.57}$$

gegeben ist. Der Erhaltungssatz für die Masse besagt nun, daß $m(\mathfrak{B})$ nicht von der Zeit abhängt, daß ein Körper seine Masse also stets unverändert beibehält. D.h. aber nach (1.50)

$$\frac{Dm}{Dt} = \int_{\mathfrak{B}} \left(\frac{D\rho}{Dt} + \rho\,\mathrm{div}\,v \right) dV = 0 \tag{1.58}$$

Da wir uns den Körper $\mathfrak{B}$ beliebig aus dem Kontinuum herausgeschnitten denken können, da also (1.58) für beliebigen Integrationsbereich gelten muß, verschwindet der Integrand, wenn man nur Stetigkeit des Integranden voraussetzt. (Dieses im folgenden häufig verwendete Lemma setzen wir als bekannt voraus.) Demnach gilt

$$\frac{D\rho}{Dt} + \rho \, \mathrm{div}\, \mathbf{v} = 0 \qquad (1.59)$$

Diese als „Kontinuitätsgleichung" bekannte differentielle Form des Erhaltungssatzes für die Masse läßt sich unter Beachtung von (1.21) und bei Verwendung der Vektoridentität $\mathrm{grad}\, \rho \cdot \mathbf{v} + \rho \, \mathrm{div}\, \mathbf{v} = \mathrm{div}\,(\rho\mathbf{v})$ in folgende Form bringen

$$\frac{\delta\rho}{\delta t} + \mathrm{div}\,(\rho\mathbf{v}) = 0 \qquad (1.60)$$

Ein d i c h t e b e s t ä n d i g e s Material ist dadurch charakterisiert, daß sich die Dichte für die materiellen Punkte nicht mit der Zeit ändert; für ein solches Material ist also $D\rho/Dt = 0$, und nach (1.59) gilt dann $\mathrm{div}\, \mathbf{v} = 0$. Das Geschwindigkeitsfeld eines dichtebeständigen Materials ist also quellenfrei.

Wir kehren zum Reynoldsschen Transporttheorem zurück und ersetzen in (1.47) den Integranden ϕ durch das Produkt des Dichtefeldes ρ mit dem Feld $\varphi = \phi/\rho$

$$\psi = \int_{\mathfrak{B}} \rho\varphi \, dV \qquad (1.61)$$

Nach (1.50) ergibt sich

$$\frac{D\psi}{Dt} = \int_{\mathfrak{B}} \left(\frac{D\rho}{Dt}\, \varphi + \rho\, \frac{D\varphi}{Dt} + \rho\varphi \, \mathrm{div}\, \mathbf{v} \right) dV \qquad (1.62)$$

Nach (1.59) ist $D\rho/Dt = -\rho \, \mathrm{div}\, \mathbf{v}$; somit heben sich der erste und der letzte Summand im Integranden weg, und es bleibt

$$\frac{D\psi}{Dt} = \int_{\mathfrak{B}} \rho\, \frac{D\varphi}{Dt}\, dV \qquad (1.63)$$

Auch hier ist die Beschränkung auf skalare Felder φ unnötig, (1.63) gilt in derselben Form auch für Vektor- und Tensorfelder.

Zum Abschluß deuten wir die Massenbilanz (1.58) auf eine neue Weise. Hierzu schreiben wir sie in der Form

$$\int_{\mathfrak{B}} \left(\frac{\delta\rho}{\delta t} + \mathrm{div}\,(\rho\mathbf{v}) \right) dV = 0 \qquad (1.64)$$

und formen das Volumenintegral über div (ρv) in ein Oberflächenintegral um

$$\int_{\mathfrak{B}} \frac{\delta\rho}{\delta t}\, dV = -\int_{\partial\mathfrak{B}} \rho v \cdot n\, dA \qquad (1.65)$$

(In dieser Form ergibt sich die Massenbilanz auch, wenn man beim Übergang von (1.57) auf (1.58) die Form (1.54) des Transporttheorems benutzt.) Nichts kann uns daran hindern, unter $\mathfrak{B}$ nun einen raumfesten Integrationsbereich („Kontrollvolumen") mit raumfester Hülle $\partial\mathfrak{B}$ zu verstehen. Der Körper, dessen Betrachtung uns auf Gl. (1.65) geführt hat, nimmt diesen Bereich zur Zeit t gerade ein. Wir erkennen in dem Volumenintegral links die zeitliche Änderung der im raumfesten Bereich $\mathfrak{B}$ enthaltenen Masse. Das Oberflächenintegral rechts gibt die über $\partial\mathfrak{B}$ pro Zeiteinheit nach $\mathfrak{B}$ einströmende Masse an; $\rho v \cdot n\, dA$ ist nämlich die pro Zeiteinheit durch ein raumfestes Flächenelement in Richtung von n hindurchströmende Masse. Da n die von $\mathfrak{B}$ nach außen gerichtete Normale ist, ergibt sich mit dem $-=$ Zeichen in (1.65) die nach innen strömende Masse.

1.3.3 Transformation von Flächenelementen. Zur Vorbereitung der zum Reynoldsschen Transporttheorem führenden Herleitung hatten wir zunächst die Transformation von materiellen Volumenelementen studiert. Zur Vorbereitung der Transporttheoreme für Flächenintegrale beschäftigen wir uns nun mit der Transformation von materiellen Flächenelementen. Hierzu betrachten wir in der Referenzkonfiguration ein orientiertes infinitesimales Flächenelement mit der Normalen n_0 und dem Flächeninhalt dA_0 (Fig. 1.8). In der aktuellen Konfiguration zur Zeit t hat das von denselben materiellen Punkten gebildete Flächenelement die Normale n und den Inhalt dA. Wir leiten nun eine Formel für die Transformation von $dA_0 = n_0\, dA_0$ in $dA = n\, dA$ her, indem wir das Flächenelement dA_0 durch einen Vektor $d\xi$ zu einem Volumenelement vom Inhalt dV_0 ergänzen

$$dV_0 = dA_0 \cdot d\xi = dA_{0i}\, d\xi_i \qquad (1.66)$$

In der aktuellen Konfiguration wird hieraus ein Volumenelement vom Inhalt

$$dV = dA \cdot dx = dA_i\, dx_i \qquad (1.67)$$

Nach (1.39) gilt aber: $dV = \Delta dV_0$, d.h.

$$dA_i\, dx_i = dA_i\, \frac{\partial x_i}{\partial \xi_k}\, d\xi_k = \Delta dA_{0i}\, d\xi_i \qquad (1.68)$$

Wir können $d\xi$ willkürlich wählen und uns deshalb speziell für $d\xi_2 = d\xi_3 = 0$ entscheiden; (1.68) geht dann über in $dA_i\, \partial x_i/\partial\xi_1 = \Delta dA_{01}$. Allgemein gilt demnach

$$dA_i\, \frac{\partial x_i}{\partial \xi_k} = \Delta\, dA_{0k} \qquad \Bigg| \cdot \frac{\partial \xi_k}{\partial x_j} \qquad (1.69)$$

Wie angedeutet multiplizieren wir beide Seiten von (1.69) mit $\partial \xi_k / \partial x_j$ und summieren über k. Unter Beachtung von (1.36) erhalten wir

$$dA_i \delta_{ij} = dA_j = \Delta \frac{\partial \xi_k}{\partial x_j} dA_{0k}, \qquad \text{d.h. } dA = \Delta (F^{-1})^{\mathsf{T}} dA_0 \tag{1.70}$$

Hier bedeutet $(F^{-1})^{\mathsf{T}}$ den transponierten, inversen Deformationsgradienten. Das Ergebnis (1.70) läßt sich mit $dA = n\, dA$ und $dA_0 = n_0\, dA_0$ auch als Transformation der Normalen n_0 in die Normale n deuten

$$n = \Delta \frac{dA_0}{dA} (F^{-1})^{\mathsf{T}} n_0 \tag{1.71}$$

Die Relation (1.71) kann man auch auf folgende, anschauliche Weise herleiten (Fig. 1.9): Eine materielle Fläche $\mathfrak{S}$ sei durch die Gleichung $\phi(\boldsymbol{\xi}) = 0$ gegeben, d.h. durch $\phi(\boldsymbol{\xi}(x, t)) = \varphi(x, t) = 0$. Der Normalenvektor dieser Fläche ergibt sich aus

$$n_i = \frac{1}{|\text{grad } \varphi|} \frac{\partial \varphi}{\partial x_i} = \frac{1}{|\text{grad } \varphi|} \frac{\partial \phi}{\partial \xi_k} \frac{\partial \xi_k}{\partial x_i} = \frac{|\text{Grad } \phi|}{|\text{grad } \varphi|} \frac{\partial \xi_k}{\partial x_i} \underbrace{\frac{1}{|\text{Grad } \phi|} \frac{\partial \phi}{\partial \xi_k}}_{n_{0k}} \tag{1.72}$$

(Durch Großschreibung deuten wir an, daß der Gradient bezüglich der materiellen Variablen ξ_k gebildet wird). Gl. (1.72) läßt sich wie folgt schreiben

$$n = \frac{|\text{Grad } \phi|}{|\text{grad } \varphi|} (F^{-1})^{\mathsf{T}} n_0 \tag{1.73}$$

Aus Fig. 1.9 liest man ab

$$\frac{|\text{Grad } \phi|}{|\text{grad } \varphi|} = \frac{d\phi/dn_0}{d\varphi/dn} = \frac{dn}{dn_0} = \frac{dV/dA}{dV_0/dA_0} = \Delta \frac{dA_0}{dA} \tag{1.74}$$

Setzt man dies in (1.73) ein, so erhält man (1.71).

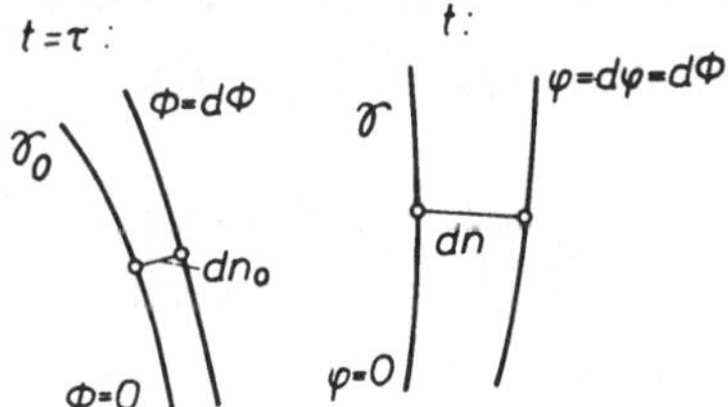

Fig. 1.9
Skizze zur Herleitung von Gleichung (1.74)

1.3.4 Flächenintegrale. Gegeben sei das skalare Feld $\phi(x, t)$. Wir bilden das Flächenintegral $\psi_j(t) = \int\limits_{\mathfrak{S}} \phi\, dA_i$ über die materielle Fläche $\mathfrak{S}$ und leiten eine Formel für die Ableitung von ψ_j nach der Zeit her. Analog zu unserem Verfahren bei der Herleitung des Reynoldsschen Transporttheorems (1.50) transformieren wir das Integral zunächst auf ein Integral über die Fläche $\mathfrak{S}_0$ in der Referenzkonfiguration; hierbei verwenden wir (1.70)

$$\psi_j = \int\limits_{\mathfrak{S}} \phi \, dA_j = \int\limits_{\mathfrak{S}_0} \phi(\mathbf{x}(\boldsymbol{\xi}, t), t) \, \Delta \, \frac{\partial \xi_k}{\partial x_j} \, dA_{0k} \tag{1.75}$$

Der Integrationsbereich ist damit unabhängig von der Zeit, und zur Ableitung nach t muß nur der Integrand differenziert werden

$$\frac{D\psi_j}{Dt} = \int\limits_{\mathfrak{S}_0} \left\{ \frac{D\phi}{Dt} \, \Delta \, \frac{\partial \xi_k}{\partial x_j} + \phi \, \frac{D\Delta}{Dt} \, \frac{\partial \xi_k}{\partial x_j} + \phi\Delta \, \frac{D}{Dt}\left(\frac{\partial \xi_k}{\partial x_j}\right) \right\} dA_{0k} \tag{1.76}$$

Den letzten Summanden des Integranden formen wir um. Hierzu gehen wir von der Identität (1.36) aus, die wir nach der Zeit differenzieren

$$\underbrace{\frac{D}{Dt}\left(\frac{\partial x_i}{\partial \xi_k}\right) \frac{\partial \xi_k}{\partial x_j}}_{\dfrac{\partial v_i}{\partial \xi_k}} + \frac{\partial x_i}{\partial \xi_k} \, \frac{D}{Dt}\left(\frac{\partial \xi_k}{\partial x_j}\right) = 0 \qquad \Bigg| \cdot \frac{\partial \xi_l}{\partial x_i} \tag{1.77}$$

Durch Multiplikation mit $\partial \xi_l/\partial x_i$ und Summation über i erhalten wir

$$\underbrace{\frac{\partial v_i}{\partial \xi_k} \, \frac{\partial \xi_k}{\partial x_j} \, \frac{\partial \xi_l}{\partial x_i}}_{\dfrac{\partial v_i}{\partial x_j}} + \delta_{lk} \, \frac{D}{Dt}\left(\frac{\partial \xi_k}{\partial x_j}\right) = 0 \tag{1.78}$$

oder $\quad \dfrac{D}{Dt}\left(\dfrac{\partial \xi_l}{\partial x_j}\right) = -\dfrac{\partial \xi_l}{\partial x_i} \, \dfrac{\partial v_i}{\partial x_j}$ $\hspace{4cm}$ (1.79)

Hiernach wird

$$\int\limits_{\mathfrak{S}_0} \phi\Delta \, \frac{D}{Dt}\left(\frac{\partial \xi_k}{\partial x_j}\right) dA_{0k} = -\int\limits_{\mathfrak{S}_0} \phi\Delta \, \frac{\partial \xi_k}{\partial x_i} \, \frac{\partial v_i}{\partial x_j} \, dA_{0k}$$

$$= -\int\limits_{\mathfrak{S}} \phi \, \frac{\partial v_i}{\partial x_j} \, dA_i \tag{1.80}$$

Damit läßt sich (1.76), unter Beachtung von (1.43), wie folgt schreiben

$$\frac{D}{Dt}\int\limits_{\mathfrak{S}} \phi \, dA_j = \int\limits_{\mathfrak{S}}\left(\frac{D\phi}{Dt} + \phi \operatorname{div} \mathbf{v}\right) dA_j - \int\limits_{\mathfrak{S}} \phi \, \frac{\partial v_i}{\partial x_j} \, dA_i \tag{1.81}$$

Dies entspricht dem Reynoldsschen Transporttheorem (1.50) und unterscheidet sich formal von diesem nur durch das letzte Integral auf der rechten Seite.

Nun identifizieren wir ϕ mit der Komponente b_j eines Vektorfeldes $\mathbf{b}(\mathbf{x}, t)$ und erhalten, indem wir die drei aus (1.81) für $j = 1, 2, 3$ entstehenden Gleichungen aufsummieren

$$\frac{D}{Dt} \int_{\mathfrak{S}} b_j \, dA_j = \int_{\mathfrak{S}} \left(\frac{Db_j}{Dt} + b_j \operatorname{div} \mathbf{v} - \frac{\partial v_j}{\partial x_i} \, b_i \right) dA_j \tag{1.82}$$

(Hierbei wurden im letzten Term die Summationsindizes i und j in j und i umbenannt). In symbolischer Schreibweise lautet (1.82)

$$\frac{D}{Dt} \int_{\mathfrak{S}} \mathbf{b} \cdot d\mathbf{A} = \int_{\mathfrak{S}} \left(\frac{D\mathbf{b}}{Dt} + \mathbf{b} \operatorname{div} \mathbf{v} - (\operatorname{grad} \mathbf{v}) \, \mathbf{b} \right) \cdot d\mathbf{A} \tag{1.83}$$

Wenn wir die materielle Ableitung $D\mathbf{b}/Dt$ durch die Summe der lokalen und der konvektiven Ableitungen ersetzen, erhalten wir für den Integranden

$$\frac{\delta \mathbf{b}}{\delta t} + \mathbf{b} \operatorname{div} \mathbf{v} + (\operatorname{grad} \mathbf{b}) \, \mathbf{v} - (\operatorname{grad} \mathbf{v}) \, \mathbf{b} = \frac{\delta \mathbf{b}}{\delta t} + \mathbf{v} \operatorname{div} \mathbf{b} + \operatorname{rot} (\mathbf{b} \times \mathbf{v}) \tag{1.84}$$

Hierbei haben wir die Vektoridentität

$$\operatorname{rot} (\mathbf{b} \times \mathbf{v}) = (\operatorname{grad} \mathbf{b}) \, \mathbf{v} + \mathbf{b} \operatorname{div} \mathbf{v} - (\operatorname{grad} \mathbf{v}) \, \mathbf{b} - \mathbf{v} \operatorname{div} \mathbf{b} \tag{1.85}$$

benutzt. Setzt man die rechte Seite von (1.84) als Integrand in (1.83) ein, so kann man das Oberflächenintegral von $\operatorname{rot} (\mathbf{b} \times \mathbf{v})$ nach dem Stokesschen Satz in ein Linienintegral über den Rand $\mathfrak{L}$ der materiellen Fläche $\mathfrak{S}$ umformen und erhält

$$\frac{D}{Dt} \int_{\mathfrak{S}} \mathbf{b} \cdot d\mathbf{A} = \int_{\mathfrak{S}} \left(\frac{\delta \mathbf{b}}{\delta t} + \mathbf{v} \operatorname{div} \mathbf{b} \right) \cdot d\mathbf{A} + \int_{\mathfrak{L}} (\mathbf{b} \times \mathbf{v}) \cdot d\mathbf{x} \tag{1.86}$$

1.3.5 Linienintegrale. Wir denken uns wieder ein skalares Feld $\phi(\mathbf{x}, t)$ gegeben und bilden das Linienintegral

$$\psi_i(t) = \int_{\mathfrak{L}} \phi \, dx_i = \int_{\mathfrak{L}_0} \phi \, \frac{\partial x_i}{\partial \xi_k} \, d\xi_k \tag{1.87}$$

$\mathfrak{L}$ ist eine materielle Linie, die in der Referenzkonfiguration mit $\mathfrak{L}_0$ bezeichnet wird. Die Ableitung von ψ_i nach der Zeit ergibt sich unmittelbar aus der zweiten Form des Integrals in (1.87)

$$\frac{D\psi_i}{Dt} = \int_{\mathfrak{L}_0} \frac{D\phi}{Dt} \, \frac{\partial x_i}{\partial \xi_k} \, d\xi_k + \int_{\mathfrak{L}_0} \phi \, \underbrace{\frac{D}{Dt} \left(\frac{\partial x_i}{\partial \xi_k} \right)}_{\partial v_i / \partial \xi_k} \, d\xi_k \tag{1.88}$$

Dieses Ergebnis läßt sich als Integral über $\mathfrak{L}$ schreiben

$$\frac{D}{Dt} \int_{\mathfrak{L}} \phi \, dx_i = \int_{\mathfrak{L}} \frac{D\phi}{Dt} \, dx_i + \int_{\mathfrak{L}} \phi \, dv_i \qquad (1.89)$$

Hierbei ist

$$dv_i = \frac{\partial v_i}{\partial \xi_k} \, d\xi_k = \frac{\partial v_i}{\partial x_l} \, \frac{\partial x_l}{\partial \xi_k} \, d\xi_k = \frac{\partial v_i}{\partial x_l} \, dx_l$$

das Differential der Geschwindigkeitskomponente v_i beim Fortschreiten auf $\mathfrak{L}$.

Nun identifizieren wir ϕ mit der Komponente b_i eines Vektorfeldes und erhalten, indem wir die drei aus (1.89) für $i = 1, 2, 3$ folgenden Gleichungen aufsummieren

$$\frac{D}{Dt} \int_{\mathfrak{L}} b_i \, dx_i = \int_{\mathfrak{L}} \frac{Db_i}{Dt} \, dx_i + \int_{\mathfrak{L}} b_i \, dv_i \qquad (1.90)$$

oder $\qquad \dfrac{D}{Dt} \displaystyle\int_{\mathfrak{L}} \mathbf{b} \cdot d\mathbf{x} = \int_{\mathfrak{L}} \frac{D\mathbf{b}}{Dt} \cdot d\mathbf{x} + \int_{\mathfrak{L}} \mathbf{b} \cdot d\mathbf{v} \qquad (1.91)$

Wenn das Vektorfeld $\mathbf{b}$ das Geschwindigkeitsfeld $\mathbf{v}$ ist, ergibt sich

$$\frac{D}{Dt} \int_{\mathfrak{L}} \mathbf{v} \cdot d\mathbf{x} = \int_{\mathfrak{L}} \frac{D\mathbf{v}}{Dt} \cdot d\mathbf{x} + \frac{v_B^2 - v_A^2}{2} \qquad (1.92)$$

(v_B und v_A sind die Geschwindigkeiten in den Endpunkten B und A von $\mathfrak{L}$.) Wenn $\mathfrak{L}$ geschlossen ist, ergibt sich speziell

$$\frac{D}{Dt} \oint_{\mathfrak{L}} \mathbf{v} \cdot d\mathbf{x} = \oint_{\mathfrak{L}} \frac{D\mathbf{v}}{Dt} \cdot d\mathbf{x} \qquad (1.93)$$

Die links stehende Größe $\Gamma = \oint_{\mathfrak{L}} \mathbf{v} \cdot d\mathbf{x}$ bezeichnet man als Zirkulation der geschlossenen Kurve $\mathfrak{L}$. Immer dann, wenn das Beschleunigungsfeld $D\mathbf{v}/Dt$ ein eindeutiges (also nicht-zyklisches) Potential Ω besitzt, gilt nach (1.93)

$$\frac{D\Gamma}{Dt} = \frac{D}{Dt} \oint_{\mathfrak{L}} \mathbf{v} \cdot d\mathbf{x} = \oint_{\mathfrak{L}} \operatorname{grad} \Omega \cdot d\mathbf{x} = 0 \qquad (1.94)$$

Da ein wirbelfreies Vektorfeld in einem einfach zusammenhängenden Bereich ein eindeutiges Potential besitzt, kann man dieses Ergebnis auch so formulieren: In jedem einfach zusammenhängenden Bereich, in dem der Beschleunigungsvektor wirbelfrei ist, ist die Zirkulation einer geschlossenen materiellen Linie unabhängig von der Zeit. Dieser Erhaltungssatz für die Zirkulation heißt T h o m s o n s c h e r   W i r b e l s a t z   oder K e l v i n s c h e r   W i r b e l s a t z. An dieser Stelle definieren wir noch für die spätere Verwendung den W i r b e l v e k t o r $\mathbf{w}$ durch

$$\mathbf{w} = \operatorname{rot} \mathbf{v} \qquad (1.95)$$

Aus dem Kelvinschen Wirbelsatz kann man auf folgenden Sachverhalt schließen: Wenn für einen materiellen Punkt zu einer bestimmten Zeit $w = 0$ ist, dann ist zu allen Zeiten am Ort dieses materiellen Punktes $w = 0$. Den auf dem Kelvinschen Satz basierenden Beweis deuten wir nur an, da sich der Sachverhalt unmittelbarer aus der Helmholtzschen Wirbelgleichung (1.103) erschließen läßt, die wir im Abschn. 1.4 herleiten werden. Zur Zeit t_1 sei der betrachtete materielle Punkt am Ort x_1, und es sei $w(x_1, t_1) = 0$. Zur Zeit $t_2 > t_1$ sei der Punkt am Ort x_2 und, im Gegensatz zu der zu beweisenden Aussage, sei $w(x_2, t_2) \neq 0$. Wir wählen nun irgendeine geschlossene Kontur $\mathfrak{L}_1$ in unmittelbarer Umgebung des Ortes x_1 zur Zeit t_1. Sie geht in eine Kontur $\mathfrak{L}_2$ am Ort x_2 zur Zeit t_2 über. Wegen $w(x_2, t_2) \neq 0$ ist im allgemeinen $\Gamma(\mathfrak{L}_2) \neq 0$. Nach dem Kelvinschen Satz ist dann auch $\Gamma(\mathfrak{L}_1) \neq 0$, während aus $w(x_1, t_1) = 0$ folgt, daß für alle Kurven $\mathfrak{L}_1$ in unmittelbarer Umgebung des Ortes x_1 gelten muß: $\Gamma(\mathfrak{L}_1) = 0$. Aus diesem Widerspruch schließen wir, daß die Annahme $w(x_2, t_2) \neq 0$ falsch ist, also $w(x_2, t_2) = 0$ gilt.

Die Voraussetzung für die Gültigkeit des Kelvinschen Wirbelsatzes – Wirbelfreiheit des Beschleunigungsvektors – ist in sog. barotropen, reibungsfreien Fluiden (vgl. Abschn. 3.1 und Abschn. 4.8) erfüllt. War ein solches Fluid einmal wirbelfrei, bleibt es zufolge des oben erklärten Sachverhaltes zu allen Zeiten wirbelfrei. Dies ist der Grund dafür, daß in der Dynamik der reibungsfreien Fluide die Potentialströmungen, d.h. die Strömungen mit wirbelfreiem Geschwindigkeitsfeld, eine große Rolle spielen: Da die meisten Strömungen aus der Ruhe heraus entstehen, und da im ruhenden Fluid wegen $v = 0$ natürlich auch rot $v = w = 0$ gilt, bleiben diese Strömungen zu allen Zeiten wirbelfrei, und das Geschwindigkeitsfeld besitzt deshalb ein skalares Potential.

Aufgaben. 1.3.1. $\Delta = \det F$. Man berechne $D^2 \Delta/Dt^2$ auf zwei Wegen: a) durch Differentiation von $D\Delta/Dt$ (Gl. (1.43)), b) durch Differentiation der Identität $\int\limits_{\mathfrak{B}} \operatorname{div} v \, dV =$

$$= \int\limits_{\partial\mathfrak{B}} v \cdot n \, dA$$ und Anwendung der Transporttheoreme (1.50) und (1.83).

1.3.2. Gibt es bei jeder Deformation $F(\xi)$ materielle Linienelemente, deren Richtung sich bei der Deformation nicht ändert? Bestimmen Sie solche Richtungen für die folgenden Deformationen (einfache Scherung, zweiachsige isochore Streckung und starre Drehung)

$$\text{a) } F = \begin{pmatrix} 1 & \gamma & 0 \\ 0 & 1 & 0 \\ 0 & 0 & 1 \end{pmatrix} \quad \text{b) } F = \begin{pmatrix} \epsilon & 0 & 0 \\ 0 & 1/\epsilon & 0 \\ 0 & 0 & 1 \end{pmatrix} \quad \text{c) } F = \begin{pmatrix} c & s & 0 \\ -s & c & 0 \\ 0 & 0 & 1 \end{pmatrix}, \quad c^2 + s^2 = 1$$

1.3.3. Gegeben ist das stationäre Geschwindigkeitsfeld $v(x) = \omega \times x$ (ω konstant). Man bestimme die dazugehörige Bewegung $x = x(\xi, t)$ und den Deformationsgradienten $F(\xi, t)$.

1.3.4. Gibt es zu einer gegebenen Deformation F in einem materiellen Punkt Flächenelemente, deren Normalenrichtung sich bei der Deformation nicht ändert? Wie viele solcher Flächenelemente gibt es in den Beispielen

$$\text{a) } F = \begin{pmatrix} \cos\varphi & \sin\varphi & 0 \\ -\sin\varphi & \cos\varphi & 0 \\ 0 & 0 & 1 \end{pmatrix} \quad \text{b) } F = \begin{pmatrix} \epsilon & 0 & 0 \\ 0 & 1/\epsilon & 0 \\ 0 & 0 & 1 \end{pmatrix} \quad \text{c) } F = \begin{pmatrix} \epsilon & 0 & 0 \\ 0 & \epsilon & 0 \\ 0 & 0 & \epsilon \end{pmatrix}$$

1.3.5. Gegeben ist die einfache Scherung $x_1 = \xi_1 + \kappa\xi_2$, $x_2 = \xi_2$, $x_3 = \xi_3$ (κ konstant). Man bestimme nach (1.71) die Normalenrichtungen $\mathbf{n}$ zu den Normalenrichtungen $\mathbf{n}_0$, die in der Referenzkonfiguration die Richtungen der Koordinatenachsen haben (Fig. 1.10). Man berechne außerdem die Flächenverhältnisse dA/dA_0 für die Flächenelemente.

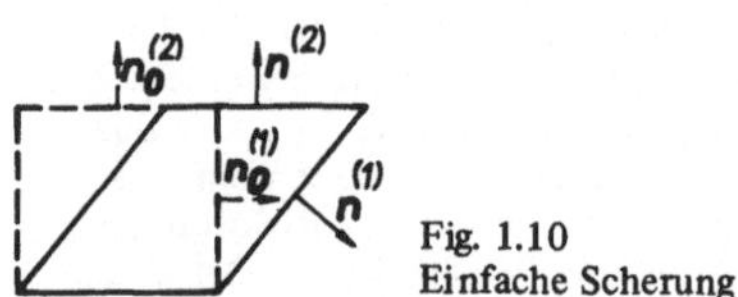

Fig. 1.10
Einfache Scherung

1.3.6. Gegeben sind eine materielle Linie $\mathfrak{L}$ und ein skalares Feld ϕ. Man bestimme die Zeitableitung $D/Dt \int\limits_{\mathfrak{L}} \phi \, ds$, wobei s die Bogenlänge ist. H i n w e i s : Man führe eine materielle Koordinate α auf der materiellen Linie ein und transformiere das Integral in ein Integral über α. Im Ergebnis führe man die relative Dehngeschwindigkeit

$$w = \left(\frac{\partial s}{\partial \alpha}\right)^{-1} \frac{\partial}{\partial t} \left(\frac{\partial s}{\partial \alpha}\right) \quad \text{ein.}$$

1.3.7. Gegeben sind eine materielle Linie $\mathfrak{L}$: $\mathbf{x}(s, t)$ (s Bogenlänge) und ein Vektorfeld $\mathbf{b}(\mathbf{x}, t)$. Bestimmen Sie die Zeitableitung $D/Dt \int\limits_{\mathfrak{L}} \mathbf{b} \cdot d\mathbf{x}$ unter Benutzung des Ergebnisses der vorigen Aufgabe, indem Sie für ϕ die Tangentialkomponente des Vektorfelds $\mathbf{b}$ zur materiellen Linie, $\phi = \mathbf{b} \cdot (\partial\mathbf{x}/\partial s)$, wählen. Das Ergebnis ist selbstverständlich Gleichung (1.91).

1.4 Wirbelsätze

Vorbemerkung: Ein Leser, dem es vorwiegend auf Anwendungen in der Festkörpermechanik ankommt, kann diesen Abschnitt überschlagen. Er verliert dadurch nicht den Anschluß an das Folgende.

Die seither bereitgestellten Hilfsmittel reichen aus, um die wichtigsten Wirbelsätze herzuleiten, die vor allem in der Dynamik der Fluide grundlegende Bedeutung haben. Wir definieren zunächst die W i r b e l l i n i e n als die Integralkurven des durch den Wirbelvektor $\mathbf{w}$ gegebenen Richtungsfeldes, d.h. als die Kurven, deren Tangentenrichtung überall mit der Richtung von $\mathbf{w}$ übereinstimmt. Die Wirbellinien spielen für das Wirbelfeld $\mathbf{w}(\mathbf{x}, t)$ demnach dieselbe Rolle wie die Stromlinien für das Geschwindigkeitsfeld $\mathbf{v}(\mathbf{x}, t)$ (vgl. Abschn. 1.2). Sei nun $\mathfrak{L}$ eine doppelpunktfreie geschlossene Kurve mit nichtverschwindender Zirkulation Γ. Die durch die Punkte von $\mathfrak{L}$ hindurchführenden Wirbellinien bilden den Mantel einer W i r b e l r ö h r e (ganz analog hierzu sind übrigens auch Stromröhren definiert). Wir nehmen an, $\mathfrak{L}$ sei so beschaffen, daß keine Wirbellinie mehr als einen Punkt mit $\mathfrak{L}$ gemeinsam hat. Dadurch schließen wir solche Röhren aus, die aus mehreren Teilröhren bestehen, die sich längs Mantellinien berühren. Für Wirbelröhren gelten die folgenden fünf Sätze:

Satz 1. Die Zirkulation $\Gamma(\mathfrak{L}_1)$ für eine auf dem Mantel der Röhre liegende, diese nicht umschließende geschlossene Kurve $\mathfrak{L}_1$ ist null.

Der Beweis ergibt sich aus dem Stokesschen Satz (vgl. **Abb. 1.11**)

$$\Gamma(\mathfrak{L}_1) = \int_{\mathfrak{L}_1} \mathbf{v} \cdot d\mathbf{x} = \int_{\mathfrak{S}_1} \mathbf{w} \cdot d\mathbf{A} = 0 \tag{1.96}$$

Als Fläche $\mathfrak{S}_1$ kann man nämlich den von $\mathfrak{L}_1$ berandeten Teil des Mantels der Röhre wählen; auf dem Mantel ist aber $\mathbf{w} \cdot \mathbf{n} = 0$, also folgt $\Gamma(\mathfrak{L}_1) = 0$.

Satz 2. Alle auf dem Mantel liegenden, die Wirbelröhre im gleichen Umlaufsinn einfach umschließenden Kurven haben dieselbe Zirkulation $\Gamma(\mathfrak{L})$. Die Zirkulation $\Gamma(\mathfrak{L})$ ist also eine für die Wirbelröhre charakteristische Größe, die wir kurz Z i r k u l a t i o n d e r W i r b e l r ö h r e nennen.

Zum Beweis wählt man zwei Kurven $\mathfrak{L}$ und $\mathfrak{L}_2$ und verbindet sie auf die in Fig. 1.11 skizzierte Weise durch einen doppelt durchlaufenen Weg zu einer Gesamtkontur, auf die Satz 1 anwendbar ist

$$\Gamma(\mathfrak{L}) + \int_A^B \mathbf{v} \cdot d\mathbf{x} - \Gamma(\mathfrak{L}_2) + \int_B^A \mathbf{v} \cdot d\mathbf{x} = 0 \qquad \text{d.h.} \tag{1.97}$$

$$\text{wegen} \quad \int_A^B \mathbf{v} \cdot d\mathbf{x} + \int_B^A \mathbf{v} \cdot d\mathbf{x} = 0 : \Gamma(\mathfrak{L}) = \Gamma(\mathfrak{L}_2) \tag{1.98}$$

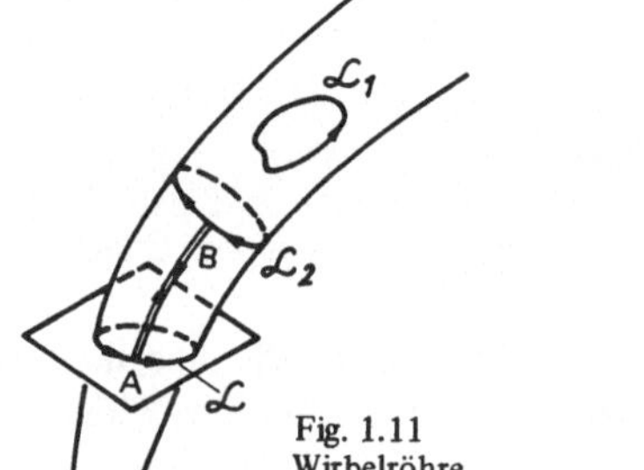

Fig. 1.11
Wirbelröhre

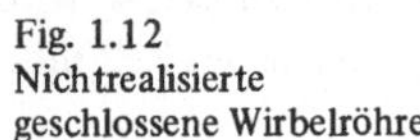

Fig. 1.12
Nichtrealisierte
geschlossene Wirbelröhre

Satz 3. Wirbelröhren sind entweder in sich geschlossen (z.B. torusartig), oder sie enden an den Rändern des Bereiches, in dem das Wirbelfeld $\mathbf{w}$ stetig definiert ist.

Zum Beweis nimmt man an, es gäbe eine im Bereichsinnern endende Wirbelröhre, und führt diese Annahme wie folgt auf einen Widerspruch: Für die beiden in Fig. 1.12 skizzierten Kurven zeigt man wie beim Beweis von Satz 2, daß $\Gamma(\mathfrak{L}_3) = \Gamma(\mathfrak{L})$ gilt. Nach Voraussetzung ist aber $\Gamma(\mathfrak{L}) \neq 0$ (vgl. die obige Definition der Wirbelröhre), während nach Satz 1 $\Gamma(\mathfrak{L}_3) = 0$ gilt. Aus diesem Widerspruch schließen wir, daß unsere Annahme einer im Innern endenden Wirbelröhre falsch ist und daß es somit solche Wirbelröhren nicht gibt.

Vor der Formulierung des nächsten Satzes müssen wir voraussetzen, daß die Bedingungen erfüllt sind, unter denen der Kelvinsche Wirbelsatz gilt; diese sind Wirbelfreiheit des Beschleunigungsvektors und einfach zusammenhängender Raumbereich. Dies sei von jetzt ab bis zu Gl. (1.114) vorausgesetzt.

Satz 4. Wirbelröhren sind materielle Röhren.

Dieser gewöhnlich nach H e l m h o l t z genannte Satz ist folgendermaßen zu verstehen (vgl. Fig. 1.13). Die materiellen Punkte, die zur Zeit t_1 den Mantel einer Wirbelröhre $\Re_1$ konstituieren, bilden zur Zeit t_2 wieder den Mantel einer Röhre $\Re_2$. Der Satz behauptet, daß auch $\Re_2$ eine Wirbelröhre ist. Wir beweisen dies, indem wir eine zur Zeit t_1 auf dem Mantel von $\Re_1$ liegende materielle Kurve $\mathfrak{L}_1$ betrachten, die zur Zeit t_2 in die Kurve $\mathfrak{L}_2$ auf dem Mantel von $\Re_2$ übergeht. Da $\Gamma(\mathfrak{L}_1) = 0$ gilt (Satz 1), ist nach dem Kelvinschen Wirbelsatz auch $\Gamma(\mathfrak{L}_2) = 0$. Nach dem Stokesschen Integralsatz ist dann aber $\int_{\mathfrak{S}_2} \mathbf{w} \cdot \mathbf{n} \, dA = 0$, wo $\mathfrak{S}_2$ der von $\mathfrak{L}_2$ umschlossene Teil des Mantels der Röhre $\Re_2$ ist. Da dies für alle möglichen Konturen $\mathfrak{L}_2$ und damit auch für alle möglichen Flächen $\mathfrak{S}_2$ auf dem Mantel von $\Re_2$ gilt, muß der Integrand verschwinden: $\mathbf{w} \cdot \mathbf{n} = 0$. Dies bedeutet, daß $\mathbf{w}$ überall senkrecht zu $\mathbf{n}$ gerichtet ist, m.a.W. daß $\mathbf{w}$ den Mantel der Röhre $\Re_2$ überall tangiert. $\Re_2$ ist also eine Wirbelröhre.

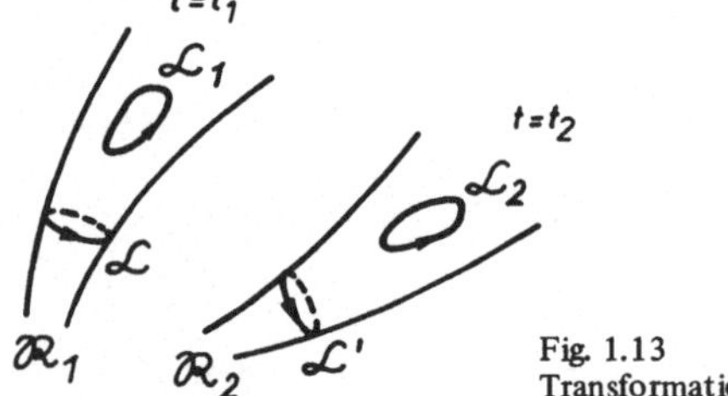

Fig. 1.13
Transformation einer Wirbelröhre

Da man Wirbellinien als den Grenzfall von Wirbelröhren mit verschwindendem Querschnitt auffassen kann, ergibt sich als

Korollar zu Satz 4. Wirbellinien sind materielle Linien. D.h. eine materielle Linie, die zu irgendeiner Zeit mit einer Wirbellinie zusammenfällt, ist zu allen Zeiten eine Wirbellinie.

Satz 5. Die Zirkulation einer Wirbelröhre ist unabhängig von der Zeit.

Der Beweis ergibt sich aus Fig. 1.13: Die auf dem Mantel der Röhre $\Re_1$ liegende, die Röhre umschließende materielle Kurve $\mathfrak{L}$ geht in $\mathfrak{L}'$ auf $\Re_2$ über. Nach dem Kelvinschen Wirbelsatz behält sie hierbei ihre Zirkulation bei.

Wir leiten nun die H e l m h o l t z s c h e   W i r b e l g l e i c h u n g (1.103) her. Nach dem Kelvinschen Wirbelsatz gilt

$$\frac{D}{Dt} \oint_{\mathfrak{L}} \mathbf{v} \cdot d\mathbf{x} = \frac{D}{Dt} \int_{\mathfrak{S}} \mathbf{w} \cdot d\mathbf{A} = 0 \tag{1.99}$$

$\mathfrak{S}$ ist hierbei eine materielle Fläche mit dem Rand $\mathfrak{L}$. Unter Beachtung des Transporttheorems (1.83) schreiben wir dies in der Form

$$\int\limits_{\mathfrak{S}}\left(\frac{D\mathbf{w}}{Dt} + \mathbf{w}\,\mathrm{div}\,\mathbf{v} - (\mathrm{grad}\,\mathbf{v})\,\mathbf{w}\right)\cdot d\mathbf{A} = 0 \tag{1.100}$$

Da $\mathfrak{L}$ und damit auch $\mathfrak{S}$ beliebig gewählt werden kann, folgt (Stetigkeit des Integranden vorausgesetzt)

$$\frac{D\mathbf{w}}{Dt} + \mathbf{w}\,\mathrm{div}\,\mathbf{v} = (\mathrm{grad}\,\mathbf{v})\,\mathbf{w} \tag{1.101}$$

Gl. (101) läßt sich übrigens ohne den Umweg über den Kelvinschen Wirbelsatz und das Transporttheorem (1.83) folgendermaßen herleiten: Aus dem Ausdruck (1.23) für den Beschleunigungsvektor $\mathbf{a}$ ergibt sich wegen der Voraussetzung rot $\mathbf{a} = \mathbf{0}$ die Relation: $\delta\mathbf{w}/\delta t - \mathrm{rot}\,(\mathbf{v}\times\mathbf{w}) = 0$. Dies ist aber mit (1.101) identisch. Man sieht dies ein, wenn man die Vektoridentität (1.85) für rot $(\mathbf{v}\times\mathbf{w})$ beachtet und dabei bedenkt, daß div $\mathbf{w} = $ $= \mathrm{div}\,(\mathrm{rot}\,\mathbf{v}) = 0$ ist.

Mittels der Kontinuitätsgleichung (1.59) eliminieren wir aus Gl. (1.101) div $\mathbf{v}$ und multiplizieren die entstehende Gleichung mit $1/\rho$; wir erhalten

$$\frac{1}{\rho}\frac{D\mathbf{w}}{Dt} - \frac{\mathbf{w}}{\rho^2}\frac{D\rho}{Dt} = (\mathrm{grad}\,\mathbf{v})\,\frac{\mathbf{w}}{\rho} \tag{1.102}$$

$$\text{oder}\quad \frac{D}{Dt}\left(\frac{\mathbf{w}}{\rho}\right) = (\mathrm{grad}\,\mathbf{v})\left(\frac{\mathbf{w}}{\rho}\right) \tag{1.103}$$

Die **Helmholtzsche Wirbelgleichung** (1.103) kann nach der Zeit t integriert werden. Für diese Integration müssen wir zunächst eine Hilfsformel (Gl. (1.107)) bereitstellen. Zur Verringerung der Schreibarbeit vereinbaren wir, die materielle Ableitung D/Dt durch $\cdot$ zu kennzeichnen; außerdem führen wir die Abkürzung $\mathbf{w}/\rho = \mathbf{q}$ ein. Aus der Definition (1.31) des Deformationsgradienten folgt durch Differentiation nach der Zeit

$$\dot{F}_{ik} = \frac{\partial^2 x_i\,(\boldsymbol{\xi}, t)}{\partial t\,\partial\xi_k} = \frac{\partial v_i\,(\boldsymbol{\xi}, t)}{\partial\xi_k} = \frac{\partial v_i}{\partial x_l}\,\frac{\partial x_l}{\partial\xi_k} \tag{1.104}$$

oder, symbolisch geschrieben

$$\dot{\mathbf{F}} = (\mathrm{grad}\,\mathbf{v})\,\mathbf{F}, \qquad \mathrm{grad}\,\mathbf{v} = \dot{\mathbf{F}}\mathbf{F}^{-1} \tag{1.105}$$

Andererseits ergibt sich aus der Identität $\mathbf{F}\mathbf{F}^{-1} = \mathbf{I}$ durch Differentiation nach t

$$\dot{\mathbf{F}}\mathbf{F}^{-1} + \mathbf{F}(\mathbf{F}^{-1})^{\cdot} = 0 \tag{1.106}$$

$$\text{D.h.}\quad \mathrm{grad}\,\mathbf{v} = -\,\mathbf{F}(\mathbf{F}^{-1})^{\cdot} \tag{1.107}$$

Die Helmholtzsche Wirbelgleichung läßt sich hiermit in folgender Form schreiben

$$\dot{\mathbf{q}} + \mathbf{F}(\mathbf{F}^{-1})^{\cdot}\,\mathbf{q} = 0 \tag{1.108}$$

Indem wir von links mit $\mathbf{F}^{-1}$ multiplizieren, erhalten wir

$$\mathbf{F}^{-1}\dot{\mathbf{q}} + (\mathbf{F}^{-1})^{\cdot}\,\mathbf{q} = (\mathbf{F}^{-1}\mathbf{q})^{\cdot} = 0 \tag{1.109}$$

Dies läßt sich sofort nach t integrieren; dabei beachten wir, daß für $t = \tau$ gilt: $\mathbf{F} = \mathbf{I}$. Damit ergibt sich

$$\mathbf{F}^{-1}\mathbf{q}(\boldsymbol{\xi}, t) = \mathbf{q}(\boldsymbol{\xi}, \tau) \tag{1.110}$$

oder $$\mathbf{q}(\boldsymbol{\xi}, t) = \mathbf{F}\,\mathbf{q}(\boldsymbol{\xi}, \tau) \tag{1.111}$$

Nach Gl. (1.111) transformiert sich $\mathbf{q} = \mathbf{w}/\rho$ genau so wie das materielle Linienelement; hierzu vergleiche man (1.111) mit (1.32). Dieser Sachverhalt ist in Fig. 1.14 veranschaulicht: Bei Drehung und Streckung des mit $\mathbf{q}$ gleichgerichteten materiellen Linienelementes $d\boldsymbol{\xi}$ wird $\mathbf{q}$ in gleichem Maße gedreht und gestreckt.

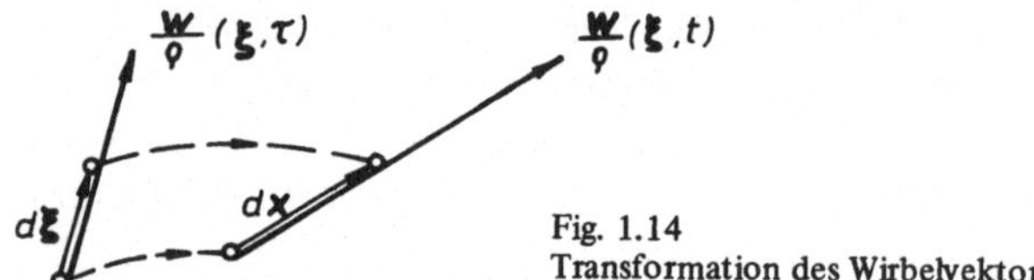

Fig. 1.14
Transformation des Wirbelvektors

Aus der Fig. 1.15 ergibt sich ein heuristisch-anschaulicher Beweis des Resultats (1.111). In der Abbildung ist ein infinitesimales Stück einer Wirbelröhre infinitesimalen Querschnitts zur Zeit τ und zur Zeit t skizziert, zusammen mit den Vektoren $\mathbf{q}_0(= \mathbf{q}(\boldsymbol{\xi}, \tau))$ und $\mathbf{q}(= \mathbf{q}(\boldsymbol{\xi}, t))$. Nach dem oben bewiesenen Satz 5 ändert sich die Zirkulation der Röhre nicht mit der Zeit; d.h. es gilt

$$q_0\rho_0 dA_0 = q\rho dA \tag{1.112}$$

$q\rho dA = w\,dA$ ist nämlich die Zirkulation der Röhre; (das magere Vektorsymbol gibt den Betrag des Vektors an). Da nach Satz 4 die Wirbelröhre eine materielle Röhre ist, bleibt die Masse in ihr erhalten; dies führt auf

$$\rho_0 dA_0 d\xi = \rho dA\,dx \tag{1.113}$$

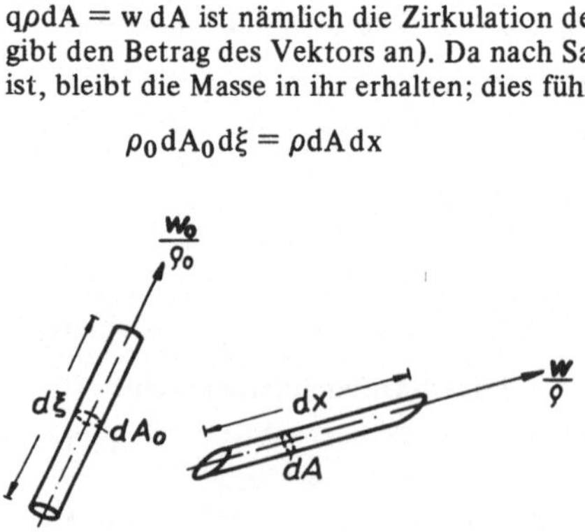

Fig. 1.15
Transformation eines infinitesimalen
Wirbelröhrenelementes

Dividiert man die Gl. (1.112) durch Gl. (1.113), so erhält man

$$\frac{q_0}{d\xi} = \frac{q}{dx} \qquad (1.114)$$

Der Betrag q des Vektors $\mathbf{q}$ ändert sich also im selben Verhältnis wie die Länge dx des Elementes der Wirbellinie. Da außerdem die Richtung von $\mathbf{q}$ stets mit der Richtung des Linienelementes dx übereinstimmt und dieses materiell ist, ist auch hiermit bewiesen, daß sich $\mathbf{q}$ genauso wie das materielle Linienelement ändert.

Wenn das Beschleunigungsfeld nicht, wie seither vorausgesetzt, wirbelfrei ist, wenn also der Kelvinsche Satz nicht gilt, tritt an die Stelle der Helmholtzschen Gleichung (1.103) die folgende Relation

$$\dot{\mathbf{q}} = (\text{grad } \mathbf{v})\, \mathbf{q} + \boldsymbol{\kappa} \qquad (1.115)$$

Hierdurch ist zunächst nur das Vektorfeld $\boldsymbol{\kappa}$, die W i r b e l p r o d u k t i o n s d i c h - t e , definiert. Bei manchen Anwendungen ist κ für die materiellen Punkte als Funktion der Zeit bekannt: $\kappa = \kappa(\xi, t)$. Bei Kenntnis von $\kappa(\xi, t)$ läßt sich auch (1.115) integrieren. Hierzu schreibt man die Gleichung in der zu (1.108) analogen Form

$$\dot{\mathbf{q}} + \mathbf{F}(\mathbf{F}^{-1})^{\cdot}\, \mathbf{q} = \boldsymbol{\kappa} \qquad (1.116)$$

Auf dem Weg, den wir von Gl. (1.108) aus zur Herleitung des Ergebnisses (1.111) eingeschlagen haben, gelangt man hier zu folgendem Resultat

$$\mathbf{q}(\boldsymbol{\xi}, t) = \mathbf{F}(\boldsymbol{\xi}, t) \left[\mathbf{q}(\boldsymbol{\xi}, \tau) + \int_\tau^t \mathbf{F}^{-1}(\boldsymbol{\xi}, s)\, \boldsymbol{\kappa}(\boldsymbol{\xi}, s)\, ds \right] \qquad (1.117)$$

Der erste Term rechts gibt wie seither den Einfluß der Drehung und Streckung der materiellen Wirbellinienelemente auf den Wirbelvektor wieder, der zweite beschreibt den Einfluß der Wirbelproduktion im Zeitintervall von τ bis t.
Die Helmholtzsche Gleichung (1.103) läßt sich in der folgenden Form schreiben

$$\frac{d_h}{dt}\left(\frac{\mathbf{w}}{\rho}\right) = 0 \qquad (1.118)$$

Das Symbol d_h/dt bezeichnet die sog. Helmholtzsche Ableitung eines Vektors. Die Bedeutung dieser Ableitung ergibt sich aus dem Vergleich von (1.118) und (1.103): Die Helmholtzsche Ableitung ist ein Spezialfall der für Vektor- und Tensorfelder definierten O l d r o y d s c h e n A b l e i t u n g e n.

Obwohl die Oldroydschen Ableitungen im folgenden keine Rolle spielen, wird im Hinblick auf ihre gelegentliche Verwendung in der Literatur über Kontinuumsmechanik eine der möglichen Oldroydschen Ableitungen eines Vektors kurz erläutert: Hierzu führen wir neben dem cartesischen x^1, x^2, x^3-Koordinatensystem mit den festen Basisvektoren (Einheitsvektoren) $\mathbf{e}_1, \mathbf{e}_2, \mathbf{e}_3$ ein zweites Koordinatensystem ein, das durch die materiellen Koordinaten ξ^i gegeben wird. In Übereinstimmung mit den Konventionen der Vektor- und Tensoranalysis in allgemeinen Koordinatensystemen müssen wir hier die Indizes teilweise hochstellen (wie bei x^i und ξ^i); dies ist eine Komplikation, die bei alleiniger Verwendung rechtwinklig-cartesischer Koordinaten entfällt. Das ξ^i-Koordinatensystem, oder „materielle Koordinatensystem", geht zur Zeit $t = \tau$ in das feste x^i-Koordinatensystem über, für Zeiten $t \neq \tau$ ist das ξ^i-System im allgemeinen krummlinig. Zur Veranschaulichung sind in Fig. 1.16 die Koordinatenlinien, oder ξ^i-Linien, zu verschiedenen Zeiten skizziert, also die Kurven, auf denen jeweils nur eine Koordinate ξ^i variiert, während die beiden anderen fest sind. Wir definieren die kovarianten Basisvektoren g_i des ξ^i-Koordinatensystems (Fig. 1.16) durch

$$g_i = \frac{\partial x^k}{\partial \xi^i} e_k \; ; \qquad e_k = \frac{\partial \xi^i}{\partial x^k} \, g_i \qquad (1.119)$$

Die zweite Relation folgt aus der ersten, wenn man diese mit $\partial \xi_i/\partial x_l$ multipliziert und (1.36) beachtet.

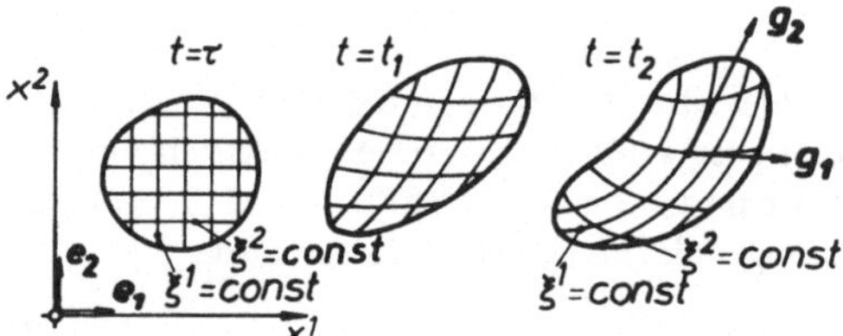

Fig. 1.16
Materielles Koordinatensystem

Nun sei ein Vektorfeld b gegeben, das wir sowohl nach den Basisvektoren g_i als auch den Basisvektoren e_i zerlegen

$$b = \beta^i g_i = b^i e_i \qquad (1.120)$$

Die Größen β^i sind die kontravarianten Komponenten von b im ξ^i-Koordinatensystem, die Größen b^i sind die cartesischen Komponenten von b. Zwischen beiden besteht der Zusammenhang

$$\beta^i = \frac{\partial \xi^i}{\partial x^k} \, b^k \qquad (1.121)$$

Man erhält diesen Zusammenhang, wenn man in (1.120) die e_i nach (1.119) durch die g_i ersetzt.

Die Oldroydsche Ableitung von b wird durch die folgende Relation definiert

$$\frac{d_0 b}{dt} = \dot{\beta}^i g_i \qquad (1.122)$$

Diese Ableitung verschwindet gerade dann, wenn sich die kontravarianten Komponenten des Feldes b bezüglich des materiellen Koordinatensystems für einen materiellen Punkt nicht mit der Zeit ändern. Zur Umformung der Definitionsgleichung (1.122) setzen wir den Ausdruck (1.121) für β^i ein

$$\frac{d_0 b}{dt} = \left[\left(\frac{\partial \xi^i}{\partial x^k} \right)^{\!\cdot} b^k + \frac{\partial \xi^i}{\partial x^k} \, \dot{b}^k \right] g_i = \left[\left(\frac{\partial \xi^i}{\partial x_k} \right)^{\!\cdot} \frac{\partial x^l}{\partial \xi^i} \, b^k + \dot{b}^l \right] e_l \qquad (1.123)$$

Beim Übergang von der ersten auf die zweite Zeile haben wir die g_i nach (1.119) durch die e_l ersetzt. Wir benutzen nun Gl. (1.77), die sich bei entsprechender Umbenennung der Indizes folgendermaßen schreiben läßt

$$\left(\frac{\partial \xi^i}{\partial x^k}\right)^{\textstyle \cdot} \frac{\partial x^l}{\partial \xi^i} = - \frac{\partial v^l}{\partial x^k} \tag{1.124}$$

Wenn wir dies in (1.123) einsetzen, erhalten wir

$$\frac{d_0 b}{dt} = \dot{b}^l e_l - \frac{\partial v^l}{\partial x^k} b^k e_l = \frac{Db}{Dt} - (grad\ v)\ b \tag{1.125}$$

Die durch (1.122) definierte Oldroydsche Ableitung ist demnach mit der Helmholtzschen Ableitung identisch. Die Helmholtzsche Wirbelgleichung (1.103) oder (1.118) läßt sich daher auch wie folgt interpretieren: Die auf das materielle Koordinatensystem bezogenen kontravarianten Komponenten des Vektors w/ρ sind für jedes materielle Teilchen unabhängig von der Zeit.

Man kann eine andere Oldroydableitung definieren, indem man in (1.122) anstelle der kovarianten Basisvektoren g_i die kontravarianten Basisvektoren g^i und anstelle der kontravarianten Komponenten β^i die kovarianten Komponenten β_i einsetzt. Die Verallgemeinerung dieser Ableitungen auf Tensorfelder zweiter (und höherer) Stufe ist naheliegend, wird hier aber übergangen.

Aufgabe 1.4.1. Für das Geschwindigkeitsfeld der Couette-Strömung $v_1 = v(- x_2/r)$,

$v_2 = v(x_1/r)$ mit $v = Ar + B/r$ und $r = \sqrt{x_1^2 + x_2^2}$ bestimme man die Wirbelstärke

rot v und die Wirbellinien für $r \neq 0$. Prüfen Sie, ob für die materielle Linie, die zur Referenzzeit durch $r = r_0$ und $x_3 = 0$ festgelegt ist, die Zirkulation erhalten bleibt!

1.5 Bewegte Bezugssysteme

Viele Schlußweisen in der Kontinuumsmechanik, vor allem in der Materialtheorie (Kap. 7), beruhen auf der Invarianz gewisser Größen gegenüber Translation oder Drehung des Bezugssystems. Zum Verständnis dieser Schlußweisen muß man einige Hilfsmittel parat haben, von denen in diesem Abschnitt die wichtigsten bereitgestellt werden.

Wir betrachten zwei Bezugssysteme, die sich gegeneinander bewegen. Das eine System bezeichnen wir als „raumfestes System", das andere als „bewegtes System". In beiden führen wir cartesische Koordinaten ein. Gegeben sei ein zeitabhängiger Vektor $b(t)$ mit den auf das raumfeste Koordinatensystem bezogenen Komponenten b_i. Bezogen auf das bewegte System hat b die Komponenten b_i^*, und es gilt

$$b_i^* = Q_{ik}(t)\ b_i \qquad oder \qquad b^* = Q(t)\ b \tag{1.126}$$

Q_{ik} sind die Elemente der zeitabhängigen D r e h m a t r i x Q, die die Drehung des „bewegten" gegen das „raumfeste" System beschreibt. Diese Matrix ist „eigentlich" orthogonal, d.h. es gilt

$$QQ^T = Q^T Q = I \qquad und \qquad det\ Q = + 1 \tag{1.127}$$

Mithin ist $Q^{-1} = Q^T$, und es gilt auch

$$b = Q^T b^*$$ (1.128)

Wir merken an, daß (1.126) oder (1.128) Ausdruck einer p a s s i v e n Transformation ist: Q ist kein Operator, der auf den Vektor b wirkend einen a n d e r e n Vektor b^* erzeugt (a k t i v e Transformation), sondern durch (1.126) oder (1.128) werden nur die Komponentendarstellungen ein- und desselben Vektors in zwei verschiedenen Koordinatensystemen miteinander verknüpft.

Durch Differentiation der Identität $Q^T Q = I$ nach der Zeit findet man

$$\Omega = \dot{Q}^T Q = - Q^T \dot{Q} = - (\dot{Q}^T Q)^T$$ (1.129)

Die hierdurch definierte S p i n m a t r i x Ω ist also eine schiefsymmetrische Matrix. Jeder schiefsymmetrischen Matrix läßt sich ein „axialer" Vektor zuordnen.

Den Ω zugeordneten Vektor bezeichnen wir mit $\boldsymbol{\omega}$ und nennen ihn den Vektor der Winkelgeschwindigkeit, mit der sich das bewegte gegen das raumfeste System dreht. Ω und $\boldsymbol{\omega}$ hängen folgendermaßen zusammen

$$\Omega = \begin{pmatrix} 0 & -\omega_3 & \omega_2 \\ \omega_3 & 0 & -\omega_1 \\ -\omega_2 & \omega_1 & 0 \end{pmatrix}$$ (1.130)

Wenn man (1.126) nach t differenziert, erhält man

$$(b^*)^{\cdot} = \dot{Q}b + Q\dot{b}$$ (1.131)

Die linksseitige Multiplikation mit Q^T liefert

$$\frac{d_j b}{dt} = Q^T (b^*)^{\cdot} = \dot{b} - \Omega b = \dot{b} - \boldsymbol{\omega} \times b$$ (1.132)

Hierdurch ist die Jaumannsche Ableitung definiert. Die letzte Form ist mit der vorletzten identisch, weil $\Omega b = \boldsymbol{\omega} \times b$ geschrieben werden kann; dies bestätigt man leicht mit Hilfe von (1.130). Die Jaumannsche Ableitung gibt die zeitliche Änderung des Vektors b im bewegten System, wobei diese Änderung nach Komponenten im raumfesten System zerlegt wird $((b^*)^{\cdot}$ ist mit Q^T multipliziert, was eine Rücktransformation ins raumfeste System bedeutet). Die Jaumannsche Ableitung verschwindet dann, wenn sich der Vektor b im bewegten System nicht ändert. Seine zeitliche Änderung im raumfesten System ist dann nach (1.132)

$$\dot{b} = \Omega b = \boldsymbol{\omega} \times b$$ (1.133)

Die Jaumannsche Ableitung ist übrigens ein Spezialfall der zu Ende von Abschn. 1.4 erläuterten Oldroydschen Ableitung. Wenn das dort eingeführte materielle Koordinatensystem ein drehendes, cartesisches Koordinatensystem ist, oder anders ausgedrückt, wenn die Bewegung des Materials in einer Starrkörperrotation besteht, dann reduziert sich grad $\mathbf{v}$ auf Ω, und (1.125) geht in (1.132) über. Durch Vergleich von (1.121) mit (1.126) findet man außerdem, daß in diesem Fall $\mathbf{F}^{-1}$ mit $\mathbf{Q}$, d.h. $\mathbf{F}$ mit $\mathbf{Q}^\mathsf{T}$ identisch wird. Bei Starrkörperbewegung ist der Deformationsgradient eigentlich orthogonal.

Die Jaumannsche Ableitung läßt sich auf Tensoren zweiter (und höherer) Stufe verallgemeinern: Die passive Transformation eines Tensors $\mathbf{T}$ vom raumfesten ins bewegte Koordinatensystem wird gegeben durch

$$\mathbf{T}^* = \mathbf{Q}\mathbf{T}\mathbf{Q}^\mathsf{T}, \qquad \mathbf{T} = \mathbf{Q}^\mathsf{T}\mathbf{T}^*\mathbf{Q} \tag{1.134}$$

d.h.
$$T_{ik}^* = Q_{ij}\,T_{jl}\,Q_{kl} \tag{1.135}$$

Differentiation von (1.134) nach t liefert

$$(\mathbf{T}^*)^{\boldsymbol{\cdot}} = \dot{\mathbf{Q}}\mathbf{T}\mathbf{Q}^\mathsf{T} + \mathbf{Q}\dot{\mathbf{T}}\mathbf{Q}^\mathsf{T} + \mathbf{Q}\mathbf{T}\dot{\mathbf{Q}}^\mathsf{T} \tag{1.136}$$

Linksseitige Multiplikation mit $\mathbf{Q}^\mathsf{T}$ und rechtsseitige mit $\mathbf{Q}$ ergibt, mit der Bedeutung (1.129) von Ω

$$\frac{d_j\mathbf{T}}{dt} = \mathbf{Q}^\mathsf{T}(\mathbf{T}^*)^{\boldsymbol{\cdot}}\mathbf{Q} = \dot{\mathbf{T}} - \Omega\mathbf{T} + \mathbf{T}\Omega \tag{1.137}$$

Auch hier gibt die Jaumannsche Ableitung wieder die zeitliche Änderung des Tensors $\mathbf{T}$ bezüglich des bewegten Systems, wobei diese Änderung nach Komponenten im raumfesten System zerlegt erscheint, denn $\mathbf{Q}^\mathsf{T}\mathbf{T}^*\mathbf{Q}$ ist die ins raumfeste System rücktransformierte Matrix $\mathbf{T}^*$.

Um die Begriffe, die in diesem Abschnitt erläutert wurden, in der Vorstellung des Lesers zu festigen, seien abschließend einige Formeln der Punktkinematik hergeleitet, die im Kapitel „Relativbewegung" aller Lehrbücher der Punkt- und Starrkörpermechanik verwendet werden. Wir betrachten ein raumfestes und ein dagegen bewegtes System. Der Ortsvektor eines materiellen Punktes sei $\mathbf{x}$ im festen System und $\mathbf{y}$ im bewegten System; aus Fig. 1.17 entnimmt man

$$\mathbf{x} = \mathbf{c} + \mathbf{y} \tag{1.138}$$

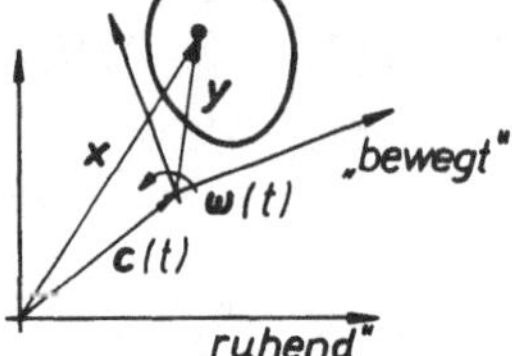

Fig. 1.17
Ruhendes und bewegtes Bezugssystem

Außerdem hängen die Komponentendarstellungen $\mathbf{y}$ und $\mathbf{y}^*$ bezogen auf das feste und das bewegte Koordinatensystem folgendermaßen zusammen

$$\mathbf{y}^* = \mathbf{Q}\mathbf{y}, \qquad \mathbf{y} = \mathbf{Q}^\mathsf{T}\mathbf{y}^* \tag{1.139}$$

Damit läßt sich (1.138) auch wie folgt schreiben

$$\mathbf{x} = \mathbf{c} + \mathbf{Q}^\mathsf{T}\mathbf{y}^* \tag{1.140}$$

Hier sei folgende Erläuterung eingeschoben: Gl. (1.138) ist einerseits Ausdruck des aus Fig. 1.17 abzulesenden geometrischen Sachverhalts, daß die Vektoren $\mathbf{x}$, $-\mathbf{y}$ und $-\mathbf{c}$ ein geschlossenes Dreieck bilden. Andrerseits ist Gl. (1.138) eine Matrixgleichung, der die Komponentendarstellungen der drei Vektoren in Matrixform genügen. Ebenso ist Gl. (1.140) – wie alle in diesem Buch in symbolischer Form geschriebenen Gleichungen – eine Matrixgleichung, die übrigens denselben geometrischen Sachverhalt wie (1.138) ausdrückt. Der Unterschied zwischen beiden Gleichungen ist nur der, daß in (1.140) die Komponentendarstellung $\mathbf{y}^*$ auf ein anderes System bezogen ist als die Komponentendarstellungen $\mathbf{x}$ und $\mathbf{c}$, was durch den $*$ am Symbol $\mathbf{y}$ angedeutet wird.

Aus (1.139) folgt

$$\dot{\mathbf{y}} = \dot{\mathbf{Q}}^\mathsf{T}\mathbf{y}^* + \mathbf{Q}^\mathsf{T}(\mathbf{y}^*)^\cdot = \Omega\mathbf{y} + \mathbf{Q}^\mathsf{T}(\mathbf{y}^*)^\cdot \tag{1.141}$$

Hiermit geht (1.140) über in

$$\dot{\mathbf{x}} = \underbrace{\dot{\mathbf{c}} + \Omega\mathbf{y}}_{\mathbf{v}_f} + \underbrace{\mathbf{Q}^\mathsf{T}(\mathbf{y}^*)^\cdot}_{\mathbf{v}_r} \tag{1.142}$$

Die „Absolutgeschwindigkeit" $\dot{\mathbf{x}}$ erscheint hier als Summe der „Führungsgeschwindigkeit" $\mathbf{v}_f$ und der „Relativgeschwindigkeit" $\mathbf{v}_r$; die Relativgeschwindigkeit ist dabei die Jaumannsche Ableitung des Ortsvektors $\mathbf{y}$.

Differenziert man (1.142) nach t, so erhält man

$$\ddot{\mathbf{x}} = \ddot{\mathbf{c}} + \dot{\Omega}\mathbf{y} + \Omega\dot{\mathbf{y}} + \dot{\mathbf{Q}}^\mathsf{T}(\mathbf{y}^*)^\cdot + \mathbf{Q}^\mathsf{T}(\mathbf{y}^*)^{\cdot\cdot} \tag{1.143}$$

Hier setzen wir für $\mathbf{y}$ den Ausdruck (1.141) ein und erweitern $\dot{\mathbf{Q}}^\mathsf{T}(\mathbf{y}^*)^\cdot$ zu $\dot{\mathbf{Q}}^\mathsf{T}\mathbf{Q}\mathbf{Q}^\mathsf{T}(\mathbf{y}^*)^\cdot = \Omega\mathbf{v}_r$. Damit erhalten wir aus (1.143)

$$\ddot{\mathbf{x}} = \underbrace{\ddot{\mathbf{c}} + \dot{\Omega}\mathbf{y} + \Omega(\Omega\mathbf{y})}_{\mathbf{a}_f} + \underbrace{2\Omega\mathbf{v}_r}_{\mathbf{a}_c} + \underbrace{\mathbf{Q}^\mathsf{T}(\mathbf{y}^*)^{\cdot\cdot}}_{\mathbf{a}_r} \tag{1.144}$$

Die „Absolutbeschleunigung" $\ddot{\mathbf{x}}$ erscheint hier als Summe der „Führungsbeschleunigung" $\mathbf{a}_f$, der „Coriolisbeschleunigung $\mathbf{a}_c$" und der „Relativbeschleunigung" $\mathbf{a}_r$. Der dritte Summand in der Führungsbeschleunigung ist die „Zentripetalbeschleunigung". Die Relativbeschleunigung kann als Jaumannsche Ableitung zweiter Ordnung des Ortsvektors $\mathbf{y}$ interpretiert werden. Unter Verwendung des oben erläuterten Zusammenhangs zwischen der Spinmatrix und dem Winkelgeschwindigkeitsvektor $\boldsymbol{\omega}$ lassen sich die Formeln (1.142) und (1.144) in der folgenden, geläufigeren Form schreiben

$$\dot{\mathbf{x}} = \dot{\mathbf{c}} + \boldsymbol{\omega} \times \mathbf{y} + \mathbf{v}_r \tag{1.145}$$

$$\ddot{\mathbf{x}} = \ddot{\mathbf{c}} + \dot{\boldsymbol{\omega}} \times \mathbf{y} + \boldsymbol{\omega} \times (\boldsymbol{\omega} \times \mathbf{y}) + 2\boldsymbol{\omega} \times \mathbf{v}_r + \mathbf{a}_r \tag{1.146}$$

Wir führen hier noch ein Hilfsmittel ein, das im folgenden verschiedentlich gebraucht wird, nämlich das Permutationssymbol ϵ_{ijk}. Es hat den Wert null, wenn mindestens zwei der drei Indizes übereinstimmen. Sonst hat es die Werte $+1$ oder -1 gemäß folgender Tabelle

$+1$	-1
ϵ_{123}	ϵ_{132}
ϵ_{231}	ϵ_{213}
ϵ_{312}	ϵ_{321}

Unter Verwendung von ϵ_{ijk} kann man den Zusammenhang (1.130) zwischen $\mathbf{\Omega}$ und $\boldsymbol{\omega}$ folgendermaßen schreiben

$$\Omega_{ij} = - \epsilon_{ijk}\, \omega_k \tag{1.147}$$

Das Vektorprodukt $\mathbf{c} = \mathbf{a} \times \mathbf{b}$ zweier Vektoren $\mathbf{a}$ und $\mathbf{b}$ kann folgendermaßen geschrieben werden

$$c_k = (\mathbf{a} \times \mathbf{b})_k = \epsilon_{ijk}\, a_i\, b_j \tag{1.148}$$

2. Deformation

In der Einleitung (Abschn. 1.1) war die Konstruktion idealisierter mathematischer Modelle für das mechanisch-thermodynamische Verhalten der Materie als wichtige Aufgabe der Kontinuumsmechanik genannt worden. Ein wesentlicher Teil dieser Konstruktion besteht in der Aufstellung von Materialgleichungen, die, kurz gesagt, die im Material auftretenden Spannungen mit der Bewegung des Materials oder, spezieller ausgedrückt, mit seiner Deformation verknüpfen. Mit der Theorie der Materialgleichungen werden wir uns in den Kapiteln 6 und 7, unter Beschränkung auf rein mechanische Materialgleichungen, beschäftigen, nachdem in Kapitel 4 auch thermodynamische Effekte studiert worden sind. Eine Voraussetzung für die Aufstellung von Materialgleichungen ist die Definition quantitativer Maße für die D e f o r m a t i o n. Da die hierzu nötigen Überlegungen rein kinematischer Natur sind, schließen wir sie hier an Kapitel 1 an mit dem Hinweis darauf, daß das folgende Kapitel 3 unabhängig von diesem Kapitel 2 zu verstehen ist.

2.1 Polare Zerlegung eines Tensors

In diesem Abschnitt werden zunächst einige mathematische Hilfsmittel bereitgestellt. Zu jedem Tensor $\mathbf{B}$ ist ein transponierter Tensor $\mathbf{B}^T$ durch die folgende Vorschrift definiert

$$B^T_{ik} = B_{ki} \tag{2.1}$$

In der Matrixdarstellung des transponierten Tensors $\mathbf{B}^T$ sind also Zeilen und Spalten gegenüber der Matrixdarstellung von $\mathbf{B}$ vertauscht. Die folgende Relation ist für alle Vektoren $\mathbf{a}$ und $\mathbf{b}$ erfüllt

$$\mathbf{b} \cdot (\mathbf{Ba}) = (\mathbf{B}^T\mathbf{b}) \cdot \mathbf{a} \tag{2.2}$$

Diese Relation kann als koordinateninvariante Definition der Transposition aufgefaßt werden. Ein symmetrischer Tensor ist definiert als ein solcher, der mit seiner eigenen

Transposition übereinstimmt: $\mathbf{A}^{\mathsf{T}} = \mathbf{A}$. Für einen symmetrischen Tensor $\mathbf{A}$ gilt dann nach (2.2) die Relation $\mathbf{b} \cdot (\mathbf{Aa}) = (\mathbf{Ab}) \cdot \mathbf{a}$ für alle $\mathbf{a}, \mathbf{b}$.

Wir setzen als bekannt voraus, daß man einen symmetrischen Tensor auf Hauptachsenform bringen kann, d.h. daß es ein spezielles cartesisches Koordinatensystem gibt, in dem nur die Hauptdiagonalelemente der den Tensor repräsentierenden Matrix von null verschieden sind. Diese drei nicht verschwindenden Elemente $\lambda_1, \lambda_2, \lambda_3$ sind die E i g e n w e r t e des Tensors, die man durch Lösung der Eigenwertaufgabe findet. Diese Aufgabe besteht darin, alle Vektoren $\mathbf{a}$ zu finden, derart daß $\mathbf{Aa}$ parallel oder antiparallel zu $\mathbf{a}$ ist. Das läuft darauf hinaus, die Vektoren $\mathbf{a}$ und Zahlen λ zu bestimmen, die der Relation

$$\mathbf{Aa} = \lambda \mathbf{a} \qquad \text{oder} \qquad (\mathbf{A} - \lambda \mathbf{I})\, \mathbf{a} = \mathbf{0} \tag{2.3}$$

genügen. Das homogene Gleichungssystem (2.3) für die drei Komponenten a_i der gesuchten E i g e n v e k t o r e n $\mathbf{a}$ hat nur dann nichttriviale Lösungen, wenn seine Determinante verschwindet

$$\det (\mathbf{A} - \lambda \mathbf{I}) = 0 \tag{2.4}$$

Dies ist eine kubische Gleichung für die Eigenwerte λ, die ausführlich geschrieben so lautet

$$\lambda^3 - I_1 \lambda^2 + I_2 \lambda - I_3 = 0 \tag{2.5}$$

Die drei Koeffizienten I_1, I_2, I_3 sind algebraische Funktionen der Elemente a_{ik} von $\mathbf{A}$

$$I_1 = a_{11} + a_{22} + a_{33} = \mathrm{sp}\mathbf{A}$$

$$I_2 = \begin{vmatrix} a_{11} & a_{12} \\ a_{21} & a_{22} \end{vmatrix} + \begin{vmatrix} a_{11} & a_{13} \\ a_{31} & a_{33} \end{vmatrix} + \begin{vmatrix} a_{22} & a_{23} \\ a_{32} & a_{33} \end{vmatrix} \tag{2.6}$$

$$I_3 = \begin{vmatrix} a_{11} & a_{12} & a_{13} \\ a_{21} & a_{22} & a_{23} \\ a_{31} & a_{32} & a_{33} \end{vmatrix} = \det \mathbf{A}$$

Diese Koeffizienten heißen auch G r u n d i n v a r i a n t e n des Tensors $\mathbf{A}$, da ihre Werte unabhängig vom gewählten Koordinatensystem sind: Die Matrixdarstellung hängt zwar vom Koordinatensystem ab, die Werte der durch die drei Invarianten gegebenen algebraischen Kombinationen der Matrixelemente ändern sich dagegen bei Wechsel des Koordinatensystems nicht. Die lineare Invariante I_1 wird auch als S p u r des Tensors $\mathbf{A}$ bezeichnet.

Gl. (2.4) hat für symmetrische Tensoren $\mathbf{A}$ immer drei r e e l l e Wurzeln, die Eigenwerte $\lambda_1, \lambda_2, \lambda_3$, von denen zwei oder auch alle zusammenfallen können (Mehrfachheit der Eigenwerte). Zu jedem einfachen Eigenwert λ_i gehört genau ein Einheitsvektor e_i (und sein Gegenvektor $-e_i$) derart, daß $\mathbf{A} e_i = \lambda_i e_i$ ist[1]). Sind alle Eigenwerte einfach, so sind die Eigenvektoren e_i zu verschiedenen Indizes i orthogonal zueinander und definieren die Richtung der Achsen des rechtwinklig cartesischen Koordinatensystems, in dem $\mathbf{A}$ Hauptachsenform annimmt. Dieses spezielle Koordinatensystem heißt Hauptachsensystem. Im Hauptachsensystem hat $\mathbf{A}$ die Komponenten $A_{ik} = \lambda_i \delta_{ik}$[1]). Ist ein Eigenwert, λ_2, zweifach, so ist der andere, λ_1, einfach und hat bis auf das Vorzeichen

---

[1]) Hier ist ausnahmsweise über i n i c h t zu summieren.

genau einen Einheitsvektor e_1 als Eigenvektor. Alle auf e_1 senkrechten Vektoren a erfüllen dann die Relation $Aa = \lambda_2\, a$, und man kann aus ihnen zwei untereinander und zu e_1 orthogonale Einheitsvektoren beliebig auswählen: mit e_1 zusammen bestimmen sie wieder ein cartesisches System, in dem A Hauptachsenform annimmt. Wenn Gl. (2.4) eine Dreifachwurzel hat, so ist der Tensor A kugelsymmetrisch, und er hat in jedem cartesischen Koordinatensystem Hauptachsenform.

Ein symmetrischer Tensor A heißt p o s i t i v   d e f i n i t , wenn für alle Vektoren $a \neq 0$ die folgende Relation erfüllt ist

$$(Aa) \cdot a > 0 \tag{2.7}$$

Wählt man hier für a speziell einen normierten Eigenvektor e_i von A, so erhält man wegen $Ae_i = \lambda_i e_i$ die Relation[1]

$$\lambda_i e_i^2 = \lambda_i > 0$$

Die Eigenwerte eines positiv definiten Tensors sind also sämtlich positiv. Zu jedem positiv definiten Tensor A kann man dann einen positiv definiten Tensor $A^{1/2}$ definieren, derart daß $A^{1/2}\, A^{1/2} = A$ wird. Der Tensor $A^{1/2}$ ist derjenige Tensor, der im Hauptachsensystem von A die Komponenten[1]

hat. $\qquad (A^{1/2})_{ik} = + \lambda_i^{1/2}\, \delta_{ik} \tag{2.8}$

Für die quantitative Definition des Begriffes V e r z e r r u n g ist wichtig, daß man jeden Tensor F mit det $F > 0$ wie folgt „polar" in ein Produkt zerlegen kann

$$F = RU = VR \tag{2.9}$$

Dabei ist R eigentlich orthogonal, und U und V sind positiv definit; R, U, V sind zudem durch F eindeutig bestimmt. Eine Matrix, ein Tensor, oder eine lineare Transformation R heißt orthogonal, wenn $R^T R = I$ gilt, und eigentlich orthogonal, wenn außerdem det $R = + 1$ ist (vgl. Abschn. 1.5). Starre Drehungen sind eigentlich orthogonale Transformationen; einfache Spiegelungen sind orthogonal, aber uneigentlich, da für sie det $R = - 1$ ist. Die Determinante jeder orthogonalen Transformation ist entweder $+ 1$ oder $- 1$, denn aus $RR^T = I$ folgt det $R \cdot$ det $R^T = (\det R)^2 = + 1$.

Zum Beweis der eindeutigen Zerlegbarkeit von F nach (2.9) geht man aus von

$$(Fa) \cdot (Fa) = (F^\Gamma Fa) \cdot a > 0 \tag{2.10}$$

für alle $a \neq 0$. Wäre nämlich $Fa = 0$ für $a \neq 0$, müßte im Widerspruch zur Voraussetzung det $F = 0$ sein. $F^T F$ ist symmetrisch und nach (2.10) und der Definition (2.7) auch positiv definit.

Wir definieren

$$U = (F^T F)^{1/2} \tag{2.11}$$

und $\qquad R = FU^{-1} \tag{2.12}$

Wir zeigen nun, daß das so definierte R orthogonal ist; bei der folgenden Schlußkette ist die Symmetrie und positive Definitheit von U und damit auch von U^{-1} zu beachten

---

[1] Keine Summation über i!

sowie die Tatsache, daß bei Transposition eines Produkts die transponierten Faktoren in umgekehrter Reihenfolge multipliziert werden

$$\mathbf{RR}^\mathsf{T} = \mathbf{FU}^{-1}(\mathbf{FU}^{-1})^\mathsf{T} = \mathbf{FU}^{-2}\mathbf{F}^\mathsf{T}$$
$$= \mathbf{F}(\mathbf{U}^2)^{-1}\mathbf{F}^\mathsf{T} = \mathbf{F}(\mathbf{F}^\mathsf{T}\mathbf{F})^{-1}\mathbf{F}^\mathsf{T}$$
$$= \mathbf{FF}^{-1}(\mathbf{F}^\mathsf{T})^{-1}\mathbf{F}^\mathsf{T} = \mathbf{I}$$

Wegen $\det \mathbf{F} > 0$ und $\det \mathbf{U}^{-1} > 0$ gilt auch $\det \mathbf{R} = \det \mathbf{F} \cdot \det \mathbf{U}^{-1} > 0$. Es kann wegen der Orthogonalität von $\mathbf{R}$ nur $\det \mathbf{R} = + 1$ sein; $\mathbf{R}$ ist somit eigentlich orthogonal. Die Zerlegung $\mathbf{F} = \mathbf{RU}$ ist damit bewiesen. Um die Eindeutigkeit dieser Zerlegung zu beweisen, nehmen wir an, es gäbe zwei verschiedene Zerlegungen

$$\mathbf{RU} = \mathbf{R}_1\mathbf{U}_1 \tag{2.13}$$

Durch Transposition wird hieraus

$$\mathbf{UR}^\mathsf{T} = \mathbf{U}_1\,\mathbf{R}_1^\mathsf{T} \tag{2.14}$$

Außerdem ist

$$\mathbf{U}^2 = \mathbf{UR}^\mathsf{T}\mathbf{RU} = \mathbf{U}_1\mathbf{R}_1^\mathsf{T}\mathbf{R}_1\mathbf{U}_1 = \mathbf{U}_1^2 \tag{2.15}$$

Hieraus folgt aber $\mathbf{U} = \mathbf{U}_1$, womit die Eindeutigkeit der Zerlegung $\mathbf{F} = \mathbf{RU}$ bewiesen ist. Zum Beweis der Zerlegbarkeit von $\mathbf{F}$ in das Produkt $\mathbf{VR}$ definiert man

$$\mathbf{V} = (\mathbf{FF}^\mathsf{T})^{1/2} \tag{2.16}$$

Hieraus folgt

$$\mathbf{V}^2 = \mathbf{FF}^\mathsf{T} = (\mathbf{RU})\,(\mathbf{RU})^\mathsf{T} = \mathbf{RU}^2\mathbf{R}^\mathsf{T} = (\mathbf{RUR}^\mathsf{T})\,(\mathbf{RUR}^\mathsf{T}) \tag{2.17}$$

oder $\quad \mathbf{V}^2 = (\mathbf{RUR}^\mathsf{T})^2 \quad$ oder $\quad \mathbf{V} = \mathbf{RUR}^\mathsf{T}$ $\tag{2.18}$

Damit gilt aber

$$\mathbf{RU} = \mathbf{VR} \tag{2.19}$$

und die Zerlegung $\mathbf{F} = \mathbf{VR}$ ist bewiesen.

Aufgaben. 2.1.1. $\mathbf{R}$ ist eine eigentlich-orthogonale Transformation des dreidimensionalen euklidischen Raums ($\mathbf{R}^\mathsf{T} = \mathbf{R}^{-1}$, $\det \mathbf{R} = + 1$). Bestimmen Sie Drehachse und Drehwinkel! H i n w e i s : $\mathbf{R}$ hat den im allgemeinen einzigen reellen Eigenwert $+ 1$; die zugehörige Eigenrichtung ist die Drehachse. Prüfen Sie Ihr Ergebnis an dem Beispiel $R_{12} = 1$, $R_{21} = R_{23} = R_{31} = - R_{33} = -\sqrt{1/2}$, $R_{11} = R_{13} = R_{22} = R_{32} = 0$.

2.1.2. Zeigen Sie, daß die Eigenwerte eines reellen symmetrischen Tensors reell sind! H i n w e i s : Mit $\mathbf{Ae} = \lambda\mathbf{e}$ (λ, $\mathbf{e}$ komplex) gilt auch $\mathbf{Ae}^* = \lambda^*\mathbf{e}^*$ (λ^*, $\mathbf{e}^*$ konjugiert komplex). Das Skalarprodukt der normierten komplexen Eigenvektoren ist $\mathbf{e}^* \cdot \mathbf{e} = \mathbf{e} \cdot \mathbf{e}^* = 1$.

2.1.3. Man beweise für symmetrische Tensoren **A** den Satz von Cayley-Hamilton, nach dem **A** seine charakteristische Gleichung erfüllt: $\mathbf{A}^3 - I_1\mathbf{A}^2 + I_2\mathbf{A} - I_3\mathbf{I} = 0$ (I_1, I_2, I_3 Grundinvarianten, vgl. (2.6)). H i n w e i s : Zum Beweis denke man sich **A** auf Hauptachsenform gebracht. Der Satz gilt auch für nichtsymmetrische Tensoren, doch ist der Beweis im allgemeinen Falle schwieriger zu führen.

2.2 Verzerrungstensoren

Wenn sich ein Körper $\mathfrak{B}$ starr bewegt, wird er in der Ausdrucksweise der Umgangssprache nicht „deformiert"; wir wollen genauer sagen, er werde nicht „verzerrt". Der Körper wird nur dann verzerrt, wenn er sich nicht starr bewegt. Natürlich kann sich ein Teil von $\mathfrak{B}$ starr bewegen, während ein anderer Teil sich nicht starr bewegt. Wir werden daher die Verzerrung lokal für jeden Punkt von $\mathfrak{B}$ quantitativ definieren müssen. Hierzu gehen wir von der nach Abschn. 2.1 möglichen polaren Zerlegung des in Abschn. 1.3 eingeführten Deformationsgradienten **F** aus; (mit Vorbedacht haben wir deshalb schon in Abschn. 2.1 die Bezeichnung **F** für den polar zu zerlegenden Tensor gewählt). Die anschauliche Bedeutung von **F** als Transformation des materiellen Linienelementes von der Referenzkonfiguration ($d\boldsymbol{\xi}$) in die aktuelle Konfiguration ($d\mathbf{x}$) wurde schon im Anschluß an Gl. (1.32) erläutert. Diese Transformation kann man unter Verwendung von (2.9) auch wie folgt schreiben

$$d\mathbf{x} = \mathbf{R}\mathbf{U}\,d\boldsymbol{\xi} \tag{2.20}$$

Die Transformation kann damit als Hintereinanderschaltung zweier Transformationen, **U** und **R**, in dieser Reihenfolge, gedeutet werden.

Wir betrachten nun in der Referenzkonfiguration einen infinitesimalen würfelförmigen Körper, dessen Kanten der Länge ds in Richtung der Hauptachsen von **U** orientiert sind (Fig. 2.1). Die Transformation **U** ändert die Kantenrichtung nicht, dehnt aber die Länge der in Richtung der i-ten Hauptachse orientierten Kanten auf λ_i ds (wenn $\lambda_i < 1$ ist, handelt es sich um eine „Stauchung", doch wollen wir auch hierfür den Oberbegriff „Dehnung" beibehalten). Die anschließende Transformation **R** dreht das aus dem Würfel durch die Transformation **U** entstandene quaderförmige Element starr (Fig. 2.1).

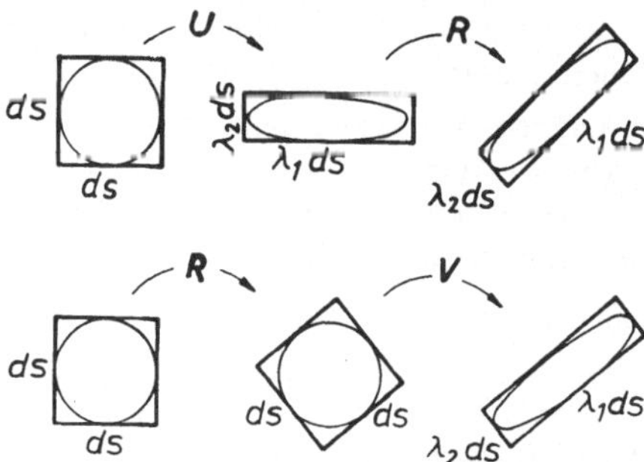

Fig. 2.1
Polare Zerlegung des Deformationsgradienten

Von den beiden Faktoren U und R in der polaren Zerlegung des Deformationsgradienten F gibt demnach R die Drehung an, die ein infinitesimaler Körper bei der
Bewegung aus der Referenzkonfiguration in die aktuelle Konfiguration erfährt. Dagegen liefert U ein Maß für die Verzerrung, die der infinitesimale Körper bezüglich der
Referenzkonfiguration erfährt. Nur wenn $U = I$ ist, bleibt der Körper bezüglich der
Referenzkonfiguration unverzerrt. Wir haben damit in U ein lokales Maß der Verzerrung bezüglich der Referenzkonfiguration gefunden.

Anstelle von (2.20) kann man auch von

$$dx = VR\,d\xi \qquad (2.21)$$

ausgehen. Die Transformation von der Referenzkonfiguration in die aktuelle Konfiguration kann nach (2.21) als Drehung (R) mit darauf folgender Dehnung in Richtung der
Hauptachsen von V gedeutet werden. Betrachten wir in der Referenzkonfiguration denselben infinitesimalen Würfel wie oben, so muß als Ergebnis der beiden hintereinander
ausgeführten Transformationen in der aktuellen Konfiguration dasselbe quaderförmige
Element wie oben entstehen. Wie man an Fig. 2.1 anschaulich ablesen kann, bedeutet
dies, daß die Drehung in beiden Fällen dieselbe ist; dem entspricht die Tatsache, daß in
beiden polaren Zerlegungen von F dieselbe eigentlich orthogonale Matrix R auftritt.
Außerdem entnimmt man der Figur, daß die Eigenwerte von V mit den Eigenwerten
λ_i von U übereinstimmen müssen. Auch dies ist formal leicht einzusehen, wenn man
bedenkt, daß folgendes gilt: $\det(V - \lambda I) = \det(RUR^T - \lambda I) = \det R(U - \lambda I)R^T =$
$(\det R)^2 \cdot \det(U - \lambda I) = \det(U - \lambda I)$.

Offenbar eignet sich V ebenso wie U als Verzerrungsmaß oder Verzerrungstensor. In
der Literatur findet man die folgenden Bezeichnungen

$$C = U^2 = F^T F: \text{Rechts-Cauchy-Green-Tensor}$$
$$B = V^2 = FF^T: \text{Links-Cauchy-Green-Tensor} \qquad (2.22)$$

und zuweilen auch[1])

$$U : \text{Rechts-Streck-Tensor}$$
$$V : \text{Links-Streck-Tensor} \qquad (2.23)$$

Alle diese Tensoren wollen wir unter der Bezeichnung V e r z e r r u n g s t e n s o r e n
zusammenfassen.

Zur weiteren Veranschaulichung der Verzerrungstensoren betrachten wir in der Referenzkonfiguration eine Kugel vom infinitesimalen Radius dr (in Fig. 2.1 ist dr = ds/2).
Wir nennen den Vektorabstand vom Kugelmittelpunkt $d\xi$; die Punkte der Kugeloberfläche genügen dann der Relation

$$d\xi^2 = dr^2 \qquad (2.24)$$

---

[1]) Engl. „Right Stretch Tensor" und „Left Stretch Tensor"

Nun ist aber $d\boldsymbol{\xi} = \mathbf{F}^{-1}\,d\mathbf{x} = (\mathbf{VR})^{-1}\,d\mathbf{x} = \mathbf{R}^T\mathbf{V}^{-1}\,d\mathbf{x}$; somit gilt (man beachte (2.2))

$$d\boldsymbol{\xi}^2 = d\boldsymbol{\xi} \cdot d\boldsymbol{\xi} = (\mathbf{R}^T\mathbf{V}^{-1}\,d\mathbf{x}) \cdot (\mathbf{R}^T\mathbf{V}^{-1}\,d\mathbf{x})$$

$$= d\mathbf{x} \cdot (\mathbf{V}^{-1}\mathbf{R}\mathbf{R}^T\mathbf{V}^{-1}\,d\mathbf{x}) = d\mathbf{x} \cdot (\mathbf{V}^{-2}\,d\mathbf{x}) \tag{2.25}$$

Die Punkte der Kugeloberfläche genügen also auch der Gleichung

$$d\mathbf{x} \cdot (\mathbf{V}^{-2}\,d\mathbf{x}) = dr^2 \tag{2.26}$$

Führt man als Koordinatensystem das Hauptachsensystem von $\mathbf{V}$ ein, so ist in diesem System auch $\mathbf{V}^{-2}$ auf Hauptachse mit den Hauptachsenelementen λ_i^{-2}. In diesem System geht (2.26) über in

$$\frac{dx_1^2}{(\lambda_1\,dr)^2} + \frac{dx_2^2}{(\lambda_2\,dr)^2} + \frac{dx_3^2}{(\lambda_3\,dr)^2} = 1 \tag{2.27}$$

Die Kugel vom Radius dr in der Referenzkonfiguration geht demnach in der aktuellen Konfiguration in ein Ellipsoid mit den Hauptachsen $\lambda_i\,dr$ über (Fig. 2.1). Nur bei verschwindender Verzerrung, $\lambda_1 = \lambda_2 = \lambda_3 = 1$, bleibt die Kugel unverändert.

Aufgaben. 2.2.1. a) Der ebene Deformationszustand eines Kontinuums werde durch das Verschiebungsfeld $u_1(\xi_1, \xi_2) = u_2(\xi_1, \xi_2) = a(\xi_2 - \xi_1)$ angegeben (a konstant; ξ_1, ξ_2 materielle Koordinaten). Bestimmen Sie den Deformationsgradiententensor $\mathbf{F}$, die rechten und linken Strecktensoren $\mathbf{U}$ bzw. $\mathbf{V}$ und den Drehtensor $\mathbf{R}$, die über die Gleichung $\mathbf{F} = \mathbf{RU} = \mathbf{VR}$ ($\mathbf{R}$ eigentlich-orthogonal, $\mathbf{U}$ und $\mathbf{V}$ positiv-definit) zusammenhängen, sowie den Greenschen Verzerrungstensor $\mathbf{G} = (1/2)\,(\mathbf{U}^2 - \mathbf{I})$ (vgl. Abschn. 2.3) und den Almansischen Verzerrungstensor $\mathbf{A} = (1/2)\,(\mathbf{I} - \mathbf{V}^{-2})$. A n m e r k u n g. $\mathbf{R}$ ist durch den Drehwinkel allein bestimmt.

b) Die ebene Strömung einer Flüssigkeit werde durch das Geschwindigkeitsfeld $v_1(x_1, x_2) = v_2(x_1, x_2) = \alpha(x_2 - x_1)$ beschrieben (α konstant; x_1, x_2 Ortskoordinaten). Bestimmen Sie die Bahnlinien und das Verschiebungsfeld! Welcher Zusammenhang besteht zu Teil a) der Aufgabe?

2.2.2. Gegeben ist das Geschwindigkeitsfeld der ebenen Staupunktströmung $v_1 = cx_1$, $v_2 = -cx_2$, $v_3 = 0$. Man bestimme die Bewegung $\mathbf{x} = \mathbf{x}(\boldsymbol{\xi}, t)$ und den Deformationsgradienten $\mathbf{F}$ sowie die Tensoren $\mathbf{R}, \mathbf{U}$ und $\mathbf{V}$. Verfolgen Sie Form und Lage des Körpers, der zur Referenzzeit ein Würfel mit koordinatenparallelen Flächen ist (vgl. Fig. 2.2).

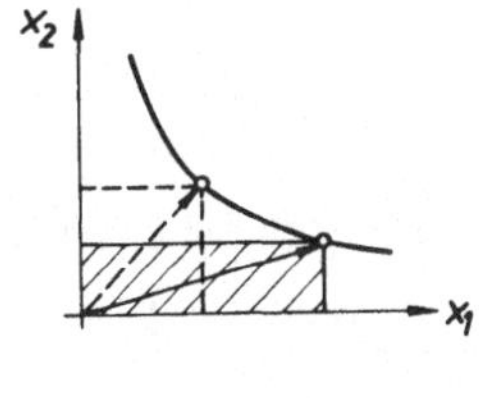

Fig. 2.2
Zur ebenen Staupunktströmung
(Aufgabe 2.2.2)

2.3 Greenscher Verzerrungstensor; geometrische Linearisierung

Man stößt auch bei folgender Überlegung auf die Verzerrungstensoren **C** und **U**: Die starre Bewegung eines Körpers ist dadurch gekennzeichnet, daß sich die Abstände beliebiger materieller Punkte nicht ändern. Deshalb kann man ein quantitatives Maß für die Verzerrung auch aus der Abstandsänderung infinitesimal benachbarter Punkte herleiten. Hierzu betrachtet man drei infinitesimal benachbarte materielle Punkte P, P', P'', durch die in der Referenzkonfiguration die Vektoren $d\xi$ und $\delta\xi$ in der aus Fig. 2.4 ersichtlichen Weise definiert sind. Diese beiden Vektoren gehen in dx und δx in der aktuellen Konfiguration über. Für die Differenz der Skalarprodukte erhält man

$$dx \cdot \delta x - d\xi \cdot \delta\xi = (Fd\xi) \cdot (F\delta\xi) - d\xi \cdot \delta\xi$$
$$= d\xi \cdot ((F^T F - I)\,\delta\xi) = 2d\xi \cdot (G\delta\xi) \tag{2.28}$$

Hierbei wurde durch die Definition

$$G = \frac{1}{2}\,(F^T F - I) = \frac{1}{2}\,(U^2 - I) = \frac{1}{2}\,(C - I) \tag{2.29}$$

der Greensche Verzerrungstensor G eingeführt; G ist offenkundig symmetrisch. Im Spezialfall $\delta\xi = d\xi$ und daher auch $\delta x = dx$ geht (2.28) über in

$$dx^2 - d\xi^2 = 2\,d\xi \cdot (Gd\xi) \tag{2.30}$$

Links steht die Differenz der Abstandsquadrate zweier infinitesimal benachbarter Punkte P und P' in der aktuellen Konfiguration und in der Referenzkonfiguration. Bei festem Punkt P bleibt der Abstand zu einem beliebigen Nachbarpunkt P' (d.h. bei beliebigem $d\xi$) in der aktuellen Konfiguration nur dann gleich dem Abstand in der Referenzkonfiguration, wenn $G = 0$ ist, d.h. wenn $U = I$ und damit auch $C = I$ ist. Nur dann ist die Transformation von der Referenzkonfiguration in die aktuelle Konfiguration, jedenfalls lokal in P, eine Starrkörpertransformation.

Für viele Zwecke ist es vorteilhaft, den Verschiebungsvektor **u** einzuführen, der durch die folgende Relation definiert ist

$$u(\xi) = x(\xi) - \xi, \qquad \text{d.h.} \qquad x = \xi + u \tag{2.31}$$

Die Elemente des Deformationsgradienten **F** lassen sich wie folgt durch die Ableitungen von **u** ausdrücken

$$F_{ik} = \frac{\partial x_i}{\partial \xi_k} = \frac{\partial(\xi_i + u_i)}{\partial \xi_k} = \delta_{ik} + \frac{\partial u_i}{\partial \xi_k} \tag{2.32}$$

Wir schreiben das Ergebnis symbolisch in der Form

$$F = I + \delta F \tag{2.33}$$

wobei $\delta\mathbf{F}$ den Tensor der Verschiebungsableitungen, den V e r s c h i e b u n g s g r a - d i e n t e n , bezüglich der materiellen Koordinaten bedeutet. Für den Greenschen Verzerrungstensor erhält man nach der Definition (2.29)

$$\mathbf{G} = \frac{1}{2}\,(\mathbf{I} + \delta\mathbf{F}^{\mathsf{T}})\,(\mathbf{I} + \delta\mathbf{F}) - \frac{1}{2}\,\mathbf{I} = \frac{1}{2}\,(\delta\mathbf{F} + \delta\mathbf{F}^{\mathsf{T}}) + \frac{1}{2}\,\delta\mathbf{F}^{\mathsf{T}}\delta\mathbf{F} \qquad (2.34)$$

Bezeichnet man die Elemente von $\mathbf{G}$ mit γ_{ik}, so wird demnach

$$\gamma_{ik} = \frac{1}{2}\left(\frac{\partial u_i}{\partial \xi_k} + \frac{\partial u_k}{\partial \xi_i}\right) + \frac{1}{2}\,\frac{\partial u_l}{\partial \xi_i}\,\frac{\partial u_l}{\partial \xi_k} \qquad (2.35)$$

Bei vielen Anwendungen, z.B. in der klassischen Elastizitätstheorie, bleiben die Verschiebungsableitungen betragsmäßig sehr klein gegen 1, d.h. es gilt

$$\left|\frac{\partial u_i}{\partial \xi_k}\right| \ll 1, \quad \text{d.h. auch} \quad |\gamma_{ik}| \ll 1 \qquad (2.36)$$

Unter diesen Umständen kann man Quadrate und Produkte der Verschiebungsableitungen vernachlässigen und einen linearisierten Ausdrück für $\mathbf{G}$ verwenden

$$\mathbf{G} = \frac{1}{2}\,(\delta\mathbf{F} + \delta\mathbf{F}^{\mathsf{T}}), \quad \text{d.h.} \quad \gamma_{ik} = \frac{1}{2}\left(\frac{\partial u_i}{\partial \xi_k} + \frac{\partial u_k}{\partial \xi_i}\right) \qquad (2.37)$$

Man nennt dies k i n e m a t i s c h e oder g e o m e t r i s c h e L i n e a r i s i e - r u n g .
Weitere Konsequenzen der geometrischen Linearisierung sind die folgenden Relationen

$$\mathbf{U} = \mathbf{V} = \mathbf{I} + \mathbf{G} = \mathbf{I} + \frac{1}{2}\,(\delta\mathbf{F} + \delta\mathbf{F}^{\mathsf{T}}) \qquad (2.38)$$

$$\mathbf{R} = \mathbf{I} + \frac{1}{2}\,(\delta\mathbf{F} - \delta\mathbf{F}^{\mathsf{T}}) \qquad (2.39)$$

$$\mathbf{F} = \mathbf{U} + \mathbf{R} - \mathbf{I} = \mathbf{V} + \mathbf{R} - \mathbf{I} \qquad (2.40)$$

Zum Beweis dieser Relationen bedenkt man, daß nach Voraussetzung der geometrischen Linearisierung die Elemente von $\delta\mathbf{F}$ betragsmäßig klein gegen 1 sind, so daß man ihre Produkte und Quadrate bei allen Umformungen gegenüber Gliedern, die linear in ihnen sind, vernachlässigen kann. Aus der Definition (2.22) von $\mathbf{U}^2$ folgt

$$\mathbf{U}^2 = \mathbf{F}^{\mathsf{T}}\mathbf{F} = (\mathbf{I} + \delta\mathbf{F}^{\mathsf{T}})\,(\mathbf{I} + \delta\mathbf{F}) = \mathbf{I} + \delta\mathbf{F} + \delta\mathbf{F}^{\mathsf{T}} + \delta\mathbf{F}^{\mathsf{T}}\delta\mathbf{F}$$

$$= \left[\mathbf{I} + \frac{1}{2}\,(\delta\mathbf{F} + \delta\mathbf{F}^{\mathsf{T}})\right]^2 + \delta\mathbf{F}^{\mathsf{T}}\delta\mathbf{F} - \frac{1}{4}\,(\delta\mathbf{F}^{\mathsf{T}} + \delta\mathbf{F})^2$$

Die unterstrichenen quadratischen Glieder werden vernachlässigt, und es folgt sofort $\mathbf{U} = \mathbf{I} + (\delta\mathbf{F}^\mathsf{T} + \delta\mathbf{F})/2$. Ganz analog beweist man auch $\mathbf{V} = \mathbf{I} + (\delta\mathbf{F}^\mathsf{T} + \delta\mathbf{F})/2$. Damit sind sämtliche in (2.38) enthaltenen Relationen bewiesen. Um (2.39) zu beweisen, zeigt man einfach, daß in linearer Näherung die Produkte $\mathbf{RU}$ und $\mathbf{VR}$ mit $\mathbf{F}$ übereinstimmen, wenn man für $\mathbf{U}, \mathbf{V}, \mathbf{R}$ die in (2.38) und (2.39) angegebenen linearisierten Ausdrücke benutzt. Relation (2.40) folgt in trivialer Weise aus (2.38) und (2.39); nach dieser Relation geht die Produktzerlegung von $\mathbf{F}$ in linearer Näherung in eine additive Zerlegung über.

Eine wichtige Konsequenz der geometrischen Linearisierung ist übrigens die Tatsache, daß Ableitungen nach den materiellen Koordinaten ξ_i durch Ableitungen nach den räumlichen Variablen x_i ersetzt werden dürfen: Es sei etwa ein Feld $\phi(\mathbf{x}, t)$ gegeben; dann wird

$$\frac{\partial\phi}{\partial\xi_i} = \frac{\partial\phi}{\partial x_k}\frac{\partial x_k}{\partial\xi_i} = \frac{\partial\phi}{\partial x_k}\left(\delta_{ik} + \frac{\partial u_k}{\partial\xi_i}\right) \Rightarrow \frac{\partial\phi}{\partial x_i} \tag{2.41}$$

wobei $\partial u_k/\partial\xi_i$ gegen δ_{ik} vernachlässigt wurde.

Nach diesem Exkurs über die für viele Anwendungen sehr wichtige geometrische Linearisierung wenden wir uns der anschaulichen Interpretation der Elemente γ_{ik} des Greenschen Verzerrungstensors zu, zunächst ohne zu linearisieren. Hierzu setzen wir in Gl. (2.28)

$$d\boldsymbol{\xi} = \mathbf{e}_0\,ds_0\,, \qquad d\mathbf{x} = \mathbf{e}\,ds$$
$$\delta\boldsymbol{\xi} = \mathbf{f}_0\,\delta s_0\,, \qquad \delta\mathbf{x} = \mathbf{f}\,\delta s$$

Die Einheitsvektoren $\mathbf{e}_0, \mathbf{f}_0, \mathbf{e}, \mathbf{f}$ bezeichnen die Richtung und die Längen $ds_0, \delta s_0$, $ds, \delta s$ die Beträge der Vektoren $d\boldsymbol{\xi}, \delta\boldsymbol{\xi}, d\mathbf{x}, \delta\mathbf{x}$ (Fig. 2.3). Gleichung (2.28) geht damit über in

$$(\mathbf{e}\cdot\mathbf{f})\frac{ds}{ds_0}\frac{\delta s}{\delta s_0} - (\mathbf{e}_0\cdot\mathbf{f}_0) = 2\mathbf{e}_0\cdot(\mathbf{Gf}_0) \tag{2.42}$$

In diese Gleichung setzen wir nun spezielle Werte für $\mathbf{e}_0, \mathbf{f}_0, ds_0, \delta s_0$ ein.

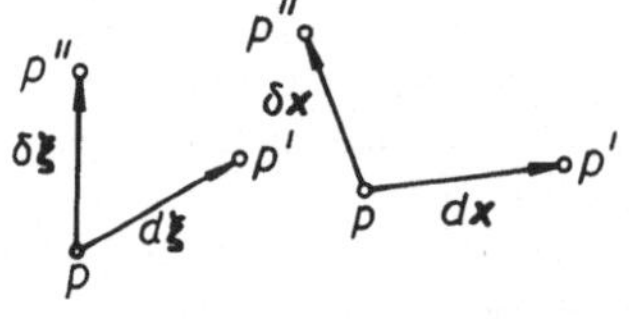

Fig. 2.3
Transformation zweier materieller
Linienelemente

Fall 1. Wir setzen $ds_0 = \delta s_0$ und wählen $\mathbf{e}_0 = \mathbf{f}_0$ als Einheitsvektor in x_1-Richtung (Fig. 2.4). Dann reduziert sich (2.42) auf

$$\left(\frac{ds}{ds_0}\right)^2 - 1 = \frac{ds - ds_0}{ds_0}\left(2 + \frac{ds - ds_0}{ds_0}\right) = 2\gamma_{11} \qquad (2.43)$$

Entsprechende Gleichungen kann man für die Elemente γ_{22} und γ_{33} herleiten, indem man als Vektoren $d\boldsymbol{\xi} = \delta\boldsymbol{\xi}$ solche in x_2- und x_3-Richtung wählt. Die Diagonalelemente des Verzerrungstensors hängen also auf einfache Weise mit den relativen Längenänderungen $(ds - ds_0)/ds_0$, den Dehnungen von Linienelementen, zusammen, die in der Referenzfiguration in Koordinatenrichtung orientiert sind. Im Gültigkeitsbereich der geometrischen Linearisierung geht (2.43) über in

$$\gamma_{11} = \frac{ds - ds_0}{ds_0} \qquad (2.44)$$

Die Diagonalelemente von **G** werden hier mit den Dehnungen identisch.

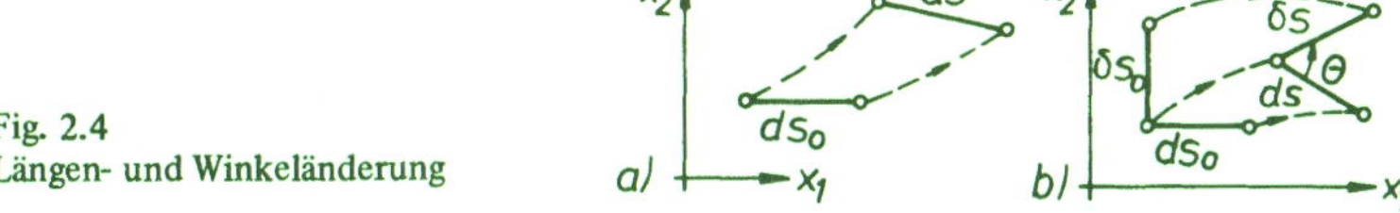

Fig. 2.4
Längen- und Winkeländerung

Fall 2. Wir wählen $\mathbf{e}_0$ als Einheitsvektor in x_1-Richtung, $\mathbf{f}_0$ als Einheitsvektor in x_2-Richtung; außerdem bezeichnen wir den Winkel zwischen $\mathbf{e}$ und $\mathbf{f}$ mit Θ (Fig. 2.4). Aus Gl. (2.42) ergibt sich hierfür

$$\cos\Theta \; \frac{ds}{ds_0} \; \frac{\delta s}{\delta s_0} = 2\gamma_{12} \qquad (2.45)$$

Indem wir das Ergebnis (2.43) für ds/ds_0 und $\delta s/\delta s_0$ benutzen, erhalten wir hieraus

$$\cos\Theta\sqrt{(1 + 2\gamma_{11})(1 + 2\gamma_{22})} = 2\gamma_{12} \qquad (2.46)$$

Die Nichtdiagonalelemente des Greenschen Verzerrungstensors hängen demnach mit dem Winkel Θ zusammen, den zwei in der Referenzkonfiguration in aufeinander senkrechten Koordinatenrichtungen orientierte Linienelemente in der aktuellen Konfiguration miteinander bilden. Im Gültigkeitsbereich der geometrischen Linearisierung reduziert sich (2.46), mit $\vartheta = \pi/2 - \Theta$ und $\cos\Theta = \sin\vartheta \approx \vartheta$, auf

$$\vartheta = 2\gamma_{12} \qquad (2.47)$$

In linearisierter Näherung stimmen also die Nichtdiagonalelemente des Greenschen Verzerrungstensors mit den halben Winkeländerungen überein, die ein in der Referenzkonfiguration rechter Winkel zwischen zwei in Koordinatenrichtung orientierten Linienelementen bei der Transformation in die aktuelle Konfiguration erfährt.

Aufgaben. 2.3.1. Man zeige, daß bei geometrischer Linearisierung det $\mathbf{F} - 1 = \operatorname{sp} \mathbf{G}$ $= \operatorname{div} \mathbf{u}$ gilt. Man nennt $\operatorname{sp} \mathbf{G}$ auch „Volumendehnung" oder D i l a t a t i o n , denn es gilt $\operatorname{sp} \mathbf{G} = (dV - dV_0)/dV_0$.

2.3.2. Das Verschiebungsfeld $\mathbf{u} = \mathbf{A}\boldsymbol{\xi}$ ($\det \mathbf{F} = \det(\mathbf{I} + \mathbf{A}) > 0$) beschreibt eine homogene Deformation, wenn $\mathbf{A}$ unabhängig von $\boldsymbol{\xi}$ ist. Untersuchen Sie die folgenden homogenen Deformationen mit $\mathbf{A}(0 < c < 1)$

$$\begin{pmatrix} 0 & -c \\ c & 0 \end{pmatrix}, \quad \begin{pmatrix} c & 0 \\ 0 & -c \end{pmatrix}, \quad \begin{pmatrix} c & 0 \\ 0 & c \end{pmatrix}, \quad \begin{pmatrix} 0 & c \\ c & 0 \end{pmatrix}.$$

Bestimmen Sie insbesondere den Greenschen Verzerrungstensor, die Hauptachsen des Tensors $\mathbf{U}$, den Drehtensor $\mathbf{R}$ (bzw. Drehwinkel φ), die Figur, in die ein Einheitskreis deformiert wird (Deformationsellipse).

2.3.3. Man untersuche die beiden homogenen Deformationen $x_1 = \xi_1 + k\xi_2$, $x_2 = \xi_2$, $x_3 = \xi_3$ ($k > 0$) und $x_1 = c\xi_1$, $x_2 = \frac{1}{c}\xi_2$, $x_3 = \xi_3$ ($c > 0$) und zeige insbesondere, daß sie die gleiche Verzerrung hervorrufen, wenn $k = |c - \frac{1}{c}|$.

2.3.4. Jede homogene isochore Deformation mit der Eigenschaft $I_1 = I_2$ für einen der Tensoren $\mathbf{B}$, $\mathbf{C}$, $\mathbf{U}$ oder $\mathbf{V}$ kann als einfache Scherung aufgefaßt werden, der eine Drehung vorausgeht oder folgt. Der Betrag des Verschiebungsgradienten $\delta \mathbf{F}$ bei der Scherung ist $k = \sqrt{I_1(\mathbf{C}) - 3}$, wobei $I_1(\mathbf{C})$ die erste Invariante des Tensors $\mathbf{C}$ ist. Der Betrag eines Tensors $\mathbf{A}$ ist, wie folgt, definiert: $|\mathbf{A}| = (\operatorname{sp} \mathbf{A}^T \mathbf{A})^{1/2}$.

2.3.5. Ein in der Ebene einer ebenen Deformation liegendes gleichschenkeliges Dreieck, dessen Symmetrielinie die Richtung der Hauptachse des Rechts-Strecktensors $\mathbf{U}$ hat, bleibt bei der Deformation gleichschenkelig, und die Symmetrielinie hat in der aktuellen Konfiguration die Richtung der Hauptachse des Links-Strecktensors $\mathbf{V}$ (Fig. 2.5). Hieraus folgt, daß der mittlere Drehwinkel der beiden Dreiecksschenkel für alle solchen Dreiecke mit dem Drehwinkel der Hauptachse übereinstimmt. In diesem Sinne ist die Drehung der Hauptachsen die Drehung eines infinitesimalen Körpers.

Fig. 2.5
Mittlere Drehung bei Deformation
(Aufgabe 2.3.5)

2.3.6. Von den drei zueinander orthogonalen Vektoren $\mathbf{e}_i$ ($i = 1, 2, 3$) sei bekannt, daß sie bei der Deformation $\mathbf{F}$ zueinander orthogonal bleiben. Zeigen Sie, daß die Vektoren die Richtung der Hauptachsen des Rechts-Cauchy-Green-Tensors $\mathbf{C} = \mathbf{F}^T \mathbf{F}$ haben!

2.3.7. Mit Hilfe des Greenschen Verzerrungstensors $\mathbf{G}$ läßt sich nach (2.30) die Differenz der Abstandsquadrate durch die Abstandsvektoren $d\boldsymbol{\xi}$ in der Bezugskonfiguration ausdrücken. Die Bedeutungen von Bezugskonfiguration und aktueller Konfiguration sind austauschbar, und die Differenz der Abstandsquadrate läßt sich daher auch auf die Abstandsvektoren dx in der aktuellen Konfiguration zurückführen: $dx^2 - d\xi^2 =$ $= 2\,dx \cdot (A\,dx)$. A heißt der **A l m a n s i s c h e** oder **E u l e r s c h e   V e r z e r - r u n g s t e n s o r**. Man drücke ihn durch den Links-Cauchy-Green-Tensor aus.

2.3.8. Gegeben ist ein zweidimensionaler symmetrischer Tensor G mit den Elementen $\gamma_{ik}(\xi_1, \xi_2)$, $i = 1, 2$. Welcher Bedingung müssen die Elemente $\gamma_{11}, \gamma_{12}, \gamma_{22}$ genügen, damit G der linearisierte Greensche Verzerrungstensor eines ebenen Verschiebungsfeldes ist?

H i n w e i s . Da die drei Elemente von G sich aus zwei Verschiebungskomponenten ableiten, muß zwischen ihnen eine Relation bestehen, die sog. Kompatibilitätsbedingung (Verträglichkeitsbedingung).

2.3.9. Unter welcher Bedingung für a und b ist für den Tensor G mit den Komponenten $\gamma_{11} = a(\xi_1^2 - \xi_2^2)$, $\gamma_{12} = b\xi_1\xi_2$, $\gamma_{22} = a\xi_1\xi_2$ die Kompatibilitätsbedingung (s. Aufgabe 2.3.8) erfüllt? Bestimmen Sie unter Voraussetzung der Kompatibilität das durch G bis auf eine Starrkörperbewegung festgelegte ebene Verschiebungsfeld $u_1(\xi_1, \xi_2)$, $u_2(\xi_1, \xi_2)$.

2.4 Deformationsgeschwindigkeiten

Die seither eingeführten Verzerrungstensoren sind nützlich zur Formulierung von Materialgleichungen für feste Medien (vgl. Abschn. 6.2); bei der Beschreibung von Flüssigkeiten (vgl. Abschn. 6.3) spielen dagegen Deformationsgeschwindigkeiten, genauer: Verzerrungsgeschwindigkeiten, eine größere Rolle. Wir definieren zunächst den Tensor $\dot{F}$ der Deformationsgeschwindigkeiten als materielle Zeitableitung des Deformationsgradienten F

$$\dot{F}_{ik} = \frac{\partial^2 x_i(\xi, t)}{\partial \xi_k\, \partial t} = \frac{\partial v_i}{\partial \xi_k} = \frac{\partial v_i}{\partial x_\varrho} \frac{\partial x_\varrho}{\partial \xi_k}\,, \tag{2.48}$$

d.h. $\qquad \dot{F} = (\text{grad } v)\, F$

Wählt man die augenblickliche Konfiguration als Referenzkonfiguration, so wird $F = I$; aus (2.48) folgt

$$\dot{F}\Big|_{\tau = t} = \dot{F}\Big|_{F = I} = \text{grad } v \tag{2.49}$$

Andrerseits ist $F = VR$ (nach 2.9) und daher auch $\dot{F} = \dot{V}R + V\dot{R}$. Für $\tau = t$ wird $V = R = I$; deshalb gilt

$$\dot{F}\Big|_{\tau = t} = \text{grad } v = \dot{V}\Big|_{\tau = t} + \dot{R}\Big|_{\tau = t} \tag{2.50}$$

Man erkennt leicht den Zusammenhang von (2.50) mit der additiven Zerlegung (2.40) von $\mathbf{F}$. Der Verzerrungsgeschwindigkeitstensor $\dot{\mathbf{V}}\big|_{\tau=t}$ ist symmetrisch, der Tensor $\dot{\mathbf{R}}\big|_{\tau=t}$ ist schiefsymmetrisch (vgl. (1.129), dort ist $\mathbf{R} = \mathbf{Q} = \mathbf{I}$ zu setzen). Für den Geschwindigkeitsgradententensor grad $\mathbf{v}$ führen wir die Abkürzung $\mathbf{L}_1$ ein. Gleichung (2.50) kann dann folgendermaßen geschrieben werden

$$\text{grad } \mathbf{v} = \mathbf{L}_1 = \mathbf{D} + \mathbf{W} \tag{2.51}$$

Hierin ist

$$\mathbf{D} = \dot{\mathbf{V}}\Big|_{\tau=t} = \frac{1}{2}\,(\mathbf{L}_1 + \mathbf{L}_1^{\mathsf{T}}) \tag{2.52}$$

der symmetrische und

$$\mathbf{W} = \dot{\mathbf{R}}\Big|_{\tau=t} = \frac{1}{2}\,(\mathbf{L}_1 - \mathbf{L}_1^{\mathsf{T}}) \tag{2.53}$$

der schiefsymmetrische Anteil des Geschwindigkeitsgradienten $\mathbf{L}_1$.

Die Tensoren $\mathbf{D}$ und $\mathbf{W}$ lassen sich anschaulich interpretieren. Wir betrachten hierzu die zeitliche Änderung eines materiellen Linienelementes; aus $d\mathbf{x} = \mathbf{F}d\boldsymbol{\xi}$ folgt

$$\begin{aligned}
(d\mathbf{x})^{\bullet} &= \dot{\mathbf{F}}d\boldsymbol{\xi} = (\text{grad } \mathbf{v})\, d\mathbf{x}\\
&= \mathbf{D}d\mathbf{x} + \mathbf{W}d\mathbf{x} = \mathbf{D}d\mathbf{x} + \boldsymbol{\omega} \times d\mathbf{x}
\end{aligned} \tag{2.54}$$

Zur Umformung wurde (2.48) benutzt. Das letzte Resultat ergibt sich daraus, daß jedem schiefsymmetrischen Tensor $\mathbf{W}$ ein Vektor $\boldsymbol{\omega}$ zugeordnet ist derart, daß $\mathbf{W}d\mathbf{x} = \boldsymbol{\omega} \times d\mathbf{x}$ ist (vgl. hierzu Abschn. 1.5). Damit ist die Bedeutung von $\mathbf{W}$ als Drehgeschwindigkeitstensor deutlich. Durch Ausrechnen bestätigt man, daß der zu $\mathbf{W}$ gehörige Vektor der Winkelgeschwindigkeit gegeben ist durch

$$\boldsymbol{\omega} = \frac{1}{2}\,\text{rot } \mathbf{v} \tag{2.55}$$

Zur Interpretation des Verzerrungsgeschwindigkeitstensors (oder Streckgeschwindigkeitstensors) $\mathbf{D}$ betrachten wir die zeitliche Änderung des Skalarprodukts zweier materieller Linienelemente $d\mathbf{x}$ und $\delta\mathbf{x}$

$$\begin{aligned}
(d\mathbf{x} \cdot \delta\mathbf{x})^{\bullet} &= (d\mathbf{x})^{\bullet} \cdot \delta\mathbf{x} + d\mathbf{x} \cdot (\delta\mathbf{x})^{\bullet}\\
&= (\mathbf{L}_1 d\mathbf{x}) \cdot \delta\mathbf{x} + d\mathbf{x} \cdot (\mathbf{L}_1 \delta\mathbf{x}) = d\mathbf{x} \cdot (\mathbf{L}_1^{\mathsf{T}} \delta\mathbf{x}) + d\mathbf{x} \cdot (\mathbf{L}_1 \delta\mathbf{x})\\
&= d\mathbf{x} \cdot (2\mathbf{D}\delta\mathbf{x})
\end{aligned} \tag{2.56}$$

Bei der Umformung wurde die in Gl. (2.2) mitgeteilte Bedeutung der Transposition eines Tensors benutzt.

Wie bei den analogen Überlegungen in Abschn. 2.3 setzen wir $d\mathbf{x} = \mathbf{e}\,ds$, $\delta\mathbf{x} = \mathbf{f}\,\delta s$ und bezeichnen den Winkel zwischen $d\mathbf{x}$ und $\delta\mathbf{x}$ mit Θ. Damit geht (2.56) über in

$$((\cos\Theta)\,ds\,\delta s)^{\cdot} = 2\mathbf{e}\cdot(\mathbf{D}\mathbf{f})\,ds\,\delta s \tag{2.57}$$

$$\text{oder} \quad -\dot{\Theta}\sin\Theta + \cos\Theta\left\{\frac{(ds)^{\cdot}}{ds} + \frac{(\delta s)^{\cdot}}{\delta s}\right\} = 2\mathbf{e}\cdot(\mathbf{D}\mathbf{f}) \tag{2.58}$$

Wählt man $\mathbf{e} = \mathbf{f}$ als Einheitsvektor in x_1-Richtung und außerdem $ds = \delta s$, so erhält man aus (2.58)

$$\frac{(ds)^{\cdot}}{ds} = d_{11} \tag{2.59}$$

Die Diagonalelemente des Verzerrungsgeschwindigkeitstensors $\mathbf{D}$ sind also identisch mit den Dehngeschwindigkeiten $(ds)^{\cdot}/ds$ von Linienelementen, die in Koordinatenrichtung orientiert sind. Wählt man $\mathbf{e}$ als Einheitsvektor in x_1-Richtung, $\mathbf{f}$ als Einheitsvektor in x_2-Richtung, so wird $\Theta = 90°$ und $\sin\Theta = 1$, $\cos\Theta = 0$; aus (2.58) erhält man hierfür

$$-\dot{\Theta} = 2d_{12} \tag{2.60}$$

Die Nichtdiagonalelemente von $\mathbf{D}$ sind also bis auf den Faktor 2 identisch mit den Geschwindigkeiten, mit denen sich momentan rechte Winkel ändern, die von zwei Linienelementen in Koordinatenrichtung gebildet werden.

2.5 Rivlin-Ericksen-Tensoren

Eine Verallgemeinerung der in Abschn. 2.4 eingeführten Begriffe führt auf die Rivlin-Ericksen-Tensoren, die bei der Formulierung von Materialgleichungen für nichtnewtonsche Fluide eine Rolle spielen (vgl. Kapitel 7). Wir definieren die G e s c h w i n d i g - k e i t s g r a d i e n t e n k - t e r O r d n u n g $\mathbf{L}_k$ als die Tensoren

$$\mathbf{L}_k(\mathbf{x}, t) = \left.\frac{D^k\mathbf{F}}{Dt^k}\right|_{\tau=t} = \left.\frac{\partial^k\mathbf{F}(\boldsymbol{\xi}, t; \tau)}{\partial t^k}\right|_{\tau=t} \quad ; \quad k = 1, 2, \ldots \tag{2.61}$$

(Man beachte, daß für $\tau = t$ auch $\boldsymbol{\xi} = \mathbf{x}$ gilt.) Es wird demnach $\mathbf{L}_1 = \text{grad}\,\mathbf{v}$, $\mathbf{L}_2 = \text{grad}\,\dot{\mathbf{v}}$ usw; $\mathbf{L}_1$ ist der Geschwindigkeitsgradient, $\mathbf{L}_2$ der Beschleunigungsgradient. Der Rivlin-

Ericksen-Tensor n-ter Ordnung $\mathbf{A_n}$ wird nun wie folgt definiert

$$\mathbf{A_n}(\mathbf{x},\, t) = 2\,\frac{D^n \mathbf{G}}{Dt^n}\bigg|_{\tau=t} = \frac{D^n \mathbf{C}}{Dt^n}\bigg|_{\tau=t} = \frac{\partial^n \mathbf{C}(\boldsymbol{\xi},\, t;\, \tau)}{\partial t^n}\bigg|_{\tau=t} \tag{2.62}$$

$\mathbf{C}$ ist der Rechts-Cauchy-Green-Tensor. Ersetzt man ihn nach seiner Definition (2.22) durch $\mathbf{F}^\mathsf{T}\mathbf{F}$, so kann man (2.62) auch wie folgt schreiben

$$\mathbf{A_n} = \frac{D^n \mathbf{F}^\mathsf{T}\mathbf{F}}{Dt^n}\bigg|_{\tau=t} = \sum_{k=0}^{n} \binom{n}{k} \frac{D^k \mathbf{F}^\mathsf{T}}{Dt^k}\;\frac{D^{n-k}\mathbf{F}}{Dt^{n-k}}\bigg|_{\tau=t} \tag{2.63}$$

Dabei wurde für die Differentiation des Produktes $\mathbf{F}^\mathsf{T}\mathbf{F}$ die Leibnizsche Regel benutzt. An dieser Stelle flechten wir die Bemerkung ein, daß man bei Umformung symbolisch geschriebener Tensorgleichungen formal dieselben Differentiationsregeln wie für skalare Gleichungen verwenden darf, wenn man die Reihenfolge der Faktoren beibehält. Dies sieht man ein, wenn man die symbolische Schreibweise durch die Indexschreibweise ersetzt und bedenkt, daß die Differentiationsregeln komponentenweise gelten. − Unter Beachtung der Definition (2.61) läßt sich nach (2.63) $\mathbf{A_n}$ wie folgt schreiben

$$\mathbf{A_n} = \mathbf{L_n} + \mathbf{L_n^\mathsf{T}} + \sum_{k=1}^{n-1} \binom{n}{k} \mathbf{L_k^\mathsf{T}}\mathbf{L_{n-k}} \tag{2.64}$$

Zur Interpretation der Rivlin-Ericksen-Tensoren betrachten wir die zeitliche Änderung des Quadrates eines materiellen Linienelementes: $\mathrm{dx}^2 = \mathrm{dx} \cdot \mathrm{dx} = \mathrm{d}\boldsymbol{\xi} \cdot (\mathbf{C}\,\mathrm{d}\boldsymbol{\xi})$. Die n-te Ableitung nach der Zeit wird

$$\frac{D^n\,\mathrm{dx}^2}{Dt^n} = \mathrm{d}\boldsymbol{\xi} \cdot \left(\frac{D^n\mathbf{C}}{Dt^n}\,\mathrm{d}\boldsymbol{\xi}\right) \tag{2.65}$$

Setzt man hier $\tau = t$, so wird $\mathrm{d}\boldsymbol{\xi} = \mathrm{dx}$, und man erhält

$$\frac{D^n\mathrm{dx}^2}{Dt^n} = \mathrm{dx} \cdot (\mathbf{A_n}\,\mathrm{dx}) \tag{2.66}$$

Die Rivlin-Ericksen-Tensoren bestimmen also die n-ten Zeitableitungen des materiellen Linienelementquadrates. Man kann dies auch folgendermaßen deuten: Wenn die Zeitableitungen von dx^2 zur Zeit t bekannt sind, kann man − unter entsprechenden Glattheitsvoraussetzungen − dx^2 zur vergangenen Zeit $t - s$ durch Taylorentwicklung berechnen

$$\mathrm{dx}^2(t-s) = \mathrm{dx}^2(t) - s\,\frac{D\,\mathrm{dx}^2}{Dt} + \frac{s^2}{2}\,\frac{D^2\,\mathrm{dx}^2}{Dt^2} \mp \ldots$$
$$= \mathrm{dx} \cdot \left\{\left(\mathbf{I} - s\mathbf{A_1} + \frac{s^2}{2}\,\mathbf{A_2} \mp \ldots\right)\mathrm{dx}\right\} \tag{2.67}$$

Den Verlauf von $\mathrm{dx}^2(t-s)$ für $0 \leqslant s < \infty$ nennen wir die G e s c h i c h t e von dx^2.

Mit Hilfe der Rivlin-Ericksen-Tensoren kann man demnach die Geschichte des materiellen Linienelementquadrats durch Taylorentwicklung approximieren.

Man kann auch die Geschichte des Rechts-Cauchy-Green-Tensors betrachten: $C(\xi, t - s; \tau)$. Nach der Definition (2.62) von A_n gilt

$$A_n(x, t) = \frac{\partial^n C(\xi, t; \tau)}{\partial t^n}\bigg|_{\tau=t} = (-1)^n \frac{\partial^n C(\xi, t - s; t)}{\partial s^n}\bigg|_{s=0} \qquad (2.68)$$

Andrerseits liefert aber die Taylorentwicklung von $C(\xi, t - s; t)$

$$C(\xi, t - s; t) = C(\xi, t; t) - s \frac{\partial C(\xi, t; \tau)}{\partial t}\bigg|_{\tau=t} + \frac{s^2}{2} \frac{\partial^2 C(\xi, t; \tau)}{\partial t^2}\bigg|_{\tau=t} \mp \ldots \qquad (2.69)$$

Somit gilt

$$C(\xi, t - s; t) = I - sA_1 + \frac{s^2}{2} A_2 + \ldots \qquad (2.70)$$

Die Rivlin-Ericksen-Tensoren sind demnach die Entwicklungskoeffizienten der Geschichte des auf die aktuelle Konfiguration ($\tau = t$) bezogenen Rechts-Cauchy-Green-Tensors[1]).

Aufgaben. 2.5.1. a) Für die in (2.62) erklärten R i v l i n - E r i c k s e n - T e n s o r e n A_n gilt die Rekursionsformel $A_{n+1} = DA_n/Dt + L_1^T A_n + A_n L_1$. Zum Beweis gehe man von Gleichung (2.66) aus. Der Operator, der, auf A_n angewandt, A_{n+1} liefert, ist eine spezielle Oldroydsche Zeitableitung.

b) Man berechne die Rivlin-Ericksen-Tensoren für eine ebene Schichtenströmung mit dem Geschwindigkeitsfeld $v_1 = v(x_2, t)$, $v_2 = v_3 = 0$; d.h. man führe die Komponenten von A_n auf die partiellen Ableitungen von $v(x_2, t)$ zurück. Was ergibt sich insbesondere bei stationärer Strömung ($\partial v/\partial t = 0$)? A n m e r k u n g : Diese Strömung ist im stationären Fall eine spezielle viskometrische Strömung (vgl. Abschn. 7.9); für viskometrische Strömungen verschwinden die höheren Rivlin-Ericksen-Tensoren allgemein.

2.5.2. Die in Gl. (1.137) gegebene Jaumannsche Ableitung $d_j D/dt = \dot{D} - \Omega D + D\Omega$ und die Oldroydsche Ableitung $d_0 D/dt = \dot{D} + L_1^T D + DL_1$ (s. Aufgabe 2.5.1) des Streckgeschwindigkeitstensors D lassen sich auf die Rivlin-Ericksen-Tensoren zurückführen. Zeigen Sie, daß der folgende Zusammenhang besteht, $d_j D/dt = (A_2 - A_1^2)/2$, $d_0 D/dt = A_2/2$.

2.5.3. Zeigen Sie, daß die Oldroydsche Ableitung $d_0 A/dt = DA/Dt + L_1^T A + AL_1$ des Almansischen Verzerrungstensors $A = 1/2 (I - B^{-1})$, $B = FF^T$, (vgl. Aufgabe 2.3.7) mit dem Streckgeschwindigkeitstensor D identisch ist.

---

[1]) In Kapitel 7 wird dieser als r e l a t i v e r Rechts-Cauchy-Green-Tensor bekannte Tensor zur Vereinfachung der Schreibweise mit $C_t(\xi, s)$ bezeichnet.

3. Mechanische Bilanzgleichungen

3.1 Impulsbilanz

Alle seitherigen Überlegungen betrafen nur die K i n e m a t i k des Kontinuums. Um zur Kontinuums m e c h a n i k vorzudringen, muß man die auf die Körper wirkenden Kräfte einführen. Hierzu nehmen wir an, daß sich die auf einen beliebigen Körper $\mathfrak{B}$ wirkende, resultierende Kraft **K** folgendermaßen darstellen läßt

$$\mathbf{K} = \int_{\mathfrak{B}} \mathbf{k}\, dV + \int_{\partial\mathfrak{B}} \mathbf{t}\, dA \tag{3.1}$$

Nach dieser grundlegenden Annahme setzt sich die Gesamtkraft additiv zusammen aus der Volumenkraft $\int_{\mathfrak{B}} \mathbf{k}\, dV$ und der Oberflächenkraft $\int_{\partial\mathfrak{B}} \mathbf{t}\, dA$. Von der V o l u m e n - k r a f t d i c h t e **k** nehmen wir an, daß sie ein von der speziellen Wahl von $\mathfrak{B}$ unabhängiges Feld ist: $\mathbf{k} = \mathbf{k}(\mathbf{x}, t)$. In der Volumenkraft drücken sich weitreichende Wechselwirkungen zwischen $\mathfrak{B}$ und seiner Umgebung und zwischen verschiedenen Teilen von $\mathfrak{B}$ aus. Ein wichtiges Beispiel für eine Volumenkraft ist die Schwerkraft; im homogenen Schwerefeld der Erde gilt z.B.: $\mathbf{k} = -\rho\, g\mathbf{e}$, wobei g die Schwerebeschleunigung und **e** der vertikal nach oben gerichtete Einheitsvektor ist. Die Volumenkraftdichte ist in diesem und vielen anderen Fällen zur Massendichte ρ proportional. Daher ist es oft zweckmäßig, die M a s s e n k r a f t d i c h t e $\mathbf{f} = \mathbf{k}/\rho$ einzuführen; im homogenen Schwerefeld ist $\mathbf{f} = -g\mathbf{e}$. Gleichung (3.1) schreibt sich bei Verwendung von **f** wie folgt

$$\mathbf{K} = \int_{\mathfrak{B}} \mathbf{f}\rho\, dV + \int_{\partial\mathfrak{B}} \mathbf{t}\, dA \tag{3.2}$$

In dem erwähnten Beispiel der Schwerkraft im homogenen Schwerefeld der Erde geht **k** auf die Wechselwirkung zwischen den Bestandteilen des Körpers $\mathfrak{B}$ und dem Erdkörper zurück. Die Gravitationswechselwirkung zwischen den verschiedenen Teilen von $\mathfrak{B}$ untereinander spielt bei technischen Anwendungen meistens keine Rolle. Dies ist anders, wenn $\mathfrak{B}$ kosmische Dimensionen besitzt. Aber auch dann, wenn die weitreichenden Wechselwirkungen zwischen verschiedenen Teilen von $\mathfrak{B}$ nicht vernachlässigbar sind, lassen sich diese Wechselwirkungen durch ein Volumenkraftfeld **k** beschreiben, derart, daß die auf jeden Teil $\mathfrak{B}^*$ von $\mathfrak{B}$ durch diese Wechselwirkung ausgeübte Gesamtkraft durch $\int_{\mathfrak{B}^*} \mathbf{k}\, dV$ gegeben ist, mit einem von der Gestalt von $\mathfrak{B}^*$ unabhängigen Feld **k**. Voraussetzung hierfür ist nur, daß die weitreichenden Wechselwirkungen eine Symmetriebedingung erfüllen, die in der elementaren Mechanik als das Postulat „actio= reactio" bekannt ist.

Die Oberflächenkraft $\int_{\partial\mathfrak{B}} \mathbf{t}\, dA$ wird manchmal physikalisch interpretiert als Ausdruck der Wechselwirkung zwischen dem Körper $\mathfrak{B}$ und seiner Umgebung, die von sehr kurzer Reichweite ist, so daß in der Grenze unendlich kleiner Reichweite nur die Bereiche von $\mathfrak{B}$ und seiner Umgebung unmittelbar an der Oberfläche miteinander wechselwirken[1]). Diese Interpretation wird allerdings keineswegs allen kontinuumsmechanisch zu beschreibenden Phänomenen gerecht. Bei einem „idealen Gas" z.B. stehen benachbarte Moleküle nicht in Wechselwirkung; die Kraft $\int_{\partial \mathfrak{B}} \mathbf{t}\, dA$ ist hier physikalisch nichts anderes als der molekulare Impulsfluß durch die Oberfläche $\partial \mathfrak{B}$. Die kontinuumsmechanische Theorie ist jedoch unabhängig von der physikalischen Interpretation der beiden Summanden in (3.1) oder (3.2); diese Interpretation wird uns im folgenden nicht mehr kümmern.

Man nennt $\mathbf{t}$ O b e r f l ä c h e n k r a f t d i c h t e , S p a n n u n g s v e k t o r oder kurz S p a n n u n g. Die auf ein Flächenelement von $\partial \mathfrak{B}$ wirkende Kraft ist $\mathbf{t}\, dA$, die auf ein Volumenelement von $\mathfrak{B}$ wirkende Kraft ist $\mathbf{k}\, dV$. Die Spannung $\mathbf{t}$ ist demnach eine Kraft pro Flächeneinheit, die Volumenkraftdichte $\mathbf{k}$ eine pro Volumeneinheit. Wir erwähnen hier schon die weiter unten näher erklärte Tatsache, daß die Spannungsvektoren $\mathbf{t}$ kein Vektorfeld bilden in dem Sinne, daß $\mathbf{t}$ nur vom Ort $\mathbf{x}$ und der Zeit t abhängt. Wie sich zeigen wird, hängt die Spannung nämlich auch noch von der Normalenrichtung des Flächenelementes ab, auf das sie wirkt.

Der Impulsvektor $\mathbf{I}$ eines Körpers $\mathfrak{B}$ ist definiert durch

$$\mathbf{I} = \int_{\mathfrak{B}} \rho \mathbf{v}\, dV \tag{3.3}$$

Unter der Voraussetzung, daß unser Bezugssystem ein Inertialsystem ist, formulieren wir die Impulsbilanz wie folgt

$$\frac{D\mathbf{I}}{Dt} = \mathbf{K} \tag{3.4}$$

d.h.
$$\frac{D}{Dt} \int_{\mathfrak{B}} \rho \mathbf{v}\, dV = \int_{\mathfrak{B}} \rho \mathbf{f}\, dV + \int_{\partial \mathfrak{B}} \mathbf{t}\, dA \tag{3.5}$$

Man kann die Voraussetzung, das Bezugssystem sei ein Inertialsystem, fallenlassen; dann muß man in die Volumenkraftdichte $\mathbf{k}$ noch die Trägheitskräfte, oder „Scheinkräfte", in dem aus der Punktmechanik bekannten Sinn einbeziehen. — Nach dem Reynoldsschen Transporttheorem (1.63) läßt sich (3.5) auch in folgender Form schreiben

$$\int_{\mathfrak{B}} \rho \left(\frac{D\mathbf{v}}{Dt} - \mathbf{f} \right) dV - \int_{\partial \mathfrak{B}} \mathbf{t}\, dA \tag{3.6}$$

Die Impulsbilanz (3.5) (oder (3.6)) verallgemeinert das aus der elementaren Mechanik geläufige „zweite Newtonsche Gesetz" für Massenpunkte auf Kontinua. Zusammen mit den noch zu formulierenden Bilanzgleichungen für Drehimpuls und Energie (Abschn.

---

[1]) Aus der hier gegebenen Diskussion wird plausibel, daß die Aufspaltung in Volumenkraft und Oberflächenkraft bei endlicher Reichweite aller Kräfte nicht eindeutig zu sein braucht, so daß man die Aufspaltung in verschiedener Weise vornehmen kann.

3.2 und Abschn. 4.8) sowie der schon in Abschn. 1.3 formulierten Massenbilanz ist die Impulsbilanz (3.5) grundlegend für die gesamte Mechanik. Die historisch älteren Gesetze der Massenpunktmechanik lassen sich aus diesen Bilanzgleichungen durch Spezialisierung herleiten.

Wir denken uns das Kontinuum durch eine Schnittfläche $\mathfrak{S}$ in zwei Teile zerlegt (Fig. 3.1). Übt der Teil A auf den Teil B an einer bestimmten Stelle die Spannung $\mathbf{t}$ aus, so übt an derselben Stelle der Teil B auf den Teil A die Spannung $-\mathbf{t}$ aus. Dieser Sachverhalt wird oft durch das Schlagwort „actio = reactio" charakterisiert. $\mathbf{n}$ sei der Normalenvektor des A-Ufers der Schnittfläche $\mathfrak{S}$, dann ist $-\mathbf{n}$ der Normalenvektor des B-Ufers.

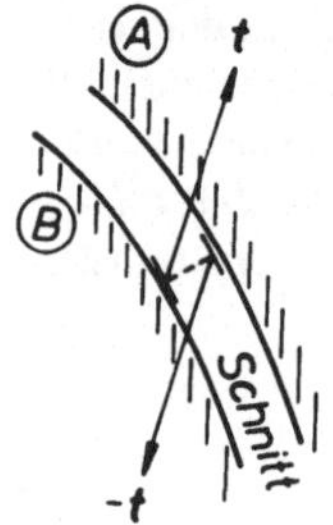

Fig. 3.1
Schnitt durch ein Kontinuum,
Erläuterung zu Gleichung (3.7).

Es gilt daher

$$\mathbf{t}(-\mathbf{n}) = -\mathbf{t}(\mathbf{n}) \tag{3.7}$$

Gl. (3.7) zeigt, daß der Spannungsvektor $\mathbf{t}$ an jeder Stelle von der Normalenrichtung $\mathbf{n}$ abhängt. Die Spannungsvektoren hängen im allgemeinen auch noch von $\mathbf{x}$ und t ab, doch untersuchen wir im folgenden zunächst nur die Richtungsabhängigkeit, d.h. die Abhängigkeit von $\mathbf{n}$. Zur weiteren Analyse dieser Richtungsabhängigkeit führen wir die Abkürzungen $\mathbf{t}^{(k)}$ für die zu den Normalenrichtungen $\mathbf{e}_k$ (in x_k-Richtung) gehörigen Spannungsvektoren ein

$$\mathbf{t}(\mathbf{e}_k) = \mathbf{t}^{(k)} : \quad \begin{pmatrix} \tau_{1k} \\ \tau_{2k} \\ \tau_{3k} \end{pmatrix} \tag{3.8}$$

Wie angedeutet bezeichnen wir die Komponenten der Vektoren $\mathbf{t}^{(k)}$ mit τ_{ik}; der erste Index deutet die Komponentenrichtung an, der zweite die Normalenrichtung des Flächenelementes (vgl. Fig. 3.2).

Nun betrachten wir die Impulsbilanz für den in Fig. 3.3 skizzierten tetraederförmigen Körper, dessen drei Seitenflächen (Flächeninhalte: ΔA_1, ΔA_2, ΔA_3) in Koordinatenrichtung orientiert sind und somit die Normalen $-\mathbf{e}_1$, $-\mathbf{e}_2$ und $-\mathbf{e}_3$ besitzen. Die Normale der Grundfläche (Flächeninhalt ΔA_0) wird mit $\mathbf{n}$ bezeichnet. Die Impulsbilanz ergibt, mit der Abkürzung $\mathbf{k}^* = \mathbf{k} - \rho\dot{\mathbf{v}}$

$$\mathbf{k}^*\Delta V + \mathbf{t}\,\Delta A_0 - \mathbf{t}^{(1)}\Delta A_1 - \mathbf{t}^{(2)}\Delta A_2 - \mathbf{t}^{(3)}\Delta A_3 = 0 \tag{3.9}$$

Unter Beibehaltung seiner Gestalt soll nun das Tetraeder auf einen Punkt schrumpfen;

für diesen Grenzübergang gilt: $\Delta V / \Delta A_i \rightarrow 0$, $i = 0, 1, 2, 3$ und

$$\Delta A_i / \Delta A_0 = n_i = \text{const}, \qquad i = 1, 2, 3 \tag{3.10}$$

Also ergibt sich

$$\mathbf{t} = \mathbf{t}^{(1)} \, n_1 + \mathbf{t}^{(2)} \, n_2 + \mathbf{t}^{(3)} \, n_3 \tag{3.11}$$

Bezeichnet man die Komponenten des Spannungsvektors $\mathbf{t}$ mit t_i, so kann man (3.11) unter Beachtung der Definition der Größen τ_{ik} (Gl. (3.8)) folgendermaßen schreiben

$$t_i = \tau_{ik} \, n_k, \qquad \text{oder:} \qquad \mathbf{t} = \mathbf{T} \mathbf{n} \tag{3.12}$$

Der Spannungsvektor $\mathbf{t}$ geht hiernach aus dem Normalenvektor $\mathbf{n}$ durch eine homogene, lineare Transformation hervor, d.h. durch einen S p a n n u n g s t e n s o r $\mathbf{T}$ mit der Matrixdarstellung τ_{ik}. Der Tensor $\mathbf{T}$ wird auch C a u c h y s c h e r   S p a n n u n g s - t e n s o r genannt. Er ist im allgemeinen eine Funktion von Ort und Zeit, d.h. es gilt im allgemeinen $\tau_{ik} = \tau_{ik}(\mathbf{x}, t)$, es liegt also ein Tensorfeld $\mathbf{T}(\mathbf{x}, t)$ vor. Die Hauptdiagonalelemente von $\mathbf{T}$ heißen N o r m a l s p a n n u n g e n , die anderen S c h u b s p a n - n u n g e n.

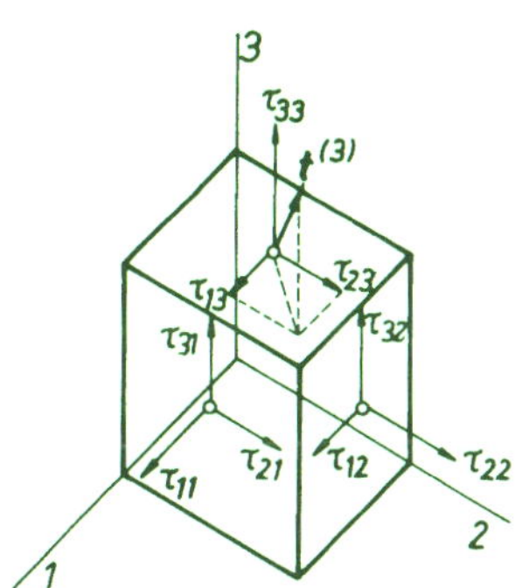

Fig. 3.2
Elemente des Cauchyschen Spannungstensors

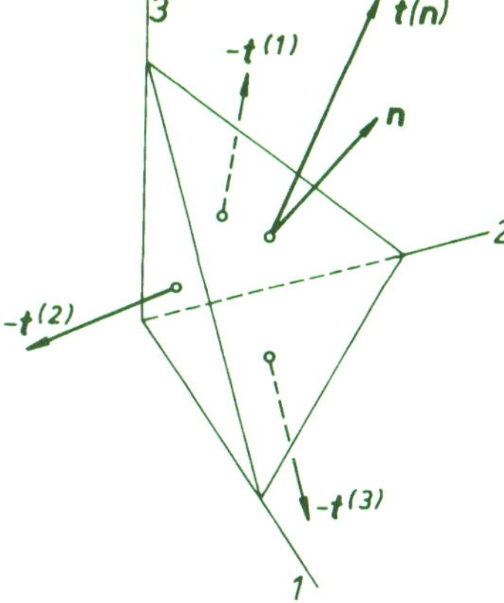

Fig. 3.3
Tetraeder mit Oberflächenkräften

Mit dem Ergebnis (3.12) läßt sich die Impulsbilanz (3.6) wie folgt schreiben

$$\int_{\mathcal{B}} \rho \left(\frac{D v_i}{Dt} - f_i \right) dV = \int_{\partial \mathcal{B}} \tau_{ik} n_k \, dA = \int_{\mathcal{B}} \frac{\partial \tau_{ik}}{\partial x_k} \, dV \tag{3.13}$$

Das Oberflächenintegral wurde hierbei nach dem Gaußschen Satz in ein Volumenintegral umgewandelt. Wegen der Beliebigkeit von $\mathcal{B}$ schließt man aus (3.13) auf die differentielle Impulsbilanz

$$\rho \, \frac{D v_i}{Dt} = \rho f_i + \frac{\partial \tau_{ik}}{\partial x_k} \tag{3.14}$$

$\partial \tau_{ik}/\partial x_k$ ist offenbar die i-Komponente eines Vektors, den man die Divergenz des Tensors $\mathbf{T}$ nennt und für den man die symbolische Schreibweise „div $\mathbf{T}$" einführt. (Ganz analog hierzu entsteht aus einem Vektorfeld durch Divergenzbildung ein Skalarfeld). Gleichung (3.14) läßt sich damit symbolisch schreiben

$$\rho \frac{D\mathbf{v}}{Dt} = \rho \mathbf{f} + \mathrm{div}\, \mathbf{T} \qquad (3.15)$$

Für ein sog. reibungsfreies Fluid ist der Spannungstensor kugelsymmetrisch: $\mathbf{T} = -p\mathbf{I}$; die Größe p ist der Druck im Fluid. Aus $\tau_{ik} = -p\,\delta_{ik}$ folgt aber

$$\frac{\partial \tau_{ik}}{\partial x_k} = -\frac{\partial p}{\partial x_k}\,\delta_{ik} = -\frac{\partial p}{\partial x_i}, \qquad \text{d.h.} \qquad \mathrm{div}\,\mathbf{T} = -\mathrm{grad}\,p \qquad (3.16)$$

Die differentielle Impulsgleichung (3.15) geht mit (3.16) in die Eulersche Gleichung der Hydrodynamik über

$$\frac{D\mathbf{v}}{Dt} = -\frac{1}{\rho}\,\mathrm{grad}\,p + \mathbf{f} \qquad (3.17)$$

Wenn die Dichte ρ eine eindeutige Funktion des Druckes p ist (sog. Barotropie, vgl. Abschn. 1.3, Kleindruck), und wenn die Massenkraftdichte $\mathbf{f}$ wirbelfrei ist und ein als Funktion des Ortes eindeutiges Potential U besitzt, ist die rechte Seite von (3.17) der Gradient einer eindeutigen skalaren Funktion

$$\frac{D\mathbf{v}}{Dt} = -\mathrm{grad}\left(\int_{p_0}^{p} \frac{dp}{\rho(p)} + U\right) = -\mathrm{grad}\,\Omega \qquad (3.18)$$

Der Beschleunigungsvektor ist also wirbelfrei, und die Voraussetzungen des Kelvinschen Wirbelsatzes sind erfüllt (vgl. Abschn. 1.3).

Zuweilen ist es zweckmäßig, in der Impulsbilanz (3.6) die Integrationsbereiche $\mathfrak{B}$ und $\partial\mathfrak{B}$ auf die Bereiche $\mathfrak{B}_0$ und $\partial\mathfrak{B}_0$ zu transformieren, also auf Volumen und Oberfläche des betrachteten Körpers in der Referenzkonfiguration

$$\int_{\mathfrak{B}}\left(\frac{D\mathbf{v}}{Dt} - \mathbf{f}\right)\rho\,dV - \int_{\partial\mathfrak{B}} \mathbf{t}\,dA = \int_{\mathfrak{B}_0}\left(\frac{D\mathbf{v}}{Dt} - \mathbf{f}\right)\rho\Delta\,dV_0 - \int_{\partial\mathfrak{B}_0} \mathbf{t}\,\frac{dA}{dA_0}\,dA_0$$

$$(3.19)$$

$$= \int_{0}\left(\frac{D\mathbf{v}}{Dt} - \mathbf{f}\right)\rho_0\,dV_0 - \int_{\partial\mathfrak{B}_0} \mathbf{t}_0\,dA_0$$

Wir haben hierbei das Symbol ρ_0 als Abkürzung für $\rho\Delta$ eingeführt. Aus der Massenbilanz für ein materielles Volumenelement, d.h. aus $\rho(\mathbf{x}, t)\,dV = \rho(\boldsymbol{\xi}, \tau)\,dV_0$ ergibt sich mit $dV = \Delta dV_0$, daß ρ_0 die Bedeutung der Dichte $\rho(\boldsymbol{\xi}, \tau)$ zur Anfangszeit τ hat: $\rho_0 = \rho(\boldsymbol{\xi}, \tau)$. $\mathbf{t}\,dA = \mathbf{t}_0\,dA_0$ ist die auf ein Flächenelement in der aktuellen Konfiguration zur Zeit t wirkende Kraft; $\mathbf{t}_0$ ist also der Spannungsvektor in der aktuellen Konfiguration, aber bezogen auf den Inhalt des Flächenelementes in der Referenzkonfiguration. Indem man die Bilanzgleichung (3.19) auf ein tetraederförmiges Volumen in der Referenzkonfiguration spezialisiert, zeigt man analog wie bei der Herleitung von (3.12), daß folgendes gilt

$$t_0 = \Sigma n_0 \tag{3.20}$$

Hierbei ist n_0 der Normalenvektor in der Referenzkonfiguration. Der Tensor Σ mit der Matrix σ_{ik} wird P i o l a - K i r c h h o f f s c h e r   S p a n n u n g s t e n s o r (manchmal auch L a g r a n g e s c h e r   S p a n n u n g s t e n s o r) genannt. Sein Zusammenhang mit dem oben eingeführten Cauchyschen Spannungstensor ergibt sich wie folgt

$$\Sigma n_0 = t_0 = t \, \frac{dA}{dA_0} = Tn \, \frac{dA}{dA_0} \overset{(1.71)}{=} T\Delta(F^{-1})^T \, n_0 \tag{3.21}$$

An der angedeuteten Stelle wurde die Relation (1.71) benutzt. Nach (3.21) ist also

$$\Sigma = \Delta \, T(F^{-1})^T, \qquad \text{d.h.} \qquad \sigma_{ik} = \Delta\tau_{ij}(F^{-1})_{kj} \tag{3.22}$$

Setzt man in (3.19) den Ausdruck Σn_0 für t_0 ein, so kann man das Oberflächenintegral in ein Volumenintegral verwandeln

$$\int\limits_{\partial \mathfrak{B}_0} t_{0i} \, dA_0 = \int\limits_{\partial \mathfrak{B}_0} \sigma_{ik} \, n_{0k} \, dA_0 \overset{.}{=} \int\limits_{\mathfrak{B}_0} \frac{\partial \sigma_{ik}}{\partial \xi_k} \, dV_0 \tag{3.23}$$

Wir verwenden die symbolische Schreibweise Div Σ für den Vektor mit den Komponenten $\partial\sigma_{ik}/\partial\xi_k$ (Großschreibung von „Div" soll daran erinnern, daß die Divergenz bezüglich der materiellen Koordinaten ξ_i, und nicht der Ortskoordinaten x_i, zu bilden ist). Die Impulsbilanz (3.19) geht damit über in

$$\int\limits_{\mathfrak{B}_0}^{\cdot} \left(\rho_0 \, \frac{Dv}{Dt} - \rho_0 f - \text{Div } \Sigma \right) dV_0 = 0 \tag{3.24}$$

Hieraus ergibt sich die differentielle Impulsbilanz in „materieller" Beschreibungsweise

$$\rho_0 \, \frac{Dv}{Dt} = \rho_0 f + \text{Div } \Sigma \tag{3.25}$$

Anmerkung: Formt man die linke Seite von (3.5) nach dem Transporttheorem (1.54) um, so erhält man

$$\int\limits_{\mathfrak{B}} \frac{\delta(\rho v)}{\delta t} \, dV + \int\limits_{\partial \mathfrak{B}} \rho v(v \cdot n) \, dA = \int\limits_{\mathfrak{B}} \rho f \, dV + \int\limits_{\partial \mathfrak{B}} t \, dA \tag{3.26}$$

Analog zu der im Anschluß an Gl. (1.65) gegebenen Interpretation der Massenbilanz kann man auch (3.26) deuten, indem man unter $\mathfrak{B}$ ein raumfestes „Kontrollvolumen" mit raumfester Oberfläche („Kontrollfläche") $\partial \mathfrak{B}$ versteht. Das Volumenintegral auf der linken Seite von (3.26) ist die zeitliche Änderung des in $\mathfrak{B}$ enthaltenen Impulses, das Oberflächenintegral der pro Zeiteinheit aus $\mathfrak{B}$ ausfließende Impuls. Auf der rechten Seite von (3.26) steht die auf das Kontrollvolumen wirkende Kraft. In der Form (3.26) und mit der hier gegebenen Interpretation wird die Impulsbilanz vorwiegend in der Fluiddynamik benutzt.

Aufgaben. 3.1.1. In isothermer Atmosphäre gilt für den Druck p und die Dichte ρ $p/\rho =$ const. Bestimmen Sie für die ruhende Atmosphäre durch Integration der Gleichgewichtsbedingung die Druckabnahme mit der Höhe z (b a r o m e t r i s c h e   H ö h e n f o r m e l) : $p = p_0 \exp(- \rho_0 gz/p_0)$ (g Erdbeschleunigung, p_0 und ρ_0 Druck bzw. Dichte bei z = 0). Vergleichen Sie hierzu Aufgabe 4.6.1.

3.1.2. Leiten Sie durch Integration der Eulerschen Gleichung (3.18) entlang einer Stromlinie die Bernoulli-Gleichung für die stationäre Strömung eines reibungsfreien Fluids konstanter Dichte ab: $v^2/2 + p/\rho + U =$ const. Die Integrationskonstante kann von Stromlinie zu Stromlinie verschieden sein. Zeigen Sie, daß die Konstante bei wirbelfreiem Geschwindigkeitsfeld, rot $\mathbf{v} = 0$, für alle Stromlinien gleich ist. H i n w e i s : Es gilt die Vektorformel (1.23) (grad $\mathbf{v}$) $\mathbf{v} = 1/2$ grad $v^2 - \mathbf{v}$ x rot $\mathbf{v}$.

3.2 Drehimpulsbilanz

Unabhängig von der Impulsbilanz postulieren wir die Drehimpulsbilanz oder Drallbilanz. Hierzu definieren wir den Drehimpuls oder Drall $\mathbf{L}$ eines Körpers $\mathfrak{B}$, bezogen auf den Ursprung des Koordinatensystems, wie folgt

$$\mathbf{L} = \int_{\mathfrak{B}} \mathbf{x} \times \rho \mathbf{v} \, dV \tag{3.27}$$

Die Zeitableitung des Dralls postulieren wir als gleich dem Moment der Volumen- und Oberflächenkraft, ebenfalls bezogen auf den Ursprung des Koordinatensystems

$$\frac{D}{Dt} \int_{\mathfrak{B}} \mathbf{x} \times \rho \mathbf{v} \, dV = \int_{\partial\mathfrak{B}} \mathbf{x} \times \mathbf{t} \, dA + \int_{\mathfrak{B}} \mathbf{x} \times \rho \mathbf{f} \, dV \tag{3.28}$$

Formt man die linke Seite von (3.28) nach (1.63) um und beachtet, daß $D\mathbf{x}/Dt \times \mathbf{v} = \mathbf{v} \times \mathbf{v} = 0$ ist, so erhält man, mit $\mathbf{t} = \mathbf{Tn}$

$$\int_{\mathfrak{B}} \mathbf{x} \times \rho \frac{D\mathbf{v}}{Dt} \, dV = \int_{\partial\mathfrak{B}} \mathbf{x} \times \mathbf{Tn} \, dA + \int_{\mathfrak{B}} \mathbf{x} \times \rho \mathbf{f} \, dV \tag{3.29}$$

Das Oberflächenintegral kann man in ein Volumenintegral umwandeln. Hierzu schreibt man das Oberflächenintegral unter Verwendung der Relation (1.148) in Indexschreibweise und formt es nach dem Gaußschen Satz um

$$\int\limits_{\partial\mathfrak{B}} \epsilon_{ijk} x_i \, \tau_{jp} n_p \, dA = \int\limits_{\mathfrak{B}} \frac{\partial}{\partial x_p} \left(\epsilon_{ijk} \, x_i \, \tau_{jp} \right) dV$$

$$= \int\limits_{\mathfrak{B}} \left(\epsilon_{ijk} \delta_{ip} \tau_{jp} + \epsilon_{ijk} x_i \, \frac{\partial \tau_{jp}}{\partial x_p} \right) dV \qquad (3.30)$$

$$= \int\limits_{\mathfrak{B}} \Big(\underbrace{\epsilon_{ijk} \tau_{ji}}_{t_k^*} + \epsilon_{ijk} x_i \, \frac{\partial \tau_{jp}}{\partial x_p} \Big) dV$$

Versteht man unter $\mathbf{t}^*$ den Vektor mit den Komponenten $\epsilon_{ijk}\tau_{ji}$ ($k = 1, 2, 3$), so kann man bei Verwendung des Ergebnisses (3.30) die Drallbilanz (3.29) wie folgt schreiben

$$\int\limits_{\mathfrak{B}} \mathbf{x} \times \rho \, \frac{D\mathbf{v}}{Dt} \, dV = \int\limits_{\mathfrak{B}} [\mathbf{x} \times (\text{div } \mathbf{T} + \rho\mathbf{f}) + \mathbf{t}^*] \, dV \qquad (3.31)$$

Ersetzt man links $\rho \, D\mathbf{v}/Dt$ nach der Impulsbilanz (3.15) durch $\rho\mathbf{f} + \text{div } \mathbf{T}$, so bleibt von (3.31) nur folgendes übrig

$$\int\limits_{\mathfrak{B}} \mathbf{t}^* \, dV = \mathbf{0} \qquad (3.32)$$

Wegen der Beliebigkeit von $\mathfrak{B}$ schließt man hieraus auf $\mathbf{t}^* = \mathbf{0}$. Nach der Bedeutung von $\mathbf{t}^*$ und der Definition des Symbols ϵ_{ijk} (vgl. die Tabelle zu Ende von Abschn. 1.5.) ist dies äquivalent zu

$$\tau_{ik} = \tau_{ki} \qquad \text{oder} \qquad \mathbf{T}^\mathsf{T} = \mathbf{T} \qquad (3.33)$$

Aus der Drehimpulsbilanz folgt also, daß der Cauchysche Spannungstensor symmetrisch ist! Seine Matrixdarstellung enthält daher nur 6 voneinander unabhängige Elemente. Wegen der Symmetrie von $\mathbf{T}$ gibt es stets ein Koordinatensystem, in dem $\mathbf{T}$ Hauptachsenform hat. Die drei Elemente von $\mathbf{T}$ im Hauptachsensystem (Eigenwerte von $\mathbf{T}$) heißen H a u p t s p a n n u n g e n. Übrigens ist der Piola-Kirchhoffsche Spannungstensor Σ nicht symmetrisch, anstelle der Symmetriebedingung erfüllen die Elemente von Σ drei andere Bedingungen derart, daß auch Σ nur 6 voneinander unabhängige Komponenten hat.

Aufgaben. 3.2.1. M o h r s c h e   S p a n n u n g s k r e i s e: Die reellen Eigenwerte des Spannungstensors heißen Hauptspannungen. Wegen der Symmetrie des Spannungstensors gibt es drei Hauptspannungen. Die drei Hauptspannungen $\sigma_1, \sigma_2, \sigma_3$ in einem Punkt eines Kontinuums seien voneinander verschieden und so numeriert, daß $\sigma_1 > \sigma_2 > \sigma_3$. Die Komponente des Spannungsvektors $\mathbf{t}$ in Normalenrichtung $\mathbf{n}$ ist die Normalspannung σ, die dazu senkrechte Komponente die Schubspannung τ. Die Komponenten der Flächennormale bezüglich der Hauptspannungsrichtungen werden mit n_1, n_2, n_3 bezeichnet.

a) Man zeige, daß in dem betrachteten Punkt des Kontinuums für die Normalspannung σ und die Schubspannung τ gilt

$$(\sigma_2 - \sigma)(\sigma_3 - \sigma) + \tau^2 = n_1^2 (\sigma_2 - \sigma_1)(\sigma_3 - \sigma_1)$$
$$(\sigma_3 - \sigma)(\sigma_1 - \sigma) + \tau^2 = n_2^2 (\sigma_3 - \sigma_2)(\sigma_1 - \sigma_2)$$
$$(\sigma_1 - \sigma)(\sigma_2 - \sigma) + \tau^2 = n_3^2 (\sigma_1 - \sigma_3)(\sigma_2 - \sigma_3)$$

und veranschauliche das Resultat in einem σ-$|\tau|$-Diagramm; man grenze hierzu die Gebiete in der σ-$|\tau|$-Ebene ab, in denen $|n_i| \leqslant 1$ gilt.

b) Man benutze dieses Ergebnis, um zu zeigen: Der maximale Schubspannungsbetrag ist gleich der Hälfte der Differenz aus der größten und der kleinsten der drei Hauptspannungen: $|\tau|_{max} = (\sigma_1 - \sigma_3)/2$. Der Normalenvektor des zugehörigen Flächenelements halbiert den Winkel zwischen den entsprechenden Hauptspannungsrichtungen.

3.2.2. Die 3 Hauptspannungen $\sigma_1, \sigma_2, \sigma_3$ sollen der Relation $|\sigma_1| \geqslant |\sigma_2| \geqslant |\sigma_3|$ genügen. Man zeige, daß dann für alle Spannungsvektoren $\mathbf{t}$ unabhängig von der Normalenrichtung $\mathbf{n}$ die Beziehung $|\sigma_1| \geqslant |\mathbf{t}| \geqslant |\sigma_3|$ gilt. Wenn $\sigma_1 \geqslant \sigma_2 \geqslant \sigma_3$ ist, gilt $\sigma_1 \geqslant \sigma \geqslant \sigma_3$.

3.2.3. In einem festen Punkt eines Kontinuums sind die Normalspannungen σ Funktionen der Normalenrichtung. Man zeige, daß σ stationäre Werte in den Hauptspannungsrichtungen annimmt.

3.2.4. Gegeben sei ein ebener Spannungszustand. Durch die Hauptspannungsrichtungen sind in jedem Punkt x_1, x_2 zwei aufeinander senkrechte Richtungen definiert. Die Integralkurven dieses Richtungsfeldes heißen H a u p t s p a n n u n g s l i n i e n. Man zeige, daß sie durch

$$\frac{dx_2}{dx_1} = -\frac{\tau_{11} - \tau_{22}}{2\tau_{12}} \pm \sqrt{\left(\frac{\tau_{11} - \tau_{22}}{2\tau_{12}}\right)^2 + 1}$$

gegeben sind. In jedem Punkt sind weiterhin zwei aufeinander senkrechte Richtungen definiert mit der Eigenschaft, daß für Flächenelemente, deren Normale in diese Richtung fällt, τ einen Extremwert annimmt. Die Integralkurven des hierdurch definierten Richtungsfeldes heißen S c h u b s p a n n u n g s l i n i e n. Man zeige, daß sie durch

$$\frac{dx_2}{dx_1} = -\frac{2\tau_{12}}{\tau_{11} - \tau_{22}} \pm \sqrt{\left(\frac{2\tau_{12}}{\tau_{11} - \tau_{22}}\right)^2 + 1}$$

gegeben sind.

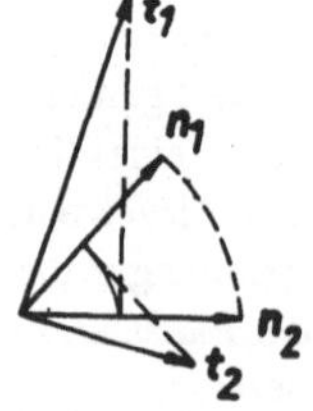

Fig. 3.4
Zur Cauchyschen Reziprozitätsformel (Aufgabe 3.2.5)

3.2.5. Der zur Normalenrichtung n_1 in einem bestimmten Punkt eines Kontinuums gehörige Spannungsvektor sei t_1, der zur Normalenrichtung n_2 im selben Punkt gehörige Spannungsvektor sei t_2 (Fig. 3.4). Man zeige: Die Komponente von t_2 in Richtung von n_1 hat dieselbe Größe wie die Komponente von t_1 in Richtung von n_2 (C a u c h y ' - s c h e   R e z i p r o z i t ä t s f o r m e l).

3.3. Cosserat-Kontinuum, polare Kontinua

Die folgende Betrachtung des sog. Cosserat-Kontinuums hat vorwiegend den Zweck, die Überlegungen von Abschn. 3.2 zu vertiefen und einige Annahmen zu verdeutlichen, die dort stillschweigend vorausgesetzt sind. Die Betrachtung impliziert nicht, das dreidimensionale Cosserat-Kontinuum sei besonders wichtig für praktische Anwendungen. Wichtiger sind in dieser Hinsicht zwei- und eindimensionale Cosserat-Kontinua, da sie als Modelle für technisch wichtige Gebilde dienen können, deren Gestalt im wesentlichen zwei- oder eindimensional ist (Schalen, Platten, Balken)[1]). In der Theorie des Cosserat-Kontinuums wird die Drallbilanz (3.28) in zweierlei Hinsicht erweitert: Zunächst werden außer dem Moment der Volumenkräfte und der Oberflächenkräfte auch ein Volumenmoment m und ein Oberflächenmoment $\boldsymbol{\mu}$ eingeführt. D.h. die rechte Seite von (3.28) wird durch

$$\int_{\mathfrak{B}} m \, dV + \int_{\partial \mathfrak{B}} \boldsymbol{\mu} \, dA \tag{3.34}$$

ergänzt. Eine physikalische Realisierung des Volumenmomentes m ist übrigens leicht vorstellbar: Ein magnetisch polarisiertes Material in einem äußeren Magnetfeld erfährt ein Moment m pro Volumeneinheit.

Zu dieser Ergänzung der rechten Seite der Drallgleichung tritt eine das Cosserat-Kontinuum charakterisierende Ergänzung des Dralls L auf der linken Seite hinzu. Die materiellen Punkte eines Cosserat-Kontinuums denkt man sich nämlich mit den sechs Freiheitsgraden eines starren Körpers ausgestattet, so daß man außer der im „klassischen" Kontinuum allein zu berücksichtigenden Translationsbewegung der materiellen Punkte im Cosserat-Kontinuum auch eine Eigendrehung, einen S p i n , der materiellen Punkte zu berücksichtigen hat. Von diesem Spin nimmt man an, daß er pro Masseneinheit des Kontinuums den Beitrag s zum Drall liefert. Die Drallbilanz nimmt mit diesen Annahmen die folgende Form an

$$\frac{D}{Dt} \int_{\mathfrak{B}} \rho (x \times v + s) \, dV = \int_{\partial \mathfrak{B}} (x \times t + \boldsymbol{\mu}) \, dA + \int_{\mathfrak{B}} (x \times \rho f + m) \, dV \tag{3.35}$$

---

[1]) Siehe auch Abschn. 7.2.

Aus dieser Drallbilanz, angewandt auf einen tetraederförmigen Körper, leitet man für die „Momentenspannung" $\boldsymbol{\mu}$ die folgende Relation her

$$\boldsymbol{\mu} = \mathbf{M}\mathbf{n} \qquad (3.36)$$

Den Tensor $\mathbf{M}$ nennt man Tensor der M o m e n t e n s p a n n u n g e n. Die Herleitung von (3.36) ist analog zur Herleitung von (3.12). Zusätzlich zu den schon dort angestellten Überlegungen ist jetzt lediglich zu bedenken, daß folgendes gilt ($\mathbf{x}_0$ sei ein Eckpunkt des Tetraeders)

$$\int_{\partial\mathfrak{B}} \mathbf{x} \times \mathbf{t}\, dA = \mathbf{x}_0 \times \int_{\partial\mathfrak{B}} \mathbf{t}\, dA + \int_{\partial\mathfrak{B}} (\mathbf{x} - \mathbf{x}_0) \times \mathbf{t}\, dA \qquad (3.37)$$

Beide Integrale auf der rechten Seite gehen beim Schrumpfen des Tetraeders wie dessen Volumeninhalt ΔV gegen Null. Hieraus schließt man, daß auch $\int_{\partial\mathfrak{B}} \boldsymbol{\mu}\, dA$ wie ΔV verschwinden muß, woraus nach der im Zusammenhang mit (3.9) erläuterten Schlußweise das Ergebnis (3.36) folgt.

In der Drallbilanz (3.35) wird nun das Oberflächenintegral in ein Volumenintegral verwandelt; die Argumentation ist hier ganz analog derjenigen, die von (3.29) auf (3.31) führt

$$\int_{\partial\mathfrak{B}} [\mathbf{x} \times (\mathbf{T}\mathbf{n}) + \mathbf{M}\mathbf{n}]\, dA = \int_{\mathfrak{B}} (\mathbf{x} \times \operatorname{div} \mathbf{T} + \mathbf{t}^* + \operatorname{div} \mathbf{M})\, dV \qquad (3.38)$$

Hiermit geht (3.35) über in

$$\int_{\mathfrak{B}} \rho\left(\mathbf{x} \times \frac{D\mathbf{v}}{Dt} + \frac{D\mathbf{s}}{Dt}\right) dV = \int_{\mathfrak{B}} [\mathbf{t}^* + \mathbf{m} + \operatorname{div} \mathbf{M} + \mathbf{x} \times (\operatorname{div} \mathbf{T} + \rho\mathbf{f})]\, dV \qquad (3.39)$$

Ersetzt man $\rho(D\mathbf{v}/Dt)$ nach (3.15) durch $\operatorname{div} \mathbf{T} + \rho\mathbf{f}$, heben sich verschiedene Glieder aus (3.39) heraus. Wegen der Beliebigkeit von $\mathfrak{B}$ muß der Integrand des übrigbleibenden Integrals verschwinden, was zur folgenden differentiellen Drehimpulsbilanz führt

$$\rho\, \frac{D\mathbf{s}}{Dt} = \mathbf{t}^* + \mathbf{m} + \operatorname{div} \mathbf{M} \qquad (3.40)$$

Jetzt kann man nicht mehr auf das Verschwinden von $\mathbf{t}^*$ und damit auf die Symmetrie von $\mathbf{T}$ schließen. Eine hinreichende Bedingung für dieses Verschwinden ist die simultane Gültigkeit von $\mathbf{m} = \mathbf{0}, \mathbf{M} = \mathbf{0}$ und $\mathbf{s} = \mathbf{0}$. Diese Bedingung, durch die die Allgemeinheit des Materialverhaltens offenkundig eingeschränkt wird, wurde in Abschn. 3.2 stillschweigend als erfüllt angesehen.

Wenn man Gl. (3.40) über $\mathfrak{B}$ integriert, kann man sie in folgender Form schreiben

$$\frac{D}{Dt} \int_{\mathfrak{B}} \rho\mathbf{s}\, dV = \int_{\mathfrak{B}} (\mathbf{t}^* + \mathbf{m})\, dV + \int_{\partial\mathfrak{B}} \boldsymbol{\mu}\, dA \qquad (3.41)$$

Subtrahiert man (3.41) von (3.35), so erhält man

$$\frac{D}{Dt} \int_{\mathfrak{B}} \rho\, \mathbf{x} \times \mathbf{v}\, dV = \int_{\mathfrak{B}} (-\mathbf{t}^* + \mathbf{x} \times \rho \mathbf{f})\, dV + \int_{\partial\mathfrak{B}} \mathbf{x} \times \mathbf{t}\, dA \tag{3.42}$$

Der antisymmetrische Anteil des Spannungstensors, repräsentiert durch den Vektor $\mathbf{t}^*$, wirkt demnach als „Senke" für den Drall der Translationsbewegung der materiellen Punkte (in Gl. (3.42) erscheint $-\mathbf{t}^*$ rechts) und als „Quelle" für den „inneren Drall" (in Gl. (3.41) erscheint $+\mathbf{t}^*$ rechts). Weiter oben wurde darauf hingewiesen, daß sich ein Volumenmoment $\mathbf{m}$ in einem magnetischen Material realisieren läßt. Ein solches Material kann als klassisches Kontinuum betrachtet werden, in dem sowohl der Eigendrall $\mathbf{s}$ als auch die Momentenspannungen $\mathbf{M}$ null sind. Aus Gl. (3.40) folgt für ein solches Material $\mathbf{t}^* = -\mathbf{m}$; d.h. das Volumenmoment $\mathbf{m}$ bestimmt hier unmittelbar den schiefsymmetrischen Anteil $\mathbf{t}^*$ des Spannungstensors $\mathbf{T}$.

Das Cosserat-Kontinuum, von den Gebrüdern Cosserat zu Beginn des Jahrhunderts konzipiert, blieb jahrzehntelang ein Kuriosum der Mechanik. Neuerdings ist es, besonders bei Ingenieuren, sehr in Mode gekommen. Diese Renaissance ist vorwiegend wohl darin begründet, daß verschiedene für Ingenieure wichtige Teile der klassischen Elastomechanik (z.B. die Theorie der Schalen, Platten, Balken) in einem helleren Licht erscheinen, wenn man sie unter dem Aspekt des Cosserat-Kontinuums betrachtet. Auch die Theorie der Versetzungen hat Beziehungen zur Cosserat-Theorie. Gerade wegen dieses zunehmenden Interesses am Cosserat-Kontinuum ist der Hinweis wichtig, daß dieses Kontinuum als relativ einfacher Spezialfall in einer umfassenden Klasse sog. p o l a r e r K o n t i n u a enthalten ist. Um einen Eindruck von der Konstruktion solcher Kontinua zu erhalten, wollen wir im folgenden eine Unterklasse der polaren Kontinua diskutieren, die immerhin noch allgemein genug ist, das Cosserat-Kontinuum als Sonderfall zu enthalten. In der Literatur wird das im folgenden betrachtete Kontinuum gewöhnlich als „mikromorph" bezeichnet.
Wir gehen von der Vorstellung aus, daß jeder materielle Punkt des Kontinuums selbst wieder die Freiheitsgrade des Kontinuums besitzt, daß also jeder materielle Punkt, jedenfalls in unserer Anschauung, als ein ausgedehntes Gebilde vorgestellt werden kann. Ein solches Einzelgebilde $\mathfrak{G}$ betrachten wir zunächst (vgl. Fig. 3.5). Der Ort $\mathbf{x}$ des Schwerpunkts S dieses Gebildes wird als Ort des materiellen Punktes definiert. Der vektorielle Abstand der „Subpartikeln" der Masse dm vom Schwerpunkt wird mit $\mathbf{y}$ bezeichnet. Die Schwerpunktsgeschwindigkeit, d.h. die Geschwindigkeit des materiellen Punktes, wird $\mathbf{v}$, die Geschwindigkeit der Subpartikeln relativ zum Schwerpunkt wird $\mathbf{w}$ genannt. Für ein solches Gebilde gilt

$$\text{Masse:} \qquad m \;=\; \int_{\mathfrak{G}} dm \tag{3.43}$$

$$\text{Impuls:} \qquad I_i \;=\; m\, v_i \tag{3.44}$$

$$\text{Drall:} \qquad D_k = m\,\epsilon_{ijk}\, x_i\, v_j + \int_{\mathfrak{G}} \epsilon_{ijk}\, y_i\, w_j\, dm \tag{3.45}$$

Zum Verständnis der Formel (3.45) beachte man (1.148).
Die Relativgeschwindigkeit $\mathbf{w}$ hängt vom Ort $\mathbf{y}$ und der Zeit t ab. Wir nehmen an, daß $\mathbf{w}$ als Funktion von $\mathbf{y}$ in eine Taylorreihe entwickelt werden kann

$$w_i\,(\mathbf{y}, t) = \phi_{ij}\,(t)\, y_j + \phi_{ijk}(t)\, y_j\, y_k + \dots \tag{3.46}$$

Wir erhalten eine spezielle Theorie, wenn wir die Entwicklung nach dem ersten Glied abbrechen. Die höheren Glieder dieser Entwicklung verschwinden übrigens genau dann identisch, wenn die Deformation des Gebildes $\mathfrak{G}$ homogen ist. ϕ_{ij} ist die Zeitableitung des Deformationsgradienten der Deformation von $\mathfrak{G}$. Wir können das Abbrechen der Entwicklung (3.46) nach dem ersten Glied also auch durch die Annahme motivieren, daß die Deformation von $\mathfrak{G}$ hinreichend homogen ist.

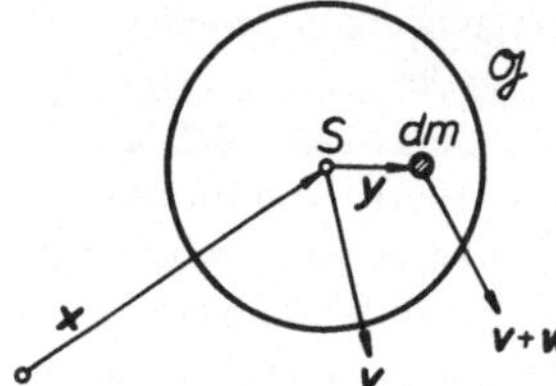

Fig. 3.5
Einzelgebilde eines mikromorphen
Kontinuums

Wir setzten den Ausdruck (3.46) für w_i in die Formel (3.45) für den Drall ein. Mit der Abkürzung Θ_{ij} für den Trägheitstensor von $\mathfrak{G}$, d.h. mit

$$\Theta_{ij} = \int_{\mathfrak{G}} y_i\, y_j\, dm \tag{3.47}$$

erhalten wir

$$D_k = m\,\epsilon_{ijk}\, x_i v_j + \epsilon_{ijk}\, \Theta_{i\ell}\, \phi_{j\ell} \tag{3.48}$$

Wir nehmen weiterhin an, daß eine Massenkraft f auf $\mathfrak{G}$ wirkt[1]) und berechnen deren Moment

$$M_k = \int_{\mathfrak{G}} \epsilon_{ijk}(x_i + y_i)\, f_j\, dm = \epsilon_{ijk} x_i\, k_j + \epsilon_{ijk}\, k_{ji} \tag{3.49}$$

Hier haben wir folgende Abkürzungen verwendet

$$k_i = \int_{\mathfrak{G}} f_i\, dm \tag{3.50}$$

$$k_{ij} = \int_{\mathfrak{G}} f_i\, y_j\, dm \tag{3.51}$$

Wie oben schon erwähnt, denken wir uns jetzt jeden Punkt des „mikromorphen" Kontinuums mit den mechanischen Eigenschaften der hier betrachteten Gebilde $\mathfrak{G}$ ausgestattet. Unter k_i, k_{ij}, Θ_{ij} verstehen wir jetzt Felder, wobei k_i die Volumenkraft im üblichen Sinn ist und k_{ij} mit dem Volumenmoment zusammenhängt, das schon beim Cosserat-Kontinuum eingeführt wurde. Zusätzlich zu diesen Volumengrößen führen wir ihre Oberflächenpendants ein und bezeichnen sie mit t_i, t_{ij}; dabei ist t_i der Spannungsvektor im üblichen Sinn, t_{ij} hängt mit den Momentenspannungen zusammen. Die Bilanzgleichungen für Impuls und Drall schreiben wir wie folgt

---

[1]) Hier könnte man auch noch eine auf $\mathfrak{G}$ wirkende Oberflächenkraft einführen. Darauf wird der Einfachheit halber verzichtet, da das hier betrachtete Modell eines mikromorphen Kontinuums ohnehin schon allgemein genug ist, um z.B. das Cosserat-Kontinuum zu umfassen.

$$\frac{D}{Dt} \int\limits_{\mathfrak{B}} \rho\, v_i\, dV = \int\limits_{\mathfrak{B}} k_i\, dV + \int\limits_{\partial\mathfrak{B}} t_i\, dA \tag{3.52}$$

$$\frac{D}{Dt} \int\limits_{\mathfrak{B}} (\rho\,\epsilon_{ijk} x_i\, v_j + \epsilon_{ijk}\,\Theta_{i\ell}\,\phi_{j\ell})\, dV = \int\limits_{\mathfrak{B}} (\epsilon_{ijk}\, x_i\, k_j + \epsilon_{ijk}\, k_{ji})\, dV \tag{3.53}$$

$$+ \int\limits_{\partial\mathfrak{B}} (\epsilon_{ijk} x_i\, t_j + \epsilon_{ijk} t_{ji})\, dA$$

Die Bilanzgleichungen für das Cosserat-Kontinuum ergeben sich hieraus, wenn man

$$\phi_{ij} = -\,\epsilon_{ijk}\,\omega_k \tag{3.54}$$

setzt, wie es einer starren Drehung der Gebilde $\mathfrak{G}$ mit der Winkelgeschwindigkeit $\boldsymbol{\omega}$ entspricht. Dann wird

$$\epsilon_{ijk}\,\Theta_{i\ell}\,\phi_{j\ell} = \epsilon_{ijk}\,\Theta_{i\ell}\,(-\,\epsilon_{j\ell m}\,\omega_m) = \Theta_{km}\,\omega_m = \rho\, s_k \tag{3.55}$$

ρs ist der Drall von $\mathfrak{G}$ bezüglich seines Schwerpunktes. Der Faktor ρ wird in Übereinstimmung mit Gl. (3.35) abgespalten. Außerdem hat man folgende Abkürzungen einzuführen

$$\epsilon_{ijk}\, k_{ji} = m_k \qquad \text{und} \qquad \epsilon_{ijk}\, t_{ji} = \mu_k \tag{3.56}$$

Dann geht (3.53) in die Drallbilanz (3.35) des Cosserat-Kontinuums über.

Aufgabe 3.3.1. Gleichung (3.40) gibt die Drallbilanz eines Cosserat-Kontinuums an. Leiten Sie die der Impulsbilanz (3.25) entsprechende differentielle Form der Drallbilanz in materieller Beschreibungsweise, $\rho_0\, Ds/Dt = t_0^* + m_0 + \operatorname{Div} M_0$, her. Wie hängen t_0^* mit t^*, m_0 mit m und M_0 mit M zusammen?

4. Thermodynamik der Deformation

Jede Bewegung eines Kontinuums ist von thermischen Erscheinungen begleitet, bei der Bewegung treten örtliche und zeitliche Temperaturunterschiede auf, und es fließen Wärmeströme. Zwar kann man in manchen Fällen diese Effekte vernachlässigen und die Bewegung des Kontinuums mit einer rein „mechanischen Theorie" beschreiben; die klassische Elastizitätstheorie und Festigkeitslehre sind Beispiele hierfür. In anderen Fällen sind aber thermische Erscheinungen so wichtig, daß man sie nicht vernachlässigen kann, ohne daß die Theorie für die Beschreibung beobachtbarer Phänomene so gut wie wertlos wird; dies trifft für weite Bereiche der Hydro- und Gasdynamik zu. Ein tiefergehendes Verständnis der Kontinuumsmechanik und eine Theorie, die eine möglichst große Zahl kontinuumsmechanischer Phänomene unter einheitlichen Gesichtspunkten behandelt, setzen die Berücksichtigung thermischer Effekte voraus. Daher

müssen wir uns im folgenden mit einigen Grundbegriffen und grundlegenden Gesetzen
der Thermodynamik auseinandersetzen. Damit ist natürlich nicht gesagt, daß thermische Vorgänge die einzigen wären, die bei der Bewegung eines Kontinuums außer den
rein mechanischen Erscheinungen auftreten. Solche Bewegungen können z.B. auch von
elektrischen Erscheinungen begleitet sein. Doch kann man solche und weitere Effekte
häufig vernachlässigen, ohne den Anwendungsbereich der Theorie zu stark einzuschränken.

4.1 Einige Grundbegriffe

In der Thermodynamik nennt man jedes System materieller Körper, dessen makrosko-
pisches Verhalten studiert werden soll, ein t h e r m o d y n a m i s c h e s S y s t e m.
Der einzige Typ von Systemen, den wir im folgenden betrachten, sind die g e s c h l o s -
s e n e n S y s t e m e . Jeder Körper $\mathfrak{B}$ in dem in Abschn. 1.1 definierten Sinn ist ein
geschlossenes System, und für das Folgende genügt es, die Begriffe „geschlossenes System" und „Körper" synonym zu verwenden. Die Hülle $\partial\mathfrak{B}$ von $\mathfrak{B}$ heißt auch S y -
s t e m g r e n z e oder Oberfläche des Systems. Alle nicht zu $\mathfrak{B}$ oder $\partial\mathfrak{B}$ gehörenden
Punkte bilden die U m g e b u n g des Systems. Nach dieser Definition eines geschlos-
senen Systems ist die Masse eines solchen Systems ein konstanter Parameter, der seinen
Wert mit der Zeit nicht ändert, was auch mit dem System im Laufe der Zeit passieren
sollte. Ein System wird im allgemeinen Energie mit seiner Umgebung austauschen. Bei
Bewegung des Systems leisten die Oberflächen- und Volumenkräfte Arbeit, und dies ist
eine Möglichkeit der energetischen Wechselwirkung mit der Umgebung, denn in den
Oberflächen- und Volumenkräften äußert sich die Kraftwirkung der Umgebung auf das
System. Eine zweite Möglichkeit der energetischen Wechselwirkung ist Wärmeübergang
zwischen System und Umgebung (wir benutzen die Bezeichnung Wärmeübergang zunächst rein verbal und verschieben eine genauere Definition auf die Diskussion des
ersten Hauptsatzes). Schließlich kann Energie auch auf elektrischem Wege, sowie durch
Strahlung und Diffusion ausgetauscht werden. Diffusion scheidet bei geschlossenen
Systemen aus, da die Grenzen solcher Systeme definitionsgemäß undurchlässig für
Materie sind. Dementsprechend treffen die Überlegungen dieses Kapitels nur dann zu,
wenn Diffusion bei den betrachteten Vorgängen keine Rolle spielt; damit wird auch
die Schwierigkeit der Definition der materiellen Punkte in einem Kontinuum mit Diffusion umgangen. Von elektrischen Effekten, und damit auch von elektrischer Wechselwirkung mit der Umgebung wollen wir — wie schon erwähnt — ebenfalls absehen. Strahlung spielt nur bei sehr hohen Temperaturen eine Rolle und bleibt auch außer Betracht.

Ein System kann sich in einem s t a t i o n ä r e n Z u s t a n d befinden. Seine Eigenschaften sind dann von der Zeit unabhängig. Ein Metallklotz, der eine wärmeleitende
Verbindung zwischen zwei Wärmereservoiren herstellt, die auf konstanten, voneinander
verschiedenen Temperaturen gehalten werden, ist ein Beispiel für ein stationäres System.
Spezielle stationäre Zustände sind die t h e r m o d y n a m i s c h e n G l e i c h g e -

w i c h t s z u s t ä n d e. Ein Körper ist im thermodynamischen Gleichgewicht, wenn es ein spezielles Bezugssystem gibt, in dem alle materiellen Punkte des Körpers ruhen (d.h. mechanisches Gleichgewicht wird vom thermodynamischen Gleichgewicht impliziert) und wenn über keinen Teil der Körperoberfläche Wärme mit der Umgebung ausgetauscht wird. Der soeben als Beispiel erwähnte Metallklotz ist nicht im Gleichgewicht, weil er vom einen Reservoir Energie („Wärme") aufnimmt, die er an das andere abgibt; nur wenn die beiden Reservoire, die der Klotz verbindet, gleiche Temperaturen haben, ist er im thermodynamischen Gleichgewicht. Die klassische Thermo-„Dynamik" beschäftigt sich nur mit solchen Gleichgewichtszuständen und könnte daher auch Thermo-„Statik" heißen. Erweiterungen der klassischen Thermostatik auf Nichtgleichgewichtszustände und damit auf eine echte Thermodynamik der Prozesse sind neueren Datums. Man bezeichnet diese Erweiterung meistens als i r r e v e r s i b l e T h e r - m o d y n a m i k und behält für die klassische Theorie der Gleichgewichtszustände die traditionelle Bezeichnung Thermodynamik bei. Mit der Thermodynamik in diesem Sinn müssen wir uns zunächst befassen.

Wir beschränken unsere Betrachtungen zunächst auf Systeme mit der Eigenschaft, daß eine endliche Zahl von makroskopisch am System meßbaren Parametern $P_1, \ldots, P_n$ zur Beschreibung des Zustandes genügt. Dies ist wie folgt zu verstehen: Angenommen man hat für einen Gleichgewichtszustand die Parameter $P_1, \ldots, P_n$ gemessen und bringt dann das System durch geeignete Maßnahmen aus dem Gleichgewicht heraus, läßt mit anderen Worten einen Prozeß im System ablaufen, derart, daß nach einer gewissen Zeit wieder Gleichgewicht erreicht wird. Für diesen Gleichgewichtszustand kann man erneut die Parameter $P_1, \ldots, P_n$ messen. Stellt man fest, daß sie dieselben Werte wie im Ausgangszustand haben, dann haben auch alle anderen makroskopisch am System meßbaren Größen dieselben Werte wie im Ausgangszustand. Eine Unterklasse dieser Systeme sind die h o m o g e n e n S y s t e m e, deren Eigenschaften ortsunabhängig sind; ein homogen deformiertes elastisches Material mit ortsunabhängigen Spannungen ist ein Beispiel hierfür. Hier erhebt sich die Frage, wie viele voneinander unabhängige Parameter P_i zur Beschreibung des Zustandes eingeführt werden müssen und was man unter „allen" anderen makroskopisch meßbaren Größen zu verstehen hat. Diese beiden wichtigen, miteinander gekoppelten Fragen können hier nicht vollständig erörtert werden, denn die richtige Wahl der unabhängigen Parameter P_i, der sog. unabhängigen Z u s t a n d s v a r i a b l e n, läßt sich nicht in wenigen Worten rezeptmäßig festlegen. Diese Wahl ist Sache gründlicher Erfahrung. Es sei nur darauf hingewiesen, daß die Zahl der notwendigen Parameter davon abhängt, für welche Charakteristika des Systems man sich interessiert. Hierzu ein Beispiel: In einer Einführungsvorlesung über Thermodynamik lernt man, daß der Zustand eines gasförmigen Systems durch den Druck p und das Volumen V festliegt. D.h. immer dann, wenn p und V denselben Wert haben, befindet sich das System im selben (Gleichgewichts-)Zustand.

Selbstverständlich kann sich das System dann noch durch seine Gestalt unterscheiden. Dies bedeutet, daß wir makroskopische Charakteristika der Gestalt des Systems, z.B. den größten Durchmesser des Systems, als unwesentlich für die Zustandsbeschreibung erachten. Zu „allen" anderen Zustandsgrößen, die durch p und V festliegen, zählen die

Temperatur, die innere Energie und die Entropie, nicht aber der größte Durchmesser des Systems. Ein fester, elastischer Körper verhält sich in dieser Hinsicht anders: zu seiner Zustandsbeschreibung gehören auch gewisse Gestalteigenschaften. Dies wird im Laufe der Untersuchung noch konkretisiert werden.

Im folgenden werden wir einfach die Existenz bestimmter Systeme (bzw. Materialien) postulieren, bei denen endlich viele, spezielle Zustandsvariablen P_i den Zustand beschreiben. Nur das Experiment kann ergeben, ob die so postulierten Systeme reale Systeme hinreichend gut approximieren oder nicht. Ein Hinweis sei allerdings noch gegeben: Unter den Zustandsvariablen P_i muß sich entweder die Temperatur befinden, oder die P_i müssen die Temperatur des Systems eindeutig festlegen. Andernfalls ist die Zustandsbeschreibung durch die P_i's sicher thermodynamisch unvollständig, und es läßt sich keine thermodynamische Theorie auf dieser unvollständigen Parameterwahl aufbauen.

4.2 Temperatur

Der schon mehrfach erwähnte, durch unsere Warm-Kalt-Empfindung qualitativ gegebene Begriff „Temperatur" bedarf einer näheren Erläuterung. Hierzu gehen wir von folgender Erfahrungstatsache aus: Gegeben seien zwei Systeme A und B im thermodynamischen Gleichgewicht. Zur Erleichterung der Vorstellung denken wir uns gasförmige Systeme, d.h. Gase, die in festen Behältern eingeschlossen sind. Zur Zustandsbeschreibung genügen dann die beiden Parameter $P_1 = p$ (Druck) und $P_2 = V$ (Volumen). Bringt man die beiden Systeme unter Festhalten ihres jeweiligen Volumens miteinander in Kontakt, indem man die Behälterwände auf einer endlichen Fläche sich berühren läßt, so läuft im allgemeinen in beiden Systemen ein Prozeß ab (es fließt „Wärme" vom einen ins andere System), der nach seiner Beendigung beide Systeme in anderen Gleichgewichtszuständen zurückläßt. D.h. die Drücke in den beiden Systemen werden sich geändert haben. Man sagt, daß die beiden Systeme nach Ablauf dieses Prozesses im „wechselseitigen thermischen Gleichgewicht" sind. Die Erfahrung zeigt nun: Wenn ein System A mit dem System B im wechselseitigen thermischen Gleichgewicht ist und System B mit einem dritten System C, dann sind auch A und C im wechselseitigen thermischen Gleichgewicht. Diese Tatsache wird zuweilen auch als „nullter Hauptsatz" der Thermodynamik bezeichnet. Die Zustände aller Systeme lassen sich mit Hilfe dieser Tatsache in sog. Ä q u i v a l e n z k l a s s e n mit der Temperatur als Klassenmerkmal einteilen; die Relation „wechselseitiges thermisches Gleichgewicht" ist eine Äquivalenzrelation im mathematischen Sinn: Wir denken uns in der Zustandsebene (p, V-Ebene) des Systems A alle Punkte eingetragen, in dem das System A mit einem System B von fest vorgegebenem Zustand im wechselseitigen thermischen Gleichgewicht ist. Diese Punkte füllen eine Kurve, die man eine „Isotherme" des Systems A nennt (Fig. 4.1). Ändert man den Zustand des Systems B ab und sucht dann wiederum alle Zustände des Systems A, in denen es mit B im wechselseitigen thermischen Gleichgewicht steht, so erhält man im allgemeinen eine andere Isotherme in der Zustandsebene von A. Die Zustandsebene wird damit von einer Isothermenschar überdeckt. Wir kennzeichnen jede Kurve dieser Schar durch einen von uns wählbaren Parameter ϑ, der mit „empirischer Temperatur" bezeichnet wird. Die Skala dieser Temperatur ist zunächst ganz beliebig; erst der zweite Hauptsatz wird eine zweckmäßige Skalenwahl nahelegen, wodurch anstelle der empirischen Temperatur ϑ die sogenannte absolute Temperatur Θ

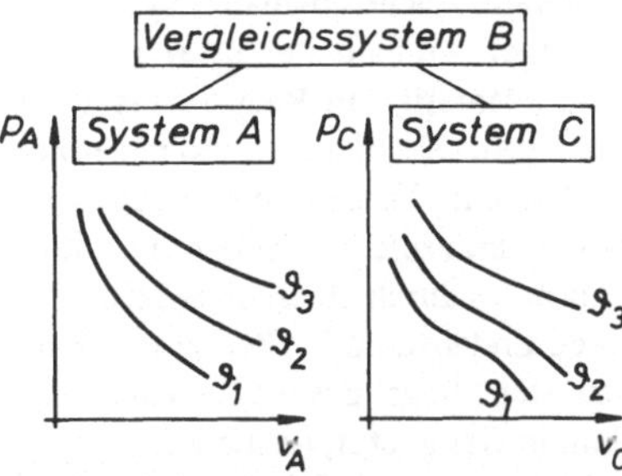

Fig. 4.1
Isothermen in der V-p-Ebene

eingeführt wird. Wir können eine solche Isothermenschar auch für ein System C konstruieren. Wenn wir die Isothermen in der Zustandsebene von C mit demselben Parameterwert ϑ versehen wie diejenigen in der Zustandsebene von A, die zum jeweils selben Vergleichszustand des Systems B gehören, so läßt sich der Inhalt des nullten Hauptsatzes in der Feststellung zusammenfassen, daß die beiden Systeme A und C im wechselseitigen thermischen Gleichgewicht sind, wenn ihre Temperaturen übereinstimmen. Denkt man sich ein System im thermodynamischen Gleichgewicht durch fiktive Schnittflächen in Teilsysteme zerlegt, so müssen diese Teilsysteme im wechselseitigen thermischen Gleichgewicht sein, d.h. ihre Temperaturen stimmen überein. M.a.W. in einem System im Gleichgewicht hat die Temperatur überall denselben Wert.

Dies überträgt sich sinngemäß auf Systeme, deren Gleichgewichtszustände durch mehr als zwei Zustandsvariablen $P_1, \ldots, P_n$ festliegen. In dem durch die P_i aufgespannten n-dimensionalen Zustandsraum solcher Systeme liegen alle Zustände, in denen das System mit einem anderen System fest vorgegebenen Zustandes im wechselseitigen thermischen Gleichgewicht ist, auf einer $(n-1)$-dimensionalen Hyperfläche. Diese Hyperflächen werden mit dem Parameterwert ϑ in der angegebenen Weise beziffert. Offenkundig besteht dann eine Beziehung der Form $\vartheta = \vartheta(P_1, \ldots, P_n)$, die man nach einem beliebigen P_i (im Prinzip) auflösen kann. Man kann damit eine der ursprünglich gewählten unabhängigen Zustandsvariablen durch die empirische Temperatur ϑ ersetzen. Dies gilt natürlich allgemein: Man kann durch die Transformation $X_j = X_j(P_1, \ldots, P_n)$ (mit $j = 1, 2, \ldots, n$) neue Variablen X_j einführen. Wenn die Funktionaldeterminante dieser Transformation nicht verschwindet und die Transformation somit eindeutig umkehrbar ist, eignen sich die neuen Variablen X_j ebenso gut wie die alten Variablen P_i zur Zustandsbeschreibung.

4.3. Erster Hauptsatz

Wir definieren zunächst sog. a d i a b a t e   S y s t e m e. Solche Systeme sind dadurch charakterisiert, daß der Prozeß, der bei dem in Abschn. 4.2 erläuterten Versuch zur Einstellung wechselseitigen thermischen Gleichgewichts führt, überhaupt nicht abläuft. Man kann solche adiabaten Systeme mehr oder weniger gut realisieren, indem man sie mit einer a d i a b a t e n   W a n d umgibt (man muß ein extrem schlecht wärmeleitendes Material zur Realisierung der Wand benutzen). Je langsamer der erwähnte Ausgleichsprozeß abläuft, desto näher kommt das wirkliche System einem idealen adiabaten System. Wir ändern nun den Zustand eines adiabaten Systems, was nach der Definition eines solchen Systems nur durch mechanische Arbeitsleistung möglich ist, und bringen es durch einen im System ablaufenden Prozeß von einem Ausgangszustand 1 in einen Endzustand 2. Hierbei werde die mechanische Arbeit ΔW am System geleistet. Man stellt folgendes fest: Unabhängig von der Art des Prozesses, den man in dem System in Gang setzt, ist die während des von 1 nach 2 führenden Prozesses geleistete Arbeit ΔW immer dieselbe, wenn nur bei vorgegebenem Anfangszustand 1 der Endzustand 2 derselbe ist. Diese Erfahrungstatsache nennt man den ersten Hauptsatz der Thermodynamik.

Der erste Hauptsatz führt zur Definition der i n n e r e n   E n e r g i e eines Systems: Setzt man für den Anfangszustand 1 als Referenzzustand einen willkürlich wählbaren Wert E_1 der inneren Energie fest und definiert als innere Energie im Endzustand 2 die Größe $E_2 = E_1 + \Delta W$, so hängt E_2 nur vom Zustand 2 ab, denn ΔW hängt bei vorgegebenem Referenzzustand 1 nur vom Zustand 2 ab. Die innere Energie ist damit eine Zustandsvariable oder Zustandsgröße. Ersetzt man die adiabate Wand des Systems durch eine nichtadiabate Systemgrenze und ändert den Zustand des Systems, so stellt man fest, daß im allgemeinen $E_2 - E_1 \neq \Delta W$ ist. Unter den zu Ende des ersten Absatzes von Abschn. 4.1 erläuterten Einschränkungen definiert dann die Differenz $E_2 - E_1 - \Delta W$ die dem System während des von 1 nach 2 führenden Prozesses zugeführte W ä r m e m e n g e ΔQ. Es gilt also

$$E_2 - E_1 = \Delta W + \Delta Q \tag{4.1}$$

Man beachte, daß im Gegensatz zur inneren Energie weder die geleistete Arbeit ΔW noch die zugeführte Wärme ΔQ Differenzen von Zustandsgrößen sind. Dieselbe Zustandsänderung läßt sich mit den verschiedensten Werten von ΔW und ΔQ realisieren, nur ihre Summe hat hierbei stets denselben Wert.

Die innere Energie ist eine additive Zustandsgröße; in der Thermodynamik verwendet man statt „additiv" gewöhnlich die Bezeichnung e x t e n s i v. Darunter versteht man folgendes: Ein homogenes System der Masse M besitze die innere Energie E. Wenn man das System durch Zerschneiden (z.B. durch eine fiktive Trennfläche) in zwei homogene Teilsysteme der Massen M_A und M_B, $M_A + M_B = M$, zerlegt, so ist die innere Energie der Teilsysteme $E_A = (M_A/M)\,E$ und $E_B = (M_B/M)\,E$. Die auf die Masseneinheit bezogene innere Energie nennt man s p e z i f i s c h e innere Energie $e = E/M$. Das Adjektiv „spezifisch" kennzeichnet im folgenden nach üblichem Brauch stets eine auf die

Masseneinheit bezogene Größe. Großbuchstaben bezeichnen extensive Größen, die zugehörigen intensiven Größen werden durch die entsprechenden Kleinbuchstaben bezeichnet.

Diese Bemerkungen legen die folgende Verallgemeinerung auf inhomogene Systeme nahe: Außer der Existenz eines Dichtefeldes $\rho(x)$ nimmt man hier die Existenz eines Feldes $e(x)$ der spezifischen inneren Energie an, derart, daß die gesamte innere Energie E eines Körpers $\mathfrak{B}$ durch

$$E = \int_{\mathfrak{B}} \rho(x)\, e(x)\, dV \tag{4.2}$$

gegeben ist. Analog hierzu wird im folgenden für alle extensiven Größen inhomogener Systeme die Existenz der Felder der entsprechenden spezifischen Größen angenommen, derart, daß die extensive Größe für das System durch das Integral über das mit dem Dichtefeld multiplizierte Feld der spezifischen Größe gegeben ist.

Die Temperatur ist eine Zustandsgröße, die nicht extensiv ist; man spricht gewöhnlich von einer i n t e n s i v e n Variablen. Unterteilt man ein System im Gleichgewicht, so hat die Temperatur aller Teilsysteme denselben Wert wie die des Gesamtsystems. Hierauf wurde in Abschn. 4.2 schon hingewiesen. Für ein homogenes System ist die innere Energie E eine Funktion der unabhängigen Zustandsvariablen $P_1, \ldots, P_n$. Zur Zustandsbeschreibung inhomogener Systeme nimmt man die Existenz von Feldern $P_1(x), \ldots, P_n(x)$ als unabhängige thermodynamische „Variable" an; die spezifische Energie e ist an jedem Ort x eine Funktion der P_i : $e(x) = e(P_1(x), \ldots, P_n(x))$[1]. Ganz entsprechende Annahmen verwendet man für die anderen abhängigen thermodynamischen Zustandsgrößen.

4.4 Zweiter Hauptsatz

Um den zweiten Hauptsatz der Thermodynamik in einer für unsere Zwecke geeigneten Weise formulieren zu können, nehmen wir die Realisierbarkeit von sog. Wärmebädern an. Ein Wärmebad ist eine Systemumgebung mit der Eigenschaft, daß sie ihre Temperatur nicht ändert, was auch mit dem System selbst vor sich gehen sollte. (Zur praktischen Realisierung muß man „unendlich große" Wärmekapazität und „ideal gute" Wärmeleitung des Wärmebades erreichen, was natürlich nur im Sinne einer mehr oder weniger guten Näherung möglich ist). Wir bringen nun ein System in Kontakt mit einem Wärmebad der Temperatur ϑ_2 und leisten die Arbeit ΔW an ihm. Dadurch möge das System von einem Gleichgewichtszustand 1 in einen Gleichgewichtszustand 2 übergehen. Nach dem zweiten Hauptsatz existiert eine E n t r o p i e genannte extensive

---

[1] Der Einfachheit halber wird auf beiden Seiten dasselbe Funktionssymbol e verwendet; die Gefahr, daß dies zu Mißverständnissen führt, ist gering.

Zustandsgröße S des Systems und eine für alle Systeme gleiche und stets positive Funktion $\Theta(\vartheta)$ der empirischen Temperatur ϑ derart, daß stets

$$\Theta(\vartheta_2) \cdot \Delta S \geqslant \Delta Q = \Delta E - \Delta W \tag{4.3}$$

gilt; ($\Delta S = S_2 - S_1$; $\Delta E = E_2 - E_1$). Bei allen in der Natur ablaufenden Prozessen gilt das >-Zeichen in der Formel (4.3), das Gleichheitszeichen ist nur für ideale Prozesse richtig, die man r e v e r s i b l e   P r o z e s s e nennt aus Gründen, die hier nicht erläutert werden, weil sie für das Folgende unwichtig sind. Es sei noch darauf hingewiesen, daß sich (4.3) für adiabate Systeme auf $\Delta S \geqslant 0$ reduziert. Die Entropie eines solchen Systems kann also nicht abnehmen, in welchen Gleichgewichtszustand 2 man es auch (durch Leistung mechanischer Arbeit) bringen mag.

Der zweite Hauptsatz legt nahe, die universelle Funktion $\Theta(\vartheta)$ als natürliches Maß für die Temperatur einzuführen. Θ wird als a b s o l u t e   T e m p e r a t u r bezeichnet. Durch eine relativ einfache Überlegung, die wir allerdings an dieser Stelle noch nicht durchführen können (vgl. Aufgabe 4.6.4), zeigt man, daß die absolute Temperatur identisch ist mit der in der „idealen Gasgleichung" in der Form $p = R \rho \Theta$ vorkommenden Temperatur.

Die Entropie ist eine extensive Zustandsgröße. Zur Zustandsbeschreibung eines inhomogenen Körpers setzt man die Existenz des Feldes $s(x)$ der spezifischen Entropie voraus und schreibt für die Gesamtentropie eines Körpers

$$S = \int_{\mathfrak{B}} \rho(x)\, s(x)\, dV \tag{4.4}$$

Um das Verständnis nicht durch zu große Allgemeinheit der Erörterungen zu erschweren, wollen wir uns nun auf eine spezielle Klasse von Systemen beschränken. Und zwar wollen wir annehmen, als unabhängige Zustandsvariablen zur Beschreibung der Gleichgewichtszustände eines Systems genügten die 9 Elemente des Deformationsgradienten F und die Temperatur Θ. Es wird sich im Laufe der Untersuchung zeigen, daß damit eine sehr große Klasse von Systemen oder, anders ausgedrückt, eine große Klasse von Materialien, aus denen die Systeme bestehen, beschrieben wird (elastische Festkörper, Flüssigkeiten, Gase). Zur Unterstützung der Vorstellung kann man an einen elastischen Körper denken. Wir nehmen also an: $e = e(\Theta, F_{11}, \ldots, F_{33})$ und $s = s(\Theta, F_{11}, \ldots, F_{33})$[1]). Diese Beziehungen werden in der Thermodynamik Z u s t a n d s g l e i c h u n g e n genannt; speziell heißt $e = e(\Theta, F)$ „kalorische" Zustandsgleichung. Da solche Zustandsgleichungen, im Gegensatz zu den universell gültigen Bilanzgleichungen, jeweils ein Material charakterisieren, gehören sie zu den M a t e r i a l g l e i c h u n g e n (constitutive equations). In diesem Buch wird der Begriff „Materialgleichung" allerdings enger gefaßt und auf den Zusammenhang zwischen den Spannungen in einem Material und seiner Bewegung, speziell seiner Deformation F, sowie weiteren thermodynamischen Variablen eingeschränkt. Es wird sich zeigen, daß sich für die hier betrachtete Material-

---

[1]) Wir benutzen als Funktionssymbol stets denselben Buchstaben wie für die abhängige Variable; aus dem Zusammenhang geht immer hervor, als Funktion welcher unabhängigen Variablen die betreffende abhängige Variable aufgefaßt wird.

klasse die Materialgleichung in diesem Sinn aus der thermodynamischen Zustandsgleichung ergibt (siehe Gl. (4.19)). Es ist übrigens zweckmäßig, als unabhängige Variabeln in der inneren Energiefunktion nicht Θ und $\mathbf{F}$, sondern s und $\mathbf{F}$ zu verwenden. Hierzu muß man nur $s = s(\Theta, \mathbf{F})$ nach Θ auflösen und in $e = e(\Theta, \mathbf{F})$ einsetzen. Man erhält dann die k a n o n i s c h e Zustandsgleichung $e = e(s, F_{11}, \ldots, F_{33})$. Innere Energie und Entropie eines Körpers $\mathfrak{B}$ sind dann

$$E = \int_{\mathfrak{B}_0} \rho_0 \, e(s, F_{11}, \ldots, F_{33}) \, dV_0 \tag{4.5}$$

$$S = \int_{\mathfrak{B}_0} \rho_0 \, s \, dV_0, \tag{4.6}$$

wobei die unabhängigen thermodynamischen Zustandsgrößen s und F_{ik} als Funktionen von $\boldsymbol{\xi}$ aufgefaßt werden und über die Referenzkonfiguration $\mathfrak{B}_0$ integriert wird; Integration über die Referenzkonfiguration $\mathfrak{B}_0$ anstelle der aktuellen Konfiguration $\mathfrak{B}$ wie in (4.2) und (4.4) vereinfacht die folgenden Herleitungen.

Um aus dem zweiten Hauptsatz (Formel (4.3)) Schlüsse ziehen zu können, müssen wir noch einen Ausdruck für die beim Übergang aus dem Ausgangszustand 1 in den Endzustand 2 geleistete Arbeit ΔW angeben. Die Leistung $\dot{W}$ der Massen- und Oberflächenkräfte ist gegeben durch

$$\dot{W} = \int_{\mathfrak{B}} \rho \mathbf{f} \cdot \mathbf{v} \, dV + \int_{\partial\mathfrak{B}} \mathbf{t} \cdot \mathbf{v} \, dA = \int_{\mathfrak{B}_0} \rho_0 \mathbf{f} \cdot \frac{\partial \mathbf{x}(\boldsymbol{\xi}, t)}{\partial t} \, dV_0 + \int_{\partial\mathfrak{B}_0} \mathbf{t}_0 \cdot \frac{\partial \mathbf{x}(\boldsymbol{\xi}, t)}{\partial t} \, dA_0$$
$$\tag{4.7}$$

$\mathbf{v} = \partial\mathbf{x}(\boldsymbol{\xi}, t)/\partial t$ ist die Geschwindigkeit. Die Integrale rechts sind über die Referenzkonfiguration erstreckt, $\mathbf{t}_0$ hat daher die in Abschn. 3.1 anschließend an Gl. (3.19) erläuterte Bedeutung. Die zur Berechnung von $\Delta W = \int_{t_1}^{t_2} \dot{W} \, dt$ notwendige Integration nach der Zeit läßt sich leicht ausführen, wenn man annimmt, daß f und $\mathbf{t}_0$ nur von $\boldsymbol{\xi}$, nicht aber von der Zeit t abhängen. (Zur Zeit t_1 befinde sich das System im Ausgangszustand 1, zur Zeit t_2 im Endzustand 2). In der Technik spricht man in diesem Fall von „Totlasten". Unter der Voraussetzung, daß nur Totlasten wirken, erhält man aus (4.7)

$$\Delta W = \int_{\mathfrak{B}_0} \rho_0 \mathbf{f} \cdot (\mathbf{x}_2 - \mathbf{x}_1) \, dV_0 + \int_{\partial\mathfrak{B}_0} \mathbf{t}_0 \cdot (\mathbf{x}_2 - \mathbf{x}_1) \, dA_0 \tag{4.8}$$

Man kann nun eine potentielle Energie U einführen

$$U = - \int_{\mathfrak{B}_0} \rho_0 \mathbf{f} \cdot (\mathbf{x} - \boldsymbol{\xi}) \, dV_0 - \int_{\partial\mathfrak{B}_0} \mathbf{t}_0 \cdot (\mathbf{x} - \boldsymbol{\xi}) \, dA_0 \tag{4.9}$$

derart, daß

$$\Delta W = - \Delta U \tag{4.10}$$

wird. Die potentielle Energie ist nach (4.9) ein Funktional des Verschiebungsfeldes

$\mathbf{u} = \mathbf{x} - \boldsymbol{\xi}$; sie ist so normiert, daß sie in der Referenzkonfiguration, $\mathbf{u} = \mathbf{0}$, den Wert 0 hat. Immer dann, wenn ein Funktional U des Verschiebungsfeldes derart existiert, daß für die bei Verschiebung geleistete Arbeit ΔW die Gleichung (4.10) gilt, nennt man die wirkenden Massen- und Oberflächenkräfte konservativ. Nach (4.9) hängt die potentielle Energie außerdem nicht explizit von der Zeit ab. Im folgenden werden wir konservative Kräfte mit zeitunabhängiger potentieller Energie voraussetzen. Totlasten sind ein spezielles, aber nicht das einzige Beispiel hierfür.

4.5 Gleichgewichtsbedingungen

Aus dem zweiten Hauptsatz lassen sich Bedingungen für thermodynamisches Gleichgewicht und damit auch mechanisches Gleichgewicht herleiten und Aussagen über die Stabilität der Gleichgewichte machen. Hierzu denken wir uns zunächst ein System in einem Wärmebad der (absoluten) Temperatur Θ unter der Wirkung von Massen- und Oberflächenkräften, $\mathbf{f}$ und $\mathbf{t}_0$, im s t a b i l e n Gleichgewicht. Diesen Gleichgewichtszustand wollen wir symbolisch mit „Γ" bezeichnen. Die Voraussetzung stabilen Gleichgewichts hat zur Folge, daß das System nach einer Störung in diesen Gleichgewichtszustand Γ zurückkehrt. Wir setzen dabei voraus, daß das System dissipativ ist, d.h. daß alle Bewegungen im System, die während des zum Gleichgewicht zurückführenden Prozesses eintreten, nach hinreichend langer Zeit abklingen. Man sagt in diesem Fall auch, das Gleichgewicht Γ sei asymptotisch stabil. Dissipativität ist bei den in der Natur vorkommenden Systemen verwirklicht. (Der Begriff „dissipativ" wird in der Literatur nicht immer im selben Sinn verwendet, doch ist dies hier ohne Belang).

Was soeben „Störung des Gleichgewichts" genannt wurde, soll folgendermaßen verstanden werden: Wir denken uns das System in einen von Γ verschiedenen Zustand Γ^* gebracht, der sich von Γ durch eine beliebige Abänderung der Verschiebungen $\mathbf{u}(\boldsymbol{\xi})$, d.h. der Ortsvektoren $\mathbf{x}(\boldsymbol{\xi})$, und der spezifischen Entropie $s(\boldsymbol{\xi})$ unterscheidet. Will man den Zustand Γ^* aufrechterhalten, so muß man einen „Zwang" auf das System ausüben; man nennt Γ^* dann ein „Zwangsgleichgewicht". Nach Wegfall des Zwangs läuft das System von Γ^* in den stabilen Gleichgewichtszustand Γ zurück. Den Zwang kann man sich dadurch realisiert denken, daß die Volumen- und Oberflächenkräfte abgeändert werden und daß eine örtlich variable Temperaturverteilung im System aufrechterhalten wird, indem etwa die verschiedenen Systemteile durch fiktive adiabatische Wände voneinander getrennt und mit Wärmebädern verschiedener Temperatur in Kontakt gebracht werden. Mit der Manipulierbarkeit der drei Kraftkomponenten und der Temperatur hat man hinreichende Freiheit zur Realisierung beliebiger Werte der drei Verschiebungskomponenten und der Entropie. Die Einführung von Zwangsgleichgewichten Γ^* („constrained equilibria") ist ein typisches Hilfsmittel der klassischen Thermodynamik. Obwohl die Realisierungsmöglichkeit des Zwanges für die Vorstellung schwierig sein kann (in unserem Beispiel bereitet die Realisierung beliebiger Temperaturverteilungen Vorstellungsschwierigkeiten), wird auf eingehendere Diskussion unter Hinweis auf die thermodynamische Spezialliteratur verzichtet[1]), zumal wir in Abschn. 4.9 eine andere Methode kennenlernen werden, die einen Teil der im folgenden zu gewinnenden Resultate ebenfalls liefert.

Den auf das System ausgeübten Zwang denken wir uns dadurch aufgehoben, daß wir das System mit dem Wärmebad der Temperatur Θ wieder in Kontakt gebracht und gleichzeitig die ursprünglich vorgegebenen Kräfte $\mathbf{f}$ und $\mathbf{t}_0$ wieder „eingeschaltet" denken. Es läuft dann ein Prozeß in dem System ab, der das System in den Gleichgewichtszustand Γ zurückführt. Die oben erläuterte Vorstellung von der Realisierung gehemmter Gleichgewichte macht plausibel, daß beim Übergang vom gehemmten Gleichgewicht Γ^* in das Gleichgewicht Γ die Ungleichung (4.3) gilt[2])

$$\Theta\,(S - S^*) - (E - E^* + U - U^*) > 0 \qquad (4.11)$$

Hierbei wurde für W der Ausdruck (4.10) benutzt. Gl. (4.11) besagt, daß die Größe $\Theta S - (E + U)$ im Zustand Γ einen Wert besitzt, der größer ist als ihr Wert in irgendeinem anderen Zustand Γ^*. Die Zustände Γ^* unterscheiden sich vom Zustand Γ durch das Verschiebungsfeld $\mathbf{u}(\boldsymbol{\xi})$ bzw. $\mathbf{x}(\boldsymbol{\xi}) = \mathbf{u}(\boldsymbol{\xi}) + \boldsymbol{\xi}$ und durch das Entropiefeld $s(\boldsymbol{\xi})$. Die Größe $\Theta S - (E + U)$ ist ein Funktional dieser Felder

$$\Theta S - (E + U) = \int_{\mathfrak{B}_0} \rho_0\,[\Theta s - e(s, \mathbf{F})]\,dV_0 - U \qquad (4.12)$$

(Man bedenke, daß $F_{ik} = \partial x_i/\partial \xi_k$ ist; außerdem bedenke man, daß U die potentielle Energie der Kräfte $\mathbf{f}$ und $\mathbf{t}_0$ ist, denn diese wirken während des rückführenden Prozesses auf das System). Das Funktional (4.12) nimmt also für den Gleichgewichtszustand Γ einen Maximalwert an. Dies bedeutet, daß die erste Variation des Funktionals verschwindet und die zweite Variation nicht positiv ist. Mit dieser Aussage hat man n o t w e n d i g e Bedingungen für s t a b i l e s Gleichgewicht gefunden. Dabei wird allerdings vorausgesetzt, daß das Maximum kein „Randmaximum" ist; auf den Sonderfall solcher Maxima können wir nicht eingehen, zumal sie praktisch keine bedeutende Rolle spielen. Mit dem Symbol δ für die erste Variation ergibt sich[3])

---

[1]) H. R e i s s faßt in „Methods of Thermodynamics" (New-York, Toronto, London, 1965) den Begriff der „constraints" als zentral für die Entwicklung der Thermodynamik auf.

[2]) Das Gleichheitszeichen kann wegen der vorausgesetzten Dissipativität fortgelassen werden. Für alle in der Natur ablaufende Prozesse gilt das $>$-Zeichen. Bei einem adiabaten System reduziert sich (4.11) übrigens auf $S > S^*$; d.h. der Gleichgewichtszustand Γ zeichnet sich vor allen Zuständen Γ^* bei einem solchen System durch ein Maximum der Entropie aus („Maximum-Entropie-Prinzip")

[3]) Man beachte, daß Θ die konstante Temperatur des Wärmebades ist und daher unter das Integral rechts gezogen werden kann. Aus demselben Grund wird Θ in (4.13) nicht variiert; vgl. Gl. (4.3) und die Fußnote auf Seite 87.

$$\delta(\Theta S - E - U) = \Theta \delta S - \delta E - \delta U$$

$$= \int_{\mathfrak{B}_0} \rho_0 \left[\left(\Theta - \frac{\partial e}{\partial s} \right) \delta s - \frac{\partial e}{\partial F_{ik}} \delta F_{ik} \right] dV_0 + \int_{\mathfrak{B}_0} \rho_0 f \cdot \delta x \, dV_0 \qquad (4.13)$$

$$+ \int_{\partial \mathfrak{B}_0} t_0 \cdot \delta x \, dA_0 = 0$$

Die beiden letzten Integrale für δU ergeben sich unmittelbar aus der oben definierten Bedeutung der potentiellen Energie U (vgl. 4.9)). Gl. (4.13) wird durch partielle Integration der δF_{ik} enthaltenden Terme umgeformt. Hierzu führen wir zunächst für die Tensorkomponenten $\rho_0 \partial e / \partial F_{ik}$ die Abkürzung σ_{ik} ein

$$\sigma_{ik} = \rho_0 \frac{\partial e}{\partial F_{ik}}, \qquad \text{symbolisch:} \qquad \Sigma = \rho_0 \frac{\partial e}{\partial F} \qquad (4.14)$$

Außerdem bedenken wir, daß folgendes gilt

$$\delta F_{ik} = \delta \left(\frac{\partial x_i}{\partial \xi_k} \right) = \frac{\partial}{\partial \xi_k} (\delta x_i) \qquad (4.15)$$

Dies sieht man leicht ein: Es ist $F_{ik} = \partial x_i / \partial \xi_k$ und $F_{ik} + \delta F_{ik} = \partial(x_i + \delta x_i)/\partial \xi_k = F_{ik} + \partial(\delta x_i)/\partial \xi_k$, woraus sofort (4.15) folgt. Nun gilt nach dem Gaußschen Satz

$$\int_{\mathfrak{B}_0} \sigma_{ik} \frac{\partial \delta x_i}{\partial \xi_k} dV_0 = \int_{\partial \mathfrak{B}_0} \sigma_{ik} \delta x_i n_{0k} dA_0 - \int_{\mathfrak{B}_0} \frac{\partial \sigma_{ik}}{\partial \xi_k} \delta x_i dV_0$$

$$\qquad (4.16)$$

$$= \int_{\partial \mathfrak{B}_0} \left(\Sigma n_0 \right) \cdot \delta x \, dA_0 - \int_{\mathfrak{B}_0} \left(\text{Div } \Sigma \right) \cdot \delta x \, dV_0$$

Einsetzen in (4.13) liefert

$$\int_{\mathfrak{B}_0} \left[\rho_0 \left(\Theta - \frac{\partial e}{\partial s} \right) \delta s + \left(\text{Div } \Sigma + \rho_0 f \right) \cdot \delta x \right] dV_0 + \int_{\partial \mathfrak{B}_0} \left(t_0 - \Sigma n_0 \right) \cdot \delta x \, dA_0 = 0$$

$$\qquad (4.17)$$

Da die Variationen δx und δs voneinander unabhängig und beliebig sind, schließt man hieraus in bekannter Weise auf das Bestehen folgender Relationen

$$\frac{\partial e}{\partial s} = \Theta \qquad \qquad (4.18.1)$$

$$\left. \begin{array}{c} \\ \\ \\ \end{array} \right\} \text{in } \mathfrak{B}_0$$

$$\text{Div } \Sigma + \rho_0 f = 0 \qquad \qquad (4.18.2)$$

$$t_0 - \Sigma n_0 = 0 \qquad \qquad \text{auf } \partial \mathfrak{B}_0 \qquad (4.18.3)$$

(4.18.1) besagt offenbar, daß $\partial e/\partial s$ die Bedeutung der Temperatur Θ unseres Systems hat; (Θ wurde als die Temperatur des Wärmebades eingeführt, mit dem das System in Kontakt steht). Aus Gl. (4.18.3) schließt man, daß Σ die Bedeutung des Piola-Kirchhoffschen Spannungstensors haben muß (vgl. dessen Definition (3.21), während sich (4.18.2) als mechanische Gleichgewichtsbedingung (3.25) für ruhendes Medium ergibt. Durch Kombination von (4.18.2) und (4.18.3) ergibt sich übrigens

$$\int_{\partial \mathcal{B}_0} \mathbf{t}_0 \, dA_0 = \int_{\partial \mathcal{B}_0} \Sigma \mathbf{n}_0 \, dA_0 = \int_{\mathcal{B}_0} \mathrm{Div}\, \Sigma \, dV_0 = - \int_{\mathcal{B}_0} \rho_0 \mathbf{f} \, dV_0$$

$$\text{oder} \qquad \int_{\partial \mathcal{B}_0} \mathbf{t}_0 \, dA_0 + \int_{\mathcal{B}_0} \rho_0 \mathbf{f} \, dV_0 = 0 \qquad\qquad (4.18.4)$$

D.h. das System der Oberflächen- und Volumenkräfte muß „global" im Gleichgewicht sein.

Die als reine Definitionsgleichung eingeführte Relation (4.14) erscheint nun in einem neuen Licht: Sie besagt, daß sich die Spannungen in der betrachteten Materialklasse als Ableitungen der spezifischen inneren Energie nach den Komponenten des Deformationsgradienten ergeben. Benutzt man den Zusammenhang (3.22) zwischen dem Piola-Kirchhoffschen und dem Cauchyschen Spannungstensor, so kann man (4.14) in der folgenden Form schreiben

$$\mathbf{T} = \rho \, \frac{\partial e}{\partial \mathbf{F}} \, \mathbf{F}^{\mathsf{T}}, \qquad \text{d.h.} \qquad \tau_{ik} = \rho \, \frac{\partial e}{\partial F_{i\ell}} \, F_{k\ell} \qquad\qquad (4.19)$$

Mit (4.14) und (4.18.1) ergibt sich für das Differential der spezifischen inneren Energie

$$de = \Theta \, ds + \frac{\sigma_{ik}}{\rho_0} \, dF_{ik} \qquad\qquad (4.20)$$

Diese Beziehung heißt in der Thermodynamik G i b b s ' s c h e   R e l a t i o n. Man kann sie nach ds auflösen und zur Berechnung der Entropie aus den meßbaren Größen e, $\mathbf{F}$, Θ benutzen. Man erkennt hieran, daß die Ungleichung (4.3) die Entropie S tatsächlich festlegt[1]).

An dieser Stelle wird der Gedankengang für eine kleine Weile unterbrochen, um auf zwei Ergänzungen der seitherigen Überlegungen hinzuweisen.

Ergänzungen. 1. Auf folgende Weise erhält man für das Entropiedifferential dS eine Darstellung, die man in vielen Thermodynamiklehrbüchern findet: Wir nehmen an, Γ und Γ^* seien zwei infinitesimal benachbarte Gleichgewichtszustände. Da die erste Variation $\Theta \, \delta S - \delta(E + U)$ verschwindet, gilt für die i n f i n i t e s i m a l e   Zustandsänderung von Γ^* nach Γ: $\Theta \, dS - dE - dU = 0$, oder, wegen $dE + dU = dQ$, $\Theta \, dS = dQ$. Hierbei ist dQ die dem System während des von Γ^* nach Γ führenden Prozesses

---

[1]) Natürlich muß die Temperatur Θ hierin definiert sein. Nach der an (4.3) anknüpfenden Bemerkung kann man zeigen, daß sie mit der idealen Gastemperatur übereinstimmt.

aus dem Wärmebad der Temperatur Θ zugeführte Wärme. Man kann nun eine endliche Zustandsänderung als eine Aufeinanderfolge beliebig kleiner Zustandsänderungen ausführen. Man ändert in jedem Schritt den Zustand des Systems, indem man es mit einem Wärmebad in Kontakt bringt, dessen Temperatur sich um einen beliebig kleinen Betrag von der Temperatur des Wärmebades beim vorangegangenen Schritt unterscheidet, und indem man die wirkenden Kräfte um beliebig kleine Beträge ändert. Nachdem sich das System auf den geänderten Gleichgewichtszustand eingestellt hat, schließt man den nächsten Schritt an. Man kann sich diesen Vorgang kontinuierlich ablaufend denken und erhält damit einen Prozeß, bei dem das System lauter Gleichgewichtszustände durchläuft. Es leuchtet ein, daß dieser ideale Prozeß unendlich langsam ablaufen muß. Man kann weiterhin zeigen, daß er r e v e r s i b e l ist in dem in Thermodynamikbüchern näher erläuterten Sinn[1]. Für die Entropiedifferenz zwischen zwei Gleichgewichtszuständen 1 und 2 gilt demnach

$$S_2 - S_1 = \int_1^2 \frac{dQ_{rev}}{\Theta} \tag{4.21}$$

Wie die Herleitung zeigt, ist dieses Ergebnis unabhängig von der Annahme, daß $e = e(s, F_{ik})$ ist; es gilt allgemein. In (4.21) bedeutet dQ_{rev} die bei der Temperatur Θ dem System auf reversible z.B. auf die oben geschilderte Weise zugeführte Wärme.

2. Wir nehmen an, die spezifische innere Energie e sei als Funktion der spezifischen Entropie s, des Deformationsgradienten F_{ik} und außerdem von n „inneren Zustandsvariablen" $q_1, \ldots, q_n$ gegeben: $e = e(s, F_{11}, \ldots, F_{33}, q_1, \ldots, q_n)$. Die inneren Zustandsvariablen seien keine „Arbeitsvariablen", d.h. man soll keine mechanische Arbeit am System durch Änderung der q_i leisten können. Die Arbeit sei damit weiterhin durch den Ausdruck (4.8) bzw. (4.10) gegeben, wobei in (4.10) die potentielle Energie nicht von den inneren Variablen q_i abhängt. Innere Zustandsvariablen q_i muß man z.B. einführen, wenn das Kontinuum aus verschiedenen, homogen gemischten Komponenten besteht, die chemisch miteinander reagieren können. Zur Zustandsbeschreibung gehört dann die Angabe der Zusammensetzung des Kontinuums, z.B. die Angabe der Massenkonzentrationen q_i der einzelnen Komponenten; (bei n + 1 Komponenten sind n Massenkonzentrationen q_i voneinander unabhängig, für die (n + 1). Massenkonzentration

q_{n+1} gilt: $q_{n+1} = 1 - \sum_{i=1}^{n} q_i$). Wenn man Entropie und Verzerrungszustand des Mediums durch Übergang in einen anderen Gleichgewichtszustand ändert, werden sich die Massenkonzentrationen (inneren Variablen) q_i auch ändern, weil bei dem Prozeß, der vom Ausgangszustand in den Endzustand führt, chemische Reaktionen zwischen den einzelnen Komponenten stattfinden. Die Massenkonzentrationen q_i nehmen für jeden Gleichgewichtszustand bestimmte Werte an, die sich, in der Sprache der Chemiker, aus dem M a s s e n w i r k u n g s g e s e t z ergeben.

Dieses Massenwirkungsgesetz folgt aber aus unseren obigen Überlegungen, indem wir $e = e(s, F_{ik}, q_i)$ als Integrand in (4.5) einsetzen. Dieselben Schlüsse wie oben führen dann auf (4.13), wobei allerdings als weiterer Beitrag zu $\delta(\Theta s - E - U)$ das Integral

$$\int_{\mathcal{B}_0} \rho_0 \frac{\partial e}{\partial q_i} \delta q_i \, dV_0$$ auftritt. Da nach Voraussetzung die q_i unabhängig variierbare Variablen sind, bedeutet dies, daß sich zusätzlich zu den Relationen (4.18.1−4) nun noch die Relationen

---

[1] Da der Begriff der Reversibilität im folgenden keine große Rolle spielt, verzichten wir auf eine Erläuterung.

$$\frac{\partial e(s, F_{11}, \ldots, q_1, \ldots, q_n)}{\partial q_i} = 0, \qquad i = 1, 2, \ldots, n \tag{4.18.5}$$

als notwendige Gleichgewichtsbedingungen ergeben. Gl. (4.18.5) ist nichts anderes als der formale Ausdruck des Massenwirkungsgesetzes, wenn die q_i die Bedeutung von Konzentrationen haben. Selbstverständlich können sie auch andere Bedeutung haben[1]). Indem man die n Gleichungen (4.18.5) nach den q_i auflöst, erhält man die Werte dieser inneren Variablen im thermodynamischen Gleichgewicht abhängig von der Entropie s und dem Deformationsgradienten F. Die etwas ungewohnte Entropie kann man unter Benutzung von (4.18.1) eliminieren und durch die der Intuition näherliegende Temperatur Θ ersetzen.

Seither haben wir nur die Tatsache ausgenutzt, daß im stabilen Gleichgewicht die erste Variation $\Theta\,\delta S - \delta E - \delta U$ verschwinden muß. Notwendige Bedingung für stabiles Gleichgewicht ist aber auch, daß die zweite Variation nicht positiv sein darf. Bezeichnet man die zweite Variation mit δ^2, so ergibt sich nach (4.12)

$$\delta^2(\Theta S - E - U) = \tag{4.22}$$

$$- \int_{\mathfrak{B}_0} \rho_0 \left[\frac{\partial^2 e}{\partial s^2}\,(\delta s)^2 + \frac{\partial^2 e}{\partial s\,\partial F_{ik}}\,\delta s\,\delta F_{ik} + \frac{\partial^2 e}{\partial F_{ik}\,\partial F_{jl}}\,\delta F_{ik}\,\delta F_{jl} \right] dV_0 - \delta^2 U \leqslant 0$$

Falls nur Totlasten wirken, ist $\delta^2 U = 0$, wie sich sofort aus (4.9) ergibt. In diesem Fall geht die Bedingung (4.22) in eine von den wirkenden Kräften unabhängige Bedingung über, nämlich in die Bedingung, daß die in eckigen Klammern stehende quadratische Form positiv semidefinit ist. Ob diese Bedingung erfüllt ist oder nicht, hängt nur von den Koeffizienten der quadratischen Form, also den Größen $\partial^2 e/\partial s^2$, $\partial^2 e/\partial s\,\partial F_{ik}$, $\partial^2 e/\partial F_{ik}\,\partial F_{jl}$ ab, und damit vom Material, aus dem das System besteht. Wir nennen ein Material, für das die quadratische Form positiv d e f i n i t ist, t h e r m o d y - n a m i s c h s t a b i l[2]). Aus (4.22) ergibt sich sofort, daß für ein thermodynamisch stabiles Material $(\partial^2 e/\partial s^2)_F > 0$ sein muß. Wegen $\Theta = (\partial e/\partial s)_F$ bedeutet dies $(\partial\Theta/\partial s)_F > 0$. Wir definieren nun die „ s p e z i f i s c h e W ä r m e bei konstanter Deformation" durch

$$c_F = \left(\frac{\partial e}{\partial \Theta}\right)_F = \Theta\left(\frac{\partial s}{\partial \Theta}\right)_F \tag{4.23}$$

wobei die zweite Definition aus der ersten wegen der Gibbs-Relation (4.20) hervorgeht, die bei festgehaltenem F in $\Theta ds = de$ übergeht. Die Größe c_F ist offenbar die Wärmemenge, die man der Masseneinheit des Materials bei festgehaltener Deformation zu-

---

[1]) Vgl. B e c k e r , E.: Chemically Reacting Flows, Annual Review of Fluid Mechanics 4 (1972), 155–194.

[2]) Eine dem Begriff „Stabilität eines Materials" besser angepaßte Definition fordert positive Definitheit der in (4.22) auftretenden quadratischen Form nur für symmetrische F_{ik}. Damit werden reine Drehungen des Materials aus der Stabilitätsdefinition ausgenommen.

führen muß, um seine Temperatur um eine Einheit zu erhöhen. Da mit $(\partial\Theta/\partial s)_F$ natürlich auch der Reziprokwert $(\partial s/\partial\Theta)_F$ positiv ist, ergibt sich, daß für ein thermodynamisch stabiles Material die spezifische Wärme $c_F > 0$ sein muß. Es lassen sich eine große Zahl weiterer Bedingungen aus der Forderung positiver Definitheit der quadratischen Form herleiten, die unter dem Integral in (4.20) steht. Z.B. muß die quadratische Form $(\partial^2 e/\partial F_{ik}\,\partial F_{jl})\,\delta F_{ik}\,\delta F_{jl}$ für sich positiv definit sein; dies hat u.a. die Konsequenz, daß $\partial^2 e/\partial F_{11}^2 > 0$ sein muß. Bei Einführung innerer Variablen q_i (siehe Kleindruck auf Seite 84, muß $\partial^2 e/\partial q_i^2 > 0$ sein (für $i = 1, 2, \ldots, n$). Auf diese weiteren Bedingungen soll hier nicht eingegangen werden. Es sei nur noch auf folgendes hingewiesen: Selbst wenn ein System aus stabilem Material im eben definierten Sinne besteht, braucht die Stabilitätsbedingung (4.22) nicht erfüllt zu sein. Falls die Lasten keine Totlasten sind, kann $\delta^2 U$ die vom Material herrührenden Glieder in (4.22) überkompensieren und einen positiven Wert von $\delta^2(\Theta S - E - U)$ erzeugen.

Unsere seitherigen Überlegungen haben notwendige Bedingungen für stabiles Gleichgewicht erbracht: Immer dann, wenn ein System im stabilen Gleichgewicht ist, müssen die Bedingungen (4.13) (bzw. (4.18)) und (4.22) erfüllt sein. Die Frage nach hinreichenden Bedingungen für stabiles Gleichgewicht ist sehr viel schwerer zu beantworten, d.h. also die Frage, ob bei Erfülltsein der Bedingungen (4.13) und (4.22) das System i m - m e r im stabilen Gleichgewicht ist. Man kann dieser Frage auch folgende Form geben: Wenn man einen Gleichgewichtszustand schlechthin als einen solchen definiert, in dem (4.13) bzw. (4.18) gilt, ist dann ein solcher Gleichgewichtszustand immer stabil, wenn (4.22) erfüllt ist? Die Tatsache, daß es sehr viel schwieriger ist, hinreichende als notwendige Bedingungen zu finden, hängt damit zusammen, daß es zum Aufstellen notwendiger Bedingungen genügt, nur die Zustände Γ^* und Γ miteinander zu vergleichen, für die sich die Methoden der klassischen Thermodynamik anwenden lassen. Hinreichende Bedingungen kann man aber nur finden, wenn man auch die Nichtgleichgewichtszustände, in denen sich das System im Verlauf eines Prozesses befindet, in die Betrachtungen einbezieht. Dies gelingt nicht ohne Annahmen, die über die klassische Thermodynamik hinausgehen und die Grundlage der irreversiblen Thermodynamik bilden[1]).

Gewisse weitergehende Aussagen lassen sich allerdings noch leicht aus unseren obigen Überlegungen gewinnen. So sieht man z.B. ein, daß alle Gleichgewichtszustände, für die zwar (4.13) bzw. (4.18) erfüllt ist, die aber einem Minimum von $\Theta S - E - U$ entsprechen (oder einem anderen nicht maximalen, aber stationären Wert), instabil sind. In der Nachbarschaft eines solchen Gleichgewichtszustandes Γ gibt es dann nämlich Zustände Γ^* mit größerem Wert von $\Theta S - E - U$. Damit kann das System aber nie von selbst von Γ^* nach Γ zurücklaufen, ohne den zweiten Hauptsatz (4.11) zu verletzen. Ein nicht maximaler stationärer Wert von $\Theta S - E - U$ ist also h i n r e i c h e n d für i n s t a b i l e s Gleichgewicht. Nimmt man an, daß ein System unter gegebenen äußeren Kräften (die die Bedingung (4.18.4) erfüllen) in einem Wärmebad nur ein einziges und damit absolutes Maximum von $\Theta S - E - U$ besitzt und daß weiterhin das System seinen Zustand solange ändert, bis es ein Gleichgewicht erreicht hat, dann sind

---

[1]) Mit einem Minimum an solchen Zusatzannahmen wird von H. Buggisch gezeigt, daß (4.22) hinreichend für Stabilität ist: H. B u g g i s c h , Extremalprinzipe der Thermodynamik und Mechanik für stabile Gleichgewichtslagen von Kontinua. Ing. Arch. **41** (1972), 357–366. Vgl. auch: W. K o i t e r , On the thermodynamic background of elastic stability theory; in: Problems of Hydrodynamics and Continuum Mechanics, SIAM 1969.

die Bedingungen (4.22) auch hinreichend für Stabilität; (dabei muß noch ausgeschlossen werden, daß das Maximum von $\Theta S - E - U$ ein „Randmaximum" ist). Zu zeigen, daß auch bei Vorliegen eines relativen Maximums von $\Theta S - E - U$ stabiles Gleichgewicht herrscht, würde den Rahmen dieser Einführung sprengen und muß daher unter Hinweis auf die in der Fußnote genannte Literatur übergangen werden.

4.6 Freie Energie, Minimum der potentiellen Energie, spezielle Materialien

Wir formulieren die Ergebnisse von Abschn. 4.5 unter Einführung der sog. f r e i e n E n e r g i e , manchmal auch H e l m h o l t z - E n e r g i e genannt, um. Als spezifische freie Energie φ definiert man

$$\varphi = e - \Theta s \tag{4.24}$$

Hieraus erhält man unter Beachtung von (4.20) als Gibbs'sche Relation

$$d\varphi = - s\, d\Theta + \frac{\sigma_{ik}}{\rho_0}\, dF_{ik} \tag{4.25}$$

Faßt man also φ als Funktion der Temperatur Θ und des Deformationsgradienten $\mathbf{F}$ auf, so liest man aus (4.25) folgendes Ergebnis ab

$$\sigma_{ik} = \rho_0 \frac{\partial \varphi}{\partial F_{ik}}, \quad \text{d.h.} \quad \tau_{ik} = \rho \frac{\partial \varphi}{\partial F_{il}} F_{kl} \tag{4.26}$$

(vgl. auch (4.19)); und

$$s = - \frac{\partial \varphi}{\partial \Theta} \tag{4.27}$$

Wenn wir von den in Abschn. 4.5 näher erläuterten Zuständen Γ und Γ^* voraussetzen, daß das System für beide Zustände dieselbe Temperatur Θ hat (also stets im selben Wärmebad steht), so daß wir also im folgenden nur noch Zustände gleicher Temperatur vergleichen, können wir (4.13) auch in der Form schreiben

$$\delta(\phi + U) = 0 \tag{4.28}$$

wobei $\quad \phi = \int\limits_{\mathfrak{B}_0} \rho_0\, \varphi\, dV_0 \tag{4.29}$

die freie Energie des Systems $\mathfrak{B}$ bedeutet[1]). Ganz analog ergibt sich anstelle von (4.22)

$$\delta^2(\phi + U) \geqslant 0 \tag{4.30}$$

---

[1]) Man beachte, daß bei der allgemeineren Formulierung (4.13) die Wärmebadtemperatur Θ nicht die Temperatur des Systems im Zustand Γ^* zu sein braucht und daher $E^* - \Theta S^*$ auch nicht die freie Energie im Zustand Γ^*. Diese Bedeutung hat $E^* - \Theta S^*$ nur unter der hier gemachten Einschränkung, daß nur Zustände gleicher Temperatur verglichen werden!

Das Resultat (4.28) ist in der Elastomechanik bekannt: Indem man dort den thermodynamischen Hintergrund ganz vergißt, nennt man ϕ die im System $\mathfrak{B}$ gespeicherte
F o r m ä n d e r u n g s e n e r g i e , und die Summe $\phi + U$ die p o t e n t i e l l e
E n e r g i e des Systems. Notwendige Gleichgewichtsbedingung ist somit ein M i n i -
m u m der potentiellen Energie. Es sei darauf hingewiesen, daß $\phi + U$ ein Funktional
des Verschiebungsfeldes allein ist; die in ϕ vorkommende unabhängige thermodynamische Variable Θ, die Temperatur, wird ja nach Voraussetzung festgehalten und spielt
damit nur die Rolle eines konstanten Parameters.

Im Vorgriff auf die Ausführungen in Abschn. 6.1 sei hier schon mitgeteilt, daß die
Funktion $\varphi(\Theta, F_{ik})$ nicht von allen neun Komponenten von F_{ik} in beliebiger Weise
abhängen kann. Die Forderung, daß der Wert der skalaren Größe φ unabhängig von der
Orientierung des Koordinatensystems sein muß, in dem die F_{ik} berechnet werden,
(„Objektivität" der Funktion $\varphi(\Theta, F)$) bedingt, daß φ nur von den sechs Komponenten
des symmetrischen Tensors $C = F^T F$ bzw. des Tensors $U = C^{1/2}$ abhängen kann. Hieraus schließt man übrigens durch eine einfache Rechnung (Aufgabe 4.6.3) auf die Symmetrie des durch (4.26) gegebenen Cauchyschen Spannungstensors ($\tau_{ik} = \tau_{ki}$). Ist
andererseits das Material isotrop, und sind daher seine Eigenschaften unabhängig von
der Orientierung des Materials, dann kann, wie in Abschn. 6.2 näher begründet wird,
φ nur von den sechs Komponenten des symmetrischen Tensors $B = FF^T$ bzw. des Tensors $V = B^{1/2}$ abhängen. Beides zusammen bedeutet aber, daß bei einem isotropen
Material φ nur von den gemeinsamen Invarianten von U und V abhängen kann. Dies
sind einfach die drei Grundinvarianten von V, die mit denjenigen von U übereinstimmen, da sich U und V nur durch eine Drehung unterscheiden.

Bei Beschränkung auf kleine Verschiebungsableitungen (geometrische Linearisierung)
stimmt $V - I$ nach Gl. (2.38) mit dem Greenschen Verzerrungstensor G überein. In
diesem Fall hängt φ von Θ und den drei Grundinvarianten von G ab. Speziell erhält
man als thermodynamische Zustandsgleichung für ein isotropes, linear thermoelastisches Material folgende in den Elementen γ_{ik} von G und Θ homogen quadratische
Funktion für $\rho_0 \varphi$

$$\rho_0 \varphi = \mu \, \mathrm{sp}(G^2) + \frac{\lambda}{2}(\mathrm{sp} G)^2 - (3\lambda + 2\mu)\alpha(\Theta - \Theta_0)\, \mathrm{sp} G - \rho_0 c_F (\Theta - \Theta_0)^2 / 2\Theta_0 \quad (4.31)$$

mit 4 Stoffkonstanten μ, λ, α, c_F. Die Größe Θ_0 ist eine Bezugstemperatur derart, daß
$\varphi = 0$ wird für $\Theta = \Theta_0$ und $G = 0$; mittels (4.23) und (4.27) überzeugt man sich davon,
daß c_F die in (4.23) definierte spezifische Wärme ist. Nach (4.26) erhalten wir aus
(4.31) die Piola-Kirchhoffschen Spannungen σ_{ik} durch Differentiation nach F_{ik}. Hierzu beachtet man, daß nach (2.38) in linearer Näherung gilt: $\gamma_{ik} = -\delta_{ik} + (F_{ik} + F_{ki})/2$.
Außerdem bedenkt man, daß im Rahmen der geometrisch linearisierten Theorie die
Unterschiede zwischen den Piola-Kirchhoffschen und den Cauchyschen Spannungen
gegenüber den Spannungen selbst von derselben Größenordnung sind wie die Verschiebungsableitungen gegenüber 1. Daher kann man in dieser Näherung die σ_{ik} durch die
τ_{ik} ersetzen und erhält schließlich die folgende „Materialgleichung"

$$T = 2\mu G + \lambda(\mathrm{sp} G) I - (3\lambda + 2\mu)\alpha(\Theta - \Theta_0) I \qquad (4.32)$$

λ und μ heißen in der Elastizitätslehre L a m é s c h e   K o n s t a n t e n ; α ist eine
für die lineare Wärmedehnung des Materials charakteristische Stoffkonstante. Die spezifische Wärme c_F ist für den Zusammenhang zwischen den Spannungen, den Verzerrungen und der Temperatur offenbar ganz unerheblich. Wenn man Temperatureffekte dadurch vernachlässigt, daß man annimmt, die Temperatur habe stets denselben Wert
$\Theta = \Theta_0$, so reduziert sich (4.32) auf das H o o k e s c h e   G e s e t z für isotrope,
linear elastische Medien, und (4.31) geht in den Ausdruck für die F o r m ä n d e -
r u n g s e n e r g i e eines solchen Mediums über.

Beispiel. Als einfache, aber informative Anwendung des Satzes vom Minimum der
potentiellen Energie betrachten wir die ebene Biegung eines schlanken, zylindrischen
Balkens. Hierzu ist eine Vorbemerkung notwendig: Für einen „einachsigen" Spannungszustand mit $\tau_{11} \neq 0$ und allen anderen $\tau_{ik} = 0$ – ein solcher Spannungszustand ist z.B.
in einem Zugstab realisiert – ergibt das Hookesche Gesetz (4.32), mit $\Theta = \Theta_0$[1])

$$\gamma_{11} = \frac{\tau_{11}}{E}, \quad \gamma_{22} = \gamma_{33} = -\,m\gamma_{11}, \quad \gamma_{ik} = 0 \text{ für } i \neq k \tag{4.33}$$

E ist der Elastizitätsmodul und m die Querkontraktionszahl, deren Zusammenhang mit
μ und λ durch die Formeln (6.21) gegeben ist. Demnach ist für den einachsigen Spannungszustand nach (4.31)

$$\rho_0 \varphi = \frac{E}{2}\,\gamma_{11}^2 \tag{4.34}$$

Wir beschränken uns auf die in der technischen Biegetheorie für schlanke Balken gebräuchliche „Bernoullische Näherung". In dieser Näherung nimmt man an, daß materielle Querschnittsflächen, die vor der Verformung des Balkens auf seiner neutralen Faser,
d.i. die Verbindungslinie der Flächenschwerpunkte, senkrecht stehen, bei der Verformung eben und zur neutralen Faser senkrecht bleiben. Die neutrale Faser bleibt bei der
Verformung ungedehnt. Unterhalb der durch die neutrale Faser gehenden Schwerachse
des Querschnitts liegende Punkte ($s > 0$, vgl. Fig. 4.2) erfahren eine Dehnung ($\gamma_{11} > 0$),
oberhalb liegende Punkte ($s < 0$) eine Stauchung ($\gamma_{11} < 0$). Die Durchbiegung der neutralen Faser wird mit $w(x)$ bezeichnet. In der technischen Biegetheorie wird $|dw/dx| \ll 1$
angenommen, wodurch die Voraussetzungen der geometrischen Linearisierung erfüllt
sind. Eine einfache geometrische Überlegung zeigt, daß mit diesen Annahmen

$$\gamma_{11} = s\,w'' \tag{4.35}$$

gilt. Der Dehnung γ_{11} entspricht eine Spannung τ_{11}, von der angenommen wird, daß
sie alle anderen Spannungskomponenten betragsmäßig weit überwiegt, so daß der
Spannungszustand in guter Näherung als einachsig angesehen werden kann. Aus (4.34)

---

[1]) Temperatureffekte werden im folgenden vernachlässigt.

ergibt sich dann mit dem Ausdruck (4.35) für γ_{11}

$$\rho_0 \varphi = \frac{E}{2} s^2 w''^2 \tag{4.36}$$

Die freie Energie des gesamten Balkens ergibt sich demnach zu

$$\phi = \int \rho_0 \varphi \, dV = \int\limits_0^\ell dx \int\limits_A \frac{E}{2} s^2 w''^2 \, dA = \frac{EJ}{2} \int\limits_0^\ell w''^2 \, dx \tag{4.37}$$

Hierbei bedeutet $J = \int\limits_A s^2 \, dA$ das Flächenträgheitsmoment des Balkenquerschnitts bezüglich der Schwerachse (vgl. Fig. 4.2).

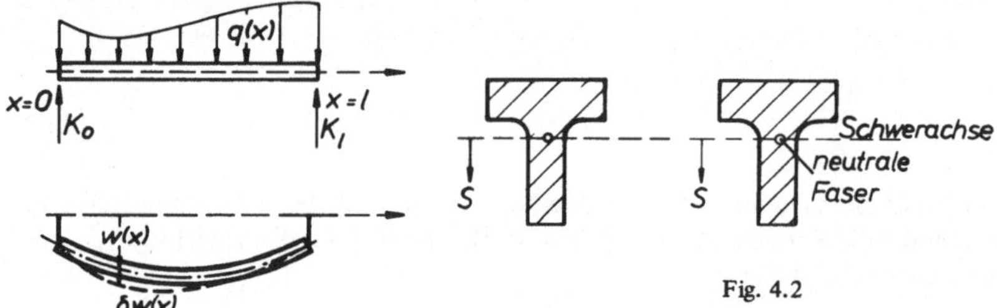

Fig. 4.2
Balken mit Streckenlast

Der Balken sei durch die Last q(x) pro Längeneinheit senkrecht zur Balkenachse belastet und werde durch die Lagerkräfte K_0 und K_ℓ an den Balkenenden im Gleichgewicht gehalten. Unter diesen Umständen wird die potentielle Energie U der auf den Balken wirkenden äußeren Kräfte durch folgenden Ausdruck gegeben

$$U = - \int\limits_0^\ell qw \, dx + K_0 w_0 + K_\ell w_\ell \tag{4.38}$$

(mit der unmittelbar verständlichen Schreibweise: $w_0 = w(0)$ und $w_\ell = w(\ell)$). Nach (4.38) gilt demnach für den Balken im Gleichgewicht

$$\delta \left\{ \int\limits_0^\ell \left(\frac{EJ}{2} w''^2 - qw \right) dx + K_0 w_0 + K_\ell w_\ell \right\} = 0 \tag{4.39}$$

Wir denken uns nun die Durchbiegung w(x) um $\delta w(x)$ variiert (Fig. 4.2). Der Ausdruck in der geschweiften Klammer in (4.39) ändert sich dabei um folgenden Betrag

$$\underbrace{\int\limits_0^\ell (EJw''(\delta w)'' - q\delta w) \, dx + K_0 \delta w_0 + K_\ell \delta w_\ell}_{\delta(\phi + U)} + \underbrace{\int\limits_0^\ell \frac{EJ}{2} ((\delta w)'')^2 \, dx}_{\delta^2(\phi + U)} \tag{4.40}$$

Wie man sieht, ist die zweite Variation $\delta^2(\phi + U)$ stets nicht negativ. Die erste Variation läßt sich durch zweimalige partielle Integration des Terms $(\delta w)''$ in folgende Form bringen

$$\delta(\phi + U) = \int_0^\ell (EJw^{IV} - q)\, \delta w\, dx + EJw''_\ell (\delta w)'_\ell - EJw''_0 (\delta w)'_0$$
$$+ (K_0 + EJw_0^{III})\, \delta w_0 + (K_\ell - EJw_\ell^{III})\, \delta w_\ell \tag{4.41}$$

Um die aus $\delta(\phi + U) = 0$ folgende Information vollständig auszuschöpfen, wählen wir nun spezielle Variationen:

Fall 1. δw wird so gewählt, daß $\delta w_0 = \delta w_\ell = 0$ und $(\delta w)'_0 = (\delta w)'_\ell = 0$ ist. $\delta(\phi + U)$ reduziert sich damit auf das Integral. Da $\delta w(x)$ im offenen Intervall $0 < x < \ell$ ansonsten beliebig gewählt werden kann, folgt aus $\delta(\phi + U) = 0$ nach dem F u n d a m e n t a l - l e m m a der Variationsrechnung

$$EJw^{IV} = q(x) \tag{4.42}$$

Dies ist die aus der technischen **Biegetheorie** bekannte Gleichung für die Biegelinie $w(x)$.

Fall 2. δw wird so gewählt, daß $\delta w_0 = \delta w_\ell = 0$, $(\delta w)'_0 = 0$, aber $(\delta w)'_\ell \neq 0$ ist. Wegen der Gültigkeit von (4.42) reduziert sich dann $\delta(\phi + U)$ auf $EJw''_\ell (\delta w)'_\ell$, und es folgt

$$w''_\ell = 0 \tag{4.43}$$

Ganz entsprechend zeigt man auch

$$w''_0 = 0 \tag{4.44}$$

Fall 3. δw wird so gewählt, daß $\delta w_0 = 0$, $\delta w_1 \neq 0$. Wegen (4.42), (4.43), (4.44) reduziert sich dann $\delta(\phi + U)$ auf $(K_\ell - EJw_\ell^{III})\, \delta w_\ell$, und es folgt

$$K_\ell = EJw_\ell^{III} \tag{4.45}$$

Analog hierzu schließt man auf

$$K_0 = - EJw_0^{III} \tag{4.46}$$

Damit sind sämtliche Relationen hergeleitet, die aus $\delta(\phi + U) = 0$ folgen. In praxi wird man zu vorgegebener Lastverteilung $q(x)$ die Gleichung (4.42) mit den Randbedingungen (4.43) und (4.44) und zwei weiteren Randbedingungen, z.B. $w_0 = w_\ell = 0$ bei fester Unterstützung des Balkens an seinen Enden, integrieren. Die Lagerreaktionen K_0 und K_ℓ ergeben sich dann aus (4.45) und (4.46). Übrigens ergibt die Addition von (4.45) und (4.46)

$$K_0 + K_\ell = EJ(w_\ell^{III} - w_0^{III}) = EJ \int_0^\ell w^{IV}\, dx = \int_0^\ell q\, dx \tag{4.47}$$

Hierin erkennt man den Ausdruck für das globale Kräftegleichgewicht des Balkens: Die Summe der vertikal nach oben gerichteten Lagerkräfte ist gleich der vertikal nach unten wirkenden Gesamtlast.

Das hier erörterte Beispiel der Balkenbiegung ist zwar sehr einfach, doch ist es typisch für die Verwendung von Variationsprinzipien in der Technischen Mechanik.

Eine Unterklasse der in diesem Kapitel betrachteten Materialien ist diejenige, bei der sich die Abhängigkeit der freien Energie φ von $\mathbf{F}$ auf die Abhängigkeit von Δ, also der Determinante von $\mathbf{F}$ reduziert. Da Δ zugleich die Determinante von $\mathbf{U} = (\mathbf{F}^{\mathsf{T}}\mathbf{F})^{1/2}$ ist, erfüllt eine solche Materialgleichung die oben erwähnte Bedingung der Objektivität, nach der φ nur von $\mathbf{U}$ abhängen kann. Mit $\varphi = \varphi(\Delta, \Theta)$ erhält man aus (4.26) unter Beachtung von (1.42)

$$\tau_{ik} = \rho \, \frac{\partial \varphi}{\partial \Delta} \, \frac{\partial \Delta}{\partial F_{i\ell}} \, F_{k\ell} = \rho \, \frac{\partial \varphi}{\partial \Delta} \, \Delta\delta_{ik} \tag{4.48}$$

Man erhält somit einen kugelsymmetrischen Spannungszustand, wie er in einem ruhenden Fluid (Gas) herrscht. Es ist dabei üblich, den Druck p durch die Definition $\tau_{ik} = -\,p\delta_{ik}$ einzuführen. Wegen $\Delta = \rho_0/\rho$ kann man außerdem φ als Funktion von ρ und Θ auffassen. Dann ergibt sich aus (4.48)

$$p(\rho, \Theta) = -\rho \, \frac{\partial \varphi}{\partial \Delta} \, \Delta = -\rho \, \frac{\partial \varphi}{\partial \rho} \, \frac{\partial \rho}{\partial \Delta} \, \Delta = \rho^2 \, \frac{\partial \varphi}{\partial \rho} \tag{4.49}$$

Dies ist ein bekanntes, in vielen Thermodynamiklehrbüchern aufgeführtes Resultat für den Druck in einem Fluid, dessen Zustand durch die Temperatur Θ und die Dichte ρ festliegt. Man beachte, daß die Bezugsdichte ρ_0 aus dem Resultat (4.48) für p herausgefallen ist. Den Zusammenhang zwischen Druck, Dichte und Temperatur des Fluids nennt man t h e r m i s c h e Z u s t a n d s g l e i c h u n g des Fluids; nach den im Anschluß an Gl. (4.4) gegebenen Erläuterungen ist dies die „Materialgleichung" des Fluids in dem hier für diesen Begriff benutzten engeren Sinn (vgl. auch Abschn. 6.1)

Aufgaben. 4.6.1. Leiten Sie die b a r o m e t r i s c h e H ö h e n f o r m e l p/p$_0$ = exp($-$gz/RΘ_0) (p Druck, $\Theta = \Theta_0$ konstante Temperatur, R spez. Gaskonstante, z Höhe im Schwerefeld) für die Druckverteilung einer isothermen Atmosphäre aus dem Prinzip vom Minimum der potentiellen Energie (4.28) her. H i n w e i s e : Betrachten Sie eine zylindrische Gassäule (s. Fig. 4.3), wählen Sie als Referenzkonfiguration einen

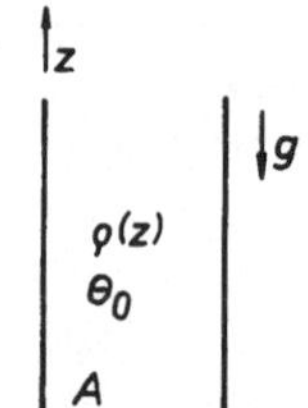

Fig. 4.3
Zur barometrischen Höhenformel
(Aufgabe 4.6.1)

Zustand konstanter Dichte ρ_0 und untersuchen Sie einachsige Deformationen $x_1 = \xi_1$, $x_2 = \xi_2$, $x_3 = z(\xi_3)$. Die Euler-Lagrange-Gleichung des Variationsproblems läßt sich wegen der Identität $\partial/\partial z(\rho^2 \, \partial\varphi/\partial\rho) = \rho \, \partial/\partial z(\partial/\partial\rho \, (\rho\varphi))$ sofort integrieren mit folgendem Ergebnis: $\partial/\partial\rho(\rho\varphi(\rho, \Theta_0)) = -\,gz + \text{const}$. Für Luft als kalorisch ideales Gas ist die spez. freie Energie gegeben durch: $\varphi(\rho, \Theta) = c_v\Theta \{1 - \ln(\Theta/\Theta_0)\} + R\Theta\ln(\rho/\rho_0)$ (c_v spez. Wärme bei konstantem Volumen). Der Druck folgt mittels (4.49). Es gibt selbstverständlich einfachere Wege, die barometrische Höhenformel abzuleiten, vgl. Aufgabe 3.1.1.

4.6.2. In einem horizontalen Drahtring spannt sich eine Seifenhaut, die sich im Schwerefeld unter ihrem Eigengewicht durchsenkt (s. Fig. 4.4). γ ist ihr Gewicht pro Flächeneinheit in der Bezugskonfiguration, in der die Seifenhaut eben ist. Die freie Energie der Seifenhaut ist gegeben durch $\phi = \alpha(\Theta)\,A + \beta(\Theta)$ (A gebildete Oberfläche, Θ Temperatur). Gewinnen Sie aus dem Prinzip vom Minimum der potentiellen Energie (4.28) die Differentialgleichung, der die Durchsenkung w unter Voraussetzung kleiner Neigungen genügt. Bestimmen Sie die Durchsenkung der Membran für einen Kreisring vom Radius R.

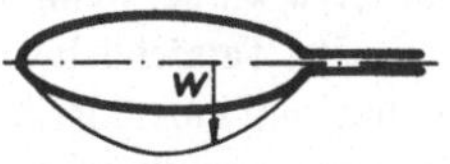

Fig. 4.4
Seifenhaut in Drahtring
(Aufgabe 4.6.2)

4.6.3. Ausgehend von $\varphi = \varphi(C, \Theta)$ zeige man mit (4.26) die Symmetrie des Cauchyschen Spannungstensors.

4.6.4. Für ein Gas nimmt die Gibbs-Relation (4.20) die folgende einfache Form an: $de = \Theta\,ds + p/\rho^2 \, d\rho$. Ein ideales Gas sei durch die thermische Zustandsgleichung $p = R\vartheta\rho$ und die kalorische Zustandsgleichung $e = c_v\vartheta$ (R spezif. Gaskonstante, c_v spez. Wärme bei konstantem Volumen, ϑ empirische Temperatur) gegeben. Unter Beachtung der Tatsache, daß $\Theta = \Theta(\vartheta)$ gilt, zeige man, daß Θ und ϑ zueinander proportional sind. O.B.d.A. kann man $\Theta = \vartheta$ setzen.

4.6.5. Unter Benutzung des Ergebnisses von Aufgabe 4.6.4 berechne man die Entropie des kalorisch idealen Gases als Funktion von Druck und Dichte.

4.6.6. Bei einem isotropen elastischen Material hängt die spezifische freie Energie φ nur von den Invarianten $I_1 = \text{sp } \mathbf{B}$, $I_2 = \text{sp } \mathbf{B}^2$, $I_3 = \det \mathbf{B}$ des Links-Cauchy-Green-Tensors $\mathbf{B} = \mathbf{FF}^\mathsf{T}$ sowie der Temperatur Θ ab: $\varphi = \varphi(I_1, I_2, I_3, \Theta)$. Man zeige, daß daraus nach (4.26) für den Cauchyschen Spannungstensor $\mathbf{T}$ folgt: $\mathbf{T} = \psi_0\mathbf{I} + \psi_1\mathbf{B} + \psi_2\mathbf{B}^2$. Die Koeffizienten ψ_i ($i = 0, 1, 2$) sind Funktionen der drei Invarianten I_1, I_2, I_3 und der Temperatur Θ.

4.6.7. Aus dem Ausdruck (4.31) für die freie Energie eines linear-thermoelastischen Materials leite man unter Verwendung von (4.24) und (4.27) die innere Energie als Funktion von $\mathbf{G}$ und s ab.

4.6.8. Unter Verwendung des Ergebnisses der Aufgabe 4.6.7 untersuche man den einachsigen Spannungszustand in einem linear-thermoelastischen Material bei konstanter

Entropie. In Analogie zu (4.33) erhält man $\gamma_{11} = \tau_{11}/\widetilde{E}$. Welche Relation besteht zwischen E und $\widetilde{E}$? A n m e r k u n g : Man ziehe die in (6.88) erklärte Kopplungskonstante zwischen Verschiebungsfeld und Temperaturfeld thermoelastischer Wellen zum Vergleich heran. Der Unterschied zwischen E und $\widetilde{E}$ ist im allgemeinen sehr klein (vgl. Fig. 4.5).

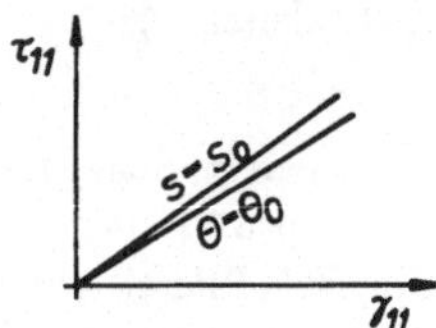

Fig. 4.5
Isotherme und isentrope Dehnung
(Aufgabe 4.6.8)

4.6.9. Ein Körper aus homogenem elastischem Material (Materialgesetz: (4.31)) wird aus einem Zustand einfacher Scherung (Verschiebungsfeld: $u_1 = \kappa x_2, u_2 = u_3 = 0$; Temperatur: $\Theta = \Theta_0$) losgelassen. Er führt danach eine Schwingung aus, die niemals aufhören würde, wenn der Körper sich auch in der Bewegung vollkommen elastisch verhielte. Tatsächlich wird die Bewegung aber durch dissipative Prozesse wie Wärmeleitung und innere Reibung gedämpft, der Körper erwärmt sich und kommt schließlich in einem spannungsfreien Zustand zur Ruhe, der aus der Referenzkonfiguration durch isotrope Expansion erreicht wird. Berechnen Sie die Zunahme der Temperatur, des Volumens und der spezifischen Entropie zwischen Anfangs- und Endzustand unter der Voraussetzung, daß der Körper wärmeisoliert ist und keine Arbeit an seiner Umgebung leistet.

4.6.10. Eine homogene, isotrope linear-thermoelastische Scheibe (ebenes Kontinuum) mit dem aus (4.32) für den ebenen Spannungszustand folgenden zweidimensionalen Materialgesetz

$$\tau_{ij} = 2\mu\gamma_{ij} + \kappa\gamma_{kk}\delta_{ij} - \beta(\Theta - \Theta_0)\delta_{ij}$$

mit $\kappa = 2\mu\lambda/(2\mu + \lambda), \quad \beta = 2\mu(3\lambda + 2\mu)\alpha/(2\mu + \lambda) \qquad i, j, k = 1, 2$

wird ungleichmäßig erwärmt. Welcher Differentialgleichung muß die Temperaturverteilung $\Theta(\xi_1, \xi_2)$ genügen, wenn die Scheibe in jedem ihrer Punkte spannungsfrei ist? Wie sieht die Temperaturverteilung aus, wenn der Rand der Scheibe auf konstanter Temperatur gehalten wird? Welche Erscheinung tritt auf, wenn die Temperatur Θ die Bedingung nicht erfüllt? H i n w e i s : Der Verzerrungstensor muß die „Kompatibilitätsbedingung" $2\partial^2\gamma_{12}/\partial\xi_1\,\partial\xi_2 = \partial^2\gamma_{11}/\partial\xi_2^2 + \partial^2\gamma_{22}/\partial\xi_1^2$ (s. Aufgabe 2.3.8) erfüllen.

4.7 Freie Enthalpie, Castiglianosches Prinzip und Sätze von Castigliano

Anstelle der freien Energie kann man auch die f r e i e E n t h a l p i e einführen, die gewöhnlich G i b b s - E n t h a l p i e genannt wird. Als spezifische Gibbs-Enthalpie definiert man

$$g = \varphi - \frac{\sigma_{ik}}{\rho_0} \, F_{ik} \tag{4.50}$$

Hieraus erhält man die Gibbs-Relation unter Beachtung der Relation (4.25) in der Form

$$dg = - s \, d\Theta - \frac{F_{ik}}{\rho_0} \, d\sigma_{ik} \tag{4.51}$$

Faßt man daher g als Funktion von Θ und Σ auf, so erhält man

$$F_{ik} = - \rho_0 \, \frac{\partial g}{\partial \sigma_{ik}} \tag{4.52}$$

$$s \;\; = - \frac{\partial g}{\partial \Theta} \tag{4.53}$$

Die gesamte Gibbs-Enthalpie G des Systems $\mathfrak{B}$ ergibt sich durch Integration zu

$$G = \int\limits_{\mathfrak{B}_0} \rho_0 g \, dV_0 = E - \Theta S - \int\limits_{\mathfrak{B}_0} \sigma_{ik} \, F_{ik} \, dV_0 \tag{4.54}$$

Den Integranden auf der rechten Seite von (4.54) kann man wie folgt umformen

$$\sigma_{ik} \, F_{ik} = \sigma_{ik} \, \frac{\partial x_i}{\partial \xi_k} = \frac{\partial}{\partial \xi_k} \, (\sigma_{ik} \, x_i) - x_i \, \frac{\partial \sigma_{ik}}{\partial \xi_k} \tag{4.55}$$

Im Gleichgewicht ist aber nach (4.18) $\partial\sigma_{ik}/\partial\xi_k = - \rho_0 \, f_i$. Das Integral über $\partial(\sigma_{ik} x_i) / \partial\xi_k$ kann in ein Oberflächenintegral umgewandelt werden. Hierbei ergibt sich

$$G = E - \Theta S - \int\limits_{\partial\mathfrak{B}_0} t_0 \cdot x \, dA_0 - \int\limits_{\mathfrak{B}_0} \rho_0 f \cdot x \, dV_0 \tag{4.56}$$

Wir denken uns nun bei fester Temperatur Θ die Gibbs-Enthalpie variiert. Unter Beachtung von (4.56) können wir für die erste Variation δG schreiben

$$\delta G = \delta E - \Theta \delta S - \int\limits_{\partial\mathfrak{B}_0} t_0 \cdot \delta x \, dA_0 - \int\limits_{\mathfrak{B}_0} \rho_0 \, f \cdot \delta x \, dV_0$$
$$- \int\limits_{\partial\mathfrak{B}_0} \delta t_0 \cdot x \, dA_0 - \int\limits_{\mathfrak{B}_0} \rho_0 \, \delta f \cdot x \, dV_0 \tag{4.57}$$

Da die in der ersten Zeile rechts stehenden Glieder nach (4.13) verschwinden, erhält man das Ergebnis

$$\delta G + \int\limits_{\partial\mathfrak{B}_0} x \cdot \delta t_0 \, dA_0 + \int\limits_{\mathfrak{B}_0} x \cdot \rho_0 \delta f \, dV_0 = 0 \tag{4.58}$$

Diese Relation gilt unter der Annahme, daß die Gleichgewichtsbedingungen (4.18.2) in $\mathfrak{B}_0$ und (4.18.3) auf $\partial\mathfrak{B}_0$ sowohl im Ausgangszustand als auch im variierten Zustand erfüllt sind. Zur Herleitung von Gl. (4.56), aus der wir auf (4.58) geschlossen haben, wurde nämlich vorausgesetzt, daß diese Gleichgewichtsbedingungen erfüllt sind.

Gl. (4.58) enthält das Castiglianosche Prinzip der Elastostatik. Bei diesem nimmt man an, daß die Massenkräfte $\mathbf{f}$ unvariiert bleiben. Bezeichnet man mit $\partial\mathfrak{B}_0^*$ denjenigen Teil der Oberfläche $\partial\mathfrak{B}_0$, auf dem die Verschiebungen fest vorgegeben sind, während auf $\partial\mathfrak{B}_0 - \partial\mathfrak{B}_0^*$ die Spannungen $\mathbf{t}_0$ fest vorgegeben sind, so kann man (4.58) auch in der folgenden Form schreiben

$$\delta\left(G + \int_{\partial\mathfrak{B}_0^*} \mathbf{t}_0 \cdot \mathbf{x}\, dA_0\right) = 0 \tag{4.59}$$

Die Größe $-\left(G + \int_{\partial\mathfrak{B}_0^*} \mathbf{t}_0 \cdot \mathbf{x}\, dA_0\right)$ wird in der Elastizitätslehre als v e r a l l g e m e i - n e r t e   E r g ä n z u n g s a r b e i t bezeichnet, $- G$ ist die Ergänzungsarbeit schlechthin. Bei Problemen, bei denen die Massenkraftdichte $\mathbf{f}$ und die Randspannung $\mathbf{t}_0$ fest vorgegeben sind, zeichnet sich die Gleichgewichtslage durch einen Extremwert der Gibbsenthalpie und somit der Ergänzungsarbeit aus[1].

Aus den Ergebnissen der Abschnitte 4.6 und 4.7 lassen sich leicht einige in der Elastomechanik häufig benutzte Sätze herleiten. Hierzu betrachten wir einen elastischen Körper, z.B. eine statisch bestimmt gelagerte Scheibe wie in Fig. 4.6, die durch n Einzelkräfte $\mathbf{F}_1, \ldots, \mathbf{F}_n$ belastet wird. Indem wir uns den Körper gelagert denken, schränken wir die möglichen Bewegungen des Körpers ein. Ohne dies im Detail zu erläutern, sei bemerkt, daß dadurch gewisse Mehrdeutigkeiten, die sonst bei Anwendung des zweiten Satzes der Castiglianoschen Relationen (Gl. 4.64) aufträten, vermieden werden. Der Einfachheit halber denken wir uns die Komponenten der wirkenden Kräfte von F_1 bis F_{3n} durchindiziert. Ebenso werden wir die Komponenten der Verschiebungen $\mathbf{u}_i$ der Kraftangriffspunkte, die von der unbelasteten Konfiguration aus gemessen werden sollen, mit u_1 bis u_{3n} bezeichnen. Wir setzen konservative Kräfte voraus, so daß eine potentielle Energie $U(u_1, \ldots, u_{3n})$ existiert, derart, daß $F_i = - \partial U/\partial u_i$ gilt. Die freie Energie ϕ ist, bei fester Temperatur Θ, ein Funktional des Verschiebungsfeldes. Wir lassen jetzt nur solche Verschiebungsfelder zu, die in den Kraftangriffspunkten die Verschiebungskomponenten u_i besitzen und die im übrigen so beschaffen sind, daß die Gleichgewichtsbedingung div $\mathbf{T} = \mathbf{0}$ überall erfüllt ist. Dann wird die freie Energie ϕ eine Funktion der 3n Verschiebungskomponenten u_i. (Als einfachstes Beispiel diene eine linear-elastische Feder mit der Federkonstanten c; vgl. Fig. 4.7. Die in der Feder „gespeicherte Formänderungsenergie" ϕ ist eine Funktion der Verschiebung u des

---

[1] Mit gewissen Zusatzannahmen zeigt man, daß die Ergänzungsarbeit für stabiles Gleichgewicht ein Minimum hat. Dies ist z.B. der Fall bei Materialien, die dem Hookeschen Gesetz genügen. Zum Beweis dieser Tatsache muß man die zweiten Variationen betrachten, was hier zu weit führen würde.

Federendpunktes: $\phi = cu^2/2$). Die Gleichgewichtsbedingung (4.28) geht damit über in

$$\left(\frac{\partial \phi}{\partial u_i} + \frac{\partial U}{\partial u_i} \right) \delta u_i = 0 \tag{4.60}$$

$$\text{oder} \quad -\frac{\partial U}{\partial u_i} = F_i = \frac{\partial \phi}{\partial u_i}, \quad i = 1, 2, \ldots, 3n \tag{4.61}$$

Nach (4.61) erhält man also die Kraftkomponenten durch Ableitung der freien Energie nach den zugehörigen Verschiebungskomponenten. Die Gleichungen (4.61) bezeichnet man auch als den ersten Satz von Castiglianoschen Relationen.

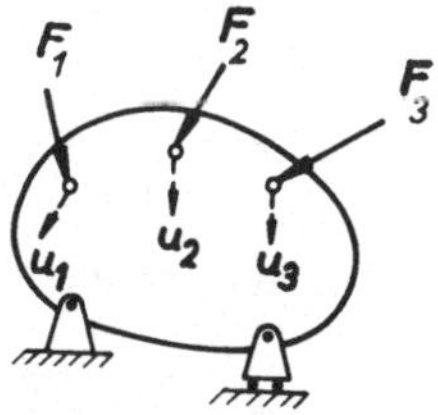

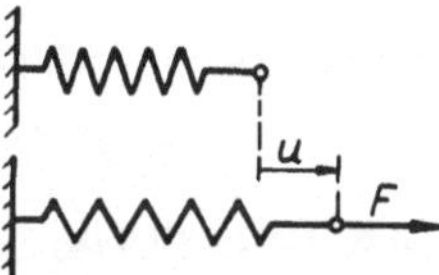

Fig. 4.6
Durch Einzelkräfte belastete Scheibe

Fig. 4.7
Elastische Feder

Aus Gl. (4.56) entnimmt man auf heuristischem Wege, daß für den durch Einzelkräfte belasteten elastischen Körper die Gibbs-Enthalpie offenbar durch

$$G = \phi - F_i u_i \tag{4.62}$$

definiert werden kann. Wenn man von jetzt ab die Temperaturabhängigkeit von ϕ und G vernachlässigt, d.h. wenn man sich auf eine rein „mechanische" Materialbeschreibung beschränkt, leitet man aus (4.62) folgende Relation her

$$dG = \frac{\partial \phi}{\partial u_i} \, du_i - F_i \, du_i - u_i \, dF_i = -u_i \, dF_i \tag{4.63}$$

Faßt man demnach die Gibbs-Enthalpie als Funktion der Kraftkomponenten F_i auf, so erhält man

$$u_i = \frac{\partial(-G)}{\partial F_i} \tag{4.64}$$

Dieser zweite Satz von Castiglianoschen Relationen besagt, daß die Verschiebungskomponenten die Ableitungen der negativen Gibbsenthalpie, d.h. der Ergänzungsarbeit, nach den zugehörigen Kraftkomponenten sind.

Weitere einfache Sätze erhält man, wenn man annimmt, daß die freie Energie ϕ eine homogene quadratische Funktion der Verschiebungen u_i ist. Dies ist z.B. dann der Fall, wenn das Material, aus dem die Struktur besteht, dem Hookeschen Gesetz (6.20) genügt und die Bedingungen der kinematischen Linearisierung ebenfalls erfüllt sind. Es ist dann

$$\phi = \frac{1}{2}\,\alpha_{ik}\,u_i\,u_k \tag{4.65}$$

mit symmetrischer Matrix α_{ik}. Die Kraftkomponenten F_i sind dann homogene lineare Funktionen der Verschiebungskomponenten u_i

$$F_i = \frac{\partial\phi}{\partial u_i} = \alpha_{ik}\,u_k, \qquad i = 1, 2, \ldots, 3n \tag{4.66}$$

Nach dem Eulerschen Satz für homogene Funktionen gilt

$$\phi = \frac{1}{2}\,u_i\,\frac{\partial\phi}{\partial u_i} = \frac{1}{2}\,u_i\,F_i = -G \tag{4.67}$$

Löst man (4.66) nach den Verschiebungskomponenten u_k auf, so erhält man

$$u_k = \beta_{ki}\,F_i \tag{4.68}$$

Die Koeffizienten $\beta_{ki} = (\alpha^{-1})_{ki}$ nennt man auch E i n f l u ß z a h l e n. Die Einflußzahl β_{ki} hat folgende Bedeutung: Wenn man die Kraftkomponenten F_i um eine Krafteinheit erhöht, dann verschiebt sich der k. Kraftangriffspunkt um β_{ki}. Dies ist in Fig. 4.8 schematisch verdeutlicht. Die Symmetrie der Einflußzahlen, $\beta_{ki} = \beta_{ik}$, wird in der Elastostatik als S a t z   v o n   M a x w e l l bezeichnet.

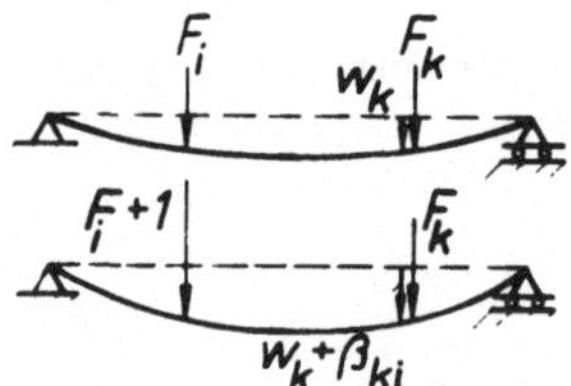

Fig. 4.8
Bedeutung der Einflußzahl

Aus dem Satz von Maxwell folgt der S a t z   v o n   B e t t i. In diesem Satz werden zwei Lastsysteme F_i und F_i^* miteinander verglichen, zu denen die Verschiebungskomponenten u_i und u_i^* gehören. Es gilt dann

$$F_i\,u_i^* = F_i^*\,u_i \tag{4.69}$$

Der Beweis ist fast trivial: Man ersetzt in (4.69) die Verschiebungen nach (4.68) durch die Kräfte und erhält unter Benutzung der Symmetrieeigenschaft, $\beta_{ki} = \beta_{ik}$, eine Identität. Der Inhalt des Bettischen Satzes ist in Fig. 4.9 schematisch an einem Beispiel erläutert.

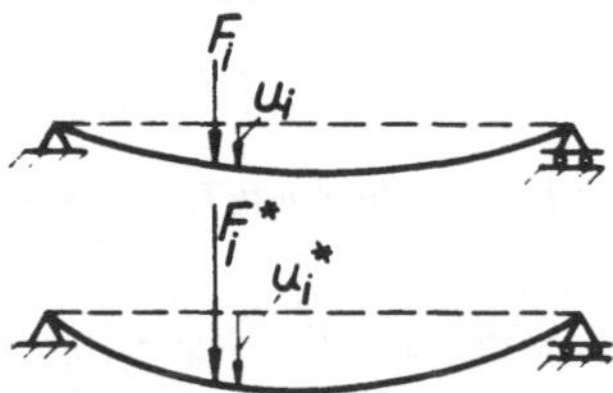

Fig. 4.9
Zum Bettischen Satz

Aufgaben. 4.7.1. Aus dem Castiglianoschen Prinzip (4.59) mit $\partial\mathfrak{B}_0^* = 0$ (d.h. auf der Oberfläche des Körpers sind überall die Spannungen vorgegeben) unter der Gleichgewichtsbedingung (4.18.2) als Nebenbedingung leite man die Folgerung ab, daß die Elemente F_{ik} des Deformationsgradienten sich als Ableitungen eines einzigen Vektorfeldes darstellen lassen. Daraus folgt $\partial F_{ik}/\partial\xi_l = \partial F_{il}/\partial\xi_k$ (Kompatibilitätsbedingung für **F**). H i n w e i s : Man berücksichtige die Nebenbedingung durch Einführung eines vektoriellen Lagrangeschen Multiplikators.

4.7.2. Eine aus hookeschem Material bestehende homogene Scheibe sei am Scheibenrand durch Kräfte in der Scheibenebene (x_1, x_2-Ebene) belastet. In der Scheibe stellt sich ein „ebener Spannungszustand" ein, mit $\tau_{i3} = \tau_{3i} = 0$. Die Gleichgewichtsbedingung div **T** = **0** ist erfüllt, wenn die nichtverschwindenden Spannungskomponenten die zweiten Ableitungen der „Airyschen Spannungsfunktion" $\psi(x_1, x_2)$ sind:
$\tau_{11} = \partial^2\psi/\partial x_2^2,\ \tau_{22} = \partial^2\psi/\partial x_1^2,\ \tau_{12} = -\partial^2\psi/\partial x_1\partial x_2$.
a) Unter Vernachlässigung thermischer Effekte ($\Theta = \Theta_0$) leite man mittels (4.31) und (4.32) einen Ausdruck für die spezifische freie Energie φ als Funktion der Spannungen $\partial^2\psi/\partial x_2^2$ usw. her.
b) Unter Beachtung der für hookesches Material gültigen Relation $\phi = -G$ (Gl. (4.67)) leite man aus dem Castiglianoschen Prinzip, $\delta G = 0$, für die Spannungsfunktion die Gleichung $\Delta(\Delta\psi) = 0$ (B i p o t e n t i a l g l e i c h u n g) her.

4.7.3. Ein „Stabzweischlag" (s. Fig. 4.10) ist mit zwei Kräften F_1, F_2 belastet. Die Stäbe bestehen aus dem gleichen hookeschen Material und haben dieselbe Querschnitts-

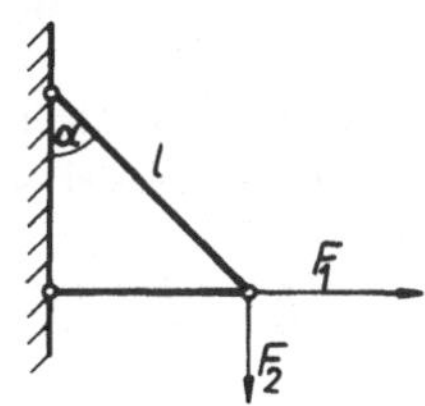

Fig. 4.10
Stabzweischlag (Aufgabe 4.7.3)

fläche A. Bestimmen Sie mit Hilfe der Castiglianoschen Relationen (4.64) die Verschiebungen u_1, u_2 des Kraftangriffspunkts. Die Temperatur soll keine Rolle spielen ($\Theta = \Theta_0$). Hinweis: Die freie Energie pro Volumeneinheit, $\rho_0\varphi$, läßt sich durch den Spannungstensor ausdrücken, der in dem einachsigen Spannungszustand der Stäbe nur von den Stabkräften abhängt.

4.8 Energiegleichung für bewegte Kontinua

Die seitherigen Überlegungen betreffen nur ruhende Kontinua im thermodynamischen Gleichgewicht. In diesem und dem folgenden Abschnitt werden die Resultate der vorausgegangenen Abschnitte auf bewegte Kontinua verallgemeinert, wobei die Darstellung im Vergleich zur relativ ausführlichen Schilderung in den Abschn. 4.1 bis 4.7 etwas gestrafft wird.

Zunächst verallgemeinern wir den ersten Hauptsatz der Thermodynamik, d.h. den Energiesatz. Hierzu nehmen wir an, daß sich die Energie eines Körpers $\mathfrak{B}$ eindeutig additiv zerlegen läßt in einen vom Bewegungszustand eines Beobachters unabhängigen Anteil, die i n n e r e   E n e r g i e , und in die kinetische Energie; die Gesamtenergie E wird, unter Einführung der spezifischen inneren Energie e

$$E = \int_{\mathfrak{B}} \rho \left(e + \frac{\mathbf{v}^2}{2}\right) dV \tag{4.70}$$

In Verallgemeinerung der Gleichung (4.1) postulieren wir nun, daß die zeitliche Änderung $\dot{E}$ von E gleich ist der Leistung $\dot{W}$ der auf $\mathfrak{B}$ wirkenden äußeren Kräfte plus der von außen pro Zeiteinheit zugeführten Energie $\dot{Q}$

$$\dot{E} = \dot{W} + \dot{Q} \tag{4.71}$$

Um den Gültigkeitsbereich der Überlegungen nicht unnötig früh einzuschränken, setzen wir an dieser Stelle noch nicht voraus, daß $\dot{Q}$ allein die pro Zeiteinheit zugeführte Wärmemenge bedeutet. Die Leistung $\dot{W}$ der äußeren Kräfte zerfällt in die Leistung der an der Oberfläche $\mathfrak{B}$ angreifenden Spannungen t und in die Leistung der Massenkräfte f (vgl. (4.7))

$$\dot{W} = \int_{\partial\mathfrak{B}} \mathbf{t} \cdot \mathbf{v} \, dA + \int_{\mathfrak{B}} \rho \mathbf{f} \cdot \mathbf{v} \, dV \tag{4.72}$$

Von der pro Zeiteinheit von „außen", d.h. über die Oberfläche $\partial\mathfrak{B}$ zugeführten Energie $\dot{Q}$ nehmen wir an, daß sie durch ein Oberflächenintegral ausgedrückt werden kann

$$\dot{Q} = \int_{\partial\mathfrak{B}} q \, dA \tag{4.73}$$

wobei der Integrand q die pro Flächeneinheit über $\partial\mathfrak{B}$ pro Zeiteinheit einfließende Energie bedeutet („Energiestrom"). Gl. (4.71) läßt sich hiermit folgendermaßen schreiben

$$\frac{D}{Dt} \int_{\mathfrak{B}} \rho\left(e + \frac{v^2}{2}\right) dV = \int_{\partial\mathfrak{B}} (t \cdot v + q)\, dA + \int_{\mathfrak{B}} \rho f \cdot v\, dV \qquad (4.74)$$

oder, unter Verwendung des Reynoldschen Transporttheorems (1.63)

$$\int_{\mathfrak{B}} \rho[\dot{e} + v \cdot (\dot{v} - f)]\, dV = \int_{\partial\mathfrak{B}} [t \cdot v + q]\, dA \qquad (4.75)$$

Durch folgende Überlegung können wir aus (4.75) auf die Impulsgleichung (3.5) schließen: Wir denken uns ein zweites Bezugssystem, das sich mit der konstanten Geschwindigkeit c gegen unser Bezugssystem bewegt. In der Ausdrucksweise der klassischen Mechanik geht das zweite Bezugssystem durch eine Galilei-Transformation aus dem ersten hervor. Es ist eine Grundannahme der klassischen Mechanik, daß Kräfte gegen Galilei-Transformationen invariant sind. D.h. die Spannungen t und die Massenkräfte f haben in allen durch Galilei-Transformationen auseinander hervorgehenden Bezugssystemen denselben Wert; dasselbe gilt für Massen und damit für die Dichte ρ. Eine entsprechende Invarianz postulieren wir nun auch für e und q. Dann unterscheidet sich nur die Geschwindigkeit v in den beiden Bezugssystemen.

Indem wir (4.75) für das mit c bewegte System anschreiben, erhalten wir

$$\int_{\mathfrak{B}} \rho[\dot{e} + (v - c) \cdot (\dot{v} - f)]\, dV = \int_{\partial\mathfrak{B}} [t \cdot (v - c) + q]\, dA \qquad (4.76)$$

Jetzt subtrahieren wir (4.75) von (4.76) und erhalten

$$\left[\int_{\mathfrak{B}} \rho\, (\dot{v} - f)\, dV - \int_{\partial\mathfrak{B}} t\, dA\right] \cdot c = 0 \qquad (4.77)$$

Da dies für alle c gilt, muß der Inhalt der geschweiften Klammer verschwinden. Dies führt aber auf die Impulsgleichung (3.5), die sich somit als Konsequenz der Energiegleichung zusammen mit der Galileiinvarianz der Kräfte, der Dichte, der inneren Energie e und des Energiestromes q erweist.

Setzt man in (4.75) rechts $t = Tn$ ein und verwandelt das Oberflächenintegral über $\partial\mathfrak{B}$ in ein Volumenintegral über $\mathfrak{B}$, so erhalt man

$$\int_{\partial\mathfrak{B}} v \cdot t\, dA = \int_{\partial\mathfrak{B}} v \cdot Tn\, dA = \int_{\partial\mathfrak{B}} (T^T v) \cdot n\, dA = \int_{\mathfrak{B}} \mathrm{div}\,(T^T v)\, dV \qquad (4.78)$$

Damit geht (4.75) über in

$$\int_{\mathfrak{B}} \left\{ \rho[\dot{e} + v \cdot (\dot{v} - f)] - \mathrm{div}\,(T^T v) \right\} dV = \int_{\partial\mathfrak{B}} q\, dA \qquad (4.79)$$

Aus (4.79) kann man einen wichtigen Schluß auf die Abhängigkeit des Energiestromes q von der Normalen **n** des Flächenelementes dA ziehen. Hierzu spezialisieren wir $\mathfrak{B}$ in (4.79) auf ein kleines Tetraeder (vgl. Fig. 3.3)

$$\rho \Delta V \left[\dot{e} + \mathbf{v} \cdot (\dot{\mathbf{v}} - \mathbf{f}) - \operatorname{div}(\mathbf{T}^T \mathbf{v}) \right] \tag{4.80}$$

$$= q \,\Delta A_0 + q_1 \Delta A_1 + q_2 \Delta A_2 + q_3 \Delta A_3$$

Für $\Delta V / \Delta A_0 \to 0$ bleibt, mit $\Delta A_i / \Delta A_0 = n_i$

$$q = - q_1 n_1 - q_2 n_2 - q_3 n_3 = - \mathbf{q} \cdot \mathbf{n} \tag{4.81}$$

Der einfließende Energiestrom q läßt sich also nach (4.81) durch einen Energiestrom-vektor **q** und die äußere Normale **n** ausdrücken. Der Energiestrom q ist positiv, wenn **q** und **n** entgegengerichtet sind; da dies unserer Anschauung von der Richtung des Ener-giestromes entspricht, ist die Hinzunahme des Minuszeichens in der Definition (4.81) des Energiestromes **q** sinnvoll. Für die insgesamt pro Zeiteinheit in $\mathfrak{B}$ hineinfließende Energie gilt

$$\dot{Q} = - \int_{\partial \mathfrak{B}} \mathbf{q} \cdot \mathbf{n} \, dA \tag{4.82}$$

Ersetzt man die rechte Seite von (4.79) durch (4.82) und verwandelt das Oberflächen-integral in ein Volumenintegral, so ergibt sich

$$\int_{\mathfrak{B}} \left\{ \rho \left[\dot{e} + \mathbf{v} \cdot (\dot{\mathbf{v}} - \mathbf{f}) \right] - \operatorname{div}(\mathbf{T}^T \mathbf{v} - \mathbf{q}) \right\} dV = 0 \tag{4.83}$$

Für stetigen Integranden schließt man hieraus wegen der Beliebigkeit von $\mathfrak{B}$, daß der Integrand verschwinden muß. Ersetzt man noch $\rho(\dot{\mathbf{v}} - \mathbf{f})$ nach der Impulsgleichung (3.15) durch div **T**, so erhält man die Energiegleichung in differentieller Form

$$\rho \dot{e} = \operatorname{div}(\mathbf{T}^T \mathbf{v}) - \mathbf{v} \cdot \operatorname{div} \mathbf{T} - \operatorname{div} \mathbf{q} \tag{4.84}$$

Die beiden ersten Glieder rechts lassen sich als Spur eines Tensorproduktes schreiben. Dies sieht man am leichtesten ein, wenn man diese beiden Glieder in Indexschreib-weise notiert

$$\operatorname{div}(\mathbf{T}^T \mathbf{v}) - \mathbf{v} \cdot \operatorname{div} \mathbf{T} = \frac{\partial}{\partial x_k} (\tau_{ik} \, v_i) - v_i \frac{\partial \tau_{ik}}{\partial x_k}$$

$$\tag{4.85}$$

$$= \tau_{ik} \frac{\partial v_i}{\partial x_k} = \operatorname{sp}(\mathbf{T} \operatorname{grad}^T \mathbf{v})$$

Die differentielle Form (4.84) der Energiegleichung geht damit über in

$$\rho \dot{e} = \operatorname{sp}(\mathbf{T} \operatorname{grad}^T \mathbf{v}) - \operatorname{div} \mathbf{q} \tag{4.86}$$

An dieser Stelle sei nochmals auf folgenden zu Beginn dieses Abschnittes schon erwähnten Punkt hingewiesen: Der Energiestromvektor q kann sich aus mehreren Anteilen zusammensetzen, die auf physikalisch verschiedene Ursachen zurückgehen. Seither wurde jedenfalls noch n i c h t vorausgesetzt, daß q etwa nur den Wärmestrom im üblichen Sinn bedeute (s. Diskussion auf Seite 72). Die Betrachtungen sind damit in diesem Punkt allgemeiner als diejenigen der vorausgegangenen Abschnitte 4.1 bis 4.7, wo nur von einem Energieaustausch des Körpers $\mathfrak{B}$ mit seiner Umgebung vermöge Arbeitsleistung und Wärmeübertragung die Rede war. Der Energiestromvektor q in den obigen Gleichungen kann auch Beiträge der Energiezufuhr durch Strahlung enthalten oder der Energiezufuhr durch Diffusion, wenn $\mathfrak{B}$ mit seiner Umgebung Materie austauscht, usw.

Die folgenden zwei Punkte ergänzen und verallgemeinern die Betrachtungen der zur Energiegleichung angestellten Überlegungen:

Bemerkungen 1. Bei Betrachtung der Energiegleichung (4.74) stellt man eine Unsymmetrie der rechten Seite fest: Das Oberflächenintegral enthält die Leistung der Oberflächenkraft t und den Energiestrom q, das Volumenintegral enthält nur die Leistung der Massenkraft f. Manche Autoren führen eine Energieerzeugung r pro Volumen- und Zeiteinheit ein und ergänzen die rechte Seite von (4.74) durch ein Glied $\int\limits_{\mathfrak{B}} r\, dV$, das dann die in $\mathfrak{B}$ pro Zeiteinheit „erzeugte Energie" bedeutet. Dadurch wird die Symmetrie auf der rechten Seite von (4.74) hergestellt. Im Dreidimensionalen ist dies ein aus formalen Gründen manchmal zweckmäßiger, aber physikalisch kaum zu motivierender Kunstgriff; alle Energie, außer der Arbeit der Kräfte, muß von außen zu- oder abgeführt werden, und dem trägt der Energiestromvektor q vollständig Rechnung. Die Größe r kann allerdings dann eine physikalisch reale Bedeutung haben, wenn man dreidimensionale Probleme der Kontinuumsmechanik auf zwei- oder eindimensionale Probleme reduziert. Als Beispiel nehme man etwa die Scheibentheorie in der Elastomechanik. Das in Wirklichkeit dreidimensionale Gebilde wird hier durch ein zweidimensionales Kontinuum, die Scheibe, ersetzt. Vektoren sind solche in zwei Dimensionen, nämlich in der Scheibenebene. Der zweidimensionale Energiestromvektor q beschreibt damit den Energieaustausch zwischen aneinandergrenzenden Scheibenteilen. Nun ist die Scheibe aber in den dreidimensionalen Raum eingebettet, und selbstverständlich kann man auch Energie über die beiden ebenen Seitenflächen der Scheibe zuführen. Die pro Flächeneinheit der Scheibe auf diese Weise zugeführte Energie sei r. Bei Formulierung des Energiesatzes für die Scheibe tritt dann ein Glied $\int r\, dA$ auf, das dem im Dreidimensionalen fiktiven Glied $\int r\, dV$ ganz entspricht.

Erwähnt sei noch eine andere Möglichkeit, die Einführung einer Energieerzeugung r in die Energiegleichung zu motivieren: Bei dieser Motivierung versteht man unter q nicht den gesamten Energiestrom, sondern nur den Wärmestrom. Der Restanteil des Energiestromes, z.B. der Strahlungsenergiestrom, trägt nichts zum Entropiestrom (vgl. Abschn. 4.9) bei. Die Divergenz dieses Restanteils wird dann mit r identifiziert.

2. Seither haben wir stillschweigend angenommen, daß der Körper aus einem nichtpolaren Medium besteht; nur unter dieser Voraussetzung gelten die Überlegungen dieses Kapitels. Die Beschränkung auf nichtpolare Medien heben wir jetzt auf und beziehen polare Medien in unsere Betrachtungen ein. Allerdings wollen wir dies nicht in voller Allgemeinheit tun. Um die wesentlichen für polare Medien nötigen Erweiterungen der seither studierten Theorie zu verstehen, genügt es, wie in Abschn. 3.3 solche Kontinua zu betrachten, deren materielle Punkte die Freiheitsgrade eines starren Körpers besitzen

104   4. Thermodynamik der Deformation

(C o s s e r a t - K o n t i n u a). Die gesamte Energie E eines Körpers $\mathfrak{B}$ ist dann die Summe der vom Bewegungszustand eines Beobachters unabhängigen inneren Energie, ρe pro Volumeneinheit, der kinetischen Energie der Translationsbewegung, $\rho v^2/2$ pro Volumeneinheit, und der kinetischen Energie der Drehbewegung der materiellen Punkte. Bezeichnet man mit $\boldsymbol{\omega}$ die Winkelgeschwindigkeit und mit s den Spindrall pro Masseneinheit (Abschn. 3.3), so wird dieser letzte Anteil zur Energie $(\boldsymbol{\omega}/2) \cdot$ s pro Masseneinheit. Der Ausdruck (4.70) für die Energie E nimmt damit für ein polares Kontinuum der beschriebenen Art die Form

$$E = \int_{\mathfrak{B}} \rho \left(e + \frac{v^2}{2} + \frac{1}{2} \, \boldsymbol{\omega} \cdot \mathbf{s} \right) dV \tag{4.87}$$

an. In der Energiegleichung (4.74) hat man zusätzlich zur Arbeit der Oberflächen- und der Volumenkraft auch die Arbeit des Oberflächenmomentes $\boldsymbol{\mu}$ und des Volumenmomentes m zu berücksichtigen (vgl. hierzu Abschn. 3.3). Dies ergibt anstelle von (4.74) die folgende Gleichung (mit q $= -$ q $\cdot$ n)

$$\frac{D}{Dt} \int_{\mathfrak{B}} \rho \left(e + \frac{v^2}{2} + \frac{1}{2} \, \boldsymbol{\omega} \cdot \mathbf{s} \right) dV = \tag{4.88}$$

$$= \int_{\partial \mathfrak{B}} (\mathbf{v} \cdot \mathbf{t} + \boldsymbol{\omega} \cdot \boldsymbol{\mu} - \mathbf{q} \cdot \mathbf{n}) \, dA + \int_{\mathfrak{B}} \rho (\mathbf{v} \cdot \mathbf{f} + \boldsymbol{\omega} \cdot \mathbf{m}) \, dV$$

Wir benutzen nun die Beziehungen t $=$ Tn und $\boldsymbol{\mu} =$ Mn (Gl. (3.36)) im Oberflächenintegral und wandeln dieses wie folgt in ein Volumenintegral um

$$\int_{\partial \mathfrak{B}} (\mathbf{v} \cdot \mathbf{Tn} + \boldsymbol{\omega} \cdot \mathbf{Mn} - \mathbf{q} \cdot \mathbf{n}) \, dA \tag{4.89}$$

$$= \int_{\partial \mathfrak{B}} (\mathbf{T}^\mathsf{T} \mathbf{v} + \mathbf{M}^\mathsf{T} \boldsymbol{\omega} - \mathbf{q}) \cdot \mathbf{n} \, dA = \int_{\mathfrak{B}} \mathrm{div} \, (\mathbf{T}^\mathsf{T} \mathbf{v} + \mathbf{M}^\mathsf{T} \boldsymbol{\omega} - \mathbf{q}) \, dV$$

Die linke Seite von (4.88) wird nach dem Reynoldsschen Transporttheorem (1.63) umgeformt

$$\frac{D}{Dt} \int_{\mathfrak{B}} \rho \left(e + \frac{v^2}{2} + \frac{1}{2} \, \boldsymbol{\omega} \cdot \mathbf{s} \right) dV \tag{4.90}$$

$$= \int_{\mathfrak{B}} \rho \left(\dot{e} + \mathbf{v} \cdot \dot{\mathbf{v}} + \frac{1}{2} \, \dot{\boldsymbol{\omega}} \cdot \mathbf{s} + \frac{1}{2} \, \boldsymbol{\omega} \cdot \dot{\mathbf{s}} \right) dV$$

Nun benutzen wir die Tatsache, daß $\dot{\boldsymbol{\omega}} \cdot \mathbf{s} = \boldsymbol{\omega} \cdot \dot{\mathbf{s}}$ ist; um den Gedankengang nicht zu unterbrechen, verschieben wir den Beweis dieser Tatsache auf später. Man kann demnach $(\dot{\boldsymbol{\omega}} \cdot \mathbf{s} + \boldsymbol{\omega} \cdot \dot{\mathbf{s}})/2 = \boldsymbol{\omega} \cdot \dot{\mathbf{s}}$ setzen. Unter Beachtung dieses Ergebnisses und mit (4.89) und (4.90) erhalten wir aus (4.88)

$$\int_{\mathfrak{B}} \left\{ \rho [\dot{e} + \mathbf{v} \cdot (\dot{\mathbf{v}} - \mathbf{f}) + \boldsymbol{\omega} \cdot (\dot{\mathbf{s}} - \mathbf{m})] - \mathrm{div} \, (\mathbf{T}^\mathsf{T} \mathbf{v} + \mathbf{M}^\mathsf{T} \boldsymbol{\omega} - \mathbf{q}) \right\} dV = 0 \tag{4.91}$$

Wegen der Beliebigkeit des Integrationsbereiches $\mathfrak{B}$ muß $-$ Stetigkeit vorausgesetzt $-$ der Integrand in (4.91) verschwinden. Ersetzt man noch $\rho(\dot{\mathbf{v}} - \mathbf{f})$ und $\rho(\dot{\mathbf{s}} - \mathbf{m})$ durch

die hierfür aus der Impulsgleichung (3.15) und der Drallgleichung (3.40) folgenden
Ausdrücke, so erhält man die Energiegleichung in differentieller Form

$$\rho\dot{e} = \mathrm{div}(\mathbf{T}^T\mathbf{v}) - \mathbf{v}\cdot\mathrm{div}\,\mathbf{T} + \mathrm{div}(\mathbf{M}^T\boldsymbol{\omega}) - \boldsymbol{\omega}\cdot\mathrm{div}\,\mathbf{M} - \boldsymbol{\omega}\times t^* - \mathrm{div}\,\mathbf{q} \qquad (4.92)$$

Durch die in (4.85) näher erläuterte Umformung können wir die ersten vier Glieder auf
der rechten Seite einfacher schreiben, mit folgendem Endergebnis

$$\rho\dot{e} = \mathrm{sp}(\mathbf{T}\mathrm{grad}^T\mathbf{v}) + \mathrm{sp}(\mathbf{M}\,\mathrm{grad}^T\boldsymbol{\omega}) - \boldsymbol{\omega}\times t^* - \mathrm{div}\,\mathbf{q} \qquad (4.93)$$

Dies ist die Verallgemeinerung von (4.86) auf polare Medien vom Cosserat-Typ.

Wir müssen nun nachträglich die oben benutzte Beziehung $\dot{\boldsymbol{\omega}}\cdot\mathbf{s} = \boldsymbol{\omega}\cdot\dot{\mathbf{s}}$ beweisen. Der Kürze halber wird nur die Beweisidee skizziert, die relativ einfachen Zwischen-
rechnungen bleiben dem Leser überlassen. Der Zusammenhang zwischen $\boldsymbol{\omega}$ und s ist
durch

$$s = \vartheta\boldsymbol{\omega} \qquad (4.94)$$

gegeben, wobei ϑ die Bedeutung eines symmetrischen Trägheitstensors pro Masseneinheit hat. Aus (4.94) folgt

$$\boldsymbol{\omega}\cdot\dot{s} = \boldsymbol{\omega}\cdot(\dot{\vartheta}\boldsymbol{\omega} + \vartheta\dot{\boldsymbol{\omega}}) = \boldsymbol{\omega}\cdot\dot{\vartheta}\boldsymbol{\omega} + \dot{\boldsymbol{\omega}}\cdot\vartheta\boldsymbol{\omega} \qquad (4.95)$$

Im letzten Glied rechts wurde die Symmetrie von ϑ benutzt. Da sich die materiellen
Punkte wie starre Körper verhalten sollen, gilt

$$\vartheta(t) = \mathbf{Q}(t)\,\vartheta(0)\,\mathbf{Q}^T(t) \qquad (4.96)$$

Die Orthogonalmatrix $\mathbf{Q}(t)$ beschreibt die Drehung, die ein materieller Punkt zwischen
der Anfangszeit 0 und der aktuellen Zeit t durchmacht. Es folgt aus (4.96)

$$\dot{\vartheta} = \dot{\mathbf{Q}}\mathbf{Q}^T\vartheta + \vartheta\mathbf{Q}\dot{\mathbf{Q}}^T = \Omega\vartheta - \vartheta\Omega \qquad (4.97)$$

Der schiefsymmetrischen Matrix $\Omega = \dot{\mathbf{Q}}\mathbf{Q}^T$ ist der Winkelgeschwindigkeitsvektor $\boldsymbol{\omega}$ als
axialer Vektor zugeordnet, die Matrix Ω enthält die Komponenten von $\boldsymbol{\omega}$ in schief-
symmetrischer Anordnung als Elemente (Gl. 1.130). Beachtet man dies, so ergibt sich
$\boldsymbol{\omega}\cdot\dot{\vartheta}\boldsymbol{\omega} = 0$. Damit folgt aber aus (4.95) $\boldsymbol{\omega}\cdot\dot{s} = \dot{\boldsymbol{\omega}}\cdot s$, und die Lücke in der Herleitung der Gleichung (4.93) aus der Gleichung (4.88) ist geschlossen.

Anmerkung: Aus der Energiegleichung (4.75) wurde weiter oben mit gewissen Invari-
anzeigenschaften der in der Gleichung vorkommenden Größen die Impulsgleichung
(3.5) hergeleitet. Eine analoge Überlegung kann auch an die Gleichung (4.88) ange-
knüpft werden. Wenn man die Invarianz- bzw. Transformationseigenschaften der in
der Energiegleichung (4.88) vorkommenden Größen bei Übergang auf ein mit konstanter Geschwindigkeit bewegtes Bezugssystem (Galilei-Transformation) und ein mit
konstanter Winkelgeschwindigkeit gedrehtes System ausnützt, leitet man aus (4.88)
die Impulsgleichung (3.15) und die Drallgleichung (3.40) her. Die Überlegungen sind
allerdings nicht so einfach wie die oben für nichtpolare Materialien im Anschluß an
Gl. (4.75) angestellten Betrachtungen; aus Platzmangel wird auf eine Darstellung dieser
Überlegungen verzichtet[1].

Als A n w e n d u n g s b e i s p i e l für die Energiegleichung betrachten wir nun ein
r e i b u n g s f r e i e s Fluid. Dieses wird dadurch definiert, daß $\mathbf{q} = \mathbf{0}$ ist und daß der

---

[1] Vgl. H. B u g g i s c h , Herleitung der mechanischen Bilanzgleichungen des Cosserat-
Kontinuums aus der Energiegleichung und ihrem Verhalten beim Übergang zum rotierenden System. ZAMM **53** (1973), T 68 – T 69.

Spannungstensor kugelsymmetrisch ist: $\mathbf{T} = -p\mathbf{I}$; p ist dabei der Druck. In diesem Fall wird $\mathrm{sp}(\mathbf{T}\,\mathrm{grad}^{\mathrm{T}}\mathbf{v}) = -p\,\mathrm{div}\,\mathbf{v} = (p/\rho)\,\dot{\rho}$, wobei die Kontinuitätsgleichung (1.59) benutzt wurde. Damit reduziert sich (4.86) auf

$$\dot{e} - \frac{p}{\rho^2}\,\dot{\rho} = 0 \tag{4.98}$$

Definiert man die spezifische Enthalpie h des Fluids durch $h = e + p/\rho$, so läßt sich dies auch folgendermaßen schreiben

$$\dot{h} - \frac{1}{\rho}\,\dot{p} = 0 \tag{4.99}$$

Die Gleichungen (4.98) und (4.99) sind gleichberechtigte Formen der Energiegleichung reibungsfreier Fluide.

Spezialisiert man (4.74) auf ein reibungsfreies Fluid, so läßt sich zunächst das Oberflächenintegral rechts umformen

$$\int_{\partial\mathfrak{B}} \mathbf{t}\cdot\mathbf{v}\,dA = \int_{\partial\mathfrak{B}} (-p\mathbf{n})\cdot\mathbf{v}\,dA = -\int_{\mathfrak{B}} \mathrm{div}\,(p\mathbf{v})\,dV$$
$$= -\int_{\mathfrak{B}} (p\,\mathrm{div}\,\mathbf{v} + \mathbf{v}\cdot\mathrm{grad}\,p)\,dV \tag{4.100}$$

Die linke Seite von (4.74) wird nach dem Reynoldsschen Transporttheorem (1.63) umgeformt. Dadurch erhält man

$$\int_{\mathfrak{B}} \left[\rho\,\frac{D}{Dt}\left(e + \frac{\mathbf{v}^2}{2}\right) + \mathbf{v}\cdot\mathrm{grad}\,p + p\,\mathrm{div}\,\mathbf{v} - \rho\mathbf{f}\cdot\mathbf{v}\right]dV = 0 \tag{4.101}$$

Im Integranden formt man noch folgendermaßen um: $\mathbf{v}\cdot\mathrm{grad}\,p = Dp/Dt - \partial p/\partial t$; $p\,\mathrm{div}\,\mathbf{v} = -(p/\rho)\,D\rho/Dt$. Wegen der Beliebigkeit von $\mathfrak{B}$ muß der Integrand verschwinden, und dies führt auf

$$\rho\,\frac{D}{Dt}\left(e + \frac{p}{\rho} + \frac{\mathbf{v}^2}{2}\right) = \frac{\partial p}{\partial t} + \rho\mathbf{f}\cdot\mathbf{v} \tag{4.102}$$

In der Gasdynamik heißt die Größe $e + p/\rho + \mathbf{v}^2/2 = h + \mathbf{v}^2/2$ G e s a m t e n t h a l - p i e. In stationärer, volumenkraftfreier Strömung bleibt diese Gesamtenthalpie nach (4.102) für ein Fluidteilchen, und das heißt hier längs einer Stromlinie, konstant. Falls die Massenkraft ein Potential U besitzt derart, daß $\mathbf{f} = -\mathrm{grad}\,U$ ist, läßt sich für stationäre Strömung $\mathbf{f}\cdot\mathbf{v} = -\mathbf{v}\cdot\mathrm{grad}\,U = DU/Dt$ schreiben. Damit geht (4.102) für stationäre Strömung über in

$$\frac{D}{Dt}\left(e + \frac{p}{\rho} + \frac{\mathbf{v}^2}{2} + U\right) = 0 \tag{4.103}$$

d.h. $e + \dfrac{p}{\rho} + \dfrac{v^2}{2} + U = h + \dfrac{v^2}{2} + U = \text{const}$ längs Stromlinien   (4.104)

Für d i c h t e b e s t ä n d i g e Flüssigkeiten ist $\dot{\rho} = 0$ und nach (4.98) damit auch $\dot{e} = 0$. In (4.103) fällt das Glied $\dot{e}$ also heraus, und (4.102) reduziert sich auf

$$\frac{p}{\rho} + \frac{v^2}{2} + U = \text{const} \text{ längs Stromlinien}$$ (4.105)

Dies ist die B e r n o u l l i s c h e G l e i c h u n g der Hydrodynamik.

Der Druck p wurde hier als einziges nichttriviales Element des kugelsymmetrischen Spannungstensors eingeführt. Hieraus folgen alle angegebenen Ergebnisse der Hydro- und Gasdynamik. In der Theorie der reibungsfreien Fluide wird aber noch mehr vorausgesetzt: Es wird nämlich angenommen, daß p der t h e r m o d y n a m i s c h e Druck ist, also diejenige Größe, die z.B. mit Druck und Dichte über die Zustandsgleichung (4.49) verknüpft ist, wobei die Funktion $\varphi(\rho, \Theta)$ dieselbe Form sowohl für das im Gleichgewicht befindliche (wie in Abschn. 4.6 angenommen) als auch für das bewegte Fluid hat. Nach dieser „lokalen Gleichgewichtshypothese" gilt auch die Gibbs'sche Relation in derselben Form wie im Gleichgewicht; für ein Fluid bedeutet dies: $\Theta\, ds = de - p/\rho^2\, d\rho$. Hierdurch ist die Entropie s auch im bewegten Fluid definiert. Aus (4.98) ergibt sich dann $\dot{s} = 0$; d.h. daß ein Fluidteilchen auf seiner Bahn seine Entropie nicht ändert. Die Strömung eines reibungslosen Fluids ist isentrop[1])!

Die hier festgestellte Isentropie der Bewegung eines reibungsfreien Fluids gilt übrigens für die gesamte in den Abschnitten 4.4 bis 4.7 betrachtete Materialklasse, die durch eine Zustandsgleichung der Form $e = e(s, \mathbf{F})$ auch im Nichtgleichgewicht charakterisiert ist. Falls bei der Bewegung eines solchen Materials $\mathbf{q} = \mathbf{0}$ ist, m.a.W. kein Energiestrom (d.h. speziell: auch kein Wärmestrom) vorhanden ist, reduziert sich Gl. (4.86) nämlich auf

$$\rho\dot{e} - \text{sp}\,(\mathbf{T}\,\text{grad}\,\mathbf{v}) = 0$$ (4.106)

Hierbei konnte wegen der Symmetrie des Spannungstensors $\mathbf{T}$ der Tensor $\text{grad}^{\mathsf{T}}\mathbf{v}$ durch $\text{grad}\,\mathbf{v}$ ersetzt werden. Unter Beachtung von (4.18.1), (4.19), der Materialgleichung $e = e(s, \mathbf{F})$ und der Relation (2.48) erhält man aus (4.106)

$$\rho\,\frac{\partial e}{\partial s}\,\dot{s} + \rho\,\frac{\partial e}{\partial F_{il}}\,\dot{F}_{il} - \rho\,\frac{\partial e}{\partial F_{il}}\,F_{kl}\,\dot{F}_{ij}\,F_{jk}^{-1}$$

$$= \rho\Theta\dot{s} + \rho\,\frac{\partial e}{\partial F_{il}}\,(\dot{F}_{il} - \dot{F}_{il}) = 0$$ (4.107)

Hieraus folgt aber $\dot{s} = 0$. Auch in einem elastischen Material bleibt hiernach die Entropie der einzelnen Teilchen während der Bewegung erhalten, wenn die Wärmeleitung keine Rolle spielt. – Abschließend sei bemerkt, daß ein Material, das im Gleichgewicht

---

[1]) Die Isentropie bedeutet auch Barotropie: die Dichte hängt nur vom Druck ab.

der Zustandsgleichung $e = e(s, \mathbf{F})$ genügt, dies durchaus nicht auch im Nichtgleichgewicht tun muß. Die Annahme, daß auch Nichtgleichgewichtszustände des Materials durch dieselbe Zustandsgleichung wie Gleichgewichtszustände beschrieben werden, ist ein zusätzliches Postulat!

Aufgabe 4.8.1. Man gebe die Energiebilanz (4.86) in der der Gleichung (3.25) entsprechenden materiellen Beschreibungsweise an. Dabei ist $q\,dA = -\mathbf{q}_0 \cdot \mathbf{n}_0\,dA_0$ zu schreiben; $\mathbf{q}_0$ ist der auf das Flächenelement in der Bezugskonfiguration bezogene, d.h. der „materielle", Energiestromvektor.

4.9 Entropieungleichung

Wir kehren nun zu Abschn. 4.4 (zweiter Hauptsatz) zurück. Hierzu machen wir dieselben Einschränkungen bezüglich der Energieübertragung wie in Abschn. 4.1 bis 4.7; diese Einschränkungen sind zu Ende des ersten Absatzes von Abschn. 4.1 erläutert. Sie besagen, daß als Energiestrom nur ein Wärmestrom berücksichtigt wird; alle anderen Beiträge zum Energiestrom seien vernachlässigbar. Daher verstehen wir von jetzt ab unter $\mathbf{q}$ den Wärmestromvektor. Bei der Formulierung der Ungleichung (4.3) hatten wir angenommen, daß der betrachtete Körper $\mathcal{B}$ einen Prozeß durchläuft, der ihn von einem Gleichgewichtszustand 1 in einen Gleichgewichtszustand 2 bringt. Dabei sollte sich $\mathcal{B}$ während des gesamten Prozesses in einem Wärmebad der Temperatur Θ_2 befinden. Diese Voraussetzung verallgemeinern wir nun insofern, als wir zulassen, daß sich $\mathcal{B}$ während des vom Gleichgewichtszustand 1 nach dem Gleichgewichtszustand 2 führenden Prozesses in einer beliebigen Umgebung befindet. Zum Zeitpunkt t_1 sei $\mathcal{B}$ im Zustand 1, zum Zeitpunkt $t_2 > t_1$ im Zustand 2. An die Stelle der Ungleichung (4.3) tritt nun die folgende Ungleichung

$$\Delta S \geqslant - \int\limits_{t_1}^{t_2} \left(\int\limits_{\partial\mathcal{B}} \frac{\mathbf{q} \cdot \mathbf{n}}{\Theta}\,dA \right) dt \tag{4.108}$$

$-\mathbf{q} \cdot \mathbf{n}\,dA\,dt$ ist die im Zeitintervall dt über das Flächenelement dA einfließende Wärme, Θ ist die augenblickliche Temperatur an der Stelle, an der die Wärme einfließt. Falls $\Theta = \Theta_2 = \text{const}$ ist, reduziert sich (4.108) auf (4.3). Unter Einführung der spezifischen Entropie s nach (4.4) schreibt sich (4.108) in der Form

$$\int\limits_{\mathcal{B}_0} \rho_0 \Delta s\,dV_0 \geqslant - \int\limits_{t_1}^{t_2} \left(\int\limits_{\partial\mathcal{B}} \frac{\mathbf{q} \cdot \mathbf{n}}{\Theta}\,dA \right) dt = - \int\limits_{t_1}^{t_2} \left(\int\limits_{\mathcal{B}} \operatorname{div}\left(\frac{\mathbf{q}}{\Theta}\right) dV \right) dt \tag{4.109}$$

oder

$$\int\limits_{\mathcal{B}_0} \left(\rho_0 \Delta s + \int\limits_{t_1}^{t_2} \frac{\rho_0}{\rho} \operatorname{div}\left(\frac{\mathbf{q}}{\Theta}\right) dt \right) dV_0 \geqslant 0 \tag{4.110}$$

Wegen der Beliebigkeit von $\mathfrak{B}$ ist dies gleichwertig mit

$$\rho_0 \, \Delta s \geqslant - \int\limits_{t_1}^{t_2} \frac{\rho_0}{\rho} \; \mathrm{div}\left(\frac{q}{\Theta}\right) dt \qquad (4.111)$$

Für die Formulierung von (4.108) bis (4.111) wird vorausgesetzt, daß die absolute Temperatur Θ während des gesamten von 1 nach 2 führenden Prozesses einen wohldefinierten Sinn hat.

Aus der Relation (4.111) kann man im wesentlichen dieselben Schlüsse ziehen wie aus (4.3). Diese Schlüsse betreffen Gleichgewichtszustände; sie wurden in den Abschnitten 4.4 bis 4.7 näher erläutert. Mit z w e i weiteren Annahmen läßt sich aus (4.111) eine als Gibbs-Duhem-Ungleichung bekannte Relation herleiten. Die erste dieser Annahmen betrifft das Materialverhalten: Man nimmt an, daß im Nichtgleichgewicht lokal zu jedem Zeitpunkt dieselben Zustandsgleichungen gelten wie im Gleichgewicht („lokale Gleichgewichtshypothese"); dies bedeutet, daß z.B. für die in den vorangegangenen Abschnitten betrachtete Materialklasse auch im Nichtgleichgewicht die spezifische freie Energie φ durch dieselbe Funktion $\varphi(\Theta, \mathbf{F})$ wie im Gleichgewicht gegeben ist und daß auch im Nichtgleichgewicht die Entropie durch $s = -\partial\varphi/\partial\Theta$ definiert ist. Die zweite, darüber hinausgehende Annahme besagt, daß für die so definierte Entropie die Ungleichung (4.111) auch dann gilt, wenn die Zustände 1 und 2 keine Gleichgewichtszustände sind. Unter diesen Umständen kann man (4.111) bei fester unterer Grenze t_1 nach der variablen oberen Grenze t_2 differenzieren; es ergibt sich

$$\rho\dot{s} + \mathrm{div}\left(\frac{q}{\Theta}\right) \geqslant 0 \qquad (4.112)$$

In einem erheblichen Teil der modernen kontinuumsmechanischen Literatur wird die G i b b s - D u h e m - U n g l e i c h u n g (4.112) benutzt. Während sie von manchen Kontinuumsmechanikern in den Rang eines „Axioms" erhoben und somit als grundlegend angesehen wird, kritisieren andere ihre Verwendung. Der Kern der Kritik richtet sich gegen die beim Übergang von (4.111) auf (4.112) nötigen Annahmen, daß die Entropie auch für Nichtgleichgewichtszustände definiert sei und daß die Ungleichung (4.111) auch für Nichtgleichgewichtszustände gilt. Im Rahmen der klassischen Thermodynamik sind diese Annahmen nicht zu rechtfertigen, da dort nur Gleichgewichtszustände betrachtet werden. Übrigens trifft die Kritik in gewissem Umfang nicht nur die Entropie, sondern auch die Temperatur, die man im Nichtgleichgewicht jedenfalls nicht nach den in Abschn. (4.2) erläuterten, auf dem „nullten Hauptsatz" beruhenden Überlegungen definieren kann. Es gibt viele Versuche, diese Kritik entweder zu entkräften oder zu umgehen. Zum Teil haben diese Versuche zu einer Rechtfertigung der Gibbs-Duhem-Ungleichung geführt, jedenfalls für bestimmte Materialklassen (zu denen auch die in den vorangegangenen Abschnitten immer wieder als Beispiel genommene Materialklasse gehört). In einer systematischen Darstellung der Kontinuumsmechanik müßte jetzt von diesen Versuchen berichtet werden[1]). Um ein erstes Eindringen in die Kontinuumsmechanik durch solche Detaildiskussionen nicht zu sehr zu erschweren, verzichten wir auf eine solche Darstellung und gehen nur auf Seite 115 nochmals kurz auf die erwähnte Kritik ein. Vorläufig beschränken wir uns auf folgende Feststellungen: 1. Viele Ergebnisse, die aus (4.112) hergeleitet werden, lassen sich auch aus (4.3) herleiten. Dies gilt z.B. für die in Abschn. 4.5 bewiesenen Relationen (4.19). 2. Die Verwendung von (4.112) hat unseres Wissens nicht zu Widersprüchen geführt. Zumindest kann man (4.112) für solche Prozesse akzeptieren, die nicht zu weit aus dem Gleichgewicht herausführen, und die aus (4.112) hergeleiteten Ergebnisse für solche Prozesse als gültig ansehen. In diesem Sinne wird offenbar eine große Klasse von Prozessen durch (4.112) richtig beschrieben.

Wir zeigen nun an einem typischen Beispiel die Schlußweise, mit der aus der Gibbs-Duhem-Ungleichung (4.112) Folgerungen gezogen werden können. Daß sich hierbei auch Resultate ergeben, die wir bei der Motivierung von (4.112) schon benutzt haben, ist nicht verwunderlich. Es ist angebracht, daran zu erinnern, daß bei Herleitung der obigen Relationen vorausgesetzt wurde, der Energiestrom bestehe allein im Wärmestrom $\mathbf{q}$. Zunächst formen wir (4.112) um, indem wir den Term div $\mathbf{q}$ unter Verwendung der Energiegleichung (4.86) eliminieren; unter Beachtung von div $(\mathbf{q}/\Theta) = (1/\Theta)$ div $\mathbf{q} - \mathbf{q} \cdot$ grad Θ/Θ^2 erhalten wir

$$\rho\Theta\dot{s} - \rho\dot{e} + \mathrm{sp}\,(\mathbf{T}\,\mathrm{grad}^{\mathsf{T}}\mathbf{v}) - \frac{\mathbf{q}}{\Theta} \cdot \mathrm{grad}\,\Theta \geq 0 \qquad (4.113)$$

Durch Einführung der freien Energie $\varphi = \mathrm{e} - \Theta\mathrm{s}$ geht (4.113) über in

$$-\rho\mathrm{s}\dot{\Theta} - \rho\dot{\varphi} + \mathrm{sp}\,(\mathbf{T}\,\dot{\mathrm{grad}}^{\mathsf{T}}\mathbf{v}) - \frac{\mathbf{q}}{\Theta} \cdot \mathrm{grad}\,\Theta \geq 0 \qquad (4.114)$$

Wir betrachten nun die früher schon diskutierte Materialklasse, für die $\varphi = \varphi(\Theta, \mathbf{F})$ gilt, auch für Nichtgleichgewichte (lokale Gleichgewichtshypothese!). Durch Einsetzen von $\varphi(\Theta, \mathbf{F})$ in (4.114) erhalten wir

$$-\rho\left(\mathrm{s} + \frac{\partial\varphi}{\partial\Theta}\right)\dot{\Theta} - \rho\,\mathrm{sp}\left\{\left(\frac{\partial\varphi}{\partial\mathbf{F}} - \frac{\mathbf{T}}{\rho}\,(\mathbf{F}^{-1})^{\mathsf{T}}\right)\dot{\mathbf{F}}^{\mathsf{T}}\right\} - \frac{\mathbf{q}}{\Theta} \cdot \mathrm{grad}\,\Theta \geq 0 \quad (4.115)$$

Hierbei sind folgende Relationen benutzt (s. auch Gl. (2.48))

---

[1]) Aus der umfangreichen Literatur erwähnen wir die folgenden Arbeiten: J. M e i x - n e r , Thermodynamik der Vorgänge in einfachen Fluiden und die Charakterisierung der Thermodynamik irreversibler Prozesse. Z. Phys. **219** (1969), 79–104. I. M ü l l e r , Die Kältefunktion, eine universelle Funktion in der Thermodynamik viskoser wärmeleitender Flüssigkeiten. Arch. Rat. Mech. Anal. **40** (1971), 1–36.

$$\frac{\partial \varphi}{\partial F_{ik}} \, \dot{F}_{ik} = \mathrm{sp}\left(\frac{\partial \varphi}{\partial \mathbf{F}} \, \dot{\mathbf{F}}^{\mathsf{T}}\right) \quad \text{mit} \quad \left(\frac{\partial \varphi}{\partial \mathbf{F}}\right)_{ik} = \frac{\partial \varphi}{\partial F_{ik}} \tag{4.116}$$

$$\mathrm{grad}^{\mathsf{T}} \mathbf{v} = (\mathbf{F}^{-1})^{\mathsf{T}} \dot{\mathbf{F}}^{\mathsf{T}}$$

Nun setzen wir weiter voraus, daß $\mathbf{T}$ und s unabhängig von $\dot{\Theta}$, $\dot{\mathbf{F}}$ (und damit grad $\mathbf{v}$) und grad Θ sind. Durch Vorgabe geeigneter Anfangs- und Randbedingungen denken wir uns Prozesse realisiert, die an einer bestimmten Stelle zu vorgegebenen Werten von $\mathbf{F}$ und Θ beliebige Werte von $\dot{\Theta}$ simultan mit grad $\Theta = \mathbf{0}$, $\dot{\mathbf{F}} = \mathbf{0}$ realisieren. Die Realisierbarkeit solcher Prozesse muß natürlich bewiesen werden, doch verzichten wir hier auf einen solchen Beweis[1]). Die Relation (4.115) kann für diese speziellen Prozesse nur erfüllt sein, wenn

$$s = -\frac{\partial \varphi}{\partial \Theta} \tag{4.117}$$

gilt. Da angenommen wurde, s hinge weder von $\dot{\mathbf{F}}$ noch von grad Θ ab, muß (4.117) auch dann noch gelten, wenn weder $\dot{\mathbf{F}}$ noch grad Θ verschwinden. Gl. (4.117) ist identisch mit Gl. (4.27). Ganz analog hierzu schließt man auf das Bestehen der folgenden Relation

$$\frac{\partial \varphi}{\partial \mathbf{F}} - \frac{\mathbf{T}}{\rho} (\mathbf{F}^{-1})^{\mathsf{T}} = \mathbf{0} \tag{4.118}$$

Dies ist identisch mit Gl. (4.26). Zum Beweis von (4.118) denkt man sich grad $\Theta = \mathbf{0}$, $\dot{\Theta} = 0$ und einen beliebigen Wert von $\dot{\mathbf{F}}$ realisiert. Da mit $\dot{\mathbf{F}}$ auch $-\dot{\mathbf{F}}$ realisiert werden kann, gilt Relation (4.115) nur dann, wenn (4.118) erfüllt ist. Gl. (4.118) ist aber allgemeingültig, d.h. sie ist nicht an die Voraussetzung $\dot{\Theta} = 0$, grad $\Theta = \mathbf{0}$ gebunden, da nach Annahme $\mathbf{T}$ weder von $\dot{\Theta}$ noch von grad Θ abhängt. Die Ungleichung (4.115) reduziert sich mit (4.117) und (4.118) auf folgende Rest-Ungleichung

$$\frac{\mathbf{q} \cdot \mathrm{grad}\, \Theta}{\Theta} \leqslant 0 \tag{4.119}$$

Die Richtungen von Wärmestrom und Temperaturgradient müssen hiernach einen stumpfen Winkel bilden, die Wärme fließt dem Temperaturgradienten entgegen.

---

[1]) Die übliche Argumentation geht nicht von der Möglichkeit aus, einen Prozeß über die Anfangs- und Randbedingungen zu manipulieren, sondern von der Annahme, das Volumenkraftfeld $\mathbf{f}$ und die Energieerzeugung r (vgl. Seite 103) seien willkürlich vorschreibbar. Dies ergibt dann die für die Argumentation notwendige Manipulationsmöglichkeit der Prozesse.

4.10 Irreversible Thermodynamik

An einem Beispiel soll die Grundidee der i r r e v e r s i b l e n T h e r m o d y n a -
m i k skizziert werden. Wir betrachten ein Fluid, bei dem die freie Energie von Tem-
peratur und Dichte abhängt (vgl. Abschn. 4.6): $\varphi = \varphi(\Theta, \rho)$. Den Spannungstensor $\mathbf{T}$
zerlegen wir additiv: $\mathbf{T} = \mathbf{T}_0 + \mathbf{T}_1$. Hierbei sei $\mathbf{T}_0(\Theta, \rho)$ der in einem Fluid im Ruhe-
zustand allein vorhandene Spannungsanteil, während $\mathbf{T}_1$ die „Reibungsspannungen"
oder „Restspannungen" enthält, die bei Bewegung des Fluids zu $\mathbf{T}_0$ hinzukommen.
Nach den für Gleichgewichtszustände in Abschn. 4.6 hergeleiteten Resultaten ist[1]

$$s = - \frac{\partial \varphi}{\partial \Theta}, \qquad \mathbf{T}_0 = - \rho^2 \frac{\partial \varphi}{\partial \rho} \mathbf{I} \tag{4.120}$$

Die Gibbs-Duhem-Ungleichung in der Form (4.114) ergibt

$$- \rho \left(s + \frac{\partial \varphi}{\partial \Theta} \right) \dot{\Theta} - \rho \frac{\partial \varphi}{\partial \rho} \dot{\rho} + \mathrm{sp}\,(\mathbf{T}_0 \, \mathrm{grad}^T \mathbf{v})$$

$$+ \mathrm{sp}\,(\mathbf{T}_1 \, \mathrm{grad}^T \mathbf{v}) - \frac{\mathbf{q} \cdot \mathrm{grad}\,\Theta}{\Theta} \geqslant 0 \tag{4.121}$$

Die drei ersten Glieder heben sich wegen (4.120) heraus; es gilt ja: $\mathrm{sp}(\mathbf{T}_0 \, \mathrm{grad}^T \mathbf{v}) =$
$- \rho^2 \, \mathrm{div}\,\mathbf{v} \, \partial\varphi/\partial\rho = + \rho\dot{\rho} \, \partial\varphi/\partial\rho$, wobei die Kontinuitätsgleichung (1.59) benutzt wurde. Daher bleibt die folgende Restungleichung übrig

$$\mathrm{sp}(\mathbf{T}_1 \, \mathrm{grad}^T \mathbf{v}) - \frac{\mathbf{q} \cdot \mathrm{grad}\,\Theta}{\Theta} \geqslant 0 \tag{4.122}$$

Die links stehende Größe läßt sich, nach Division durch die Temperatur Θ, als Entropieerzeugung pro Zeit- und Volumeneinheit deuten. Um dies einzusehen, geht man von
der Energiegleichung (4.86) aus, in der e durch $\varphi + \Theta s$ ersetzt wird

$$\rho\dot{\varphi} + \rho\Theta\dot{s} + \rho s\dot{\Theta} = \mathrm{sp}(\mathbf{T}_0 \, \mathrm{grad}^T \mathbf{v}) + \mathrm{sp}(\mathbf{T}_1 \, \mathrm{grad}^T \mathbf{v}) - \mathrm{div}\,\mathbf{q} \tag{4.123}$$

Die unterstrichenen Glieder heben sich wieder wegen (4.120) weg. Die Restgleichung
kann in folgender Form geschrieben werden

$$\rho\dot{s} = - \mathrm{div}\left(\frac{\mathbf{q}}{\Theta} \right) + \frac{1}{\Theta} \, \mathrm{sp}(\mathbf{T}_1 \, \mathrm{grad}^T \mathbf{v}) - \frac{\mathbf{q} \cdot \mathrm{grad}\,\Theta}{\Theta^2} \tag{4.124}$$

---

[1]) Man kann diese Resultate auch auf ähnliche Weise wie im vorangegangenen Beispiel
gezeigt aus der Ungleichung (4.112) herleiten.

Durch Integration über den Körper $\mathfrak{B}$ folgt hieraus

$$\frac{D}{Dt} \int_{\mathfrak{B}} \rho s \, dV = - \int_{\partial\mathfrak{B}} \frac{\mathbf{q} \cdot \mathbf{n}}{\Theta} \, dA + \int_{\mathfrak{B}} \sigma \, dV \qquad (4.125)$$

mit $\qquad \sigma = \frac{1}{\Theta} \, \mathrm{sp}\,(\mathbf{T}_1 \, \mathrm{grad}^\mathsf{T} \mathbf{v}) - \frac{\mathbf{q} \cdot \mathrm{grad}\,\Theta}{\Theta^2} \qquad (4.126)$

Nach Gl. (4.125) erscheint die zeitliche Änderung der Entropie des Körpers $\mathfrak{B}$ aufgespalten in den Entropiestrom über die Oberfläche $\partial\mathfrak{B}$ (erstes Glied rechts) und die nie negative Entropieerzeugung im Inneren von $\mathfrak{B}$ (zweites Glied rechts). In Gl. (4.125) erkennt man mit der Forderung $\sigma \geqslant 0$ übrigens die Ungleichung (4.109) wieder; wenn man diese nach der oberen Grenze t_2 differenziert, geht sie nämlich in $D/Dt \int_{\mathfrak{B}} \rho s \, dV$ $\geqslant - \int_{\partial\mathfrak{B}} \mathbf{q} \cdot \mathbf{n}/\Theta \, dA$ über. Das erste Glied in (4.126) ist die durch „innere Reibung", das zweite Glied (einschließlich des Minuszeichens) die durch Wärmeleitung im Fluid pro Volumen- und Zeiteinheit erzeugte Entropie. Die Größe $\mathrm{sp}(\mathbf{T}_1 \, \mathrm{grad}^\mathsf{T} \mathbf{v})$ wird auch als Dissipationsfunktion bezeichnet; manchmal wird sie als die durch Reibungsspannungen pro Zeit- und Volumeneinheit in „Wärme" dissipierte Energie bezeichnet.

Wegen der Symmetrie des Spannungstensors, und damit auch des Tensors $\mathbf{T}_1$ der Reibungsspannungen, in nichtpolaren Medien gilt übrigens $\mathrm{sp}(\mathbf{T}_1 \, \mathrm{grad}^\mathsf{T} \mathbf{v}) = \mathrm{sp}(\mathbf{T}_1 \, \mathrm{grad}\,\mathbf{v})$ $= \mathrm{sp}(\mathbf{T}_1 \, \mathbf{D})$, wobei $\mathbf{D}$ den symmetrischen Anteil von $\mathrm{grad}\,\mathbf{v}$ bedeutet (Gl. (2.52)). Die Entropieerzeugung läßt sich damit auch in der Form

$$\sigma = \frac{1}{\Theta} \, \mathrm{sp}(\mathbf{T}_1 \, \mathbf{D}) - \frac{\mathbf{q}}{\Theta^2} \cdot \mathrm{grad}\,\Theta \qquad (4.127)$$

schreiben. Ausdrücke für die Entropieerzeugung vom Typ des Ausdrucks (4.127) sind der Startpunkt der klassischen i r r e v e r s i b l e n T h e r m o d y n a m i k. Die Entropieerzeugung erscheint in diesem Ausdruck aufgespalten in eine Summe von Produkten aus „Kräften" und „Flüssen". Welchen Faktor man als „Kraft" und welchen man als „Fluß" auffaßt, ist an sich willkürlich. Es hat jedoch heuristischen Wert, sich die Kräfte als „Ursache" der Flüsse vorzustellen. Im Fall des hier betrachteten Fluids, für das die Entropieerzeugung durch Gl. (4.127) gegeben ist, liegt es nahe, die Komponenten des Tensors $\mathbf{D}$ der Deformationsgeschwindigkeit und des Temperaturgradienten $\mathrm{grad}\,\Theta$ als Kräfte aufzufassen, die als Flüsse die Komponenten des Tensors $\mathbf{T}_1$ der Reibungsspannungen und des Wärmestroms $\mathbf{q}$ verursachen. In der im wesentlichen auf grundlegende Arbeiten von Onsager zurückgehenden klassischen irreversiblen Thermodynamik wird angenommen, daß, jedenfalls für „hinreichend kleine" Kräfte, die Flüsse lineare, homogene Funktionen der Kräfte sind. Die irreversible Thermodynamik läßt sich damit als spezielle Theorie der Materialgleichungen auffassen, denn der Zusammenhang zwischen Kräften und Flüssen in diesem Sinne ist eine Materialgleichung.

Bezüglich der Einzelheiten dieser Theorie muß auf die Spezialliteratur verwiesen werden; wir müssen uns hier mit einer kurzen Beschreibung der wesentlichen Gesichtspunkte der Theorie begnügen, zumal das Thema „Materialgleichungen" in den Kapiteln 6 und 7 in anderer Darstellung behandelt wird. In den linearen, homogenen Zusammenhang von Kräften und Flüssen gehen phänomenologische Koeffizienten ein, die sich in einer Koeffizientenmatrix anordnen lassen. Diese Koeffizienten werden durch die Theorie nicht festgelegt, aber eingeschränkt. Die erste Einschränkung wird durch die O n s a g e r - C a s i m i r - R e z i p r o z i t ä t s r e l a t i o n e n gegeben, die in den einfachsten Fällen auf eine Symmetrie der Koeffizientenmatrix hinauslaufen. Weitere Einschränkungen ergeben sich, wenn man annimmt, daß das Material hinsichtlich des Zusammenhangs zwischen Kräften und Flüssen isotrop ist, d.h. daß die Materialeigenschaften von der Orientierung des Materials nicht abhängen (vgl. hierzu auch Kapitel 6 und 7). Um die Konsequenz der Isotropie zu verstehen, muß man beachten, daß Kräfte und Flüsse von skalarer, vektorieller oder tensorieller Art sein können. In (4.127) sind z.B. $\mathbf{q}$ und grad Θ Vektoren, $\mathbf{T}_1$ und $\mathbf{D}$ Tensoren. Nach dem C u r i e - W e i s s - P r i n z i p wird nun die Abhängigkeit skalarer, vektorieller und tensorieller Flüsse von skalaren, vektoriellen und tensoriellen Kräften eingeschränkt; z.B. kann ein vektorieller Fluß nach diesem Prinzip nur von einer vektoriellen Kraft abhängen, während ein tensorieller Fluß von einer tensoriellen Kraft und skalaren Kräften sowie skalaren, linearen Invarianten tensorieller Kräfte abhängen kann. Bei dem hier betrachteten Fluid bedeutet dies, daß $\mathbf{q}$ nur von grad Θ abhängt, $\mathbf{T}_1$ nur von $\mathbf{D}$ und sp $\mathbf{D}$ = div $\mathbf{v}$; und zwar erhält man

$$\mathbf{q} = - \kappa \ \text{grad} \ \Theta$$

$$\mathbf{T}_1 = 2\eta\mathbf{D} + \left(\eta_b - \frac{2}{3} \ \eta \right) (\text{div} \ \mathbf{v}) \ \mathbf{I}$$

(4.128)

mit drei phänomenologischen Koeffizienten κ, 2η, $\eta_b - \dfrac{2}{3} \ \eta$. Die Größe κ heißt

W ä r m e l e i t f ä h i g k e i t, η ist die S c h e r v i s k o s i t ä t, η_b die D r u c k - v i s k o s i t ä t (vgl. Abschn. 6.3). Diese Größen hängen im allgemeinen von ρ und Θ ab. Durch die Gleichungen (4.128) wird ein n e w t o n s c h e s   F l u i d charakterisiert.

Wir setzen nun das Ergebnis (4.128) in den Ausdruck (4.127) für die Entropieerzeugung ein und schließen wie folgt: Unter allen Umständen, d.h. für beliebige Werte von grad Θ und $\mathbf{D}$ muß die Entropieerzeugung nicht-negativ sein. Hieraus ergibt sich die folgende Einschränkung für die phänomenologischen Koeffizienten: $\kappa \geqslant 0, \eta \geqslant 0$, $\eta_b \geqslant 0$. In Abschn. 4.8 haben wir u.a. ein „reibungsfreies" Fluid betrachtet; ein solches Fluid kann offenbar als Grenzfall eines newtonschen Fluids mit verschwindenden Werten der Koeffizienten κ, η, η_b aufgefaßt werden. Man kann auch folgendes sagen: newtonsche Fluide verhalten sich näherungsweise wie reibungsfreie Fluide, wenn die Komponenten von $\mathbf{D}$ und grad Θ „hinreichend" klein bleiben, denn dann bleiben nach (4.128) auch $\mathbf{T}_1$ und $\mathbf{q}$ klein und können u.U. vernachlässigt werden.

Ergänzungen. 1. In Abschn. 4.5 war im Kleindruck erwähnt worden, daß es zur Beschreibung gewisser Materialien notwendig sein kann, „innere Variablen" q_i einzuführen. Als Beispiel für die q_i waren die Massenkonzentrationen erwähnt worden, die in einem Material eine Rolle spielen, das aus einer Mischung chemisch verschiedener, u.U. untereinander reaktionsfähiger Komponenten besteht. Wir wollen diese Idee hier nochmals aufgreifen und ein Fluid betrachten, bei dem die freie Energie außer von Θ und ρ auch noch von einer inneren Variablen q abhängt: $\varphi = \varphi(\Theta, \rho, q)$. Entropie s und Spannungstensor $\mathbf{T}_0$ werden weiterhin durch die Relationen (4.120) definiert. Geht man den von (4.123) auf (4.127) führenden Weg, so erhält man nun anstelle von (4.127) als Entropieerzeugung

$$\sigma = \frac{1}{\Theta}\, \mathrm{sp}(\mathbf{T}_1 \mathbf{D}) - \frac{q}{\Theta^2} \cdot \mathrm{grad}\ \Theta - \frac{1}{\Theta}\, \frac{\partial \varphi}{\partial q}\, \dot{q} \geqslant 0 \qquad (4.129)$$

Das zusätzliche letzte Glied ist eine Entropieerzeugung durch „Relaxation" der inneren Variablen q. Im oben erläuterten Sinn der irreversiblen Thermodynamik kann man $\partial \varphi / \partial q$ als Kraft auffassen, der zugehörige Fluß ist $\dot{q}/\Theta$. Im thermodynamischen Gleichgewicht ist $\sigma = 0$, und es muß $\partial \varphi / \partial q = 0$ gelten. Dies entspricht Gl. (4.18.5) („Massenwirkungsgesetz"). Die aus (4.129) folgenden Materialgleichungen eines „relaxierenden" newtonschen Fluids, d.h. die Verallgemeinerungen von (4.128), sind

$$\mathbf{q} = -\,\kappa\ \mathrm{grad}\ \Theta$$

$$\mathbf{T}_1 = 2\eta \mathbf{D} + \left(\eta_b - \frac{2}{3}\eta\right)(\mathrm{div}\ \mathbf{v})\,\mathbf{I} + \eta_1\, \frac{\partial \varphi}{\partial q}\, \mathbf{I} \qquad (4.130)$$

$$\dot{q} = \eta_1\ \mathrm{div}\ \mathbf{v} + \eta_2\, \frac{\partial \varphi}{\partial q}$$

Es kommen also zwei neue phänomenologische Koeffizienten η_1 und η_2 hinzu. Die Materialgleichungen gelten für hinreichend kleine Kräfte, d.h. für kleine Abweichungen vom thermodynamischen Gleichgewicht. Die phänomenologischen Koeffizienten sind im allgemeinen Funktionen von Θ und ρ. Die in der zweiten und dritten Gleichung auftretenden, mit η_1 multiplizierten Glieder sind übrigens Ausdruck eines sog. C r o s s - E f f e k t e s : Das Strömungsfeld beeinflußt den Relaxationsvorgang durch das Glied η_1 div v, und der Relaxationsvorgang wirkt auf die Reibungsspannung durch das Glied $\eta_1\, \partial \varphi / \partial q$ I. Man nennt η_1 auch c h e m i s c h e V i s k o s i t ä t .

Die vorstehende Überlegung ist in einer Hinsicht recht unvollständig und skizzenhaft: Sowie die Einführung einer inneren Zustandsvariablen nötig wird, sind gewöhnlich neben der Wärmeleitung (q) und der inneren Reibung des Fluids ($\mathbf{T}_1$) auch Diffusionsvorgänge von Bedeutung. Dies leuchtet ein, wenn die innere Variable q etwa die Bedeutung einer Massenkonzentration in einem Gemisch hat. Die Gemischkomponenten werden bei Anwesenheit von Konzentrationsgradienten durcheinander diffundieren. Die Diffusion ist aber in unserer Überlegung vernachlässigt. In der Tat bringt sie einen weiteren Beitrag zur Entropieerzeugung σ und damit auch weitere Beiträge zu den Materialgleichungen (4.130); bezüglich Einzelheiten muß auf die Literatur verwiesen werden[1]).

2. Die Gibbs-Duhem-Ungleichung (4.112) folgt aus (4.108) mit den im Anschluß an (4.111) näher erläuterten Annahmen. Die Relation (4.108) selbst ist schon eine Verall-

---

[1]) Vgl. B e c k e r , E.: Chemically reacting flows, Ann. Rev. Fluid Mech. **4** (1972), 155–194.

gemeinerung der ursprünglichen Formulierung (4.3) des zweiten Hauptsatzes. Es wird abschließend an einem einfachen Beispiel gezeigt, wie man einige der von (4.108) auf (4.112) führenden Annahmen umgehen, genauer gesagt durch andere Annahmen ersetzen kann. Der Einfachheit halber beschränken wir uns auf die Wärmeleitung in einem ruhenden homogenen und isotropen Medium konstanter Dichte ρ. Die Energiegleichung (4.86) reduziert sich hierfür auf

$$\rho \dot{e} + \operatorname{div} q = 0 \tag{4.131}$$

wobei q der Wärmestrom ist. Wir postulieren nun die Existenz eines skalaren Feldes s und eines Vektorfeldes h mit der Eigenschaft, daß überall und zu allen Zeiten

$$\rho \dot{s} + \operatorname{div} h \geqslant 0 \tag{4.132}$$

gilt. Dies tritt an die Stelle von (4.112). Wir nennen s die Entropie, h den Entropiestrom. Wir nehmen also nicht wie in (4.112) an, daß der Entropiestrom gleich dem durch die absolute Temperatur dividierten Wärmestrom ist; im Gegenteil, dies wird sich jetzt als Ergebnis unserer Überlegungen herausstellen[1]). Weiterhin denken wir uns eine empirische Temperatur ϑ definiert und machen folgende Annahmen über das Material, in dem die Wärmeleitung stattfindet

$$\left.\begin{aligned}
e &= e\,(\vartheta) \\
s &= s\,(\vartheta) \\
q &= q\,(\vartheta, \operatorname{grad}\vartheta) = -\,\kappa\,(\vartheta, g)\,\operatorname{grad}\vartheta \\
h &= h\,(\vartheta, \operatorname{grad}\vartheta) = \quad \lambda\,(\vartheta, g)\,\operatorname{grad}\vartheta
\end{aligned}\right\} \tag{4.133}$$

wobei die Abkürzung $g = (\operatorname{grad}\vartheta)^2$ eingeführt wurde. M.a.W.: Wir nehmen an, daß Energie und Entropie nur von der Temperatur, Wärmestrom und Entropiestrom dagegen auch noch vom Temperaturgradienten abhängen. (Eine Abhängigkeit von der Dichte ist wegen der vorausgesetzten Dichtekonstanz unerheblich für unsere Betrachtung.) In einem isotropen Material müssen dann q und h dem Temperaturgradienten $\operatorname{grad}\vartheta$ proportional sein, wobei die Proportionalitätsfaktoren κ und λ — außer von ϑ — nur noch vom Betrag des Temperaturgradienten, also von g, abhängen können. Zur weiteren Vereinfachung beschränken wir die Überlegungen auf die eindimensionale Wärmeleitung in x-Richtung. Die Beziehungen (4.133) reduzieren sich hier auf[2])

$$q = q(\vartheta, \vartheta_x) = -\,\kappa(\vartheta, \vartheta_x^2)\,\vartheta_x$$

$$h = h(\vartheta, \vartheta_x) = \lambda(\vartheta, \vartheta_x^2)\,\vartheta_x \tag{4.134}$$

und

$$\operatorname{div} q = \frac{dq}{dx} = q_\vartheta\,\vartheta_x + q_{\vartheta_x}\,\vartheta_{xx}$$

$$\operatorname{div} h = \frac{dh}{dx} = h_\vartheta\,\vartheta_x + h_{\vartheta_x}\,\vartheta_{xx} \tag{4.135}$$

---

[1]) Vgl. M ü l l e r , I.: Thermodynamik. Die Grundlagen der Materialtheorie. Düsseldorf 1973.

[2]) Der Entropiestrom h ist nicht mit der spezifischen Enthalpie (vgl. S. 106) zu verwechseln.

Aus der Energiegleichung ergibt sich zunächst

$$\rho\dot{\vartheta} = -\frac{1}{e_\vartheta}\,(q_\vartheta\,\vartheta_x + q_{\vartheta_x}\,\vartheta_{xx}) \qquad (4.136)$$

Einsetzen in die Ungleichung (4.132) ergibt mit den Abkürzungen $\Lambda = s_\vartheta/e_\vartheta$ und $g = \vartheta_x^2$ schließlich

$$(\lambda_\vartheta + \Lambda\kappa_\vartheta)\,g + (\lambda_g + \Lambda\kappa_g)\,2g\,\vartheta_{xx} + (\lambda + \Lambda\kappa)\,\vartheta_{xx} \geqslant 0 \qquad (4.137)$$

Durch geeignete Anfangsvorgabe der Temperaturverteilung kann man sich bei festem ϑ_x beliebige Werte von ϑ_{xx} realisiert denken. Die Ungleichung (4.137) kann deshalb nur dann erfüllt sein, wenn $\lambda + \Lambda\kappa = 0$ und damit auch $\lambda_g + \Lambda\kappa_g = 0$ gilt (man beachte, daß Λ von g nicht abhängt!). Dies bedeutet aber

$$h = \Lambda q \qquad (4.138)$$

Entropie- und Wärmestrom sind einander proportional; der Proportionalitätsfaktor Λ hängt nur von der empirischen Temperatur ϑ ab. Indem man den Grenzfall thermodynamischen Gleichgewichts betrachtet, ergibt sich, daß $\Lambda = 1/\Theta$ sein muß, mit $\Theta =$ absolute Temperatur. Die Ungleichung (4.137) reduziert sich auf die folgende Restungleichung

$$-\Lambda_\vartheta\,\kappa\vartheta_x^2 \geqslant 0 \qquad (4.139)$$

die das eindimensionale Pendant zu $-\,q\cdot\mathrm{grad}\,\Theta/\Theta^2 \geqslant 0$ ist.

Aufgabe 4.10.1. Zwischen zwei parallelen Platten im Abstand d, deren untere ruht und deren obere sich mit der konstanten Geschwindigkeit U in ihrer Ebene bewegt, strömt ein wärmeleitendes newtonsches Fluid (4.128) in einfacher Scherströmung $v = (U/d)\,x_2 e_1$ (Fig. 4.11). Die untere Wand, $x_2 = 0$, soll wärmeisoliert sein, d.h. dort verschwindet die Normalkomponente des Wärmestroms q. Die obere Wand, $x_2 = d$, werde auf der konstanten Temperatur Θ_w gehalten. Bestimmen Sie die Entropieerzeugungsrate σ nach (4.126) sowie die Temperaturverteilung $\Theta(x_2)$ in dem Fluid und diskutieren Sie die Grenzfälle sehr kleiner und sehr großer Wärmeleitfähigkeit κ. Die Dichteänderungen des Fluids werden als klein vernachlässigt.

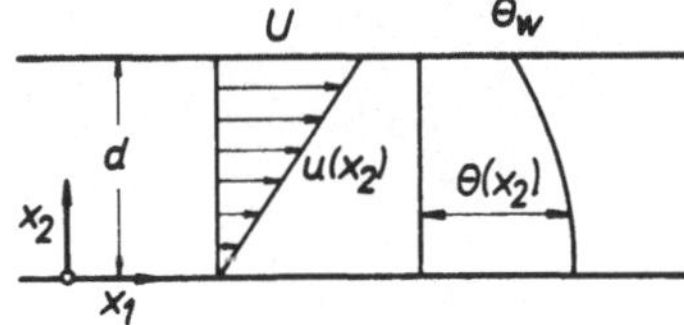

Fig. 4.11
Temperaturverteilung in einfacher Scherströmung
(Aufgabe 4.10.1)

5. Unstetigkeitsflächen

5.1 Sprungrelationen

Bei der Formulierung der mechanischen Bilanzgleichungen in Kapitel 3 und der thermodynamischen Bilanzgleichungen in Kapitel 4 haben wir hinreichende Stetigkeitseigenschaften der vorkommenden Felder vorausgesetzt, so daß alle vorgenommenen Umformungen, z.B. alle Anwendungen des Reynoldsschen Transporttheorems, zulässig waren. Gewisse Erscheinungen in der Kontinuumsmechanik sind aber mit abrupten Änderungen der Feldgrößen um endliche Beträge verknüpft. Ein bekanntes und wichtiges Beispiel sind Verdichtungsstöße; auch die in der Aerodynamik wichtigen Wirbelschichten gehören hierher. In vielen Fällen kann man solche abrupten Änderungen durch Unstetigkeitsflächen in sonst stetigen Feldern beschreiben. Im folgenden untersuchen wir, welche Relationen an diesen Unstetigkeitsflächen aufgrund der Bilanzgleichungen erfüllt sein müssen. Dabei setzen wir voraus, daß in allen nicht auf einer Unstetigkeitsfläche liegenden Punkten die Felder hinreichend stetig sind, so daß die Bilanzgleichungen dort in ihrer differentiellen Form gelten.

Zunächst werden die Bilanzgleichungen in ihrer integralen Form zusammengestellt

M a s s e

$$\frac{D}{Dt} \int_{\mathfrak{B}} \rho \, dV = 0 \tag{5.1}$$

I m p u l s

$$\frac{D}{Dt} \int_{\mathfrak{B}} \rho v_i \, dV = \int_{\partial\mathfrak{B}} \tau_{ik} \, n_k \, dA + \int_{\mathfrak{B}} \rho f_i \, dV \tag{5.2}$$

E n e r g i e

$$\frac{D}{Dt} \int_{\mathfrak{B}} \rho \left(e + \frac{v^2}{2} \right) dV = \int_{\partial\mathfrak{B}} (\tau_{ik} v_i - q_k) \, n_k \, dA + \int_{\mathfrak{B}} \rho f_i v_i \, dV \tag{5.3}$$

E n t r o p i e

$$\frac{D}{Dt} \int_{\mathfrak{B}} \rho s \, dV = - \int_{\partial\mathfrak{B}} \frac{q_i}{\Theta} \, n_i \, dA + \int_{\mathfrak{B}} \rho \left(\frac{\sigma}{\rho} \right) dV \tag{5.4}$$

Sämtliche Bilanzgleichungen sind von folgender allgemeiner Form

$$\frac{D}{Dt} \int_{\mathfrak{B}} \rho \varphi \, dV = - \int_{\partial\mathfrak{B}} \mathbf{w} \cdot \mathbf{n} \, dA + \int_{\mathfrak{B}} \rho \phi \, dV \tag{5.5}$$

Hierbei bedeuten $\mathbf{w}$ den Fluß der Größe $\int_{\mathfrak{B}} \rho\varphi \, dV$ über die Flächeneinheit von $\partial\mathfrak{B}$ und $\rho\phi$ die Erzeugung der Größe $\int_{\mathfrak{B}} \rho\varphi \, dV$ pro Volumen- und Zeiteinheit. Unter hinreichenden Stetigkeitsvoraussetzungen folgt aus (5.5) mit Hilfe des Reynoldsschen Transporttheorems (1.63) zur Umformung der linken Seite und des Gaußschen Satzes zur Umformung des Oberflächenintegrals die differentielle Form der Bilanzgleichung (5.5)

$$\rho \, \frac{D\varphi}{Dt} = - \operatorname{div} \mathbf{w} + \rho\phi \tag{5.6}$$

Wir betrachten nun einen Körper $\mathfrak{B}$, der von einer Unstetigkeitsfläche $\mathfrak{S}$ durchschnitten wird. Auf $\mathfrak{S}$ sollen ρ, φ, $\mathbf{w}$, ϕ, $\mathbf{v}$ um endliche Beträge springen (Fig. 5.1). Die Punkte der Unstetigkeitsfläche $\mathfrak{S}$ denken wir uns identifizierbar und mit der Geschwindigkeit $\mathbf{u}$ im Raum bewegt. Diese Punkte sind im allgemeinen n i c h t identisch mit materiellen Punkten, d.h. $\mathbf{u}$ und $\mathbf{v}$ stimmen nicht überein, denn materielle Punkte werden im allgemeinen durch die Unstetigkeitsfläche hindurchwandern. Es ist nun

$$\int_{\mathfrak{B}} \rho\varphi \, dV = \int_{\mathfrak{B}_1} \rho\varphi \, dV + \int_{\mathfrak{B}_2} \rho\varphi \, dV \tag{5.7}$$

und
$$\frac{D}{Dt} \int_{\mathfrak{B}} \rho\varphi \, dV = \frac{d}{dt} \int_{\mathfrak{B}_1} \rho\varphi \, dV + \frac{d}{dt} \int_{\mathfrak{B}_2} \rho\varphi \, dV \tag{5.8}$$

Die Teilbereiche $\mathfrak{B}_1$ und $\mathfrak{B}_2$ des Körpers $\mathfrak{B}$ sind keine Körper in dem in Abschn. 1.1 erläuterten Sinn, da durch den Oberflächenteil $\mathfrak{S}$ materielle Punkte hindurchwandern. Die Größe $d/dt \int_{\mathfrak{B}_1} \rho\varphi \, dV$ ist die zeitliche Änderung des über den mit der Zeit veränderlichen Bereich $\mathfrak{B}_1$ erstreckten Volumenintegrals. Auf dieses Integral kann man aber das Reynoldssche Transporttheorem, z.B. in der Form (1.54), anwenden. Dies sieht man auf heuristische Weise ein, indem man sich f i k t i v e materielle Punkte denkt, die auf dem mit $\partial\mathfrak{B}$ zusammenfallenden Oberflächenteil $\partial\mathfrak{B}_1$ von $\mathfrak{B}_1$ die Geschwindigkeit $\mathbf{v}$ (also die Geschwindigkeit der echten materiellen Punkte) haben und auf dem Oberflächenteil $\mathfrak{S}$ die Geschwindigkeit $\mathbf{u}$[1]). Man erhält nach (1.54) das Ergebnis

$$\frac{d}{dt} \int_{\mathfrak{B}_1} \rho\varphi \, dV = \int_{\mathfrak{B}_1} \frac{\delta(\rho\varphi)}{\delta t} \, dV + \int_{\partial\mathfrak{B}_1} \rho\varphi \, (\mathbf{v} \cdot \mathbf{n}) \, dA +$$
$$+ \int_{\mathfrak{S}} \rho_1 \, \varphi_1 \, (\mathbf{u} - \mathbf{v}_1) \cdot \mathbf{n} \, dA + \int_{\mathfrak{S}} \rho_1 \, \varphi_1 \, \mathbf{v}_1 \cdot \mathbf{n} \, dA \tag{5.9}$$

---

[1]) Eine Schwierigkeit tritt bei dieser Überlegung deshalb auf, weil in den Kanten, wo $\partial\mathfrak{B}$ und $\mathfrak{S}$ zusammenstoßen (Fig. 5.1), das so definierte Geschwindigkeitsfeld unstetig ist. Die Schwierigkeit läßt sich ausräumen, indem man diese Kanten aus dem Integrationsbereich herausschneidet und den herausgeschnittenen Volumenanteil im Ergebnis gegen null gehen läßt.

Auf $\mathfrak{S}$ bedeutet $\mathbf{n}$ die von $\mathfrak{B}_1$ nach $\mathfrak{B}_2$ gerichtete Flächennormale; der Index 1 bezeichnet den Grenzwert einer Größe bei Annäherung von $\mathfrak{B}_1$ auf $\mathfrak{S}$. Die unterstrichenen, sich gegenseitig aufhebenden Glieder wurden nur eingeführt, um die folgenden Herleitungen zu vereinfachen.

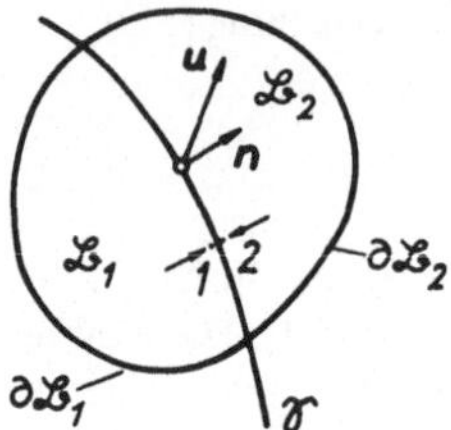

Fig. 5.1
Körper mit Unstetigkeitsfläche

Die Summe des ersten und des letzten Oberflächenintegrals in (5.9) läßt sich nach dem Gaußschen Satz in ein Volumenintegral über $\mathfrak{B}_1$ verwandeln

$$\int_{\partial \mathfrak{B}_1} \rho\varphi(\mathbf{v} \cdot \mathbf{n})\, dA + \int_{\mathfrak{S}} \rho_1\, \varphi_1\, (\mathbf{v}_1 \cdot \mathbf{n})\, dA = \int_{\mathfrak{B}_1} \operatorname{div}(\rho\varphi\mathbf{v})\, dV \tag{5.10}$$

Trägt man dies in (5.9) ein und berücksichtigt die in $\mathfrak{B}_1$ gültige Kontinuitätsgleichung (1.60), so erhält man

$$\frac{d}{dt} \int_{\mathfrak{B}_1} \rho\varphi\, dV = \int_{\mathfrak{B}_1} \rho\, \frac{D\varphi}{Dt}\, dV + \int_{\mathfrak{S}} \rho_1\, \varphi_1\, (\mathbf{u} - \mathbf{v}_1) \cdot \mathbf{n}\, dA \tag{5.11}$$

Analog hierzu leitet man her

$$\frac{d}{dt} \int_{\mathfrak{B}_2} \rho\varphi\, dV = \int_{\mathfrak{B}_2} \rho\, \frac{D\varphi}{Dt}\, dV - \int_{\mathfrak{S}} \rho_2\, \varphi_2\, (\mathbf{u} - \mathbf{v}_2) \cdot \mathbf{n}\, dA \tag{5.12}$$

Durch Addition von (5.11) und (5.12) entsteht die folgende Verallgemeinerung des Reynoldsschen Transporttheorems (1.63) auf den Fall, daß $\mathfrak{B}$ von einer Unstetigkeitsfläche $\mathfrak{S}$ durchschnitten wird

$$\frac{D}{Dt} \int_{\mathfrak{B}} \rho\varphi\, dV = \int_{\mathfrak{B}_1 + \mathfrak{B}_2} \rho\, \frac{D\varphi}{Dt}\, dV - \int_{\mathfrak{S}} [\rho\varphi\,(\mathbf{u} - \mathbf{v})] \cdot \mathbf{n}\, dA \tag{5.13}$$

Die eckigen Klammern werden als Symbol für den Sprung der eingeklammerten Größe auf $\mathfrak{S}$ in Richtung von $\mathbf{n}$ eingeführt; also

$$[\varphi] = \varphi_2 - \varphi_1 \tag{5.14}$$

In diesem Sinne werden die eckigen Klammern in allen Formeln dieses Kapitels benutzt. Auf der rechten Seite von (5.13) haben wir den räumlichen Integrationsbereich mit $\mathfrak{B}_1 + \mathfrak{B}_2$ bezeichnet, um anzudeuten, daß jeweils über die Teilbereiche $\mathfrak{B}_1$ und $\mathfrak{B}_2$

zu integrieren ist (in denen der Integrand nach Voraussetzung stetig ist) und anschließend die beiden Integralwerte addiert werden müssen.

Wir kehren nun zu der allgemeinen Bilanzgleichung (5.5) zurück, die wir um den Term
$\int_{\mathfrak{S}} \psi \, dA$ auf der rechten Seite ergänzen. Damit lassen wir zu, daß auf der Unstetigkeitsfläche $\mathfrak{S}$ die Größe $\int_{\mathfrak{B}} \rho\varphi \, dV$ flächenhafte Quellen besitzt, die zusammen mit dem Term
$\int \rho\phi \, dV$ zu ihrer Erzeugung in $\mathfrak{B}$ beitragen. Weiter unten werden Beispiele für solche
flächenhaften Produktionen angeführt. Mit dieser Ergänzung und unter Beachtung von
(5.13) läßt sich (5.5) in folgender Weise schreiben

$$
\int\limits_{\mathfrak{B}_1+\mathfrak{B}_2} \rho \, \frac{D\varphi}{Dt} \, dV = - \int\limits_{\partial\mathfrak{B}_1} \mathbf{w} \cdot \mathbf{n} \, dA - \int\limits_{\partial\mathfrak{B}_2} \mathbf{w} \cdot \mathbf{n} \, dA + \int\limits_{\mathfrak{B}_1+\mathfrak{B}_2} \rho\phi \, dV +
$$
$$
+ \int\limits_{\mathfrak{S}} \Big\{ \psi + [\rho\varphi(\mathbf{u}-\mathbf{v})] \cdot \mathbf{n} \Big\} \, dA \tag{5.15}
$$

Indem wir im Integranden des Integrals über $\mathfrak{S}$ den Term $-[\mathbf{w}] \cdot \mathbf{n}$ addieren und diesen
Term an anderer Stelle wieder subtrahieren, erhalten wir aus (5.15)

$$
\int\limits_{\mathfrak{B}_1+\mathfrak{B}_2} \rho \, \frac{D\varphi}{Dt} \, dV = \int\limits_{\mathfrak{B}_1+\mathfrak{B}_2} \rho\phi \, dV - \int\limits_{\partial\mathfrak{B}_1} \mathbf{w} \cdot \mathbf{n} \, dA - \int\limits_{\mathfrak{S}} \mathbf{w}_1 \cdot \mathbf{n} \, dA
$$
$$
- \int\limits_{\partial\mathfrak{B}_2} \mathbf{w} \cdot \mathbf{n} \, dA + \int\limits_{\mathfrak{S}} \mathbf{w}_2 \cdot \mathbf{n} \, dA + \int\limits_{\mathfrak{S}} \Big\{ \psi + [\rho\varphi(\mathbf{u}-\mathbf{v}) - \mathbf{w}] \cdot \mathbf{n} \Big\} \, dA \tag{5.16}
$$

Nun ist aber nach Voraussetzung die differentielle Bilanzgleichung (5.6) sowohl in $\mathfrak{B}_1$
als auch in $\mathfrak{B}_2$ erfüllt. Für $\mathfrak{B}_1$ gilt also

$$
\int\limits_{\mathfrak{B}_1} \rho \, \frac{D\varphi}{Dt} \, dV + \int\limits_{\partial\mathfrak{B}_1} \mathbf{w} \cdot \mathbf{n} \, dA + \int\limits_{\mathfrak{S}} \mathbf{w}_1 \cdot \mathbf{n} \, dA - \int\limits_{\mathfrak{B}_1} \rho\phi \, dA
$$
$$
= \int\limits_{\mathfrak{B}_1} \left(\rho \, \frac{D\varphi}{Dt} + \operatorname{div} \mathbf{w} - \rho\phi \right) dV = 0 \tag{5.17}
$$

Entsprechendes gilt für $\mathfrak{B}_2$. In (5.16) heben sich daher alle Terme bis auf das letzte
Integral über $\mathfrak{S}$ auf. Nimmt man Stetigkeit des Integranden auf $\mathfrak{S}$ an, so folgt hieraus
die S p r u n g r e l a t i o n , die auf $\mathfrak{S}$ erfüllt sein muß

$$
[\rho\varphi(\mathbf{u}-\mathbf{v}) - \mathbf{w}] \cdot \mathbf{n} + \psi = 0 \tag{5.18}
$$

Im folgenden leiten wir aus (5.18) durch Spezialisierung die Sprungrelationen für Masse,
Impuls, Energie und Entropie her. Dabei vernachlässigen wir flächenhafte Quellen für
Masse, Impuls, Energie und lassen nur flächenhafte Entropieerzeugung zu (Näheres
hierzu in Abschn. 5.2).

Massenbilanz. Aus dem Vergleich von (5.1) mit (5.5) folgt, daß für die Massenbilanz $\varphi = 1$, $\mathbf{w} = 0$ zu setzen ist. Gleichung (5.18) ergibt hierfür

$$[\rho(\mathbf{u} - \mathbf{v})] \cdot \mathbf{n} = 0 \tag{5.19}$$

Diese Sprungrelation ist leicht zu interpretieren: Nimmt man der Einfachheit halber eine ruhende Unstetigkeitsfläche, $\mathbf{u} = 0$ (oder führt man einen mit $\mathfrak{S}$ bewegten Beobachter ein), so reduziert sich (5.19) auf

$$\rho_1 \mathbf{v}_1 \cdot \mathbf{n} = \rho_2 \mathbf{v}_2 \cdot \mathbf{n} \tag{5.20}$$

Dies sagt aus, daß die pro Zeiteinheit von „links" auf die Flächeneinheit von $\mathfrak{S}$ zuströmende Masse $\rho_1 \mathbf{v}_1 \cdot \mathbf{n}$ gleich ist der pro Zeiteinheit nach „rechts" abströmenden Masse $\rho_2 \mathbf{v}_2 \cdot \mathbf{n}$ (Fig. 5.2)

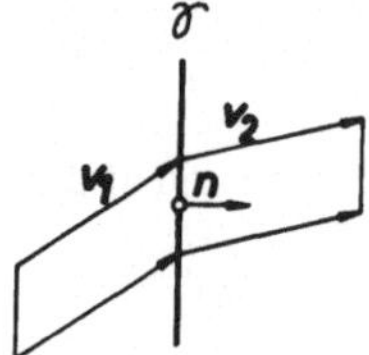

Fig. 5.2
Zur Massenbilanz Gl. (5.20)

Impulsbilanz. Hierfür ist $\varphi = v_i$, $w_k = -\tau_{ik}$. Demnach ergibt (5.18), in symbolischer Schreibweise

$$[\rho\mathbf{v}(\mathbf{u} - \mathbf{v}) \cdot \mathbf{n} + \mathbf{Tn}] = 0 \tag{5.21}$$

Energiebilanz. Hier ist $\varphi = e + v^2/2$, $w_k = -\tau_{ik} v_i + q_k$. Einsetzen in (5.18) und Übergang zur symbolischen Schreibweise ergibt

$$\left[\rho \left(e + \frac{v^2}{2} \right) (\mathbf{u} - \mathbf{v}) + (\mathbf{Tv} - \mathbf{q}) \right] \cdot \mathbf{n} = 0 \tag{5.22}$$

Entropiebilanz. Hier ist $\varphi = s$, $\mathbf{w} = \mathbf{q}/\Theta$. Die flächenhafte Entropieerzeugung ψ kann nach dem zweiten Hauptsatz nicht negativ sein. Demnach ergibt (5.18)

$$\left[\rho s(\mathbf{u} - \mathbf{v}) + \frac{\mathbf{q}}{\Theta} \right] \cdot \mathbf{n} = - \psi \leqslant 0 \tag{5.23}$$

Aufgaben. 5.1.1. Die integralen Bilanzgleichungen für Masse, Impuls, Energie und Entropie lassen sich so schreiben, daß die darin vorkommenden Integrale über den Körper $\mathfrak{B}_0$ und seine Oberfläche $\partial\mathfrak{B}_0$ in der Referenzkonfiguration erstreckt sind. Die entsprechende Impulsbilanz ergibt sich z.B. durch Nullsetzen des in (3.19) angegebenen Ausdrucks; die entsprechende Energiebilanz folgt aus (4.74) unter Beachtung von $q dA = - \mathbf{q}_0 \cdot \mathbf{n}_0 \, dA_0$ usw. Man leite die Sprungrelationen für Masse, Impuls, Energie und Entropie in der materiellen Beschreibungsweise her. Hinweise: Formulieren Sie die der allgemeinen Bilanzgleichung (5.5) und den zugehörigen allgemeinen Sprungrelationen (5.18) entsprechenden Gleichungen in der materiellen Beschreibungsweise. Vergleichen Sie die speziellen Bilanzgleichungen mit der allgemeinen Bilanz und setzen Sie die entsprechenden Felder und Flüsse in die Sprungrelationen ein. Wie bei den allgemeinen Sprungrelationen ist für die Bewegung der Unstetigkeitsfläche nur die Normalkomponente der materiellen Ausbreitungsgeschwindigkeit $\mathbf{u}_0$ relevant: $U = \mathbf{u}_0 \cdot \mathbf{n}_0$ ($\mathbf{n}_0$ Einheitsvektor normal zur Unstetigkeitsfläche in der Bezugskonfiguration).

Ergebnis

$$\rho_0 U [\mathbf{v}] + \left[\Sigma\, \mathbf{n}_0 \right] = \mathbf{0} \qquad\qquad \text{(Impulsbilanz)}$$

$$\rho_0 U \left[e + \frac{\mathbf{v}^2}{2} \right] + \left[\mathbf{v} \cdot \Sigma \mathbf{n}_0 - \mathbf{q}_0 \cdot \mathbf{n}_0 \right] = 0 \qquad\qquad \text{(Energiebilanz)}$$

$$\rho_0 U [s] - \left[\frac{\mathbf{q}_0 \cdot \mathbf{n}_0}{\Theta} \right] + \psi_0 = 0 \qquad\qquad \text{(Entropiebilanz)}$$

Die Symbole haben folgende Bedeutung: Σ Piola-Kirchhoff-Spannungstensor; $\mathbf{q}_0$ „materieller", d.h. auf das Flächenelement in der Bezugskonfiguration bezogener, Energiestromvektor, ψ_0 flächenhafte Entropiequellen. Die Massenbilanz ist von selbst erfüllt.

5.1.2. Ein reibungsfreies Fluid ($\mathbf{T} = -\,\mathbf{pI}$) konstanter Dichte ($\rho = \rho_0$) strömt mit der Geschwindigkeit U_1 und dem Druck p_1 unter dem Winkel α_1 ein ruhendes ($\mathbf{u} = 0$) Sieb an (Fig. 5.3), das auf das Fluid pro Flächeneinheit die Widerstandskraft $W(U_1, \alpha_1)$ ausübt. Das Sieb kann als eine Unstetigkeitsfläche in der Strömung betrachtet werden. Bestimmen Sie den Druck p_2, die Geschwindigkeit U_2 und den Winkel α_2, unter denen das Fluid vom Sieb abströmt. H i n w e i s : Während die Massenbilanz (5.19) für diesen Vorgang gilt, ist die Impulsbilanz um die Widerstandskraft W als flächenhafte Impulsquelle zu ergänzen (vgl. das Heizgitter auf S. 125).

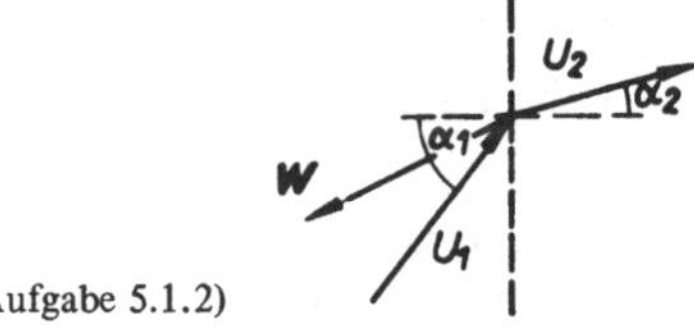

Fig. 5.3
Strömung durch ein Sieb (Aufgabe 5.1.2)

5.2. Beispiele; Verdichtungsstoß

Ein wichtiges Beispiel für Unstetigkeitsflächen der betrachteten Art sind Verdichtungsstöße. Verdichtungsstöße sind ein weit verbreitetes Phänomen; sie kommen in fast allen Kontinua vor. In ihrer einfachsten Form treten sie in Gasen auf, wo sie u.a. Ursache für die von überschallschnellen Flugkörpern ausgehende Knallwelle („sonic boom") sind.

Es handelt sich dabei um Unstetigkeitsflächen, die vom Gas durchströmt werden. Dabei erhöhen sich Druck und Dichte des Gases. In der gasdynamischen Spezialliteratur[1]) wird gezeigt, daß eine Verringerung von Druck und Dichte (d.h. ein „Verdünnungsstoß") in fast allen praktisch vorkommenden Gasen nicht im Einklang mit der Ungleichung (5.23) ist. Physikalisch gesehen sind Verdichtungsstöße in einem Kontinuum keine mathematisch-exakten Unstetigkeiten, sondern schmale Gebiete rapider, wenn auch immer noch stetiger Änderung der Feldgrößen, in denen die innere Reibung und Wärmeleitung eine entscheidende Rolle spielen. Wenn im übrigen Kontinuum dissipative Prozesse vernachlässigt werden können, d.h. im Rahmen einer „reibungsfreien" Theorie, hat man den Verdichtungsstoß als Unstetigkeitsfläche zu betrachten, auf der die Sprungrelationen (5.19), (5.21), (5.22), (5.23) erfüllt sein müssen. Wie in der Gasdynamik im einzelnen gezeigt wird, ändert auch die endliche Breite des Stoßbereiches nichts an der Gültigkeit dieser Relationen, wenn nur unwesentliche – und fast immer zutreffende – Zusatzvoraussetzungen erfüllt sind[2]) und wenn die „Sprünge" der Feldgrößen als Differenzen der Werte dieser Größen auf beiden Seiten des endlich breiten Stoßbereiches interpretiert werden. Wir studieren im folgenden Verdichtungsstöße in einem sonst reibungs- und wärmeleitungsfreien Gas. In einem solchen Gas ist der Spannungstensor kugelsymmetrisch, $\mathbf{T} = -p\,\mathbf{I}$, und es fließt keine Wärme, $\mathbf{q} = 0$. Durch geeignete Wahl des Bezugssystems kann man stets erreichen, daß die Stoßfläche lokal ruht ($\mathbf{u} = 0$) und daß das Fluid senkrecht auf die Stoßfläche zuströmt ($\mathbf{v}_1 \parallel \mathbf{n}$, Fig. 5.4). Wir setzen

$$\mathbf{v}_1 = v_1\,\mathbf{n}, \qquad \mathbf{v}_2 = v_2\mathbf{n} + v_t\mathbf{t} \tag{5.24}$$

(mit dem tangentialen Einheitsvektor $\mathbf{t} \perp \mathbf{n}$). Aus (5.20) folgt dann

$$\rho_1\,v_1 = \rho_2\,v_2 \tag{5.25}$$

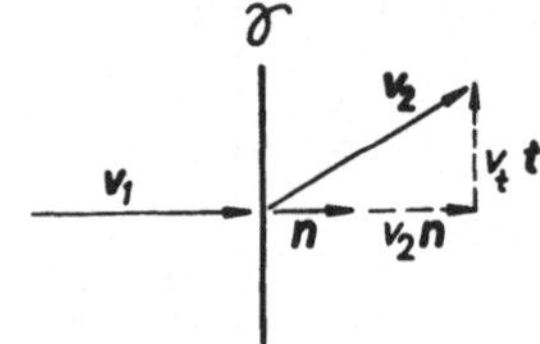

Fig. 5.4
Zur Herleitung der Stoßrelationen

Aus der Vektorgleichung (5.21) ergeben sich die beiden folgenden Komponentengleichungen (in den Richtungen von $\mathbf{n}$ und $\mathbf{t}$)

$$\rho_1\,v_1^2 + p_1 = \rho_2\,v_2^2 + p_2 \tag{5.26}$$

$$0 = \rho_2\,v_2\,v_t \tag{5.27}$$

---

[1]) B e c k e r , E.: Gasdynamik, Stuttgart 1969.

[2]) z.B. muß die Stoßbreite klein gegen den Krümmungsradius des Stoßes bleiben.

Da mit $\rho \neq 0$ und $v_1 > 0$ nach (5.25) auch $v_2 > 0$ sein muß, schließen wir aus (5.27) auf $v_t = 0$. Auch die Abströmungsgeschwindigkeit v_2 ist demnach parallel zu $\mathbf{n}$ gerichtet. Wir können deshalb die Betrachtung auf einen „geraden Verdichtungsstoß" beschränken, bei dem die lokal ebene Stoßfläche senkrecht durchströmt wird. Aus (5.22) ergibt sich noch

$$\rho_1 \, v_1 \left(e_1 + \frac{p_1}{\rho_1} + \frac{v_1^2}{2} \right) = \rho_2 \, v_2 \left(e_2 + \frac{p_2}{\rho_2} + \frac{v_2^2}{2} \right) \tag{5.28}$$

Wegen (5.25) kann man die Faktoren $\rho_1 \, v_1$ und $\rho_2 \, v_2$ aus dieser Relation herauskürzen. Schließlich folgt aus (5.23)

$$\rho_2 \, v_2 \, s_2 - \rho_1 \, v_1 \, s_1 = \rho_1 \, v_1 \, (s_2 - s_1) \geqslant 0 \tag{5.29}$$

Die Entropie des Fluids kann also beim Durchgang durch den Stoß nicht abnehmen. Die physikalische Ursache für die flächenhafte Entropieerzeugung ψ ist in innerer Reibung und Wärmeleitung in dem in Wirklichkeit endlich breiten Stoßbereich zu suchen. Reibung und Wärmeleitung haben räumlich verteilte Entropiequellen zur Folge, die bei Idealisierung des Stoßes als Unstetigkeitsfläche sich als flächenhafte Entropiequellen darstellen.

Die Beziehungen (5.25), (5.26), (5.28) sind als Stoßrelationen, oder genauer als R a n k i n e - H u g o n i o t s c h e S t o ß r e l a t i o n e n bekannt. Durch Elimination der Geschwindigkeiten v_1 und v_2 aus diesen Relationen leitet man die folgende, mit „Hugoniotadiabate" bezeichnete Beziehung zwischen den Zustandsgrößen e, p, ρ auf beiden Seiten des Stoßes her

$$e_2 - e_1 = \frac{p_2 + p_1}{2} \left(\frac{1}{\rho_1} - \frac{1}{\rho_2} \right) \tag{5.30}$$

Seither war flächenhafte Erzeugung von Masse, Impuls und Energie ausgeschlossen. Bei manchen Anwendungen der Theorie ist es aber sinnvoll, solche Flächenquellen zuzulassen. Dies sei an folgendem Beispiel erläutert: Durch ein Rohr ströme ein Fluid. In einem bestimmten Rohrquerschnitt befinde sich ein elektrisch geheiztes Drahtgitter (Fig. 5.5). Wenn man auf das detaillierte Studium der lokalen Vorgänge unmittelbar am Gitter verzichtet, kann man dieses Gitter als Unstetigkeitsfläche in der Fluidströmung betrachten. An dieser Unstetigkeitsfläche wird dem Fluid durch die Heizung Energie zugeführt, was durch einen entsprechenden zusätzlichen Quellenterm ψ in der Sprungrelation (5.22) für die Energie berücksichtigt werden kann. Das Gitter verursacht auch einen Strömungswiderstand, d.h. es übt eine über die Gitterfläche verteilte Kraft auf

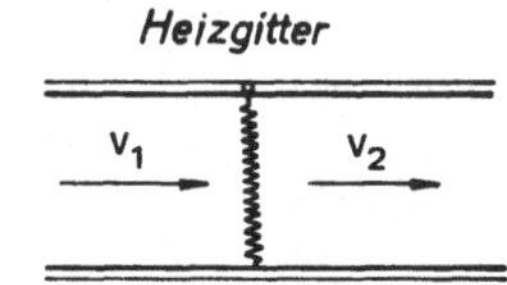

Fig. 5.5
Strömung durch ein Heizgitter

das Fluid (entgegen der Strömungsrichtung) aus. Eine solche Flächenkraft entspricht einer flächenhaften Impulserzeugung, was durch einen entsprechenden Term in der Sprungrelation (5.21) für den Impuls berücksichtigt werden kann.

Die Sprungrelation (5.19) ist übrigens immer dann erfüllt, wenn auf beiden Seiten der Unstetigkeitsfläche $(u - v) \cdot n = 0$ ist. Man spricht in diesem Fall von K o n t a k t - u n s t e t i g k e i t e n. An Kontaktunstetigkeiten muß hiernach entweder **v** mit **u** übereinstimmen (und damit stetig sein) – dies ergibt Kontaktunstetigkeiten im engeren Sinn. Eine solche Kontaktunstetigkeit trennt z.B. im Stoßwellenrohr das treibende von dem getriebenen Gas – oder es muß **u** –**v** auf beiden Seiten der Kontaktunstetigkeit senkrecht zu **n** gerichtet sein. Die Geschwindigkeiten **v** – **u** der materiellen Punkte relativ zur Kontaktunstetigkeit sind dann auf beiden Seiten parallel zur Kontaktfläche. Hier spricht man von einer W i r b e l s c h i c h t. Beide Arten von Kontaktunstetigkeiten werden vom Medium nicht durchströmt. Für Kontaktunstetigkeiten liefert die Relation (5.21) das Ergebnis [**Tn**] = 0; der Spannungsvektor ist also an einer Kontaktfläche stetig. In einem reibungsfreien Fluid muß damit auf beiden Seiten der Unstetigkeit gleicher Druck p herrschen.

Ergänzung. Man kann die Sprungrelationen für Verdichtungsstöße in einer etwas anderen Form als der oben angegebenen herleiten und schreiben. Wir zeigen dies unter Beschränkung auf eindimensionale Bewegung des Kontinuums in x-Richtung; die Bewegung sei durch $x = x(\xi, t)$ gegeben. Der Ort des Stoßes liege durch $x = x_s(t)$ oder $\xi = \xi_s(t)$ fest (Fig. 5.6). Die Stoßgeschwindigkeit ist dann durch $u = dx_s/dt$ gegeben.

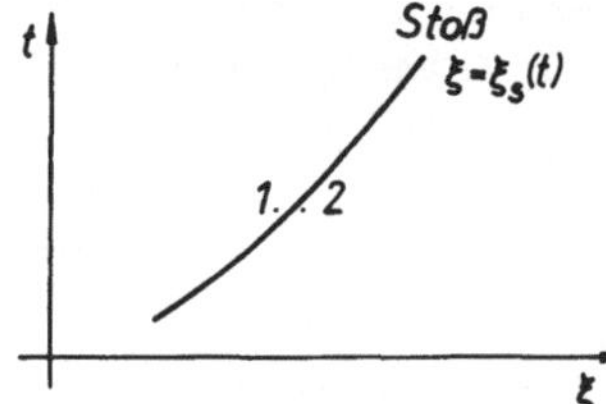

Fig. 5.6
Weg des Stoßes im ξ-t-Diagramm

Wir definieren noch die „materielle" Stoßgeschwindigkeit U durch

$$U = d\xi_s/dt \tag{5.31}$$

Es sei nun eine Funktion $f(\xi, t)$ gegeben, die am Stoß einen Sprung endlicher Größe $[f] = f_2 - f_1$ erleidet. Die zeitliche Änderung des Sprunges [f] beim Fortschreiten längs des Stoßes wird gegeben durch

$$\frac{d[f]}{dt} = \frac{\partial(f_2 - f_1)}{\partial t} + U\,\frac{\partial(f_2 - f_1)}{\partial \xi} \tag{5.32}$$

D.h.
$$\frac{d[f]}{dt} = \left[\frac{\partial f}{\partial t}\right] + U\left[\frac{\partial f}{\partial \xi}\right] \tag{5.33}$$

Die Bewegung $x(\xi, t)$ muß über den Stoß hinweg stetig sein, da der Zusammenhang des Materials nicht verlorengehen darf (Abschn. 1.1). Daher ergibt sich aus (5.33) mit $f = x$, $\partial x/\partial t = v$ (Geschwindigkeit der materiellen Punkte) und $[f] = [x] = 0$

$$[v] = -U[\partial x/\partial \xi] = -U[F] \tag{5.34}$$

Es ist aber bei eindimensionaler Bewegung $\partial x/\partial \xi = F = \rho_0/\rho$. Hiermit geht (5.34) über in[1])

$$v_2 - v_1 = - U\rho_0 \left(\frac{1}{\rho_2} - \frac{1}{\rho_1} \right) \tag{5.35}$$

Ohne Beschränkung der Allgemeinheit kann man den Zustand „2" auf dem rechten Ufer des Stoßes als Referenzzustand wählen, so daß $\rho_2 = \rho_0$ gilt. Dann ist aber

$$u = U + v_2 \tag{5.36}$$

Der Stoß wandert nämlich mit der Geschwindigkeit U relativ zu den materiellen Punkten vor dem Stoß, die sich selbst mit der Geschwindigkeit v_2 bewegen. Setzt man $U = u - v_2$ und $\rho_0 = \rho_2$ in (5.35) ein, so erhält man

$$\rho_2 (u - v_2) = \rho_1 (u - v_1) \tag{5.37}$$

Dies stimmt mit der auf eindimensionale Bewegung spezialisierten Massenbilanz (5.19) überein; die hiermit auf anderem Wege als in Abschn. 5.1 hergeleitet wurde.

Man kann mit der hier eingeführten Bezeichnung die Impulsbilanz (5.21) in folgender Form schreiben

$$- \rho_0 U[v] = [\sigma] \tag{5.38}$$

wobei die Bezeichnung σ für die Spannung eingeführt wurde. Die Energiebilanz (5.22) läßt sich, mit $q = 0$, auf folgende Form bringen

$$- \rho_0 U \left[e + \frac{v^2}{2} \right] = [\sigma v] \tag{5.39}$$

Aus (5.38) und (5.34) folgt für die materielle Stoßgeschwindigkeit

$$\rho_0 U^2 = [\sigma]/[F] \tag{5.40}$$

Auf diese Formel kommen wir in Abschn. (5.3) zurück.

Aufgaben. 5.2.1. Eine Unstetigkeitsfläche in einem Kontinuum bewegt sich mit der materiellen Ausbreitungsgeschwindigkeit U in Richtung ihrer Flächenormale n_0 (Einheitsvektor) in der Bezugskonfiguration (Fig. 5.7). Beweisen Sie die kinematischen Sprungrelationen $[v] + U[Fn_0] = 0$ und $[Ft_0] = 0$ ($t_0 \perp n_0$ tangentialer Einheitsvektor

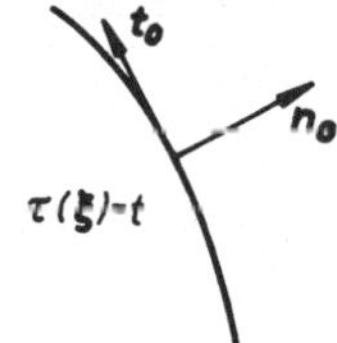

Fig. 5.7
Erläuterung zu Aufgabe 5.2.1

---

[1]) Man beachte, daß v_1 und v_2 — anders als in der vorausgehenden Betrachtung — jetzt Geschwindigkeiten in einem Bezugssystem bedeuten, in dem der Verdichtungsstoß sich mit der Geschwindigkeit u bewegt.

an die Sprungfläche), die die Gleichung (5.34) ins Dreidimensionale verallgemeinern. Diese Bedingungen entsprechen übrigens der Verträglichkeitsbedingung $\partial F/\partial t = \partial^2 x/\partial \xi\, \partial t = \partial v/\partial \xi$ im übrigen Kontinuum und bedeuten, daß das Kontinuum nicht zerreißt, $[x(\xi, t)] = 0$.

5.2.2. Ausgehend von den Sprungrelationen in der materiellen Beschreibungsweise (Ergebnisse der Aufgaben 5.1.1 und 5.2.1) leite man für eine Unstetigkeitsfläche in einem allgemeinen nicht wärmeleitenden ($q_0 = 0$) Kontinuum die folgenden Beziehungen her: a) die (5.40) verallgemeinernde Gleichung für die Ausbreitungsgeschwindigkeit U der Unstetigkeitsfläche, b) die (5.30) entsprechende Gleichung der „Hugoniot-Adiabate". H i n w e i s e : Es ist zweckmäßig, Einheitsvektoren normal und tangential zur Unstetigkeitsfläche einzuführen, und zwar n, t in der aktuellen Konfiguration und n_0, t_0 in der Bezugskonfiguration, und die Komponenten $F_{tn_0} = t \cdot Fn_0$, $\sigma_{nn_0} = n \cdot \Sigma n_0$ usw. des Deformationsgradienten bzw. des Piola-Kirchhoff-Tensors zu betrachten. $F_{nn_0} \neq 0$ bedeutet, daß der Stoß einen longitudinalen (Verdichtungsstoß-)Anteil hat; $F_{tn_0} \neq 0$ bedeutet, daß der Stoß einen transversalen (Scherstoß-)Anteil hat. Beachten Sie zur Umformung der Energiebilanz am Stoß die für zwei Funktionen f, g geltende Identität $[fg] = [f]\,[g] + f_1[g] + [f]g_1$.

5.2.3. Ein kalorisch ideales Gas genügt der Zustandsgleichung $e = p/(\gamma - 1)\,\rho$ mit konstantem Adiabatenexponenten γ. Die Schallgeschwindigkeit in einem solchen Gas ist durch $a^2 = \gamma p/\rho$ gegeben. Die örtliche Machzahl M ist als Verhältnis des Betrages der örtlichen Stömungsgeschwindigkeit zur örtlichen Schallgeschwindigkeit definiert: $M = |v|/a$.

a) Man leite hiermit für ein kalorisch ideales Gas aus den oben angegebenen Stoßrelationen das Druckverhältnis p_2/p_1 und das Dichteverhältnis ρ_2/ρ_1 als Funktionen der Anströmmachzahl $M_1 = v_1/a_1$ her. Das Ergebnis zeigt, daß p_2/p_1 und ρ_2/ρ_1 vom Wert 1 für $M_1 = 1$ an mit M_1 monoton wachsen. Für $M_1 \to \infty$ geht $p_2/p_1 \to \infty$, ρ_2/ρ_1 strebt gegen den endlichen Grenzwert $(\gamma + 1)/(\gamma - 1)$ (für Luft ist $\gamma = 1, 4$, d.h. $\rho_2/\rho_1 \to 6$).

b) Die Entropie eines kalorisch idealen Gases ist durch $s = \text{const} \cdot \ln(p/\rho^\gamma)$ gegeben. Mit den Ergebnissen des Teiles a) der Aufgabe zeige man, daß nur für $M_1 \geqslant 1$, und somit auch $\rho_2/\rho_1 \geqslant 1$ die Relation $s_2 \geqslant s_1$ erfüllt ist. M.a.W.: Es sind nur Verdichtungs-, aber keine Verdünnungsstöße möglich.

5.3 Einfache Wellen; Entstehung von Stoßunstetigkeiten

In Abschn. 5.2 wird erwähnt, daß Verdichtungsstöße bei der Bewegung von Kontinua häufig vorkommen. Meistens sind Verdichtungsstöße jedoch keineswegs von Anfang an in einer Bewegung vorhanden, insbesondere dann nicht, wenn das Kontinuum aus der Ruhe heraus in Bewegung gesetzt wird. Daher taucht die Frage auf, wie Verdichtungsstöße entstehen. Hiermit befassen sich die folgenden Überlegungen.

Wir beschränken die Erörterung auf eindimensionale Bewegungen, $x_1 = x_1(\xi_1, t)$, mit der einzigen nichtverschwindenden Komponente des Deformationsgradienten $F_{11} = \partial x_1(\xi_1, t)/\partial \xi_1$. Der Index „1" ist offenbar überflüssig und wird deshalb im folgenden weggelassen werden. Die Geschwindigkeit wird mit v abgekürzt, $v(\xi, t) = \partial x(\xi, t)/\partial t$; die einzige relevante Spannungskomponente τ_{11} wird σ genannt. Es sei angemerkt, daß bei eindimensionaler Bewegung kein Unterschied zwischen der Piola-Kirchhoff-Spannung σ_{11} und der Cauchy-Spannung τ_{11} besteht (vgl. den Zusammenhang (3.22) zwischen beiden Spannungen). Eine eindimensionale Bewegung läßt sich beispielsweise leicht in einem Gas realisieren, das in einem zylindrischen Rohr eingeschlossen ist. Durch Verschiebung eines Kolbens, der das Rohr einseitig abschließt, wird das Gas in Achsenrichtung, also eindimensional, in Bewegung gesetzt. Eine analoge Bewegung ist in jedem kompressiblen Material möglich — Im folgenden behalten wir ξ und t als unabhängige Variablen bei, wählen also die „materielle" Beschreibungsweise der Bewegung und nicht etwa die Feldbeschreibung mit x und t als unabhängigen Variablen.

Aus der Definition der Geschwindigkeit v und des Deformationsgradienten F folgt

$$\frac{\partial v}{\partial \xi} = \frac{\partial F}{\partial t} \tag{5.41}$$

Die differentielle Impulsbilanz (3.25) reduziert sich bei fehlender Massenkraft $\mathbf{f}$ für eindimensionale Bewegung auf

$$\frac{\partial v}{\partial t} = \frac{1}{\rho_0} \frac{\partial \sigma}{\partial \xi} \tag{5.42}$$

Die Referenzdichte ρ_0 sei von ξ unabhängig. Wir nehmen an, das Kontinuum werde durch eine Materialgleichung der Form $\sigma = \sigma(F)$ beschrieben (vgl. hierzu auch Kapitel 6 und 7). Dies trifft für die in Kapitel 4 betrachtete Materialklasse zu. Wie dort (speziell in Abschn. 4.6) erläutert, umfaßt diese Klasse sowohl elastische Festkörper als auch kompressible Fluide (Gase). Allerdings hängt die Spannung in diesen Materialien außer vom Deformationsgradienten noch von einer weiteren thermodynamischen Zustandsgröße ab; für diese weitere Zustandsgröße kann man die Entropie wählen. In dem „Beispiel" von Abschn. 4.8 wird aber gezeigt, daß die Bewegungen der in Kapitel 4 betrachteten Materialklasse isentrop verlaufen, d.h. ohne Änderung der Entropie. Die Entropie spielt daher nur die Rolle eines konstanten Parameters und kann bei den folgenden Betrachtungen außer acht bleiben.

Wir definieren nun die „materielle" Schallgeschwindigkeit b als positive Wurzel des folgenden Ausdrucks

$$b^2 = \frac{1}{\rho_0} \frac{d\sigma}{dF} \tag{5.43}$$

Aus Gründen thermodynamischer Stabilität des Materials muß b^2 positiv sein; dies ist eine Konsequenz der im Anschluß an Gl. (4.23) erwähnten Bedingung $\partial^2 e/\partial F_{11}^2 > 0$;

dann kann b positiv gewählt werden. Übrigens geht die durch (5.40) gegebene materielle Stoßgeschwindigkeit in der Grenze verschwindender Stoßstärke, d.h. für $[F] \to 0$, in die materielle Schallgeschwindigkeit b über. Neben der materiellen Schallgeschwindigkeit ist die „räumliche" Schallgeschwindigkeit a, oder Schallgeschwindigkeit schlechthin, folgendermaßen definiert[1])

$$a^2 = (bF)^2 = \frac{F^2}{\rho_0} \frac{d\sigma}{dF} \tag{5.44}$$

Um den Unterschied zwischen beiden Schallgeschwindigkeiten verstehen zu können, denke man sich einen infinitesimalen Verdichtungsstoß („Schallwelle") durch das Medium wandernd. In der ξ, t-Ebene sei die Stoßbahn durch $\xi = \xi_s(t)$ festgelegt, in der x, t-Ebene durch $x = x_s(t)$. Es gilt dann $d\xi_s/dt = b$ und $dx_s/dt = a + v$, wobei v die Geschwindigkeit der materiellen Punkte ist. Für Fluide führt man anstelle von σ den Druck $p = -\sigma$ und anstelle von F die Dichte $\rho = \rho_0/F$ ein. Damit geht (5.44) in die bekannte Formel $a^2 = dp/d\rho$ für die Schallgeschwindigkeit in Fluiden über.

Unter Verwendung der Definition (5.43) läßt sich (5.42) in folgender Form schreiben

$$\frac{\partial v}{\partial t} = b^2 \frac{\partial F}{\partial \xi} \tag{5.45}$$

Nach (5.43) ist b^2 als Funktion von F bekannt. Damit ist (5.41,45) ein System zweier partieller Differentialgleichungen für $v(\xi, t)$ und $F(\xi, t)$. Wäre b^2 unabhängig von F konstant, so könnte man F aus dem System leicht mit folgendem Ergebnis eliminieren

$$\frac{\partial^2 v}{\partial t^2} = b^2 \frac{\partial^2 v}{\partial \xi^2} \tag{5.46}$$

Dies ist die bekannte lineare Wellengleichung. Sie beschreibt dann die Bewegung des Kontinuums, wenn diese in einer „hinreichend" kleinen Störung der Referenzkonfiguration besteht. Für b^2 hat man in diesem Fall den Wert der Schallgeschwindigkeit in der Referenzkonfiguration einzusetzen. Auf lineare Wellenausbreitung gehen wir in anderem Zusammenhang in Abschn. 6.5 ein. Im folgenden betrachten wir das volle nichtlineare System (5.41,45). Indem wir beide Seiten von (5.41) mit b multiplizieren und das Ergebnis einmal von (5.45) subtrahieren, das andere Mal zu (5.45) addieren, erhalten wir das System in folgender Form

$$\frac{\partial v}{\partial t} + b \frac{\partial v}{\partial \xi} - b\left(\frac{\partial F}{\partial t} + b \frac{\partial F}{\partial \xi}\right) = 0 \tag{5.47}$$

$$\frac{\partial v}{\partial t} - b \frac{\partial v}{\partial \xi} + b\left(\frac{\partial F}{\partial t} - b \frac{\partial F}{\partial \xi}\right) = 0 \tag{5.48}$$

---

[1]) Die Definition setzt eindimensionale Bewegung voraus.

Nun führen wir in der ξ, t-Ebene zwei Kurvenscharen $\mathfrak{L}_1$ und $\mathfrak{L}_2$, die C h a r a k t e - r i s t i k e n des Systems (5.47,48), durch folgende Vorschrift, oder C h a r a k t e - r i s t i k e n b e d i n g u n g, ein

$$\mathfrak{L}_1: \quad \frac{d\xi}{dt} = +\,b\,, \qquad \mathfrak{L}_2: \quad \frac{d\xi}{dt} = -\,b \tag{5.49}$$

Da b von F abhängt, liegen die Charakteristiken nicht a priori in der ξ, t-Ebene fest, sondern sie hängen von der Lösung des Systems (5.47,48) ab und müssen in konkreten Aufgaben mit dieser Lösung mitbestimmt werden.

Die zeitliche Änderung irgendeiner Größe $\varphi(\xi, t)$ beim Fortschreiten längs einer Charakteristik $\mathfrak{L}_1$ oder $\mathfrak{L}_2$ ist durch die Richtungsableitungen $\partial\varphi/\partial t + b\,\partial\varphi/\partial\xi$ oder $\partial\varphi/\partial t - b\,\partial\varphi/\partial\xi$ gegeben. Wenn man dies beachtet, erkennt man, daß das System (5.47,48) folgendes aussagt

$$dv - b\,dF = 0 \qquad \text{beim Fortschreiten auf } \mathfrak{L}_1 \tag{5.50}$$

$$dv + b\,dF = 0 \qquad \text{beim Fortschreiten auf } \mathfrak{L}_2$$

Hierbei sind dv und dF die Differentiale von v und F beim Fortschreiten auf der jeweiligen Charakteristik. Die Relationen (5.50) kann man noch einfacher schreiben, wenn man die folgende Funktion $\omega(F)$ einführt

$$\omega(F) = \int_1^F b(F)\,dF \tag{5.51}$$

Damit geht nämlich (5.50) über in

$$d(v - \omega) = 0 \quad \text{beim Fortschreiten auf } \mathfrak{L}_1 \tag{5.52}$$

$$d(v + \omega) = 0 \quad \text{beim Fortschreiten auf } \mathfrak{L}_2$$

Dies heißt aber

$$v - \omega = \text{const} \quad \text{auf } \mathfrak{L}_1 \tag{5.53}$$

$$v + \omega = \text{const} \quad \text{auf } \mathfrak{L}_2$$

Die Größen $v - \omega$ und $v + \omega$ werden Riemannsche Invarianten genannt; nach (5.53) ist jeweils eine der beiden Invarianten auf den Charakteristiken jeweils einer Schar konstant. Der Wert der Konstanten wird sich natürlich im allgemeinen von Charakteristik zu Charakteristik ändern. Diese Tatsachen liefern den Schlüssel zur Lösung konkreter Randwertaufgaben für das System (5.41,45).

Mit dem Endziel, die Verdichtungsstoßentstehung zu verstehen, betrachten wir, unter Beschränkung auf $\xi \geqslant 0$, folgendes Randwertproblem (Fig. 5.8): Zur Zeit $t = 0$ sei das Material überall in Ruhe ($v = 0$) und in der Referenzkonfiguration ($F = 1$, d.h. $\omega = 0$). Für alle Zeiten $t > 0$ sei die Geschwindigkeit des materiellen Punktes $\xi = 0$ durch $v(0, t) = v_0(t)$ vorgeschrieben. M.a.W.: In der ξ, t-Ebene sind auf der positiven ξ-Achse v und ω vorgegeben (beide Größen sind dort null) und auf der positiven t-Achse ist

$v = v_0(t)$ vorgegeben. Mit diesen Vorgaben läßt sich die Lösung $v(\xi, t)$, $F(\xi, t)$ des Systems (5.41,45) im ganzen ersten Quadranten der ξ, t-Ebene bestimmen. Die hier formulierte Randwertaufgabe entspricht übrigens der durch Kolbenverschiebung erzeugten Gasbewegung in einem zylindrischen Rohr: Der am Kolben haftende materielle Punkt des Gases wird durch die materielle Koordinate $\xi = 0$ charakterisiert, der Kolben wird vom Zeitpunkt $t = 0$ an mit der Geschwindigkeit $v_0(t)$ bewegt. Natürlich kann man sich das Gas durch ein anderes Medium, etwa ein festes elastisches Medium, ersetzt denken.

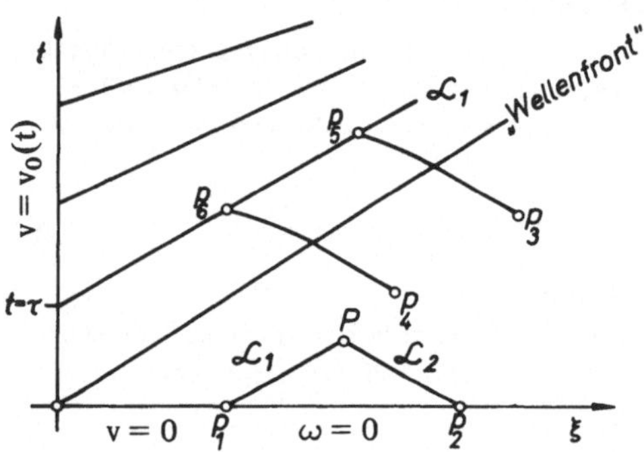

Fig. 5.8
Einfache Welle

In Fig. 5.8 ist die ξ, t-Ebene mit einigen Charakteristiken $\mathfrak{L}_1$ und $\mathfrak{L}_2$ skizziert. Rechts von der durch den Ursprung gehenden $\mathfrak{L}_1$-Charakteristik ist $v = \omega = 0$. Dies sieht man folgendermaßen ein: Man verbindet einen in diesem Gebiet liegenden Punkt P durch zwei Charakteristiken $\mathfrak{L}_1$ und $\mathfrak{L}_2$ mit den Punkten P_1 und P_2 auf der ξ-Achse. Nach (5.53) gilt

$$v(P) - \omega(P) = v(P_1) - \omega(P_1) = 0$$
$$v(P) + \omega(P) = v(P_2) + \omega(P_2) = 0$$

(5.54)

Hieraus folgt $v(P) = \omega(P) = 0$, und dies gilt für alle Punkte P rechts von der durch den Nullpunkt gehenden $\mathfrak{L}_1$-Charakteristik. Damit ist in diesem Gebiet $F = 1$; das Medium ist dort in seiner Referenzkonfiguration in Ruhe. Daraus folgt übrigens, daß sowohl die $\mathfrak{L}_1$- als auch die $\mathfrak{L}_2$-Charakteristiken in diesem Gebiet Geraden sind, deren Neigungen durch die konstanten Werte $\pm\, b(1)$ nach (5.49) festliegen. Speziell ist auch die durch den Nullpunkt gehende $\mathfrak{L}_1$-Charakteristik eine Gerade. Diese Gerade ist in der ξ, t-Ebene das Bild der Wellenfront, die mit der Schallgeschwindigkeit $b(1)$ nach rechts ins ruhende Medium wandert und das Ruhegebiet rechts der Wellenfront von dem Gebiet links der Wellenfront trennt, wo sich das Medium bewegt.

Links von der Wellenfront sind v und ω auf jeder $\mathfrak{L}_1$-Charakteristik jeweils konstant. Dies zeigt man durch Betrachtung der beiden auf einer $\mathfrak{L}_1$-Charakteristik liegenden Punkte P_5 und P_6, die durch jeweils eine $\mathfrak{L}_2$-Charakteristik mit den im Ruhegebiet liegenden Punkten P_3 und P_4 verbunden sind. Nach (5.53) gilt

$$v(P_6) - \omega(P_6) = v(P_5) - \omega(P_5)$$

$$v(P_6) + \omega(P_6) = v(P_4) + \omega(P_4) = 0 \tag{5.55}$$

$$v(P_5) + \omega(P_5) = v(P_3) + \omega(P_3) = 0$$

Aus diesen Relationen folgen die Gleichungen $v(P_6) = v(P_5)$ und $\omega(P_6) = \omega(P_5)$.
D.h. v und ω, und damit auch F, sind auf jeder $\mathcal{L}_1$-Charakteristik konstant. Damit sind
alle diese Charakteristiken ebenfalls gerade. Wie man (5.55) entnimmt, gilt außerdem

$$v = - \omega \tag{5.56}$$

Da (5.56) rechts der Wellenfront mit $v = \omega = 0$ trivialerweise erfüllt ist, gilt (5.56) im
ganzen ersten Quadranten der ξ, t-Ebene.

Die Lösung $v(\xi, t)$, $\omega(\xi, t)$ des Systems (5.41, 45) ist nach diesen Überlegungen auch
links von der Wellenfront bekannt: Um den auf jeder $\mathcal{L}_1$-Charakteristik jeweils konstanten Wert von v zu finden, geht man auf der betreffenden Charakteristik bis zur
Stelle $\xi = 0$, also bis zur t-Achse zurück, denn auf der t-Achse ist v vorgegeben:
$v(0, t) = v_0(t)$. Beziffert man die $\mathcal{L}_1$-Charakteristiken links von der Wellenfront mit
einem Parameter τ derart, daß τ mit dem Wert von t im Punkte $\xi = 0$ der $\mathcal{L}_1$-Charak-
teristik übereinstimmt, so kann man demnach die Lösung links von der Wellenfront
in der Form $v(\xi, t) = v_0(\tau)$ schreiben. Mit v ist nach (5.56) auch ω und somit auch
F bekannt. Da durch F die konstante Neigung jeder $\mathcal{L}_1$-Charakteristik festliegt, sind
auch die $\mathcal{L}_1$-Charakteristiken bestimmt, und die Lösung links von der Wellenfront ist
damit vollständig konstruiert.

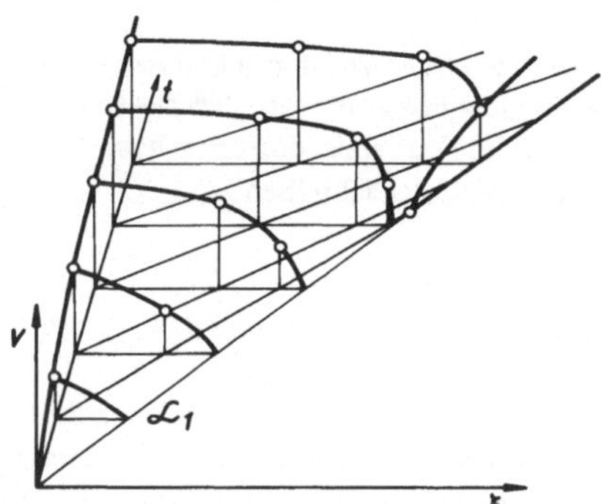

Fig. 5.9
Aufsteilung einer einfachen Welle

Der qualitative Verlauf der Lösung $v(\xi, t)$ ist für eine spezielle Anfangsverteilung $v_0(t)$
in Fig. 5.9 skizziert. Man nennt eine Lösung des Systems (5.41, 45), auf der v und ω
auf geraden $\mathcal{L}_1$-Charakteristiken konstant sind, eine e i n f a c h e   W e l l e. An Hand
von Fig. 5.9 schließt man, daß der Verlauf von v mit ξ mit wachsender Zeit immer
steiler wird, wenn die von der t-Achse ausgehenden $\mathcal{L}_1$-Charakteristiken konvergieren.
Diese Konvergenz führt mit Notwendigkeit dazu, daß nach endlicher Zeit $\partial v/\partial \xi$, und
damit auch $\partial v/\partial t$, über alle Grenzen wächst. Für größere Zeiten ergibt die Lösung dann
formal einen Geschwindigkeitsverlauf v, der als Funktion von ξ mehrdeutig ist. Dies ist

physikalisch unmöglich und wird durch Ausbildung einer Stoßunstetigkeit umgangen
(Fig. 5.10).

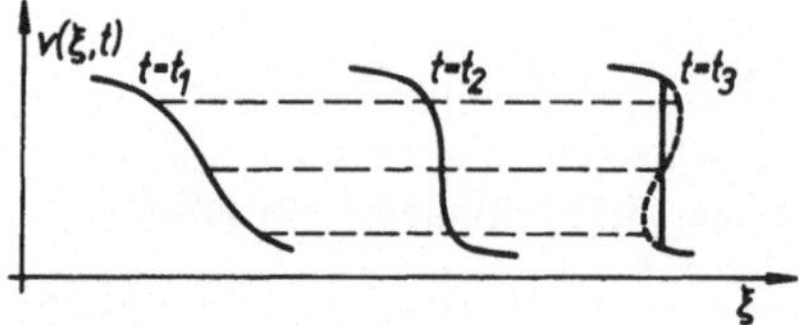

Fig. 5.10
Ausbildung der Stoßunstetigkeit

Die Aufsteilung (oder auch Abflachung) einer einfachen Welle, die zur Bildung eines
Verdichtungsstoßes führen kann, läßt sich leicht quantitativ verfolgen. Hierzu unter-
sucht man, wie sich die Beschleunigung $\partial v/\partial t$ längs einer $\mathfrak{L}_1$-Charakteristik ändert.
Da v auf den $\mathfrak{L}_1$-Charakteristiken jeweils konstant ist, verschwindet die zeitliche Änderung von v beim Fortschreiten auf $\mathfrak{L}_1$, d.h.

$$\frac{\partial v}{\partial t} + b(F)\,\frac{\partial v}{\partial \xi} = 0 \tag{5.57}$$

Differenziert man diese Gleichung partiell nach t, so erhält man

$$\frac{\partial}{\partial t}\left(\frac{\partial v}{\partial t}\right) + b\,\frac{\partial}{\partial \xi}\left(\frac{\partial v}{\partial t}\right) + \frac{db}{dF}\,\frac{\partial F}{\partial t}\,\frac{\partial v}{\partial \xi} = 0 \tag{5.58}$$

Im letzten Glied auf der linken Seite setzt man nach (5.57) $\partial v/\partial\xi = -(1/b)\,\partial v/\partial t$ ein.
Außerdem beachtet man, daß aus (5.56) folgt: $\partial v/\partial t = -\partial\omega/\partial t = -(d\omega/dF)\,\partial F/\partial t$.
Nach (5.51) ist aber: $d\omega/dF = b$; somit ist $\partial F/\partial t = -(1/b)\,\partial v/\partial t$. Damit läßt sich
(5.58) wie folgt schreiben

$$\frac{\partial}{\partial t}\left(\frac{\partial v}{\partial t}\right) + b\,\frac{\partial}{\partial \xi}\left(\frac{\partial v}{\partial t}\right) = -\frac{1}{b^2}\,\frac{db}{dF}\left(\frac{\partial v}{\partial t}\right)^2 \tag{5.59}$$

Auf der linken Seite steht gerade die zeitliche Änderung der Beschleunigung $\partial v/\partial t$
beim Fortschreiten längs einer $\mathfrak{L}_1$-Charakteristik. Führt man hierfür das Symbol d/dt
ein, so kann man (5.59) in folgende Form bringen

$$\frac{d}{dt}\left(\frac{\partial v}{\partial t}\right) = -\frac{1}{b^2}\,\frac{db}{dF}\left(\frac{\partial v}{\partial t}\right)^2 \tag{5.60}$$

Auf jeder $\mathfrak{L}_1$-Charakteristik ist mit F auch die Größe $(1/b^2)\,db/dF$ konstant. Gleichung
(5.60) ist damit eine einfache Differentialgleichung erster Ordnung für die Beschleuni-
gung $\partial v/\partial t$ als Funktion der Zeit auf einer $\mathfrak{L}_1$-Charakteristik. Sie läßt sich mit folgendem Ergebnis integrieren

$$\frac{\partial v}{\partial t} = \frac{\dot{v}_0}{1 + \dfrac{\dot{v}_0}{b^2} \, \dfrac{db}{dF} \, (t - \tau)} \tag{5.61}$$

Hierin bedeutet $\dot{v}_0(\tau) = dv_0(t)/dt|_{t=\tau}$ den Anfangswert der Beschleunigung auf der t-Achse, d.h. die Beschleunigung des Punktes $\xi = 0$ zur Zeit $t = \tau$. Nach (5.61) wächst die Beschleunigung $\partial v/\partial t$ — und damit wegen (5.57) auch $\partial v/\partial \xi$ — über alle Grenzen, wenn der Nenner verschwindet. Dies geschieht für die Zeit t_c, die durch folgenden Ausdruck gegeben wird

$$t_c - \tau = - \frac{b^2}{\dot{v}_0 \, \dfrac{db}{dF}} \tag{5.62}$$

Man kann hiernach t_c für jede Charakteristik berechnen. Der kleinste der so berechneten Werte von t_c ergibt dann den Zeitpunkt, zu dem zuerst eine Stoßunstetigkeit entsteht.

Damit überhaupt ein Stoß entsteht, muß $t_c - \tau \geqslant 0$ sein. Wenn $db/dF < 0$ ist, ist dies nur dann der Fall, wenn $\dot{v}_0 > 0$ ist. Das Vorzeichen von db/dF ist eine Materialeigenschaft. Bei vielen Materialien ist db/dF negativ, so z.B. bei fast allen Gasen. Stoßunstetigkeiten entstehen unter diesen Umständen also dann, wenn die Beschleunigung des Punktes $\xi = 0$ positiv ist. Bei der eingangs beschriebenen Bewegung eines Gases in einem Rohr bedeutet dies, daß man den Kolben in das Gas hineinschieben muß, um einen Verdichtungsstoß im Gas zu erzeugen. Mit $\dot{v}_0 > 0$ ist nach (5.61) für alle Zeiten $t < t_c$ (also vor d. Entstehung eines Stoßes) auch $\partial v/\partial t > 0$. Da an der Wellenfront $F = 1$ ist, muß demnach links von der Wellenfront $F < 1$ sein. Dies bedeutet aber, daß das Material dort größere Dichte als in der Ruhekonfiguration rechts von der Wellenfront besitzt. Die einfache Welle ist eine Verdichtungs- oder Kompressionswelle, die evtl. entstehende Stoßunstetigkeit ist ein Verdichtungsstoß. Wenn $\dot{v}_0 < 0$ ist, entsteht eine Verdünnungs- oder Expansionswelle, die sich mit der Zeit nicht aufsteilt, sondern abflacht (die $\mathfrak{L}_1$-Charakteristiken divergieren), so daß keine Stoßunstetigkeit entstehen kann. — Falls $db/dF > 0$, sind die Rollen von Kompressions- und Expansionswellen vertauscht: Dann steilen sich Expansionswellen auf, und es entstehen „Verdünnungsstöße". Doch sind Materialien mit $db/dF > 0$ in der Natur kaum realisiert.

Abschließend sei noch auf folgendes hingewiesen: Wenn $\dot{v}_0(0) \neq 0$ ist, wenn also der materielle Punkt $\xi = 0$ zur Zeit $t = 0$ mit endlicher Beschleunigung in Bewegung gesetzt wird, ist die Beschleunigung $\partial v/\partial t$ an der Wellenfront unstetig: Rechts von der Wellenfront ist das Medium in Ruhe, die Beschleunigung ist dort identisch null, an der Wellenfront springt sie auf einen endlichen Wert. Man spricht daher auch von einer B e s c h l e u n i g u n g s w e l l e. Der Sprung der Beschleunigung auf der Wellenfront wird Amplitude der Beschleunigungswelle genannt. Viele neuere Veröffentlichungen befassen sich mit der Herleitung von Gleichungen für die zeitliche Änderung der Amplitude von Beschleunigungswellen in Materialien mit allgemeineren Eigenschaften als denen der hier betrachteten Materialklasse. Diese Gleichungen entsprechen der Gleichung (5.60), die selbstverständlich auch für die Wellenfront als spezielle $\mathfrak{L}_1$-Charakteristik gilt. Das bemerkenswerte Ergebnis besteht darin, daß bei allen diesen Untersuchungen Gl. (5.60) nur durch ein in $\partial v/\partial t$ lineares Glied auf der rechten Seite ergänzt wird. Dieses lineare Glied entfällt gerade bei der hier betrachteten Materialklasse, vorausgesetzt, daß die Bewegung – wie hier angenommen – eindimensional ist.

Aufgaben. 5.3.1. Die Oberfläche eines elastischen Halbraums (eindimensionales Materialgesetz: $\sigma(F) = E \ln F$, E Elastizitätskonstante) steht unter dem Druck p_0. Zur Zeit $t = 0$ sinkt der Druck augenblicklich auf null ab. Anschließend läuft eine Entlastungswelle in das Medium. Die Entlastungswelle bildet einen im Punkt $\xi = 0$, $t = 0$ zentrierten Expansionsfächer (der Punkt $\xi = 0$, $t = 0$ ist singulär) und wird von den dem Anfangs- und dem Endzustand entsprechenden Charakteristiken begrenzt (s. Fig. 5.11). Bestimmen Sie den Deformationsgradienten und die Geschwindigkeit der Welle, insbesondere die Geschwindigkeit, mit der sich die Oberfläche des Halbraums bewegt.

5.3.2. In einem isotropen elastischen Material mit dem Materialgesetz $e = e(2\,\mathrm{sp}\mathbf{G})$ (e spez. innere Energie, $\mathbf{G}$ Greenscher Verzerrungstensor) breiten sich in der materiellen ξ_1-Richtung ebene Transversalwellen endlicher Amplitude aus. Zeigen Sie, daß Wellen existieren, die sich ohne Veränderung ihrer Form mit der konstanten Geschwindigkeit U bewegen, deren Verschiebungsfeld also die Form $u_1 = 0$, $u_2 = u_2(\xi_1 - Ut)$, $u_3 = u_3(\xi_1 - Ut)$ hat. Diese einfachen Wellen sind zirkular polarisiert. Erklärung: Mar nennt Transversalwellen zirkular polarisiert, wenn die Spitze des Geschwindigkeitsvektors einen Kreis beschreibt (Fig. 5.12). H i n w e i s e : Die Impulsbilanzgleichungen in der materiellen Beschreibungsweise (3.25) reduzieren sich für die spezielle Bewegung auf $\rho_0 \partial^2 u_2/\partial t^2 = \partial\sigma_{21}/\partial\xi_1$, $\rho_0 \partial^2 u_3/\partial t^2 = \partial\sigma_{31}/\partial\xi_1$; die darin vorkommenden Komponenten des Piola-Kirchhoff-Tensors lassen sich nach (4.14) aus der spezifischen inneren Energie ableiten: $\sigma_{ij} = \rho_0 \partial e/\partial F_{ij}$. Das Eigenwertproblem für U^2 hat nur eine Lösung mit konstantem U^2 in der ganzen Welle. Die gesuchten Wellen sind übrigens den transversalen Seilwellen verwandt.

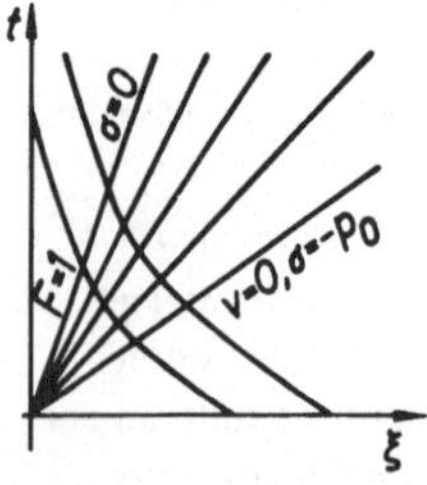

Fig. 5.11
Zentrierte Entlastungswelle in elastischem
Halbraum (Aufgabe 5.3.1)

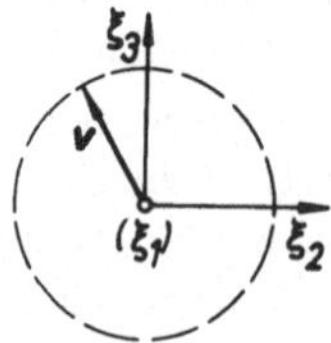

Fig. 5.12
Geschwindigkeitsvektor in zirkular
polarisierter Welle (Aufgabe 5.3.2)

6. Spezielle Materialgleichungen

6.1 Die Bedeutung der Materialgesetze für die Kontinuumsmechanik

Die Bilanzgleichungen sind weitgehend frei von Voraussetzungen über Materialeigenschaften. Das Ideal völliger Unabhängigkeit von Materialannahmen läßt sich nicht erreichen (Die „Bilanzgleichungen des universellen Kontinuums" gibt es nicht, oder sie wären zu unhandlich). In der Kinematik werden bereits in bescheidenem Umfang Materialannahmen gemacht: Die Beschränkung der Verschiebungen der materiellen Punkte auf reine Translationen bedeutet den Ausschluß polarer Materialien wie des Cosserat-Kontinuums oder mikromorpher Kontinua, deren materielle Punkte starre Körper bzw. deformierbare Sub-Kontinua darstellen (vgl. Abschn. 3.3). Für die Klasse der nichtpolaren Kontinua (Punktkontinua) sind die Bilanzgleichungen allerdings universell. Sie gelten für feste Körper, die unter der Wirkung äußerer Kräfte eine endliche Deformation erleiden, ebenso wie für Flüssigkeiten oder Gase (Fluide), die unter Schub unbegrenzt fließen. Da verschiedene Materialien sich unter denselben äußeren Kraftfeldern unterschiedlich bewegen, können die Bilanzgleichungen als Differential- oder Funktionalgleichungen zur Bestimmung der Bewegung noch nicht ausreichen. Man kann sich auch durch Abzählen formal davon überzeugen, daß die Zahl der Gleichungen kleiner als die Zahl der gesuchten Funktionen ist; dieses Kriterium ist aber weder notwendig noch hinreichend. Die fehlenden Gleichungen sind Materialgleichungen (constitutive equations). Bei rein mechanischer Materialbeschreibung stellen sie einen Zusammenhang zwischen den im Kontinuum wirkenden Spannungen und der Bewegung des Kontinuums her. Beispiele für einen derartigen Zusammenhang sind das Hookesche Gesetz für elastische Festkörper (Abschn. 6.2) und das Navier-Stokessche Reibungsspannungsgesetz für zähe Fluide (Abschn. 6.3). Bei diesen Beispielen ist der Spannungstensor eine (linear-homogene, isotrope) Funktion des Verzerrungstensors bzw. des Verzerrungsgeschwindigkeitstensors. Auf der höheren Stufe einer thermodynamischen Materialbeschreibung (Kapitel 4) kommen zusätzliche Variable, die Temperatur, die innere Energie, die Entropie usw. hinzu, die den thermodynamischen Zustand des Materials beschreiben. Thermodynamische Zustandsgleichungen sind die Verallgemeinerung der von Gasen bekannten Zustandsgleichungen auf allgemeinere Materialklassen. Aus ihnen können aufgrund der Hauptsätze der Thermodynamik Gleichungen für den Spannungstensor abgeleitet werden, die den mechanischen Materialgleichungen entsprechen und überdies bei passender Wahl der thermodynamischen Variablen eine zu den thermischen Zustandsgleichungen der Gase analoge Bedeutung haben (vgl. hierzu Kapitel 4, speziell Abschn. 4.6).

Materialien im Sinne der Kontinuumsmechanik sind mathematische Modelle, dazu geschaffen, das mechanische Verhalten von in der Natur vorkommenden oder in der Technik verwendeten Substanzen unter genau definierten äußeren Bedingungen näherungsweise zu beschreiben. In der Folge werden wir in unserem Sprachgebrauch nicht streng zwischen „Material" und „Substanz" unterscheiden, sondern z.B. von Stahl als einem Material sprechen. Es gehört nicht zum Inhalt der Kontinuumsmechanik, die eine phänomenologische Theorie ist, die Materialeigenschaften der Kontinua durch die atomistische Struktur der Materie (z.B. die Molekülbewegung der Gase oder die Gitterstruktur der Metalle) zu erklären (vgl. Abschn. 1.1). Solche Zurückführungen gehören, je nach der Art der betrachteten Materialien, in die kinetische Theorie der Gase oder Flüssigkeiten oder in die Festkörperphysik.

In diesem und dem folgenden Kapitel werden nur die rein mechanischen Materialgesetze behandelt, mit einer Ausnahme in Abschn. 6.5 (Thermoelastisches Material). Es sei darauf hingewiesen, daß die mechanische Materialtheorie sich unter geeigneten Annahmen über die Prozeßführung (Isothermie, Isentropie) oder als Näherung in den Rahmen der thermodynamischen Theorie (Kapitel 4) einordnen läßt. In Kapitel 7 werden wir aus plausiblen Annahmen auf die mathematische Struktur von Materialgesetzen schließen. Dieses deduktive Vorgehen kann nicht die physikalische Intuition ersetzen, die man braucht, um im Einzelfall ein brauchbares Modell der Wirklichkeit zu entwerfen. Sie dient vielmehr dem Zweck, eine gewisse Ordnung in die Vielzahl ad hoc erfundener oder empirisch ermittelter Materialgesetze zu bringen. Zur Vorbereitung dieser allgemeinen Materialtheorie in Kapitel 7 werden in den folgenden Abschnitten von Kapitel 6 einige spezielle Materialklassen behandelt, die für die Anwendungen besonders wichtig sind.

6.2 Elastisches Material

An elastischen Materialien lassen sich allgemeine Prinzipien der Materialtheorie, wie sie in Kapitel 7 von übergeordnetem Gesichtspunkt diskutiert werden, im konkreten Fall gut plausibel machen. Wir definieren ein elastisches Material als ein solches, in dem die Cauchyschen Spannungskomponenten $\tau_{ik}(\xi, t)$ im Punkt ξ zur Zeit t nur von den Elementen $F_{ik}(\xi, t)$ des Deformationsgradienten in diesem Punkt zu dieser Zeit abhängen

$$\tau_{ik}(\xi, t) = f_{ik}(F_{11}(\xi, t), \ldots, F_{33}(\xi, t)) \tag{6.1}$$

Diese Formulierung des Materialgesetzes setzt Homogenität des Materials voraus. Bei Inhomogenität müßte die Variable ξ auf der rechten Seite außer in den F_{ik} auch noch explizit vorkommen. Außerdem ist Zeitunabhängigkeit der Materialeigenschaften (d.h. Homogenität bezüglich der Zeit) vorausgesetzt, da andernfalls t auf der rechten Seite explizit als Argument auftauchen müßte. Zur Vereinfachung schreiben wir (6.1) in symbolischer Form

$$\mathbf{T} = \mathbf{f}(\mathbf{F}) \tag{6.2}$$

$\mathbf{f}$ ist eine tensorwertige Funktion des tensorwertigen Arguments $\mathbf{F}$ in dem aus (6.1) ersichtlichen Sinn.

Von jeder Materialgleichung muß man verlangen, daß alle Beobachter, wie auch immer sie sich bewegen, aus der Materialgleichung für jede bestimmte Bewegung des Materials auf denselben Spannungszustand schließen. Man sagt, die Materialgleichung müsse dem

Prinzip der B e o b a c h t e r i n d i f f e r e n z oder materiellen Objektivität genügen. Zur Erläuterung denken wir uns einen „ruhenden" Beobachter, der für eine bestimmte Bewegung des Materials den Deformationsgradienten $\mathbf{F}$ mißt und hieraus nach (6.2) die Spannung $\mathbf{T}$ berechnet. Daneben denken wir uns einen zweiten, „bewegten" Beobachter, dessen Bezugssystem sich gegen das System des ruhenden Beobachters bewegt. Diese Bewegung besteht in einer Translation $\mathbf{c}(t)$ eines ausgezeichneten Punktes des bewegten Systems und in einer durch die Drehmatrix $\mathbf{Q}(t)$ beschriebenen Drehung um diesen Punkt (vgl. Fig. 1.17). Ohne Beschränkung der Allgemeinheit nehmen wir an, daß die beiden Systeme zur Referenzzeit τ zusammenfallen; dies hat den Vorteil, daß beide Beobachter den materiellen Punkten nach der in Abschn. 1.1 erläuterten Vorschrift dieselben materiellen Koordinaten $\boldsymbol{\xi}$ zuordnen. Der ruhende Beobachter stellt die Bewegung $\mathbf{x}(\boldsymbol{\xi}, t)$ fest, der bewegte Beobachter mißt die Bewegung $\mathbf{y}^*(\boldsymbol{\xi}, t)$. Nach (1.140) besteht zwischen beiden der folgende Zusammenhang

$$\mathbf{y}^*(\boldsymbol{\xi}, t) = \mathbf{Q}(t)\,(\mathbf{x}(\boldsymbol{\xi}, t) - \mathbf{c}(t)) \tag{6.3}$$

Hieraus folgt durch Differentiation der Zusammenhang zwischen dem Deformationsgradienten $\hat{\mathbf{F}}$ mit den Elementen $\partial y_i^*/\partial \xi_k$, den der bewegte Beobachter feststellt, und dem Deformationsgradienten, den der ruhende Beobachter mißt

$$\hat{\mathbf{F}} = \mathbf{Q}\mathbf{F} \tag{6.4}$$

Mit Absicht ist hier das Symbol $\hat{\mathbf{F}}$ und nicht etwa $\mathbf{F}^*$ gewählt, denn wie (6.4) zeigt, ist die Matrix $\hat{\mathbf{F}}$ n i c h t etwa die Repräsentation von $\mathbf{F}$ im System des bewegten Beobachters! Man sagt auch, $\hat{\mathbf{F}}$ sei kein „objektiver" Tensor (vgl. auch die an (6.37) anschließende Diskussion). Der bewegte Beobachter setzt $\hat{\mathbf{F}}$ in die Materialgleichung (6.2) ein und berechnet hieraus die Spannungskomponenten. Diese müssen denselben Spannungszustand wiedergeben wie die vom ruhenden Beobachter berechneten Spannungen. Der Unterschied zwischen den von den beiden Beobachtern berechneten Spannungskomponenten besteht nur darin, daß sie die Spannungen auf verschiedene, nämlich ihre jeweils eigenen, Systeme beziehen. Nach der bekannten Formel für die passive Transformation des Tensors $\mathbf{T}$ in ein gedrehtes Koordinatensystem muß also der bewegte Beobachter die Spannungsmatrix $\mathbf{T}^* = \mathbf{Q}\mathbf{T}\mathbf{Q}^\mathsf{T}$ erhalten, wenn $\mathbf{T}$ die vom ruhenden Beobachter berechnete Spannungsmatrix ist. Das Materialgesetz (6.2) muß also wegen (6.4) für alle Deformationsgradienten $\mathbf{F}$ und alle eigentlich orthogonalen $\mathbf{Q}$ die folgende Relation erfüllen

$$\mathbf{f}(\mathbf{Q}\mathbf{F}) = \mathbf{Q}\mathbf{f}(\mathbf{F})\,\mathbf{Q}^\mathsf{T} \tag{6.5}$$

Dies ist die „passive" Formulierung des Objektivitätsprinzips. Man kann das Resultat (6.5) aber auch „aktiv" interpretieren. Dazu geht man von e i n e m Beobachter aus, der zwei verschiedene Bewegungen ein und desselben Materials beobachtet, die sich nur um eine Starrkörperbewegung mit der Drehung $\mathbf{Q}(t)$ unterscheiden. Für die eine Bewegung mißt der Beobachter den Deformationsgradienten $\mathbf{F}_1$, für die andere $\mathbf{F}_2 = \mathbf{Q}\mathbf{F}_1$. Relation (6.5) besagt dann, daß sich die Spannungstensoren $\mathbf{T}_1$ und $\mathbf{T}_2$ für die beiden Bewegungen nur um die Drehung $\mathbf{Q}$ unterscheiden: $\mathbf{T}_2 = \mathbf{Q}\mathbf{T}_1\mathbf{Q}^\mathsf{T}$. M.a.W.: Bezogen auf ein mitdrehendes System stimmen die Spannungen bei der zweiten Bewegung mit de-

denen bei der ersten Bewegung überein. Diese aktive Interpretation von (6.5) ist keineswegs so selbstverständlich wie die passive Deutung.   Sie besagt wesentlich mehr als die Invarianzprinzipien der klassischen Mechanik (d.i. Invarianz gegen Galileitransformation und n i c h t gegen beliebige Starrkörpertransformation). Setzt man $\mathbf{F} = \mathbf{I}$ in (6.5) ein und wählt als Referenzzustand den spannungsfreien Zustand derart, daß $\mathbf{f}(\mathbf{I}) = \mathbf{0}$ ist, so erhält man $\mathbf{f}(\mathbf{Q}) = \mathbf{0}$. Das heißt, daß eine reine Starrkörperbewegung des Materials keine Spannungen erzeugt; für Starrkörperbewegungen ist $\mathbf{F}$ nämlich eigentlich orthogonal.

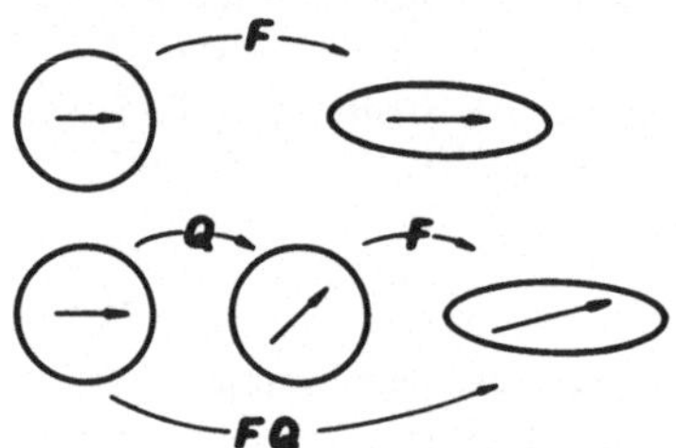

Fig. 6.1
Erläuterung zur Isotropie (Gleichung (6.6))

Wir schränken nun die Klasse der betrachteten Materialien weiter ein, indem wir nur noch isotrope elastische Materialien betrachten. Die Eigenschaft der Isotropie besagt folgendes: Wenn das Material aus dem spannungsfreien Zustand als Referenzkonfiguration in den durch $\mathbf{F}$ gekennzeichneten deformierten Zustand gebracht wird, entsteht nach (6.2) die Spannung $\mathbf{T} = \mathbf{f}(\mathbf{F})$. Wenn das Material aus der Referenzkonfiguration erst gedreht wird und anschließend genau so wie vorher deformiert wird, so daß die Gesamtdeformation durch $\mathbf{FQ}$ gegeben ist, soll dieselbe Spannung $\mathbf{T}$ entstehen. Mit Fig. 6.1 wird eine Veranschaulichung dieses Sachverhalts versucht. Bei Isotropie muß die Materialgleichung demnach folgender Relation genügen

$$\mathbf{f}(\mathbf{FQ}) = \mathbf{f}(\mathbf{F}) \tag{6.6}$$

Aus (6.6) schließt man, daß f nicht in beliebiger Weise von den 9 Komponenten von $\mathbf{F}$ abhängen kann, sondern nur von den 6 Komponenten des symmetrischen Links-Cauchy-Green-Tensors $\mathbf{B} = \mathbf{FF}^\mathsf{T}$, d.h. von den 6 Komponenten des Links-Streck-Tensors $\mathbf{V} = \mathbf{B}^{1/2}$ (vgl. Abschn. 2.1). Um dies einzusehen, setzt man $\mathbf{F} = \mathbf{VR}$ auf der linken Seite von (6.6) ein: $\mathbf{f}(\mathbf{VRQ}) = \mathbf{f}(\mathbf{F})$. Da dies speziell auch für $\mathbf{Q} = \mathbf{R}^\mathsf{T}$ richtig sein muß, folgt $\mathbf{f}(\mathbf{F}) = \mathbf{f}(\mathbf{V})$, d.h. f kann nur von $\mathbf{V}$ abhängen. Das Materialgesetz für ein isotropes elastisches Material reduziert sich also auf

$$\mathbf{T} = \mathbf{f}(\mathbf{V}) \tag{6.7}$$

Man sieht umgekehrt leicht ein, daß jede Funktion $\mathbf{f}(\mathbf{V})$ die Relation (6.6) identisch erfüllt, denn der Strecktensor $\mathbf{V}$ stimmt für die Deformationsgradienten $\mathbf{F}$ und $\mathbf{FQ}$ überein. Das Materialgesetz (6.7) muß aber auch der Objektivitätsbedingung (6.5) genügen. Wenn man $\mathbf{F}$ durch $\mathbf{QF}$ ersetzt, geht $\mathbf{V}$ in $\mathbf{QVQ}^\mathsf{T}$ über. Aus (6.5) folgt damit

$$\mathbf{f}(\mathbf{QVQ}^\mathsf{T}) = \mathbf{Qf}(\mathbf{V})\,\mathbf{Q}^\mathsf{T} \tag{6.8}$$

Eine tensorwertige Funktion, die diese Relation erfüllt, heißt eine „isotrope" Tensorfunktion. Nach einem wichtigen Satz, der anschließend (im Kleindruck) bewiesen wird, ist die allgemeinste Form, oder Darstellung, einer solchen Funktion die folgende

$$\mathbf{T} = \mathbf{f}(\mathbf{V}) = \varphi_0 \mathbf{I} + \varphi_1 \mathbf{V} + \varphi_2 \mathbf{V}^2 \tag{6.9}$$

Hierbei sind $\varphi_0, \varphi_1, \varphi_2$ beliebige Funktionen der drei Grundinvarianten von $\mathbf{V}$. Mit (6.9) ist die allgemeinste Form der Materialgleichung für isotrope, elastische Materialien gefunden.

Zum Beweis des Darstellungssatzes (6.9) kann man die Überlegung auf symmetrische Tensoren $\mathbf{V}$, d.h. auf Tensoren mit reellen Eigenwerten, beschränken. Sei

$$\mathbf{B} = \mathbf{f}(\mathbf{A}) \tag{6.10}$$

isotrop, d.h. sei

$$\mathbf{Q}\mathbf{B}\mathbf{Q}^\mathsf{T} = \mathbf{f}(\mathbf{Q}\mathbf{A}\mathbf{Q}^\mathsf{T}) \tag{6.11}$$

für alle eigentlich orthogonalen $\mathbf{Q}$. Dann kann man zunächst zeigen, daß die Hauptachsenrichtungen von $\mathbf{A}$ und $\mathbf{B}$ übereinstimmen. Hinsichtlich (6.9) besagt dies übrigens, daß die Hauptachsen des Cauchyschen Spannungstensors $\mathbf{T}$ mit den Hauptachsen des Links-Streck-Tensors $\mathbf{V}$ übereinstimmen. Man führt zum Beweis die Hauptachsen von $\mathbf{A}$ als Koordinatenachsen ein, mit den Einheitsvektoren $\mathbf{e}_1, \mathbf{e}_2, \mathbf{e}_3$ in Achsenrichtung, und wählt ein spezielles $\mathbf{Q}$, nämlich $\mathbf{Q}_0 = \{-1, -1, +1\}$, wobei die angegebenen Zahlen in dieser Reihenfolge auf der Hauptachse stehen und die anderen Elemente null sind. $\mathbf{Q}_0$ beschreibt eine 180°-Drehung um die 3. Hauptachse. Damit ist $\mathbf{e}_3$ gemeinsamer Eigenvektor von $\mathbf{A}$ und $\mathbf{Q}_0$. Durch Ausrechnen bestätigt man die auch anschaulich zu verstehende Relation

$$\mathbf{Q}_0 \mathbf{A} \mathbf{Q}_0^\mathsf{T} = \mathbf{A} \tag{6.12}$$

Nun gilt aber

$$\mathbf{f}(\mathbf{Q}_0 \mathbf{A} \mathbf{Q}_0^\mathsf{T}) = \mathbf{f}(\mathbf{A}) = \mathbf{Q}_0 \mathbf{B} \mathbf{Q}_0^\mathsf{T} = \mathbf{B} \tag{6.13}$$

Die zur Umformung benutzten Relationen sind jeweils durch ihre Numerierung angegeben. Aus dem letzten Teil von (6.13) folgt durch Multiplikation mit $\mathbf{Q}_0$ von rechts

$$\mathbf{Q}_0 \mathbf{B} = \mathbf{B} \mathbf{Q}_0 \tag{6.14}$$

Aus dieser Vertauschbarkeit von $\mathbf{B}$ und $\mathbf{Q}_0$ folgt, daß der Eigenvektor $\mathbf{e}_3$ von $\mathbf{Q}_0$ auch Eigenvektor von $\mathbf{B}$ ist, wie man in folgender Weise zeigt

$$\mathbf{Q}_0 \mathbf{B} \, \mathbf{e}_3 = \mathbf{B} \mathbf{Q}_0 \, \mathbf{e}_3 = \mathbf{B} \mathbf{e}_3 \tag{6.15}$$

Dies heißt zunächst, daß $\mathbf{B}\mathbf{e}_3$ Eigenvektor von $\mathbf{Q}_0$ zum Eigenwert $+1$ ist. Alle Eigenvektoren von $\mathbf{Q}_0$ zum Eigenwert $+1$ müssen aber Vielfache von $\mathbf{e}_3$ sein. Hieraus folgt

$$\mathbf{B} \mathbf{e}_3 = \mu_3 \, \mathbf{e}_3 \tag{6.16}$$

Hier ist μ_3 der zu $\mathbf{e}_3$ als Eigenvektor gehörige Eigenwert von $\mathbf{B}$. Da man analoge Überlegungen mit $\mathbf{e}_1$ und $\mathbf{e}_2$ durchführen kann, ist damit gezeigt, daß $\mathbf{A}$ und $\mathbf{B}$ gemeinsame Hauptachsen haben.

Im gemeinsamen Hauptachsensystem hat $\mathbf{B}$ die Elemente μ_1, μ_2, μ_3, und $\mathbf{A}$ die Elemente λ_1, λ_2, λ_3 (das sind die Eigenwerte von $\mathbf{A}$). Da sich $\mathbf{B}$ aus $\mathbf{A}$ nach der Vorschrift (6.10) berechnen läßt, sind die μ_i Funktionen der λ_i, die sich wie folgt darstellen lassen

$$\mu_1(\lambda_1, \lambda_2, \lambda_3) = \varphi_0 + \varphi_1 \lambda_1 + \varphi_2 \lambda_1^2$$
$$\mu_2(\lambda_1, \lambda_2, \lambda_3) = \varphi_0 + \varphi_1 \lambda_2 + \varphi_2 \lambda_2^2 \qquad (6.17)$$
$$\mu_3(\lambda_1, \lambda_2, \lambda_3) = \varphi_0 + \varphi_1 \lambda_3 + \varphi_2 \lambda_3^2$$

Mit der zusätzlichen Voraussetzung, daß die λ_i voneinander verschieden sind, kann man nämlich das System (6.17) eindeutig nach $\varphi_1(\lambda_1, \lambda, \lambda_3)$, φ_2, φ_3 auflösen, weil die Determinante des Systems, die sog. Vandermondesche Determinante, von null verschieden ist. – Gleichheit zweier oder aller λ_i erfordert eine unerhebliche Änderung der Überlegungen, die jedoch nichts am Ergebnis ändert –. Das System (6.17) läßt sich in Matrixform folgendermaßen zusammenfassen

$$\mathbf{B} = \varphi_0 \mathbf{I} + \varphi_1 \mathbf{A} + \varphi_2 \mathbf{A}^2 \qquad (6.18)$$

Damit ist der oben genannte Darstellungssatz bewiesen. Aus dem Beweis geht hervor, daß die Koeffizienten φ_i Funktionen der Eigenwerte λ_i und damit der drei Grundinvarianten von $\mathbf{A}$ sind. Man weist übrigens noch leicht nach, daß der Ausdruck (6.18) der Relation (6.11) genügt!

Im Gültigkeitsbereich der geometrischen Linearisierung ist nach (2.38) $\mathbf{V} = \mathbf{I} + \mathbf{G}$ und $\mathbf{V}^2 = \mathbf{I} + 2\mathbf{G}$. Setzt man dies in die Materialgleichung (6.9) ein, so erhält man

$$\mathbf{T} = \phi_0 \mathbf{I} + \phi_1 \mathbf{G} \qquad (6.19)$$

mit $\phi_0 = \varphi_0 + \varphi_1 + \varphi_2$, $\phi_1 = \varphi_1 + 2\varphi_2$. Wenn man zusätzlich fordert, daß der Zusammenhang (6.19) zwischen den Elementen von $\mathbf{T}$ und $\mathbf{G}$ linear und homogen sein soll, („physikalische" Linearisierung), muß ϕ_1 eine von den Invarianten von $\mathbf{G}$ unabhängige Konstante sein, während ϕ_0 der linearen Invariante von $\mathbf{G}$ proportional sein muß (Die Invarianten von $\mathbf{V}$, die in den φ_i und damit auch den ϕ_i vorkommen, lassen sich natürlich durch diejenigen von $\mathbf{G}$ ausdrücken). Die lineare Grundinvariante ist die Spur, also gilt $\phi_0 = \lambda \operatorname{sp} \mathbf{G}$, $\phi_1 = 2\mu$. Die Materialkonstanten λ und μ heißen Lamésche Konstanten. Durch diese physikalische Linearisierung geht (6.19) in das Hookesche Gesetz (vgl. (4.32)) für isotropes Material über

$$\mathbf{T} = 2\mu \mathbf{G} + \lambda(\operatorname{sp} \mathbf{G})\,\mathbf{I} \qquad (6.20)$$

Wegen der großen praktischen Bedeutung des Hookeschen Gesetzes geben wir den Zusammenhang der Laméschen Konstanten mit den Konstanten an, die zu äquivalenten Formulierungen von (6.20) häufig benutzt werden, nämlich: E = Elastizitätsmodul, m = Querkontraktionszahl, κ = Kompressibilität

$$\mu = \frac{E}{2(1+m)}\ , \qquad \lambda = \frac{Em}{(1+m)(1-2m)}, \qquad \kappa = \frac{3}{3\lambda + 2\mu} \qquad (6.21)$$

Die Konstante μ wird Gleitmodul genannt. Die Bedeutung von Elastizitätsmodul E und Querkontraktionszahl m wird bei Betrachtung des einachsigen Spannungszustandes (Gl. (4.33)) klar, der in einem Zug- oder Druckstab vorliegt. Stabilität des Materials bedingt $E \geqslant 0$, $-1 \leqslant m \leqslant 1/2$; Materialien mit $m < 0$ sind nicht bekannt. Der Aufspaltung von $\mathbf{T}$ und $\mathbf{G}$ in die jeweilige Summe eines kugelsymmetrischen und eines deviatorischen Anteils, $\mathbf{T} = \mathbf{T}_d + (\mathrm{sp}\mathbf{T})\mathbf{I}/3$, $\mathbf{G} = \mathbf{G}_d + (\mathrm{sp}\mathbf{G})\mathbf{I}/3$, mit $\mathrm{sp}\mathbf{T}_d = 0$, $\mathrm{sp}\mathbf{G}_d = 0$, entspricht die folgende Aufspaltung des Hookeschen Gesetzes

$$\mathbf{T}_d = 2\mu\mathbf{G}_d, \qquad \mathrm{sp}\,\mathbf{T} = \frac{3}{\kappa}\;\mathrm{sp}\mathbf{G} \tag{6.22}$$

Durch die erste dieser Relationen liegt das Verhalten des Materials bei „Gestaltänderung", durch die zweite das Verhalten bei Volumenänderung fest. Für einen kugelsymmetrischen Spannungszustand mit dem Druck p, d.h. für $\mathbf{T} = -p\mathbf{I}$, ergibt sich die zweite der Relationen (6.22): $\mathrm{sp}\mathbf{G} = -\kappa p$. Bei kinematischer Linearisierung gilt aber $\mathrm{sp}\mathbf{G} = \det \mathbf{F} - 1 = (dV - dV_0)/dV_0$. Die Konstante κ ist also der Proportionalitätsfaktor zwischen Druck und Volumenänderung, dies berechtigt dazu, sie als K o m p r e s s i b i l i t ä t zu bezeichnen.

Ergänzung. Bei verschiedenen Gelegenheiten wurde in diesem Buch auf das Cosserat-Kontinuum als Beispiel für ein polares Kontinuum hingewiesen (Abschn. 3.3 und 4.8). Diese Hinweise sollen durch Angabe des dem Hookeschen Gesetz (6.20) entsprechenden, geometrisch und physikalisch linearisierten Materialgesetzes für das Cosserat-Kontinuum ergänzt werden. Diese Ergänzung impliziert keineswegs die Behauptung, es gäbe reale Materialien, die sich durch dieses in der ausgedehnten Literatur über Cosserat-Kontinua häufig benutzte Materialgesetz beschreiben ließen. Beim Cosserat-Kontinuum tritt zum Verschiebungsfeld $\mathbf{u}(\boldsymbol{\xi}, t)$ das Drehwinkelfeld $\boldsymbol{\psi}(\boldsymbol{\xi}, t)$ der materiellen Punkte; ($\dot{\boldsymbol{\psi}}$ ist die in Abschn. 4.8 eingeführte Winkelgeschwindigkeit $\boldsymbol{\omega}$). Wie seither bezeichnen wir den symmetrischen Teil von Grad $\mathbf{u}$ mit $\mathbf{G}$ (vgl. 2.37)). Den symmetrischen Teil von Grad $\boldsymbol{\psi}$ bezeichnen wir mit $\mathbf{K}$, den antisymmetrischen Anteil mit $\hat{\mathbf{K}}$. Außerdem definieren wir einen antisymmetrischen Tensor $\hat{\mathbf{G}}$ mit den Elementen

$$\hat{\gamma}_{ij} = \frac{1}{2}\left(\frac{\partial u_i}{\partial \xi_j} - \frac{\partial u_j}{\partial \xi_i}\right) - \epsilon_{ijk}\,\psi_k \tag{6.23}$$

Wie jedem antisymmetrischen Tensor läßt sich auch $\hat{\mathbf{G}}$ ein „axialer" Vektor zuordnen (Abschn. 1.5). Im vorliegenden Fall ist dies der Vektor $1/2$ rot $\mathbf{u} - \boldsymbol{\psi}$, d.h. die Differenz des durch die Verschiebung $\mathbf{u}$ bestimmten Drehwinkels des Kontinuums als Ganzem und des Eigendrehwinkels $\boldsymbol{\psi}$ der materiellen Punkte. Mit diesen Definitionen lautet das Materialgesetz

$$\mathbf{T} = 2\mu\mathbf{G} + \lambda(\mathrm{sp}\mathbf{G})\,\mathbf{I} + 2\nu\hat{\mathbf{G}} \tag{6.24}$$
$$\mathbf{M} = 2\mu^*\mathbf{K} + \lambda^*(\mathrm{sp}\mathbf{K})\,\mathbf{I} + 2\nu^*\hat{\mathbf{K}}$$

Die Größen μ, λ, ν, μ^*, λ^*, ν^* sind Materialkonstanten, $\mathbf{M}$ ist der durch (3.36) eingeführte Tensor der Momentenspannungen.

Das Materialgesetz (6.9) läßt sich in äquivalenten Formen schreiben, in denen anstelle von $\mathbf{V}$ der Links-Cauchy-Green-Tensor $\mathbf{B} = \mathbf{V}^2$ vorkommt. Da $\mathbf{T}$ auch in Abhängigkeit von $\mathbf{B}$ eine isotrope Tensorfunktion ist, gilt

$$\mathbf{T} = \psi_0\mathbf{I} + \psi_1\mathbf{B} + \psi_2\mathbf{B}^2 \tag{6.25}$$

Die ψ_i sind Funktionen der drei Grundinvarianten I_1, I_2, I_3 von $\mathbf{B}$. Nach dem Satz von Cayley-Hamilton gilt für alle Tensoren $\mathbf{B}$

$$\mathbf{B}^3 = I_1 \mathbf{B}^2 - I_2 \mathbf{B} + I_3 \mathbf{I} \tag{6.26}$$

Multipliziert man (6.26) mit $\mathbf{B}^{-1}$, so kann man mit Hilfe des Resultats (6.25) auch wie folgt schreiben

$$\mathbf{T} = \hat{\psi}_0 \mathbf{I} + \hat{\psi}_1 \mathbf{B} + \hat{\psi}_{-1} \mathbf{B}^{-1} \tag{6.27}$$

Hierbei ist $\hat{\psi}_0 = \psi_0 - I_2 \psi_2$, $\hat{\psi}_1 = \psi_1 + \psi_2 I_1$, $\hat{\psi}_{-1} = \psi_2 I_3$.

Beispiel. Es sei die folgende homogene Scherung gegeben (Fig. 6.2)

$$x_1 = \xi_1 + \kappa \xi_2, \quad x_2 = \xi_2, \quad x_3 = \xi_3 \tag{6.28}$$

mit konstanter „Scherung" κ. Durch einfaches Ausrechnen unter Verwendung von $\mathbf{B} = \mathbf{F}\mathbf{F}^{\mathsf{T}}$ stellt man fest

$$\mathbf{B} = \begin{pmatrix} 1+\kappa^2 & \kappa & 0 \\ \kappa & 1 & 0 \\ 0 & 0 & 1 \end{pmatrix}, \quad \mathbf{B}^{-1} = \begin{pmatrix} 1 & -\kappa & 0 \\ -\kappa & 1+\kappa^2 & 0 \\ 0 & 0 & 1 \end{pmatrix} \tag{6.29}$$

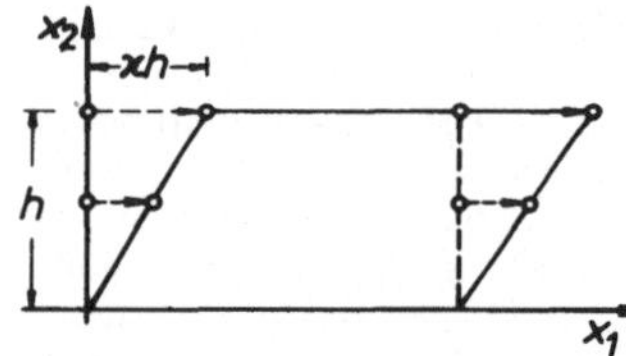

Fig. 6.2
Einfache Scherung

Die drei Grundinvarianten von $\mathbf{B}$ sind (vgl. (2.6))

$$I_1 = I_2 = 3 + \kappa^2, \; I_3 = 1 \tag{6.30}$$

Sämtliche Invarianten sind also Funktionen von κ^2; damit hängen auch die Koeffizienten $\hat{\psi}_i$ im Materialgesetz (6.27) nur von κ^2 ab. Einsetzen von (6.29) in (6.27) und Umformung liefert die folgenden Spannungskomponenten

$$\tau_{12} = \tau_{21} = (\hat{\psi}_1 - \hat{\psi}_{-1})\,\kappa = \mu(\kappa^2)\,\kappa \tag{6.31}$$

und
$$\tau_{11} = \hat{\psi}_0 + \hat{\psi}_1 + \hat{\psi}_{-1} + \hat{\psi}_1 \kappa^2 = \tau_{33} + \hat{\psi}_1 \kappa^2$$

$$\tau_{22} = \hat{\psi}_0 + \hat{\psi}_1 + \hat{\psi}_{-1} + \hat{\psi}_{-1}\kappa^2 = \tau_{33} + \hat{\psi}_{-1}\kappa^2 \tag{6.32}$$

$$\tau_{33} = \hat{\psi}_0 + \hat{\psi}_1 + \hat{\psi}_{-1}$$

Alle anderen Spannungskomponenten verschwinden. Die Schubspannung $\tau_{12} = \tau_{21}$ ist nach (6.31) eine ungerade Funktion der Scherung κ, die Normalspannungen τ_{11}, τ_{22}, τ_{33} sind nach (6.32) gerade Funktionen von κ. Bei Umkehr der Scherungsrichtung ändert demnach die Schubspannung ihr Vorzeichen, während die Normalspannungen sich nicht ändern. Bei Verwendung des Hookeschen Gesetzes (6.20) lautet das Ergebnis für die Spannungen: $\tau_{12} = \tau_{21} = \mu\kappa$, alle anderen $\tau_{ik} = 0$. Die Nichtlinearität des Materialgesetzes (6.27) hat also einerseits zur Folge, daß der Gleitmodul μ von der Scherung abhängt: $\mu = \mu(\kappa^2)$, während er bei hookeschem Material konstant ist, und andrerseits, daß schon beim einfachen Scherversuch Normalspannungen auftreten, die im allgemeinen sämtlich voneinander verschieden sind (Poynting-Effekt). Im hookeschen Material treten diese Normalspannungen nicht auf. Da in der Referenzkonfiguration, d.h. für $\kappa = 0$, die Spannungen verschwinden, haben diese Normalspannungen allerdings höchstens die Größenordnung κ^2 und werden daher nur für größere Scherungen merklich. Bei hookeschem Material kann man die durch (6.28) gegebene Scherung erzeugen, indem man die Schubspannung τ_{12} an den entsprechenden Endflächen eines quaderförmigen Klotzes aufbringt. Bei nichtlinear-elastischem Material genügt dies offenbar nicht: man muß hier zusätzlich noch Normalspannungen auf die Oberfläche des Klotzes aufbringen. Andernfalls wird der Klotz nicht nur geschert, sondern er wird sich bei fehlenden Normalspannungen auch tonnenförmig ausbauchen (oder einschnüren). Diese Erscheinung kann man an einem Gummiklotz leicht studieren.

Aufgaben. 6.2.1. Jede isotrope Tensorfunktion $\mathbf{B} = \mathbf{f}(\mathbf{A})$ ist für reelle symmetrische Tensoren $\mathbf{A}$ und $\mathbf{B}$ im dreidimensionalen euklidischen Raum in der folgenden Form darstellbar: $\mathbf{f}(\mathbf{A}) = \varphi_0 \mathbf{I} + \varphi_1 \mathbf{A} + \varphi_2 \mathbf{A}^2$ mit gewissen skalaren Funktionen $\varphi_0, \varphi_1, \varphi_2$ der Grundinvarianten I_1, I_2, I_3 bzw. der (reellen) Eigenwerte $\lambda_1, \lambda_2, \lambda_3$ des Tensors $\mathbf{A}$. Bestimmen Sie die Darstellung für einige der folgenden Funktionen: a) $\mathbf{f}(\mathbf{A}) = \mathbf{A}^{-1}$;

b) $\mathbf{f}(\mathbf{A}) = \mathbf{A}^4$; c) $\mathbf{f}(\mathbf{A}) = e^{\mathbf{A}} = \lim_{N \to \infty} \sum_{n=0}^{N} \dfrac{\mathbf{A}^n}{n!}$; d) $\mathbf{f}(\mathbf{A}) = (\mathrm{sp}\,\mathbf{A})\,\mathbf{I}$; e) $\mathbf{f}(\mathbf{A}) = (\mathbf{I} - \mathbf{A})^{-1}$.

Bei einigen dieser Aufgaben kann man zur Lösung auch den Satz von Cayley-Hamilton verwenden (vgl. Aufgabe 2.1.3).

6.2.2. Ein quaderförmiger Block aus einem isotropen, nichtlinear elastischen Material mit der Materialgleichung $\mathbf{T} = \psi_0 \mathbf{I} + \psi_1 \mathbf{B} + \psi_2 \mathbf{B}^2$, $\psi_i = \psi_i(I_1, I_2, I_3)$ $(i = 0, 1, 2)$, wird a) in Längsrichtung (x_1-Richtung) gezogen, wobei die Seitenflächen spannungsfrei bleiben. Dabei beobachtet man die homogene Deformation $x_1 = f\xi_1$, $x_2 = af\xi_2$, $x_3 = af\xi_3$. Man berechne bei vorgegebenem f die Spannungen τ_{ij}, gebe die Bestimmungsgleichung für a an und überzeuge sich davon, daß bei Vernachlässigung von Volumkräften die Gleichgewichtsbedingungen erfüllt sind. Was ergibt sich für a bei kinematischer und physikalischer Linearisierung? b) durch Eintauchen in eine Flüssigkeit isotrop verzerrt, wobei sich sein Volumen um den Faktor $v^3 < 1$ ändert, $\mathbf{x} = v\boldsymbol{\xi}$, $v = \mathrm{const}$. Man berechne den Druck in der Flüssigkeit. Was ergibt sich bei kinematischer und physikalischer Linearisierung?

6.2.3. a) Beim einachsigen Spannungszustand ($\tau_{11} \neq 0$, alle anderen $\tau_{ik} = 0$) gilt in einem hookeschen Material $\gamma_{11} = \tau_{11}/E$. Beim einachsigen Verzerrungszustand ($\gamma_{11} \neq 0$, alle anderen $\gamma_{ik} = 0$) gilt $\gamma_{11} = \tau_{11}/E'$. Welcher Zusammenhang besteht zwischen E', E und der Querkontraktionszahl m? b) Man schreibe das Hookesche Gesetz für den ebenen (zweiachsigen) Spannungszustand und den ebenen (zweiachsigen) Verzerrungszustand an und vergleiche die effektiven Moduln.

6.2.4. Ein homogener Quader aus hookeschem Material wird zwischen zwei glatten ebenen starren Platten in einer Richtung gestaucht (Fig. 6.3). Bei einem Versuch kann sich der Quader in Querrichtung frei ausdehnen (einachsiger Spannungszustand), bei einem anderen Versuch wird er zwischen starren ebenen glatten Wänden geführt (einachsiger Verzerrungszustand). Bestimmen Sie das Verhältnis der Kräfte, unter deren Wirkung sich der Stab in den beiden Versuchen um das gleiche Stück verkürzt.

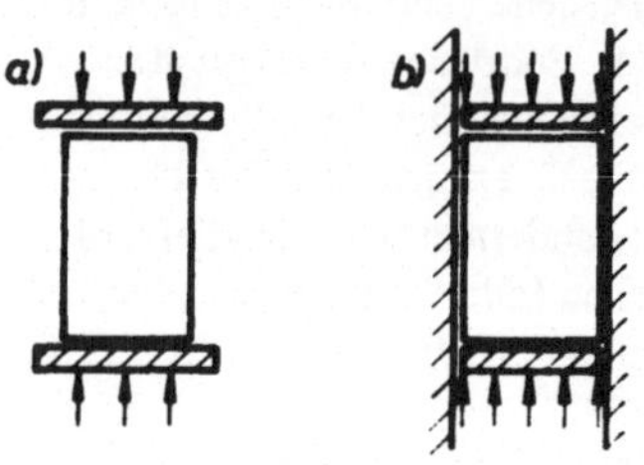

Fig. 6.3
a) einachsiger Spannungszustand,
b) einachsiger Verzerrungszustand
   (Aufgabe 6.2.4)

6.2.5. Ein Quader aus hookeschem Material (6.20) steht im Schwerefeld auf horizontalem, glattem Boden (Fig. 6.4). Man berechne das Verschiebungsfeld $\mathbf{u}(\boldsymbol{\xi})$ näherungsweise mit dem Ansatz $\tau_{33} = f(\xi_3)$ für die Normalspannung in vertikaler Richtung (ξ_3 Vertikal-Koordinate) und $\tau_{ik} = 0$ für alle anderen Spannungskomponenten. Der Ansatz erfüllt die Randbedingungen an den freien Oberflächen (Spannungsfreiheit), aber nicht die Randbedingung an der Unterstützungsfläche (Vertikalverschiebung verschwindet dort nicht identisch).

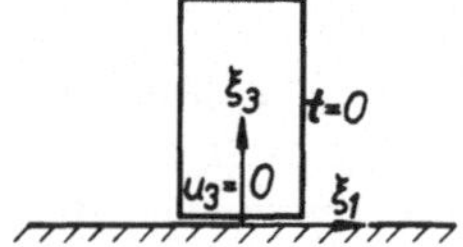

Fig. 6.4
Quader unter Eigengewicht (Aufgabe 6.2.5)

6.3 Stokessches Fluid

Fluide (tropfbare Flüssigkeiten und Gase) zeichnen sich dadurch aus, daß der Spannungstensor im ruhenden Fluid kugelsymmetrisch ist. Daher zerlegt man den Spannungstensor in einem Fluid additiv wie folgt

$$\mathbf{T} = -\,p\mathbf{I} + \mathbf{S} \tag{6.33}$$

Der den kugelsymmetrischen Anteil bestimmende Druck p wird in einem inkompressiblen Fluid bei jeder konkreten Strömung durch die Randbedingungen festgelegt und durch die Forderung sp $\mathbf{S} = 0$. Man nennt $\mathbf{S}$ den Tensor der E x t r a s p a n n u n g e n oder R e i b u n g s s p a n n u n g e n. Bei einem Gas versteht man unter p den thermodynamischen Druck, der über geeignete thermodynamische Zustandsgleichungen

(Kap. 4) mit anderen Zustandsgrößen (Temperatur, Dichte) verknüpft ist. Dann kann man allerdings nicht mehr zusätzlich über p dadurch verfügen, daß man $\mathrm{sp}\,\mathbf{S} = 0$ fordert. In jedem Fall ist aber $\mathrm{sp}\,\mathbf{S} = 0$ im ruhenden Fluid. Hiernach ist es sinnvoll, eine Klasse von Fluiden zu postulieren, bei denen $\mathbf{S}$ von $\dot{\mathbf{F}}$ abhängt, $\mathbf{S} = \mathbf{S}(\dot{\mathbf{F}})$, mit $\mathbf{S} = \mathbf{0}$ für $\dot{\mathbf{F}} = \mathbf{0}$. Nach (2.48) bedeutet dies

$$\mathbf{S} = \mathbf{f}(\mathbf{L}_1 \mathbf{F}) \tag{6.34}$$

wobei für grad $\mathbf{v}$ die Abkürzung $\mathbf{L}_1$ (vgl. (2.51)) benutzt ist. Im Gegensatz zum elastischen Medium, das die spannungsfreie Konfiguration als ausgezeichnete Konfiguration und damit als natürliche Referenzkonfiguration besitzt, hat ein Fluid keine ausgezeichnete Konfiguration. Alle Konfigurationen des Fluids sind gleichwertig (Näheres hierzu in Abschn. 7.4). Daher wählt man die jeweilige Momentankonfiguration als Referenzkonfiguration, so daß $\mathbf{F} = \mathbf{I}$ ist. Dies führt von (6.34) auf den Ansatz

$$\mathbf{S} = \mathbf{f}(\mathbf{L}_1) = \mathbf{f}(\mathrm{grad}\ \mathbf{v}) \tag{6.35}$$

Der Ansatz (6.35) muß dem Objektivitätsprinzip genügen. Ebenso wie an der entsprechenden Stelle in Abschn. 6.1 denken wir uns zwei Beobachter, deren Bezugssysteme gegeneinander bewegt sind, und stellen den Zusammenhang zwischen dem vom bewegten Beobachter gemessenen Geschwindigkeitsgradienten $\hat{\mathbf{L}}_1$ und dem vom ruhenden Beobachter gemessenen Geschwindigkeitsgradienten $\mathbf{L}_1$ fest: Durch Differentiation nach der Zeit ergibt sich aus (6.4)

$$(\hat{\mathbf{F}})^{\cdot} = \dot{\mathbf{Q}}\mathbf{F} + \mathbf{Q}\dot{\mathbf{F}} = (\dot{\mathbf{Q}} + \mathbf{Q}\mathbf{L}_1)\,\mathbf{F} = (\dot{\mathbf{Q}} + \mathbf{Q}\mathbf{L}_1)\,\mathbf{Q}^{\mathsf{T}}\hat{\mathbf{F}} \tag{6.36}$$

Nun ist aber nach (2.49): $\mathbf{L}_1 = \dot{\mathbf{F}}\big|_{\mathbf{F}=\mathbf{I}}$, also auch $\hat{\mathbf{L}}_1 = (\hat{\mathbf{F}})^{\cdot}\big|_{\hat{\mathbf{F}}=\mathbf{I}}$. Hiermit folgt aus (6.36)

$$\hat{\mathbf{L}}_1 = \dot{\mathbf{Q}}\mathbf{Q}^{\mathsf{T}} + \mathbf{Q}\mathbf{L}_1\mathbf{Q}^{\mathsf{T}} \tag{6.37}$$

Wir bemerken, daß nach (6.37) der Geschwindigkeitsgradient $\mathbf{L}_1$ kein „objektiver" Tensor ist. Dies bedeutet, daß der vom bewegten Beobachter gemessene Geschwindigkeitsgradient $\hat{\mathbf{L}}_1$ aus dem vom ruhenden Beobachter gemessenen Gradienten $\mathbf{L}_1$ nicht durch die Transformation hervorgeht, die einen Tensor vom einen System in das dagegen gedrehte System transformiert: In (6.37) tritt nämlich zusätzlich der schiefsymmetrische Term $\dot{\mathbf{Q}}\mathbf{Q}^{\mathsf{T}}$ (vgl. (1.129)) auf. Die Materialgleichung (6.35) genügt wegen (6.37) dem Prinzip der Objektivität, wenn $\mathbf{f}$ folgende Relation für alle $\mathbf{L}_1$ und alle eigentlich orthogonalen $\mathbf{Q}$ erfüllt

$$\mathbf{f}(\dot{\mathbf{Q}}\mathbf{Q}^{\mathsf{T}} + \mathbf{Q}\mathbf{L}_1\mathbf{Q}^{\mathsf{T}}) = \mathbf{Q}\mathbf{f}(\mathbf{L}_1)\,\mathbf{Q}^{\mathsf{T}} \tag{6.38}$$

(vgl. die Diskussion zu Gl. (6.5)). Unter Verwendung der in (2.51) gegebenen Aufspaltung von $\mathbf{L}_1$ läßt sich dies auch so schreiben

$$\mathbf{f}(\dot{\mathbf{Q}}\mathbf{Q}^{\mathsf{T}} + \mathbf{Q}\mathbf{W}\mathbf{Q}^{\mathsf{T}} + \mathbf{Q}\mathbf{D}\mathbf{Q}^{\mathsf{T}}) = \mathbf{Q}\mathbf{f}(\mathbf{L}_1)\,\mathbf{Q}^{\mathsf{T}} \tag{6.39}$$

Dies muß speziell auch für $\mathbf{Q} = \mathbf{I}$, $\dot{\mathbf{Q}}\mathbf{Q}^{\mathsf{T}} = -\mathbf{W}$ gelten. Die beiden ersten Glieder im Argument von $\mathbf{f}$ auf der linken Seite heben sich hierfür weg, und es bleibt $\mathbf{f}(\mathbf{L}_1) = \mathbf{f}(\mathbf{D})$.

Die Extraspannung kann also nur vom symmetrischen Anteil **D** des Geschwindigkeitsgradienten abhängen

$$\mathbf{S} = \mathbf{f}(\mathbf{D}) \tag{6.40}$$

Aus (6.40) und der Objektivität folgt, daß **f** eine isotrope Tensorfunktion ist. Anders als
beim elastischen Material muß Isotropie des Materials also nicht z u s ä t z l i c h vorausgesetzt werden; die seither gemachten Annahmen implizieren schon Isotropie. Dies
ist deshalb so, weil **D** ein objektiver Tensor ist, d.h. es gilt $\hat{\mathbf{D}} = \mathbf{Q}\mathbf{D}\mathbf{Q}^{\mathsf{T}} = \mathbf{D}^*$. Das Objektivitätsprinzip gibt also $\mathbf{f}(\hat{\mathbf{D}}) = \mathbf{f}(\mathbf{Q}\mathbf{D}\mathbf{Q}^{\mathsf{T}}) = \mathbf{Q}\mathbf{f}(\mathbf{D})\,\mathbf{Q}^{\mathsf{T}}$, womit **f** als isotrop nachgewiesen
ist. Die Eigenschaft von **D**, objektiv zu sein, folgt aus der Definition: $\mathbf{D} = (\mathbf{L}_1 + \mathbf{L}_1^{\mathsf{T}})/2$
und $\hat{\mathbf{D}} = (\hat{\mathbf{L}}_1 + \hat{\mathbf{L}}_1^{\mathsf{T}})/2$. Setzt man das Resultat (6.37) ein und beachtet die Schiefsym-
metrie von $\dot{\mathbf{Q}}\mathbf{Q}^{\mathsf{T}}$, so folgt $\hat{\mathbf{D}} = \mathbf{Q}\mathbf{D}\mathbf{Q}^{\mathsf{T}}$. Auf **f** läßt sich also der in Abschn. (6.2) bewie-
sene Darstellungssatz für isotrope Tensorfunktionen anwenden, mit dem folgenden
Ergebnis

$$\mathbf{S} = \varphi_0\mathbf{I} + \varphi_1\mathbf{D} + \varphi_2\mathbf{D}^2 \tag{6.41}$$

Die hierdurch charakterisierten Fluide heißen S t o k e s - F l u i d e oder R e i n e r -
R i v l i n - F l u i d e. Das Materialgesetz (6.41) ist ganz   analog zum Materialgesetz
(6.9) der nichtlinearen Elastizität. Die Koeffizienten φ_i in (6.41) sind beliebige Funktionen der Grundinvarianten von **D**.

Schränkt man das Stoffgesetz (6.41) auf einen homogenen-linearen Zusammenhang
zwischen **D** und **S** ein, so reduziert es sich auf

$$\mathbf{S} = 2\eta\mathbf{D} + \eta_{\mathrm{v}}(\mathrm{sp}\mathbf{D})\mathbf{I} = 2\eta\mathbf{D} + \eta_{\mathrm{v}}(\mathrm{div}\,\mathbf{v})\mathbf{I} \tag{6.42}$$

mit zwei Materialkonstanten η und η_{v}. Die Reduktion von (6.41) auf (6.42) entspricht
dem Übergang von (6.9) auf (6.20). Die durch (6.42) charakterisierten Fluide heißen
n e w t o n s c h e F l u i d e (vgl. (4.128)). Sie liegen der weit ausgebauten Hydro-
und Gasdynamik zugrunde, soweit sich diese Theorie nicht überhaupt auf das „reibungs-
freie" Fluid (**S** = **0**) beschränkt. Die Materialkonstanten η und η_{v} heißen S c h e r -
v i s k o s i t ä t und V o l u m e n v i s k o s i t ä t. Vielfach ist es üblich, anstelle von
η_{v} die D r u c k v i s k o s i t ä t $\eta_{\mathrm{d}} = \eta_{\mathrm{v}} + 2\eta/3$ einzuführen. Gleichung (6.42) geht
damit über in

$$\mathbf{S} = 2\eta\left(\mathbf{D} - \frac{1}{3}(\mathrm{div}\,\mathbf{v})\mathbf{I}\right) + \eta_{\mathrm{d}}(\mathrm{div}\,\mathbf{v})\mathbf{I} \tag{6.43}$$

(Dies entspricht übrigens dem Übergang von (6.20) auf (6.22) beim Hookeschen Gesetz).

Beispiel. Zur Interpretation der beiden Viskositäten η und η_{d} betrachten wir zwei einfache Strömungen. Zunächst studieren wir die isotrope Expansion eines Gases mit dem
Geschwindigkeitsfeld **v** = c**x** (Fig. 6.5). Hierfür wird $\mathbf{D} = c\mathbf{I}$, sp $\mathbf{D} = \mathrm{div}\,\mathbf{v} = 3c$, **S** =
$3\eta_{\mathrm{d}}c\mathbf{I}$. Damit ist nach (6.33) die gesamte Spannung: $\mathbf{T} = -(p - 3\eta_{\mathrm{d}}c)\mathbf{I}$. Bei der isotropen Expansion herrscht also ein effektiver Druck, der durch Verminderung des ther-
modynamischen Druckes p um den Betrag $3\eta_{\mathrm{d}}c$ entsteht.

Weiterhin betrachten wir eine einfache Scherströmung (Fig. 6.6) mit dem Geschwindigkeitsfeld

$$v_1 = \kappa x_2, \quad v_2 = v_3 = 0 \tag{6.44}$$

κ ist die konstante Schergeschwindigkeit. Eine solche Strömung kann zwischen zwei ebenen parallelen Platten realisiert werden, deren eine sich in x_1-Richtung mit konstanter Geschwindigkeit bewegt, während die andere feststeht. An den Platten haftet das Fluid, dazwischen stellt sich eine lineare Geschwindigkeitsverteilung ein (Fig. 6.6). Für diese Strömung ist $D_{12} = D_{21} = \kappa/2$, alle anderen D_{ik} verschwinden; daher ist auch div $\mathbf{v} = 0$. Der Tensor $\mathbf{S}$ der Extraspannungen enthält dementsprechend gemäß (6.42) nur zwei von null verschiedene Elemente, nämlich die Schubspannungen $\tau_{12} = \tau_{21} = \eta\kappa = \eta\,dv_1/dx_2$.

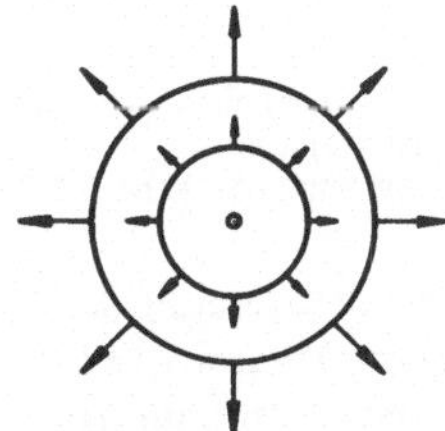

Fig. 6.5
Isotrope Expansion

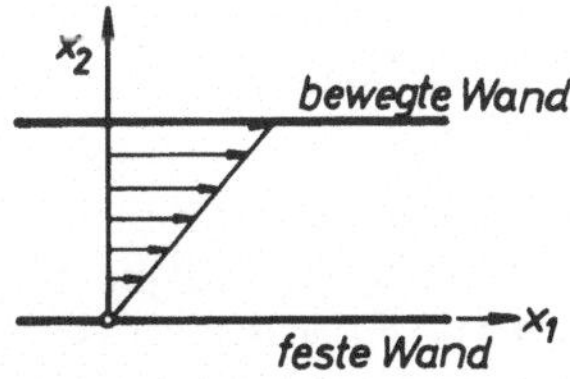

Fig. 6.6
Einfache Scherströmung

Abschließend betrachten wir die einfache Scherströmung (6.44) in einem Stokes-Fluid, das der Materialgleichung (6.41) genügt. Die Berechnung von $\mathbf{D}^2$ ergibt $(\mathbf{D}^2)_{11} = (\mathbf{D}^2)_{22} = \kappa^2/4$, sämtliche anderen Elemente sind null. Zwei der drei Invarianten von $\mathbf{D}$ verschwinden: det $\mathbf{D} = 0$, sp $\mathbf{D} = $ div $\mathbf{v} = 0$; die Invariante I_2 hat den Wert $\kappa^2/4$. Die Koeffizienten φ_i in (6.41) sind also Funktionen von κ^2. Einsetzen von $\mathbf{D}$ und $\mathbf{D}^2$ in (6.41) liefert schließlich für die Gesamtspannung $\mathbf{T} = -p\mathbf{I} + \mathbf{S}$ das Ergebnis

$$\tau_{12} = \tau_{21} = \varphi_1(\kappa^2)\,\kappa/2 = \eta(\kappa^2)\,\kappa \tag{6.45}$$

$$\tau_{11} = \tau_{22} = -p + \varphi_0(\kappa^2) + \varphi_1(\kappa^2)\,\kappa^2/4$$

$$\tau_{33} = -p + \varphi_0(\kappa^2) \tag{6.46}$$

Anders als beim newtonschen Fluid hängt nach (6.45) die Scherviskosität $\eta(\kappa^2)$ von der Schergeschwindigkeit ab. Wenn η mit κ^2 wächst, nennt man das Fluid dilatant, wenn η mit zunehmendem κ^2 abnimmt, spricht man von einem pseudoplastischen Fluid. Die Normalspannungen in den drei Koordinatenebenen sind nach (6.46) nicht wie beim newtonschen Fluid gleich. Die Normalspannung auf ein Flächenelement in der x_1, x_2-Ebene unterscheidet sich von der Normalspannung auf Flächenelemente in der x_1, x_3-Ebene und der x_2, x_3-Ebene. Dies ist ein Beispiel für N o r m a l s p a n n u n g s e f f e k t e in nichtnewtonschen Fluiden (vgl. Abschn. 7.9).

Aufgaben. 6.3.1. Stationäre ebene Kanalströmung: Ein inkompressibles Stokes-Fluid ströme unter der Wirkung eines Druckgradienten in dem Spalt zwischen zwei parallelen ebenen Wänden $x_2 = \pm h$ (Fig. 6.7). Das Geschwindigkeitsfeld hat die Form $u_1 = u(x_2)$, $u_2 = u_3 = 0$; die Spannungen hängen, abgesehen von einem durch die lokale Bewegung nicht bestimmten kugelsymmetrischen Anteil $-pI$ nur von der Schergeschwindigkeit $\kappa = du/dx_2$ ab. Bestimmen Sie die Geschwindigkeitsverteilung $u(x_2)$ der ebenen Kanalströmung für das Fluid, für das die Schergeschwindigkeit κ in der folgenden Weise von der Schubspannung τ abhängt: $\kappa = K(\tau) = \tau(1 - \alpha\tau^2)/\mu$. Zeichnen Sie ein „Geschwindigkeitsprofil" für ein Fluid mit $\alpha > 0$ („dilatant" oder shear thickening), $\alpha = 0$ (newtonsch) und $\alpha < 0$ („pseudoplastisch" oder shear thinning).

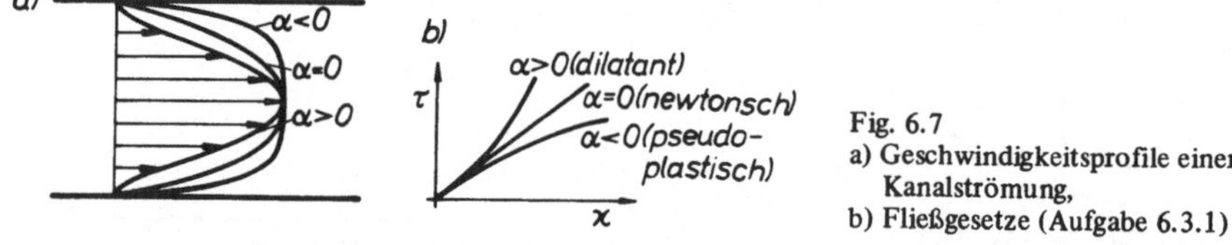

Fig. 6.7
a) Geschwindigkeitsprofile einer
   Kanalströmung,
b) Fließgesetze (Aufgabe 6.3.1)

6.3.2. Bestimmen Sie analog zur ebenen Kanalströmung die stationäre Strömung des Stokes-Fluids der vorigen Aufgabe durch ein kreiszylindrisches Rohr. H i n w e i s : Die Transformation der Bewegungsgleichungen auf Zylinderkoordinaten ist unnötig. Die Strömung läßt sich in cartesischen Koordinaten (Achsenrichtung $\mathbf{e}_1$) berechnen. Mit dem Ansatz $\mathbf{v} = u(r)\mathbf{e}_1$, $p = p(x_1, r)$ $(r = \sqrt{x_2^2 + x_3^2})$ für das Geschwindigkeits- und Druckfeld lassen sich Differentialgleichungen für $u(r)$ und $p(x_1, r)$ herleiten.

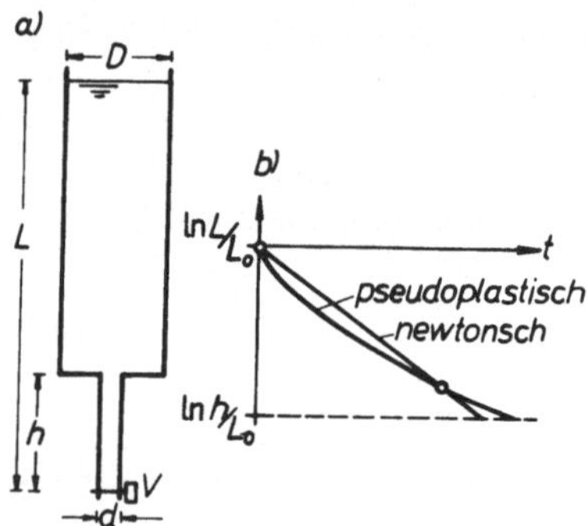

Fig. 6.8
Zum Wettlauf einer „pseudoplastischen"
mit einer newtonschen Flüssigkeit
(Aufgabe 6.3.3)

6.3.3. Wettlauf einer pseudoplastischen mit einer newtonschen Flüssigkeit: Die Versuchsanordnung besteht aus einem oben offenen senkrechten Rohr (Durchmesser D), an dessen unteres Ende sich eine Kapillare (Durchmesser $d \ll D$, Länge h) anschließt (Fig. 6.8). Die Kapillare ist unten durch ein Ventil V verschlossen, die Rohre sind bis zur Höhe L_0 ($> h$) über der Ausflußöffnung mit einer Flüssigkeit gefüllt, deren Materialgleichung (inverse Funktion zur Schubspannungsfunktion) lautet: $\kappa = K(\tau) = \tau(1 - \alpha\tau^2)/\mu$ $(\mu > 0, \alpha \leqslant 0)$. Zur Zeit $t = 0$ wird das Ventil geöffnet. a) Man berechne den Durchfluß (das in der Zeiteinheit durchfließende Volumen) unter Vernachlässigung der Trägheitskräfte und der Einlauf- und Auslaufvorgänge in der Kapillare. Unter diesen Voraussetzungen ist die Strömung in der Kapillare „momentan viskometrisch"; der Strömungszustand ändert sich nur „quasistatisch" mit abnehmender Höhe des Flüssigkeitsspiegels. b) Man bestimme die Höhe L(t) des Flüssigkeitsspiegels als Funktion der Zeit und vergleiche die Spiegelhöhen einer pseudoplastischen Flüssigkeit $(\mu, \alpha < 0)$ und einer newtonschen Flüssigkeit $(\mu_N, \alpha = 0)$. Überzeugen Sie sich, daß man die dimensionslosen Parameter μ/μ_N und $\alpha(\rho g d L_0/h)^2$ so wählen kann, daß zuerst die pseudoplastische Flüssigkeit schneller ausfließt, aber später von der newtonschen Flüssigkeit überholt wird. Bemerkung: Die Lösung setzt das Ergebnis der vorigen Aufgabe voraus. Das Resultat unterscheidet sich nur durch Zahlenfaktoren von dem für einen ebenen Kanal. Die Voraussetzung d $\ll$ D bedeutet, daß das Fluid in dem oberen Teil der Anordnung in guter Näherung als ruhend angesehen werden kann.

6.4 Linear-viskoelastischer Festkörper

Das mechanische Verhalten vieler Materialien von technischer Bedeutung, z.B. das der meisten Metalle, läßt sich bei nicht zu hoher Belastung durch das Hookesche Gesetz (6.20) hinreichend gut beschreiben. Bei einachsigem Spannungszustand — etwa im Zugversuch — gilt also für solche Materialien der folgende Zusammenhang zwischen Spannung σ und Dehnung ϵ

$$\sigma = E\epsilon \tag{6.47}$$

wobei E der Elastizitätsmodul ist (Der einfacheren Schreibweise wegen wird τ_{11} mit σ und γ_{11} mit ϵ abgekürzt). Bei gewissen Materialien hat jedoch nicht nur die Dehnung ϵ selbst, sondern auch die Dehnungsgeschwindigkeit $\dot{\epsilon}$ einen Einfluß auf die Spannung; besonders augenfällig ist dies bei Materialien, die „kriechen". Solche Einflüsse lassen sich oft dadurch berücksichtigen, daß man in der Materialgleichung sowohl Eigenschaften des hookeschen Festkörpers als auch des newtonschen Fluids berücksichtigt. Dies sei zunächst an einem einfachen Beispiel, dem Poynting-Thomson-Festkörper, erläutert.

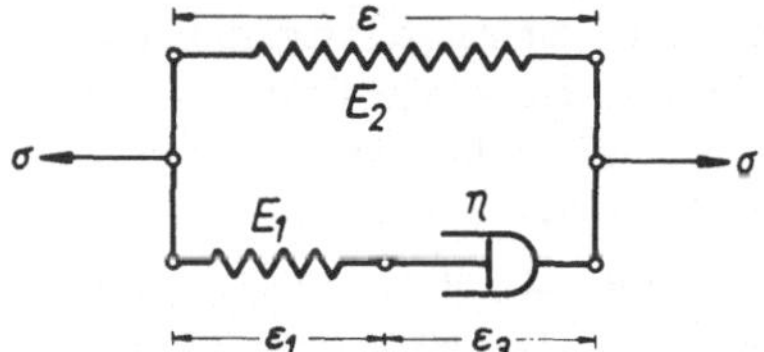

Fig. 6.9
Rheologisches Modell des Poynting-
Thomson-Materials

Die einzelnen Teilchen dieses Materials denkt man sich aus zwei elastischen Elementen (Federn) und einem viskosen Element (Dämpfer) in der in Fig. 6.9 skizzierten Weise aufgebaut. Belastet man diese Feder-Dämpfer-Kombination mit einer Spannung σ, so erfährt die obere Feder die Gesamtdehnung ϵ, wobei sie die Spannung („Kraft")

$\sigma_2 = E_2\epsilon$ übertragen soll. Die untere Feder dehnt sich um ϵ_1 und überträgt dabei die Spannung $\sigma_1 = E_1\,\epsilon_1$. Dieselbe Spannung wird auch durch den Dämpfer übertragen, der um ϵ_3 gedehnt wird. Aus geometrischen Gründen ist die Summe der Dehnungen ϵ_1 und ϵ_3 gleich der Gesamtdehnung ϵ; die Gesamtspannung σ ist die Summe der in den beiden Zweigen der Feder-Dämpfer-Kombination übertragenen Spannungen σ_1 und σ_2. Der Dämpfer habe die Eigenschaft, daß die von ihm übertragene Spannung der Dehnungsgeschwindigkeit proportional ist: $\sigma_1 = \eta\dot{\epsilon}_3$. Die Größen E_1 und E_2 haben die Bedeutung von Elastizitätsmodulen, η die Bedeutung einer Viskosität. Insgesamt gilt

$$
\begin{aligned}
\sigma &= E_1\epsilon_1 + E_2\epsilon &\quad (&= \sigma_1 + \sigma_2)\\
E_1\epsilon_1 &= \eta\dot{\epsilon}_3 &\quad (&= \sigma_1)\\
\epsilon &= \epsilon_1 + \epsilon_3 &&
\end{aligned}
\tag{6.48}
$$

Eliminiert man ϵ_1 und ϵ_3 aus dem System (6.48), so erhält man folgenden Zusammenhang zwischen Dehnung ϵ und Spannung σ

$$
\dot{\sigma} + \frac{\sigma}{\tau} = (E_1 + E_2)\left(\dot{\epsilon} + \frac{\epsilon}{\tau^*}\right)
\tag{6.49}
$$

mit den folgenden Abkürzungen

$$
\tau = \frac{\eta}{E_1}, \qquad \tau^* = \frac{\eta(E_1 + E_2)}{E_1 E_2} = \tau\left(1 + \frac{E_1}{E_2}\right)
\tag{6.50}
$$

Man nennt τ R e l a x a t i o n s z e i t und τ^* R e t a r d a t i o n s z e i t. Die Materialgleichung (6.49) tritt beim Poynting-Thomson-Material an die Stelle des Hookeschen Gesetzes (6.47).

Bei sehr langsam ablaufenden Bewegungen kann man die nach der Zeit abgeleiteten Glieder in (6.49) vernachlässigen und erhält dann $\sigma = E_2\epsilon$, also das Hookesche Gesetz. Bei langsamen Bewegungen tritt nur die obere Feder (mit dem Modul E_2) in Aktion, die untere Feder ist ständig entspannt. Bei sehr rasch ablaufenden Bewegungen kann man die nicht nach der Zeit abgeleiteten Terme in (6.49) vernachlässigen. Dann erhält man durch einmalige Integration nach der Zeit mit der Bedingung $\sigma = 0$ für $\epsilon = 0$ wieder das Hookesche Gesetz: $\sigma = (E_1 + E_2)\epsilon$. Der Elastizitätsmodul ist also hier größer als bei sehr langsamer Bewegung, weil beide Federn parallel zueinander um E gedehnt werden; der Dämpfer dehnt sich dabei nicht ($\epsilon_3 = 0$).

Denkt man sich die Dehnung als Funktion $\epsilon(t)$ der Zeit vorgegeben, so ist (6.49) eine lineare Differentialgleichung für die Spannung als Funktion $\sigma(t)$ der Zeit; diese Gleichung kann mit der Anfangsbedingung $\sigma = \sigma_0$ für $t = t_0$ integriert werden und liefert dann das Ergebnis

$$
\sigma(t) = \sigma_0 e^{-\frac{t-t_0}{\tau}} + (E_1 + E_2)e^{-\frac{t}{\tau}}\int_{t_0}^{t}\left\{\dot{\epsilon}(\lambda) + \frac{\epsilon(\lambda)}{\tau^*}\right\}\frac{e^{\frac{\lambda}{\tau}}}{1}\,d\lambda
\tag{6.51}
$$

Zur Erleichterung der folgenden Diskussion eliminiert man zweckmäßigerweise $\dot{\epsilon}$ unter dem Integral durch partielle Integration. Führt man im Ergebnis den Grenzübergang $t_0 \to -\infty$ durch, so fallen alle die Anfangswerte σ_0 und $\epsilon_0 = \epsilon(t_0)$ enthaltenden Glieder heraus, und man erhält unter Beachtung der Bedeutung von τ^* (Gl. (6.50))

$$\sigma(t) = (E_1 + E_2)\,\epsilon(t) - \frac{E_1}{\tau} \int\limits_0^\infty \epsilon(t-s)\, e^{-\frac{s}{\tau}}\, ds \tag{6.52}$$

Dabei wurde λ durch $t - s$ ersetzt. Dieses an die Stelle des Hookeschen Gesetzes (6.47) tretende Materialgesetz zeigt, daß die Momentanspannung $\sigma(t)$ nicht nur vom Momentanwert $\epsilon(t)$ der Dehnung abhängt, sondern auch von den Werten der Dehnung in der Vergangenheit, also von $\epsilon(t-s)$, $0 < s < \infty$. Die Momentanspannung ist nach (6.52) ein (lineares) Funktional der D e h n g e s c h i c h t e $\epsilon(t-s)$, $0 \leqslant s < \infty$. Die Abhängigkeit der Spannung vom Momentanwert $\epsilon(t)$ der Dehnung äußert sich explizit im integralfreien Term auf der rechten Seite von (6.52), die Abhängigkeit von den vergangenen Werten der Dehnung äußert sich im Integral.

Dehnt man ein anfangs dehnungs- und spannungsfreies („jungfräuliches") Poynting-Thomson-Material zur Zeit $t = 0$ ruckartig auf den von da an konstanten Wert ϵ_0, so ergibt sich nach (6.52) folgender Spannungsverlauf mit der Zeit

$$\sigma(t) = (E_2 + E_1\, e^{-t/\tau})\,\epsilon_0 \tag{6.53}$$

Die Spannung klingt also exponentiell, mit der Relaxationszeit τ als Abklingzeit, vom Anfangswert $(E_1 + E_2)\,\epsilon_0$ auf den Endwert $E_2\epsilon_0$ ab (Spannungsrelaxation). Ganz analog hierzu gilt: Belastet man zur Zeit $t = 0$ das vorher dehnungs- und spannungsfreie Material ruckartig mit der von da an konstanten Spannung σ_0, so klettert die Dehnung exponentiell, mit der Retardationszeit τ^* als Anstiegszeit, vom Anfangswert $\sigma_0(E_1 + E_2)$ auf den Endwert σ_0/E_2 (vgl. Fig. 6.10).

Fig. 6.10
a) Spannungsrelaxation,
b) Dehnungsretardation

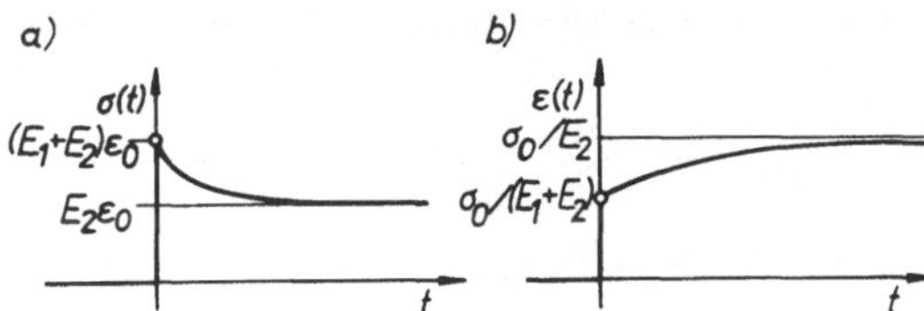

Anmerkung. Wenn man aus dem System (6.48) nur ϵ_1 eliminiert, läßt es sich in der folgenden Form schreiben

$$\sigma = (E_1 + E_2)\,\epsilon - E_1\epsilon_3 \tag{6.54}$$

$$\dot{\epsilon}_3 = (\epsilon - \epsilon_3)/\tau \tag{6.55}$$

Dies läßt folgende Interpretation zu: σ hängt nach (6.54) nicht nur von der „äußeren" Variablen ϵ ab, sondern auch von der „inneren" Variablen ϵ_3. Die innere Variable genügt der „Relaxationsgleichung" (6.55). Diese Interpretation weist auf den Zusammenhang mit dem hin, was im Kleindruck in Abschn. 4.5 und Abschn. 4.10 über die Einführung innerer Zustandsvariablen (dort q_i genannt) gesagt wurde.

Die Gleichung (6.52) und das System (6.54), (6.55) sind übrigens typisch für zwei verschiedene Betrachtungsweisen, die sich in der modernen Kontinuumsmechanik gegenüberstehen. In der einen Betrachtungsweise fixiert man das mechanisch-thermodynamische Materialverhalten durch Funktionale über die Geschichte relevanter mechanischer und thermodynamischer Zustandsgrößen (vgl. Kapitel 7), in der anderen Betrachtungsweise wird das Materialverhalten durch Einführung innerer Variablen und zusätzlicher Relaxationsgleichungen beschrieben. Diese Beschreibungsweise knüpft unmittelbar an die klassischen Methoden der Thermodynamik an (Abschn. 4.5 und 4.10). Sie läßt sich zwar auf die Beschreibung durch Funktionale zurückführen, ist aber dieser in vielen Fällen, z.B. in der Gasdynamik, überlegen, nicht zuletzt deshalb, weil die inneren Variablen oft eine wohldefinierte physikalische Bedeutung haben[1]).

Damit verlassen wir das einfache Modell des Poynting-Thomson-Materials. Es leuchtet ein, daß man durch beliebige Kombination von Federn und Dämpfern Materialgleichungen für viskoelastische Materialien herleiten kann. In Aufgabe 6.4.1 wird ein viskoelastisches Fluid, das Maxwellsche Fluid, studiert; die Fluideigenschaft äußert sich darin, daß das Material bei endlicher Spannung unbegrenzt fließt (d.h. ϵ bleibt nicht endlich wie beim Poynting-Thomson-Material). Rheologische Modelle dieser Art (z.B. Fig. 6.9) haben jedoch nur heuristischen Wert und sind nicht etwa ein wirklichkeitsgetreues Abbild der inneren Struktur der kleinsten Teilchen dieser Materialien. Dies erhellt u.a. daraus, daß sich Gase mit thermodynamischer Relaxation (etwa erzeugt durch eine mit endlicher Geschwindigkeit im Gas ablaufende chemische Reaktion) in linearer Näherung wie ein Poynting-Thomson-Material verhalten, obwohl ihre innere Struktur sicher nichts mit einer Kombination von Federn und Dämpfern zu tun hat. Immerhin führt aber die Betrachtung des Poynting-Thomson-Materials auf einen Weg zur Verallgemeinerung der hier angestellten Überlegungen. Definiert man nämlich die Funktion E(s) durch

$$E(s) = E_2 + E_1 e^{-\frac{s}{\tau}} \tag{6.56}$$

so läßt sich das Materialgesetz (6.52) in folgender Form schreiben

$$\sigma(t) = E(0)\,\epsilon(t) + \int\limits_0^\infty E'(s)\epsilon(t-s)\,ds \tag{6.57}$$

Dabei ist $E(0) = E_1 + E_2$. Man nennt E(s) R e l a x a t i o n s f u n k t i o n und E'(s) R e l a x a t i o n s k e r n. E(s) stimmt übrigens bis auf den Faktor ϵ_0 mit der in Fig. 6.10a aufgetragenen Funktion überein.

Gleichung (6.57) ist ein allgemeines Materialgesetz für viskoelastische Materialien, wenn man die Relaxationsfunktion E(s) beliebig läßt. (E(s) muß allerdings gewisse Bedingungen erfüllen, um einem real möglichen Material zu entsprechen; hierauf gehen wir noch kurz in Abschn. 6.5 ein). Spezielle Wahl von E(s) gibt ein spezielles Materialgesetz.

---

[1]) B e c k e r , E.: Neuere Probleme der Dynamik realer Gase, ZAMM 47 (1967), T 3 − T 15.

Die Beziehung (6.57) ist die Verallgemeinerung von (6.47) auf viskoelastische Materialien. Der Vergleich von (6.57) mit (6.47) legt nun folgende Verallgemeinerung des für dreiachsige Spannungs- und Verzerrungszustände gültigen Hookeschen Gesetzes (6.20) auf isotrope viskoelastische Materialien nahe

$$\mathbf{T}(t) = 2\mu(0)\,\mathbf{G}(t) + \lambda(0)(\mathrm{sp}\mathbf{G})\,\mathbf{I}$$
$$+ \int_0^\infty \left\{ 2\mu'(s)\mathbf{G}(t-s) + \lambda'(s)(\mathrm{sp}\mathbf{G}(t-s))\mathbf{I} \right\} ds \qquad (6.58)$$

Hier sind $\mu(s)$ und $\lambda(s)$ zwei skalare Relaxationsfunktionen. Der qualitative Verlauf dieser Funktionen kommt für viele viskoelastische Materialien der in Fig. 6.10a studierten Relaxationsfunktion mehr oder weniger nahe. Gegebenenfalls spielen mehrere Relaxationszeiten eine Rolle; dann ist die eine Exponentialfunktion $\exp(-s/\tau)$ im Relaxationskern durch eine Summe von mehreren Exponentialfunktionen zu ersetzen.

Aufgaben. 6.4.1. a) Durch spezielle Wahl einer der drei Konstanten des Poynting-Thomson-Körpers (6.49) bzw. (6.52) erhält man das Modell eines Fluids (Maxwell-Fluid). σ und ϵ bedeuten dabei sinngemäß Schubspannung und Scherung. Welcher Konstanten muß man welchen Wert erteilen? b) In einem anfangs ruhenden Maxwell-Fluid herrsche von der Zeit $t = 0$ an die konstante Schubspannung $\sigma = \sigma_0$. Man berechne den zugehörigen Scherungsverlauf $\epsilon(t)$. c) Ein anfangs ruhendes Maxwell-Fluid wird zur Zeit $t = 0$ ruckartig auf die von da ab konstante Scherung $\epsilon = \epsilon_0$ gebracht. Man berechne den zugehörigen Spannungsverlauf $\sigma(t)$ (Spannungsrelaxation).

6.4.2. a) Wenn man im Modell des Poynting-Thomson-Körpers (6.49) bzw. (6.52) eine der beiden Federn starr macht, entsteht ein spezieller deformierbarer Festkörper (Kelvin-Voigt-Körper). Welche der beiden Federn muß starr werden? b) In einem anfangs spannungsfreien, ruhenden Kelvin-Voigt-Material herrsche von der Zeit $t = 0$ an die konstante Spannung $\sigma = \sigma_0$. Man berechne den zugehörigen Verlauf der Dehnung (Dehnungsretardation).

6.4.3. Zu einer zeitlich periodischen Dehnung $\epsilon(t) = \epsilon_0\,e^{i\omega t}$ bestimme man für einen Poynting-Thomson-Körper (6.49) bzw. (6.52) den zeitlichen Verlauf der Spannung $\sigma(t) = E\epsilon(t)$. Was ergibt sich für den „komplexen Elastizitätsmodul" E? Diskutieren Sie die Grenzfälle $\omega \to 0$ und $\omega \to \infty$!

6.4.4. Z ä h e r K r i e c h b r u c h : Kriechvorgänge in gewissen volumbeständigen (inkompressiblen) metallischen Werkstoffen werden durch die folgende Materialgleichung beschrieben

$$2/3\,\mathbf{D} = (1/E)\,d_j\mathbf{T}'/dt + k\{3/2\ \mathrm{sp}(\mathbf{T}')^2\}^{\frac{n-1}{2}}\ \mathbf{T}'$$

Darin bedeuten $\mathbf{D}$ den Streckgeschwindigkeitstensor, $\mathbf{T}' = \mathbf{T} - (1/3)(\mathrm{sp}\mathbf{T})\,\mathbf{I}$ den Spannungsdeviator und d_j/dt die Jaumannsche Zeitableitung (vgl. Abschn. 1.5); E, k und n sind positive Materialkonstanten. Bei Prüfungen der Zugfestigkeit untersucht man zylindrische Probekörper. Ein ursprünglich unbelastetes zylindrisches Werkstück werde von der Zeit $t = 0$ an mit konstanter Kraft P in Achsenrichtung (x_1-Richtung) gezogen. Beim Aufbringen der Last springt die Normalspannung in Achsenrichtung augenblicklich auf den Wert σ_0, von dem $\sigma_0 \leqslant E$ vorausgesetzt wird. Die nachfolgende Deformation („Kriechen") ist bei hinreichend langsamer Bewegung eine homogene Deformation $x_1 = \alpha(t)\xi_1$, $x_2 = \beta(t)\xi_2$, $x_3 = \beta(t)\xi_3$. Bestimmen Sie die Zeit t_B, nach der das Werkstück unter der konstant gehaltenen Last bricht. Bruch tritt nach Definition dann ein, wenn die Spannungsgeschwindigkeit und damit, wie sich zeigt, die Dehngeschwindigkeit des Zylinders unendlich groß wird. H i n w e i s : Konstante Last bedeutet konstante Kraft P und nicht konstante Spannung in dem Zylinder, dessen Querschnitt sich einschnürt (Fig. 6.11). Bei der speziellen Deformation ist der Drehgeschwindigkeitstensor $\mathbf{W} = \mathbf{0}$, die Jaumannsche Zeitableitung stimmt daher mit der substantiellen überein (vgl. (1.137); die dort eingeführte Spinmatrix Ω wird mit der Drehgeschwindigkeitsmatrix $\mathbf{W}$ der materiellen Teilchen identifiziert).

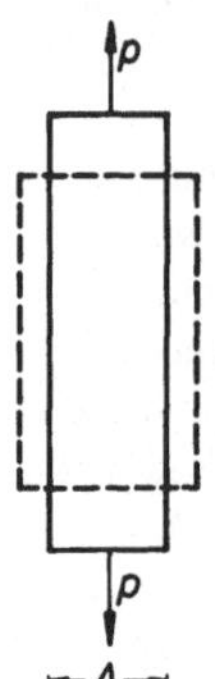

Fig. 6.11
Zum zähen Kriechbruch
(Aufgabe 6.4.4)

6.5 Wellenausbreitung in der linearen Näherung

Zur weiteren Erörterung des Hookeschen Gesetzes (6.20) und des Materialgesetzes (6.58) für isotrope, linear-viskoelastische Materialien leiten wir aus der Impulsbilanz (3.15) und dem Materialgesetz (6.58) eine Gleichung für den Verschiebungsvektor $\mathbf{u}$ her und studieren spezielle Lösungen dieser Gleichung, die Wellencharakter haben. Dabei lassen wir die Randbedingungen, die diese Lösungen an der Oberfläche $\partial\mathfrak{B}$ eines Körpers $\mathfrak{B}$ erfüllen müßten, unbeachtet. Dies läuft darauf hinaus, Wellen im allseits unbegrenzten Medium zu studieren. Volumenkräfte werden vernachlässigt. Die differentielle Impulsbilanz (3.15) kann dann wie folgt geschrieben werden

$$\rho \, \frac{\partial^2 u_i(\boldsymbol{\xi}, t)}{\partial t^2} = \frac{\partial \tau_{ik}}{\partial x_k} \tag{6.59}$$

Die Verschiebung $\mathbf{u}$ werde definitionsgemäß von der verzerrungsfreien Konfiguration aus gemessen; in diesem Zustand besitze das Material die konstante Dichte ρ_0. Im Gültigkeitsbereich der geometrischen Linearisierung können wir ρ in (6.59) durch ρ_0 ersetzen, denn es gilt im Rahmen dieser Linearisieruung $(\rho_0/\rho) - 1 = \det\mathbf{F} - 1 = \mathrm{sp}\,\mathbf{G}$ $\ll 1$. Im Rahmen dieser Linearisierung dürfen wir außerdem auf der rechten Seite von (6.59) die Ableitungen nach $\mathbf{x}_k$ durch die Ableitungen nach ξ_k ersetzen (siehe Gl. (2.41)). Damit erhalten wir

$$\rho_0 \frac{\partial^2 u_i(\boldsymbol{\xi}, t)}{\partial t^2} = \frac{\partial \tau_{ik}}{\partial \xi_k} \tag{6.60}$$

Die Spannungen τ_{ik} auf der rechten Seite von (6.60) werden nun mit Hilfe des Materialgesetzes (6.58) durch die Greenschen Verzerrungen ausgedrückt; für diese gilt bei geometrischer Linearisierung nach Gl. (2.37): $2\gamma_{ik} = \partial u_i/\partial\xi_k + \partial u_k/\partial\xi_i$. In ausführlicher Schreibweise lautet damit (6.58)

$$\tau_{ik} = \mu_0 \left(\frac{\partial u_i(t)}{\partial \xi_k} + \frac{\partial u_k(t)}{\partial \xi_i} \right) + \lambda_0 \frac{\partial u_j(t)}{\partial \xi_j} \delta_{ik}$$

$$+ \int\limits_0^\infty \left\{ \mu'(s) \left(\frac{\partial u_i(t-s)}{\partial \xi_k} + \frac{\partial u_k(t-s)}{\partial \xi_i} \right) + \lambda'(s) \frac{\partial u_j(t-s)}{\partial \xi_j} \delta_{ik} \right\} ds \tag{6.61}$$

Hierbei ist der Deutlichkeit halber das Zeitargument jeweils angegegeben, die Variablen ξ_i sind dagegen der Kürze halber weggelassen; zur Vereinfachung der Schreibweise wurde außerdem $\mu(0) = \mu_0$ und $\lambda(0) = \lambda_0$ gesetzt. Einsetzen des Ausdrucks (6.61) für τ_{ik} auf der rechten Seite von (6.60) führt zu dem Ergebnis

$$\rho_0 \frac{\partial^2 u_i}{\partial t^2} = \mu_0 \Delta u_i + (\mu_0 + \lambda_0) \frac{\partial \phi}{\partial \xi_i}$$

$$+ \int\limits_0^\infty \left\{ \mu'(s)\,\Delta u_i(t-s) + (\mu'(s) + \lambda'(s)) \frac{\partial \phi(t-s)}{\partial \xi_i} \right\} ds \tag{6.62}$$

Dabei wurden die folgenden Abkürzungen verwendet

$$\phi = \mathrm{sp}\,\mathbf{G} = \frac{\partial u_j}{\partial \xi_j}, \qquad \Delta = \frac{\partial^2}{\partial \xi_1^2} + \frac{\partial^2}{\partial \xi_2^2} + \frac{\partial^2}{\partial \xi_3^2} \tag{6.63}$$

Außerdem wurde angedeutet, daß die Zeitvariable im Integranden den retardierten Wert $t-s$ besitzt; in allen anderen Termen hat sie den Wert t.

Gleichung (6.62) vereinfacht sich übrigens sehr, wenn die Verschiebung $\mathbf{u}$ nicht von der Zeit abhängt, also bei elastostatischen Problemen. Sie geht dann über in

$$\mu_\infty \Delta u_i + (\mu_\infty + \lambda_\infty) \frac{\partial \phi}{\partial \xi_i} = 0 \tag{6.64}$$

Die hier auftretenden Konstanten μ_∞ und λ_∞ haben folgende Bedeutung

$$\mu_\infty = \mu(\infty) = \mu_0 + \int_0^\infty \mu'(s)\,ds; \qquad \lambda_\infty = \lambda(\infty) = \lambda_0 + \int_0^\infty \lambda'(s)\,ds \qquad (6.65)$$

Bei einem viskoelastischen Festkörper sind diese beiden Materialkonstanten größer als null. Gl. (6.64) stimmt in diesem Fall überein mit der Gleichung, die das Verschiebungsfeld bei statischer Verformung – in linearer Näherung – in einem hookeschen Medium mit dem Laméschen Konstanten μ_∞ und λ_∞ befriedigt. In der Tat leuchtet sofort ein, daß die Statik eines viskoelastischen Materials, das der Gleichung (6.58) genügt, sich von der Statik eines hookeschen Materials nicht unterscheiden wird. Bei manchen Anwendungen ist es übrigens zulässig, zeitlich veränderliche Deformationen eines viskoelastischen Materials q u a s i s t a t i s c h zu behandeln. In diesem Fall vernachlässigt man das Beschleunigungsglied auf der linken Seite von (6.62), setzt also die rechte Seite gleich null.

Bei der Herleitung der Gl. (6.62) wurde – außer dem speziellen Materialgesetz – nur die Zulässigkeit der geometrischen Linearisierung vorausgesetzt. Gleichung (6.62) stellt eine materielle Beschreibung der Bewegung eines linear-viskoelastischen Kontinuums dar, da neben der Zeit die materiellen Koordinaten ξ_i als unabhängige Variablen benutzt werden. Im Gültigkeitsbereich der geometrischen Linearisierung kann man auf der rechten Seite von (6.62) die ξ_i durch die x_i ersetzen. Insbesondere kann man damit in der für statische Deformationen gültigen Gleichung (6.64) die materiellen Koordinaten ξ_i einfach durch die Ortskoordinaten x_i ersetzen. Mit einer über die Annahmen der geometrischen Linearisierung hinausgehenden, zusätzlichen Voraussetzung kann man auch auf der linken Seite von Gl. (6.62) die materiellen Koordinaten durch die Ortskoordinaten ersetzen; dazu müssen die Verschiebungen u_i selbst klein bleiben. Bei hinreichend kleinen Verschiebungen ist es nämlich zulässig, $\partial^2 u(x, t)/\partial t^2$ mit $\partial^2 u(\xi, t)/\partial t^2$ zu identifizieren. Gleichung (6.62) geht damit in eine Feldbeschreibung über. Im folgenden stellen wir uns auf den bei Anwendungen oft zweckmäßigen Standpunkt der Feldbeschreibung; wir denken uns also unter der Voraussetzung „kleiner Verschiebungen" in (6.62) die Koordinaten ξ_i überall durch x_i ersetzt.

Von nun an beschränken wir uns auf solche Lösungen von (6.62) die nur von einer Ortskoordinate x_i abhängen, als die wir ohne Beschränkung der Allgemeinheit x_1 wählen

$$u_i = u_i(x_1, t) \qquad (6.66)$$

Hierfür ist

$$\Delta u_i = \partial^2 u_i/\partial x_1^2, \quad \phi = \partial u_1/\partial x_1, \quad \partial\phi/\partial x_i = \partial^2 u_1/\partial x_1^2\, \delta_{i1} \qquad (6.67)$$

Wir studieren im folgenden zwei Lösungsklassen, nämlich wirbelfreie Lösungen, für die rot $u = 0$ ist, und „dilatationsfreie" Lösungen, für die die D i l a t a t i o n (Volumendehnung) $\phi = (dV - dV_0)/dV_0 = \text{div } u = 0$ ist. Bei den dilatationsfreien Lösungen behalten demnach materielle Volumina stets ihre Größe bei, denn mit $\phi = 0$ ist det $F = 1$. Nebenbei sei bemerkt, daß das Studium wirbelfreier und dilatationsfreier Lösungen insofern von tieferer Bedeutung ist, als man unter gewissen Voraussetzungen ein Vektorfeld $u(x)$ eindeutig in einen wirbel- und einen dilatationsfreien Anteil additiv zerlegen kann.

Wirbelfreie (longitudinale) Lösungen. Aus rot $u = 0$ folgt mit dem Ansatz (6.66) $\partial u_2/\partial x_1 = 0$, $\partial u_3/\partial x_1 = 0$. Die Verschiebungskomponenten u_2 und u_3 können demnach nur von der Zeit abhängen. Aus (6.62) erhält man in diesem Fall, unter Beachtung von (6.67) $\partial^2 u_i/\partial t^2 = 0$, $i = 2, 3$. Die Verschiebungen in den Richtungen 2 und 3 sind demnach lineare Funktionen der Zeit, die man ohne Beschränkung der Allgemeinheit null setzen kann; (physikalisch entspricht dies einer Galilei-Transformation). Verschiebungen von der Form $u_1 = u_1(x_1, t)$, $u_2 = u_3 = 0$ beschreiben offenbar eine longitudinale Bewegung des Mediums in x_1-Richtung, bei der sich materielle Ebenen senkrecht zur x_1-Richtung in Richtung ihrer Normalen (d.h. in x_1-Richtung) verschieben. Die einzige nichtverschwindende Verschiebungskomponente genügt der aus (6.62) folgenden Gleichung

$$\rho_0 \frac{\partial^2 u_1}{\partial t^2} = (2\mu_0 + \lambda_0) \frac{\partial^2 u_1}{\partial x_1^2} + \int_0^\infty \left\{ (2\mu'(s) + \lambda'(s)) \frac{\partial^2 u_1(t-s)}{\partial x_1^2} \right\} \, ds \quad (6.68)$$

Dilatationsfreie (transversale) Lösungen. Aus $\phi = 0$ folgt nach (6.63) $\partial u_1/\partial x_1 = 0$. Die Verschiebungskomponente hängt demnach nur von der Zeit ab. Genau wie oben schließt man, daß u_1 dann nur eine lineare Zeitfunktion sein kann, die man ohne Beschränkung der Allgemeinheit null setzen darf. Verschiebungen der Form $u_1 = 0$, $u_2 = u_2(x_1, t)$, $u_3 = u_3(x_1, t)$ beschreiben transversale Bewegungen des Mediums, bei denen materielle Ebenen senkrecht zur x_1-Richtung in sich verschoben werden. Aus (6.62) erhält man für u_2 die folgende Gleichung

$$\rho_0 \frac{\partial^2 u_2}{\partial t^2} = \mu_0 \frac{\partial^2 u_2}{\partial x_1^2} + \int_0^\infty \mu'(s) \frac{\partial^2 u_2(t-s)}{\partial x_1^2} \, ds \quad (6.69)$$

Derselben Gleichung genügt auch u_3.

Bei Beschränkung auf ein der Materialgleichung (6.20) genügendes hookesches Medium entfällt in den Gleichungen (6.68) und (6.69) jeweils der dem „Gedächtnis" des viskoelastischen Materials Rechnung tragende Intergralterm. Beide Gleichungen reduzieren sich dann auf die gewöhnliche Wellengleichung

$$\frac{\partial^2 u}{\partial t^2} = c^2 \frac{\partial^2 u}{\partial x^2} \quad (6.70)$$

Der Einfachheit halber sind in (6.70) die Indizes bei u und x weggelassen; diese Vereinfachung wird im folgenden bis zu Gl. (6.79) einschließlich beibehalten. Die Konstante c^2 in (6.70) ist das Quadrat der Wellengeschwindigkeit c. Für Longitudinalwellen folgt durch Vergleich von (6.70) mit (6.68)

$$c^2 = c_\varrho^2 = \frac{2\mu + \lambda}{\rho_0} \tag{6.71}$$

Der Index „0" an μ und λ wurde hier als überflüssig weggelassen; er ergab sich aus der im Anschluß an (6.61) getroffenen Vereinbarung, die für das rein hookesche Medium bedeutungslos ist; μ und λ sind die Laméschen Konstanten des hookeschen Materials. Für Transversalwellen ergibt sich aus dem Vergleich von (6.70) mit (6.69)

$$c^2 = c_t^2 = \mu/\rho \tag{6.72}$$

Aus (6.71) und (6.72) folgert man unter Beachtung von (6.21) und $0 \leqslant m \leqslant 1/2$

$$c_t^2 / c_\varrho^2 = (1 - 2m)/\{2(1 - m)\} \leqslant 1/2 \tag{6.73}$$

Bei inkompressiblem Material ($\kappa = 0$) ist $m = 1/2$; im Grenzfall der Inkompressibilität wächst daher die Longitudinalwellengeschwindigkeit c_ϱ über alle Grenzen.

Wir kehren nun zu Wellen im viskoelastischen Material zurück. Die Gleichungen (6.68) und (6.69), die solche Wellen beschreiben, sind beide von derselben Form und lassen sich wie folgt schreiben

$$\rho_0 u_{tt} = E(0)u_{xx} + \int_0^\infty E'(s)u_{xx}(t - s)\,ds \tag{6.74}$$

Die Relaxationsfunktion $E(s)$ hat für die beiden Bewegungstypen (longitudinal und transversal) verschiedene Bedeutung; ihr Zusammenhang mit $\mu(s)$ und $\lambda(s)$ ergibt sich in beiden Fällen unmittelbar aus dem Vergleich von (6.74) mit (6.68) und (6.69). Für die weitere Untersuchung setzen wir spezielle Lösungen von (6.74) in der Form laufender, zeitharmonischer Wellen an

$$u = u_0 \exp\{i(kx - \omega t)\} \tag{6.75}$$

Dabei ist ω die reelle Kreisfrequenz, k die im allgemeinen komplexe Wellenzahl und u_0 ein konstanter Amplitudenfaktor. Einsetzen von (6.75) in (6.74) liefert das D i s p e r - s i o n s g e s e t z ; darunter versteht man den Zusammenhang zwischen Frequenz und Wellenzahl. Nach kurzer Rechnung ergibt sich

$$c^2 = \frac{\omega^2}{k^2} = \frac{1}{\rho_0}\left(E(0) + \int_0^\infty E'(s)\cos\omega s\,ds - i\int_0^\infty E'(s)\sin\omega s\,ds\right) \tag{6.76}$$

$c = \omega/k$ ist die, offenbar komplexe, Phasengeschwindigkeit der durch den Ansatz (6.75) gegebenen Wellen. Den Ausdruck in der runden Klammer auf der rechten Seite nennt man zuweilen einen „komplexen Elastizitätsmodul" des viskoelastischen Materials für zeitharmonische Vorgänge (vgl. auch Aufgabe 6.4.3).

Für $\omega \to \infty$ geht nach (6.76) die Phasengeschwindigkeit gegen den reellen Grenzwert c_a, mit

$$c_a^2 = E(0)/\rho_0 \tag{6.77}$$

Für $\omega \to 0$ geht die Phasengeschwindigkeit gegen den reellen Grenzwert c_b, mit

$$c_b^2 = \frac{1}{\rho_0} \left(E(0) + \int_0^\infty E'(s)\,ds \right) = \frac{E(\infty)}{\rho_0} \tag{6.78}$$

Manchmal nennt man c_a die „gefrorene" Wellengeschwindigkeit und c_b die „Gleichgewichts"-Wellengeschwindigkeit; $E(0)$ und $E(\infty)$ sind die Grenzwerte des komplexen Elastizitätsmoduls für sehr hohe und sehr tiefe Frequenzen. Unabhängig vom Wert von ω ist zu fordern, daß die Wellen nicht angefacht werden. Die Wellen gemäß (6.75) sind aber genau dann nicht angefacht, wenn die komplexe Zahl c^2 in der oberen komplexen Halbebene einschließlich der positiv reellen Halbachse liegt. Dies ist genau dann der Fall, wenn

$$\int_0^\infty E'(s) \sin \omega s\, ds \leqslant 0 \tag{6.79}$$

gilt, für alle ω. Man überzeugt sich leicht davon, daß beispielsweise die durch (6.56) gegebene spezielle Relaxationsfunktion $E(s)$ die Relation (6.79) erfüllt. In der Theorie der Viskoelastizität ist es üblich, eine Relaxationsfunktion $E(s)$ als „verträglich mit der Thermodynamik" zu bezeichnen, wenn sie (6.79) erfüllt. Verträglichkeit mit der Thermodynamik ist eine der schon im Anschluß an (6.57) erwähnten notwendigen Forderungen, die an jede Relaxationsfunktion zu stellen sind.

Zusammenfassend stellen wir fest: Während longitudinale und transversale Wellen im hookeschen Material ungedämpft sind und sich mit frequenzunabhängiger Phasengeschwindigkeit ausbreiten, erfahren solche Wellen in einem viskoelastischen Material eine Dämpfung, und die Phasengeschwindigkeit ist frequenzabhängig.

Wir ergänzen die Diskussion der Wellen im elastischen und viskoelastischen Material durch eine kurze Erörterung der longitudinalen Wellen in einem isotropen, linear-thermoelastischen Material mit endlicher Wärmeleitfähigkeit. Ausgangspunkt ist die ein solches Material beschreibende Materialgleichung (4.32), die ihrerseits aus der thermodynamischen Zustandsgleichung (4.31) folgt. Indem wir (4.32) zur Elimination der Spannungen τ_{ik} auf der rechten Seite von (6.60) verwenden, erhalten wir (bei Ersatz von ξ_i durch x_i, siehe oben)

$$\rho_0 \frac{\partial^2 u_i}{\partial t^2} = \mu \Delta u_i + (\mu + \lambda) \frac{\partial \phi}{\partial x_i} - (3\lambda + 2\mu)\, \alpha \frac{\partial \Theta}{\partial x_i} \tag{6.80}$$

Da außer den Verschiebungskomponenten in dieser Gleichung auch die Temperatur Θ vorkommt, müssen wir uns noch eine weitere Gleichung beschaffen. Diese wird uns von der Energiebilanz (4.86) geliefert. In dieser Bilanz setzen wir gemäß (4.24) $e = \varphi + \Theta s$ ein, wobei φ die freie Energie bedeutet. Damit erhalten wir aus (4.86)

$$\rho \left(\frac{\partial \varphi}{\partial F_{ik}} \dot{F}_{ik} + \left(\frac{\partial \varphi}{\partial \Theta} + s \right) \dot{\Theta} + \Theta \dot{s} \right) = \tau_{ik} \frac{\partial v_i}{\partial x_k} - \frac{\partial q_i}{\partial x_i} \tag{6.81}$$

Wegen (2.48) und (4.26) hebt sich das erste Glied links gegen das erste Glied rechts weg. Außerdem verschwindet wegen (4.27) der Koeffizient bei $\dot{\Theta}$. Damit reduziert sich (6.81) auf

$$\rho_0 \Theta_0 \dot{s} = - \operatorname{div} q \tag{6.82}$$

In Übereinstimmung mit den Voraussetzungen der geometrischen Linearisierung haben wir hier ρ durch ρ_0 ersetzt; außerdem haben wir auch in der Abweichung $\Theta - \Theta_0$ der Temperatur von der Referenztemperatur Θ_0 linearisiert, indem wir Θ durch Θ_0 ersetzt haben. Für den Wärmestromvektor q verwenden wir das Fouriersche Gesetz für isotrope Wärmeleitung

$$q_i = - \kappa \, \partial\Theta / \partial x_i \tag{6.83}$$

Da Verwechslungen im vorliegenden Zusammenhang kaum möglich sind, verwenden wir hier für die Wärmeleitzahl dasselbe Symbol κ wie früher für die Kompressibilität (Gl. (6.21)) und die Scherung (Gl. (6.28)). Aus der Zustandsgleichung (4.31) des thermoelastischen Materials folgt nach (4.27)

$$\rho_0 s = - \rho_0 \, \frac{\partial \varphi}{\partial \Theta} = (3\lambda + 2\mu)\, \alpha \, \frac{\partial u_i}{\partial x_i} + \rho_0 \, c_F \, \frac{\Theta - \Theta_0}{\Theta_0} \tag{6.84}$$

Durch Einsetzen von (6.84) und (6.83) in (6.82) erhalten wir die als Ergänzung von (6.80) gesuchte weitere Gleichung

$$(3\lambda + 2\mu)\, \alpha \, \Theta_0 \, \frac{\partial^2 u_i}{\partial x_i \partial t} + \rho_0 \, c_F \, \frac{\partial \Theta}{\partial t} = \kappa \, \Delta\Theta \tag{6.85}$$

Wir beschränken uns nun, wie schon angekündigt, auf longitudinale Bewegung des Mediums, indem wir $u_1 = u_1(x_1, t)$, $u_2 = u_3 = 0$, $\Theta = \Theta(x_1, t)$ setzen. Die Gleichungen (6.80) und (6.85) gehen hiermit über in

$$\frac{\partial^2 u}{\partial x^2} - \frac{1}{c_\varrho^2} \, \frac{\partial^2 u}{\partial t^2} = \frac{3\lambda + 2\mu}{\lambda + 2\mu} \, \alpha \, \frac{\partial \Theta}{\partial x} \tag{6.86}$$

$$\kappa_F \, \frac{\partial^2 \Theta}{\partial x^2} - \frac{\partial \Theta}{\partial t} = \frac{3\lambda + 2\mu}{\rho_0 c_F} \, \alpha \, \Theta_0 \, \frac{\partial^2 u}{\partial x \partial t} \tag{6.87}$$

Der Index „1" bei u und x wurde der Einfachheit halber wieder weggelassen. In (6.86) bedeutet c_ϱ die longitudinale Wellengeschwindigkeit gemäß (6.71), während in (6.87) die Größe $\kappa_F = \kappa/(\rho_0 c_F)$ die Temperaturleitfähigkeit ist. Die Gleichungen (6.86) und (6.87) werden entkoppelt, wenn $\alpha = 0$ ist, wenn das Material also keine Wärmedehnung aufweist. Für ein solches spezielles Material stimmt (6.86) mit der Wellengleichung für hookesches Material überein, und (6.87) reduziert sich auf die Wärmeleitungsgleichung. Man kann übrigens den Faktor vor $\partial^2 u / \partial x \partial t$ in (6.87) wie folgt aufspalten

$$\frac{3\lambda + 2\mu}{\rho_0 c_F} \, \alpha \Theta_0 = \frac{\lambda + 2\mu}{(3\lambda + 2\mu)\,\alpha} \, \frac{(3\lambda + 2\mu)^2 \, \alpha^2 \Theta_0}{(\lambda + 2\mu)\,\rho_0 c_F} = \frac{\lambda + 2\mu}{(3\lambda + 2\mu)\,\alpha} \, \delta \tag{6.88}$$

Wenn die hierdurch definierte Koppelungskonstante δ hinreichend klein ist, kann man die rechte Seite von (6.87) vernachlässigen, wobei sich (6.87) auf die von (6.86) entkoppelte Wärmeleitungsgleichung reduziert. Die hieraus unabhängig vom Verschiebungsfeld zu berechnende Temperaturverteilung $\Theta(x_1, t)$ erzeugt auf der rechten Seite von

Gl. (6.86) einen Quellenterm: Durch die örtlich veränderliche Temperatur werden Wellen im Material erzeugt. Für viele Metalle ist δ von der Größenordnung 10^{-2} bis 10^{-1}, so daß die genannte Vernachlässigung hier bei nicht zu hohen Genauigkeitsansprüchen zulässig ist. — Der weiteren Diskussion von Wellen im thermodynamischen Material dient die Aufgabe 6.5.1.
Abschließend noch eine Bemerkung zur Statik des thermoelastischen Materials: Bei statischen Problemen hängen Temperatur- und Verschiebungsfeld nicht von der Zeit ab. Aus (6.85) folgt damit für das Temperaturfeld die Laplacegleichung $\Delta\Theta = 0$. Auch in diesem Fall kann man also das Temperaturfeld unabhängig vom Geschwindigkeitsfeld berechnen, wobei es jetzt sogar gleichgültig ist, welchen Wert die Kopplungskonstante δ hat. Das Temperaturfeld erzeugt allerdings auch hier einen „Quellenterm" in der Gleichung (6.80) für die Verschiebungen; die Verschiebungen hängen von der Temperaturverteilung ab, während das Umgekehrte nicht gilt.

Aufgaben. 6.5.1. Man gebe das Dispersionsgesetz ebener longitudinaler thermoelastischer Wellen an. Dazu gehe man mit dem Ansatz $u = u_0 \exp\{i(kx - \omega t)\}$, $\Theta = \Theta_0\{\exp i(kx - \omega t)\}$, mit reellem ω, in das Gleichungssystem (6.86), (6.87) ein. Es entsteht ein homogenes lineares Gleichungssystem für die konstanten Amplituden u_0, Θ_0. Aus dem Verschwinden der Determinante dieses Systems erhält man das Dispersionsgesetz der Wellen in der Form $k = k(\omega)$. Es ergeben sich zwei wesentlich voneinander verschiedene Zweige der Funktion $k(\omega)$; der eine Zweig entspricht „elastischen Wellen", der andere Zweig „Wärmewellen". In der Komplexwertigkeit von k äußert sich die Dämpfung der Wellen. Man leite für beide Zweige die Grenzfälle $\lim_{\omega\to 0} k(\omega)$ und $\lim_{\omega\to\infty} k(\omega)$ her und gebe die Phasengeschwindigkeit der elastischen Wellen in den beiden Grenzfällen an.

6.5.2. a) In der Ebene $x_1 = 0$ sind zwei hookesche Materialien (Dichten ρ_1, ρ_2; Lamésche Konstanten λ_1, μ_1 bzw. λ_2, μ_2) miteinander verklebt. Auf die Trennfläche fällt, aus dem Gebiet 1 kommend, senkrecht eine ebene Longitudinalwelle $u_1 = a \exp\{i(kx_1 - \omega t)\}$, die zum Teil durchgelassen, zum Teil reflektiert wird. Man berechne die Amplituden von durchgelassener und reflektierter Welle. b) Man löse die entsprechende Aufgabe für eine ebene Transversalwelle $u_2 = a \exp\{i(kx_1 - \omega t)\}$. Diskutieren Sie die Grenzfälle $\rho_2 \to \infty$ (Reflexion an einer unbewegten Wand) und $\rho_2 \to 0$ (Reflexion an einer freien Oberfläche). H i n w e i s : An der Grenzfläche sind der Verschiebungsvektor und der Spannungsvektor zur Normalenrichtung e_1 stetig.

6.5.3. Gleichung (6.80) reduziert sich bei Abwesenheit thermischer Effekte auf die Bewegungsgleichung eines kräftefreien hookeschen Materials; man kann sie in der folgenden Form schreiben: $\rho_0 \partial^2 u/\partial t^2 = (2\mu + \lambda)\,\mathrm{grad\ div}\,u - \mu\,\mathrm{rot\ rot}\,u$. Es werden Bewegungen gesucht, die in j e d e m hookeschen Material allein durch Spannungen an der Oberfläche des Körpers, d.h. ohne Volumkräfte ($\rho_0 f = 0$), realisiert werden können: sog. u n i v e r s e l l e Bewegungen. Damit ein Verschiebungsfeld die Bewegungsgleichungen für jede Wahl der Materialkonstanten ρ_0, μ, λ befriedigt, muß offenbar gelten: $\partial^2 u/\partial t^2 = 0$, $\mathrm{grad\ div}\,u = 0$, $\mathrm{rot\ rot}\,u = 0$. Die erste Bedingung schließt Beschleunigungen aus; wir beschränken uns deshalb auf statische Deformationen. a) Zeigen Sie, daß alle ebenen universellen Deformationen $u_1 = U(\xi_1, \xi_2)$, $u_2 = V(\xi_1, \xi_2)$, $u_3 = 0$ sich additiv aus einer speziellen homogenen Deformation (starre Drehung und isotrope Expansion oder Kompression) und einer Potentialdeformation ($\Delta U = \Delta V = 0$, Δ Laplace-Operator) zusammensetzen. b) Zeigen Sie, daß für räumliche universelle Deformationen der Form $u_1 = \xi_3 U(\xi_1, \xi_2)$, $u_2 = \xi_3 V(\xi_1, \xi_2)$, $u_3 = W(\xi_1, \xi_2)$, die Funktionen U, V, W Potentialgleichungen $\Delta U = \Delta V = \Delta W = 0$ erfüllen. Ein zylindrischer Körper, dessen Mantelfläche durch Geraden parallel zur ξ_3-Achse erzeugt wird, sei auf seiner Oberfläche spannungsfrei. Die universelle Deformation eines solchen Körpers unter dieser Randbedingung ist eine reine Torsion mit $U = -\omega(\xi_2 - \xi_{20})$, $V = \omega(\xi_1 - \xi_{10})$ (ω, ξ_{10}, ξ_{20} Konstante). Die „Verwölbungsfunktion" $W(\xi_1, \xi_2)$ erfüllt nach dem Obigen $\Delta W = 0$. Weisen Sie nach, daß bei Kreisquerschnitten keine Verwölbung eintritt ($W = \text{const}$)

7. Mechanische Materialtheorie

Im vorigen Kapitel hatten wir außer speziellen Materialien wie dem hookeschen Festkörper (6.20) und dem newtonschen Fluid (6.42) bereits umfangreichere Materialklassen wie elastische Körper und stokessche Fluide untersucht. Dabei hatte sich die Frage ergeben, welche Funktionen des Deformationsgradienten oder des Deformationsgeschwindigkeitstensors überhaupt Materialgesetze eines elastischen Festkörpers oder eines zähen Fluids darstellen. Wir hatten gesehen, daß nur solche Funktionen Materialgesetze sein können, die „beobachter-indifferent" oder „materiell objektiv" sind. Fragen dieser Art nach der mathematischen Struktur von Materialgesetzen werden in diesem Kapitel allgemeiner gestellt, wobei wir uns, wie auch im vorigen Kapitel, auf die rein mechanische Materialtheorie beschränken.

7.1 Das allgemeine Materialgesetz

Eine Materialgleichung muß, um die mechanischen Bilanzgleichungen eines Kontinuums in sinnvoller Weise zu ergänzen, den Spannungstensor $T(\xi, t)$ in den materiellen Punkten ξ des Körpers $\mathfrak{B}$ zur aktuellen Zeit t auf die Bewegung des Körpers zurückführen. Wegen der Kausalität kann dieser Zusammenhang nur von der vergangenen, nicht von der zukünftigen Bewegung abhängen. Mathematisch läßt sich das allgemeine Materialgesetz durch ein Funktional f ausdrücken, das im allgemeinen außer vom untersuchten materiellen Punkt ξ von der Bewegung sämtlicher materieller Punkte des Körpers $\mathfrak{B}$ abhängt und dessen Wert der Spannungstensor an der Stelle ξ ist

$$T(\xi, t) = \underset{\substack{s=0 \\ \eta \in \mathfrak{B}}}{\overset{\infty}{f}} (x(\eta, t - s); \xi) \tag{7.1}$$

f ist also das Symbol für die Vorschrift, nach der im Einzelfall aus der abgelaufenen Bewegung des Körpers $\mathfrak{B}$ sein gegenwärtiger Spannungszustand an der Stelle ξ berechnet werden kann[1]).

Das Funktional **f**, das zum Beispiel die Form eines Integrals hat, kann von allen materiellen Punkten des Körpers $\mathfrak{B}$ abhängig sein (d.h. weitreichende Wechselwirkungen zwischen Teilen des Körpers sind zunächst nicht ausgeschlossen) und von der Bewegung in der Vergangenheit (d.h. die Deformationsgeschichte kann den gegenwärtigen Spannungszustand beeinflussen). Die explizite Abhängigkeit von ξ bringt zum Ausdruck, daß die Materialeigenschaften des Körpers sich von Punkt zu Punkt ändern können (materielle Inhomogenität). Im Rahmen einer phänomenologischen Theorie, die das Verhalten eines bestimmten Materials nicht erklärt, sondern als etwas durch Erfahrungen oder eine mikroskopische Theorie Gegebenes hinnimmt, läßt sich nicht ausschließen, daß Materialgesetze explizit von der Zeit abhängen. Explizite Zeitabhängigkeit wird im folgenden nicht betrachtet; sie zeigt an, daß die Materialbeschreibung unvollkommen ist und die physikalische Ursache der Zeitabhängigkeit nicht erfaßt. Ein Beispiel möge das verdeutlichen. Beton ist während seiner Entstehung (und auch nach dem „Abbinden" noch jahrelang) ein „alterndes Material". Zunächst ist er eine Mischung aus Zement, Kies, Sand und Wasser. Diese Mischung bindet im Laufe der Zeit unter Abscheidung von Wasser chemisch ab und ändert dabei in bekannter Weise ihre mechanischen Eigenschaften von einer sehr zähen Flüssigkeit zu einem spröden Festkörper. Der zeitliche Ablauf dieses Prozesses liegt nicht von vornherein fest, sondern kann durch Abänderung der Umgebungsbedingungen beschleunigt oder verzögert werden (beispielsweise indem man die umgebende Luft trockener und wärmer macht). Man muß also annehmen, daß der Spannungstensor außer von der mechanischen Bewegung auch von der Temperatur und eventuell weiteren inneren Parametern (Reaktionslaufzahlen für die augenblickliche chemische Zusammensetzung der Mischung) abhängt, deren Zeitabhängigkeit von außen beeinflußt werden kann. Die mechanische Materialbeschreibung ist somit unvollständig und müßte durch eine vollständigere Beschreibung im Rahmen der Thermodynamik ersetzt werden. Beton zeigt ein zu kompliziertes thermo-chemisches Verhalten, als daß hier darauf eingegangen werden könnte. Einfachere Beispiele von Materialien, in denen thermodynamische Prozesse ablaufen, sind die thermoelastischen Festkörper (Abschn. 4.4) und das „relaxierende newtonsche Fluid" (Abschn. 4.10).

Vom einem Material setzen wir voraus, daß beliebig bewegte Beobachter an ihm dieselben Eigenschaften feststellen; d.h. derselben Deformationsgeschichte entspricht derselbe Spannungstensor, gleichviel von welchem Bezugssystem aus die Deformationen und die Spannungen betrachtet werden. Dieses „Prinzip der Beobachterindifferenz" oder der „materiellen Objektivität" war schon im Abschnitt 6.2 bei den elastischen Materialien eingeführt worden. Wir wollen aus ihm jetzt eine Folgerung für das allgemeine Materialgesetz ziehen. Der als ruhend gedachte Beobachter stelle die Bewegung $x(\xi, t)$

---

[1]) Das Zeichen $\in$ („Enthaltensein") bringt zum Ausdruck, daß der Punkt η alle materiellen Punkte des Körpers $\mathfrak{B}$ durchläuft.

der materiellen Punkte des Körpers $\mathfrak{B}$ fest, der bewegte Beobachter die Bewegung $y^*(\xi, t)$. Zwischen den beiden Bewegungen besteht nach (6.3) der Zusammenhang (vgl. Fig. 1.17)

$$y^*(\xi, t) = Q(t) (x(\xi, t) - c(t)) \tag{7.2}$$

Die beiden Beobachter setzen x bzw. y^* in die Materialgleichung (7.1) ein und berechnen sich hieraus die Komponenten des Spannungstensors. Beide Beobachter erhalten denselben Spannungstensor, denn sie beobachten denselben Vorgang. Der Unterschied zwischen ihren beiden Standpunkten besteht darin, daß sie die Matrix des Spannungstensors in ihren verschiedenen Koordinatensystemen angeben. Zwischen den Spannungsmatrizen T und T^* in den Koordinatensystemen der beiden Beobachter besteht der Zusammenhang $T^* = QTQ^T$. Also muß das Materialgesetz (7.1) für alle Verschiebungen $c(t)$ und alle Drehungen $Q(t)$ die folgende Funktionalgleichung erfüllen

$$\mathop{f}_{\substack{s=0 \\ \eta \in \mathfrak{B}}}^{\infty} (Q(t-s)\{x(\eta, t-s) - c(t-s)\}; \xi) = Q(t) \mathop{f}_{\substack{s=0 \\ \eta \in \mathfrak{B}}}^{\infty} (x(\eta, t-s); \xi) Q^T(t) \tag{7.3}$$

Wir haben wieder die „passive" Formulierung des Objektivitätsprinzips zugrundegelegt. Die entsprechende „aktive" Interpretation lese man im Abschn. 6.2 im Anschluß an Gl. (6.5) nach. Wählt man als Starrkörperbewegung speziell die Translation $c(t) = + x(\xi, t)$, $Q(t) = I$, die die Bewegung des materiellen Punktes ξ kompensiert, erhält man

$$\mathop{f}_{\substack{s=0 \\ \eta \in \mathfrak{B}}}^{\infty} (x(\eta, t-s); \xi) = \mathop{f}_{\substack{s=0 \\ \eta \in \mathfrak{B}}}^{\infty} (x(\eta, t-s) - x(\xi, t-s); \xi) \tag{7.4}$$

Das Materialgesetz im Punkt ξ hängt nach (7.4) nur von der Relativbewegung (Differenzgeschichte) ab. Da ξ ein beliebiger Punkt ist, gilt der Zusammenhang (7.4) für alle Punkte des Körpers.

Das allgemeine Materialgesetz (7.1) zeichnet sich vor später zu betrachtenden spezielleren Materialgesetzen vor allem dadurch aus, daß es weitreichende räumliche (nichtlokale) Wechselwirkungen zuläßt. Im Gegensatz zur Festkörperphysik, die Wechselwirkungen beliebiger Reichweite im Kristallgitter berücksichtigt[1]), beruht die klassische Elastizitätstheorie auf der Hypothese, daß die auf einen Körper einwirkenden Kräfte in zwei Klassen eingeteilt werden können: Kräfte großer Reichweite, deren Wirkung sich auf das Volumen des Körpers verteilt und die in den Bilanzgleichungen als Volumen- oder Massenkräfte erscheinen, sowie Kräfte extrem kurzer Reichweite, deren Wirkung sich auf die Oberfläche konzentriert und die in den Bilanzgleichungen durch die Spannungen beschrieben werden (vgl. Abschn. 3.1). Das Materialgesetz (7.1) läßt demgegenüber zu, daß auch Wechselwirkungen größerer Reichweite zu den Spannungen beitragen. Nichtlokale Wechselwirkungen spielen außer im molekularen Bereich eventuell auch auf einer sehr viel größeren (makroskopischen) Längenskala eine Rolle bei

---

[1]) vgl. K r ö n e r , F.: Int. J. Solids Structures 3 (1967), 731–742.

Verbundwerkstoffen, z.B. glasfaserverstärkten Plasten, oder zur Erhöhung der Zugfestigkeit mit Stahl bewehrtem Beton. Ein (etwas akademisches) Beispiel eines Materials mit weitreichenden Wechselwirkungen wird im folgenden betrachtet.

In der Form der rechten Seite von (7.4) erfüllt das Materialgesetz (7.1) das Prinzip der
materiellen Objektivität hinsichtlich aller Translationen von selbst. Das Funktional **f**
muß aber weiterhin der Invarianzforderung des Objektivitätsprinzips hinsichtlich der
Drehungen genügen. Da diese Invarianzforderung sich auf dieser Stufe der Allgemeinheit noch nicht ausnutzen läßt, verschieben wir sie bis zur Einführung einer speziellen
Materialklasse, der sog. einfachen Materialien (Abschn. 7.3).

Beispiel. Wir betrachten die einachsige Dehnung eines elastischen Materials (Elastizitätsmodul E), in das parallele elastische Fasern (Elastizitätsmodul E', Querschnittsfläche Q,
Länge L) eingebettet sind. „Materielle Punkte" sind die Querschnitte des Matrixmaterials, als materielle Koordinate ξ dient ihre Lage in der Bezugskonfiguration. Zur Lage-
bestimmung einer einzelnen Faser wählen wir die Koordinate η ihres rechten Endpunk-
tes; die Faser „an der Stelle η" erstreckt sich also von $\eta - L$ bis η (s. Fig. 7.1). Die Fasern sollen gleichmäßig verteilt sein (n Anzahl der rechten Faserendpunkte pro Volumeneinheit). Die Fasern, die den Querschnitt bei ξ durchstechen, versperren von der
Querschnittsfläche A den Anteil

$$\int_{\xi}^{\xi+L} n\,Q\,d\eta = n\,QL.$$

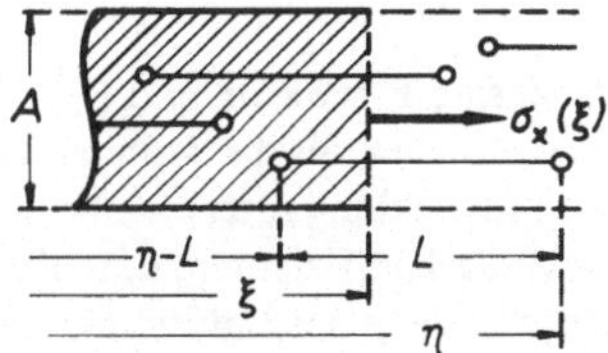

Fig. 7.1
Material mit eingebetteten Fasern

Die wesentliche Materialannahme ist die Annahme über die Wechselwirkung von Fasern
und Matrixmaterial: Die Fasern sollen nur an ihren Endpunkten mit dem Matrixmaterial verklebt sein. Somit ist die Spannung an der Stelle ξ im Matrixmaterial $E\,\epsilon_x(\xi)$, in
einer Faser, die den Querschnitt ξ durchstößt, $E'(x(\eta) - x(\eta - L) - L)/L$. Für die über
den Querschnitt A gemittelte Spannung $\sigma_x(\xi)$ gilt

$$\sigma_x(\xi)A = A(1 - nQL)E\epsilon_x(\xi) + \int_{\xi}^{\xi+L} E' \frac{x(\eta) - x(\eta - L) - L}{L} \, nQA\,d\eta$$

Die Gleichung läßt sich mit neuen Elastizitätsmoduli $E_1 = (1 - nQL)E$ und $E_2 = nQLE'$ sowie $\epsilon_x = dx/d\xi - 1$ schreiben

$$\sigma_x(\xi) = E_1\left(\frac{dx}{d\xi} - 1\right) + E_2\left\{\frac{1}{L^2} \int_{\xi-L}^{\xi+L} |x(\eta) - x(\xi)|\,d\eta - 1\right\} \tag{7.5}$$

Dieses Material hat weitreichende Wechselwirkungen der von Gleichung (7.1) beschriebenen Form.

Aufgaben 7.1.1. Bestimmen Sie das Dispersionsgesetz $\omega^2(k)$ ebener harmonischer Wellen in dem Material (7.5), indem Sie den Ansatz $u(\xi, t) = Ae^{i(\omega t - k\xi)}$ in die Bewegungsgleichung $\rho_0\, \partial^2 u/\partial t^2 = \partial\sigma_x/\partial\xi$ einsetzen. Diskutieren Sie die Grenzfälle sehr großer Wellenlänge ($kL \ll 1$) und sehr kleiner Wellenlänge ($kL \gg 1$).

7.1.2. Bestimmen Sie das (7.5) entsprechende eindimensionale Materialgesetz eines elastischen Stabes, in dem sich (anstelle der Fasern) gasgefüllte zylindrische Hohlräume befinden. Die Zustandsänderung des Gases erfolge isentrop: $p/p_0 = (\rho/\rho_0)^\gamma$ (p_0 und ρ_0 Druck und Dichte in der spannungsfreien Bezugskonfiguration, γ Adiabatenexponent).

7.2 Materialien höheren Grades

Bei hinreichend geringer Reichweite der Wechselwirkungskräfte — verglichen mit einem für den zu untersuchenden Vorgang charakteristischen Längenmaßstab — läßt sich das allgemeine Materialgesetz durch ein einfacheres approximieren. Dazu wird die Differenzgeschichte in der Umgebung des Punktes ξ durch ihre Taylorentwicklung bis zum N-ten Glied dargestellt

$$x(\eta, t) - x(\xi, t) = F(\xi, t)\,(\eta - \xi) + \frac{1}{2}\left\{F_2(\xi, t)\,(\eta - \xi)\right\}(\eta - \xi) + \ldots \quad (7.6)$$

Dabei sind $F = \partial x/\partial\xi$ und $F_2 = \partial F/\partial\xi$ der erste und zweite Deformationsgradient; die Punkte stehen für die weiteren Glieder der Entwicklung einschließlich des Restgliedes. Die Entwicklung setzt eine bestimmte Bezugskonfiguration voraus, von der die Entwicklungskoeffizienten, d.h. die Deformationsgradienten 1-ter bis N-ter Ordnung, abhängen. Wenn der Einfluß der nichtlokalen Wechselwirkungen mit zunehmendem Abstand $|\eta - \xi|$ hinreichend rasch abnimmt, trägt nur eine kleine Nachbarschaft des Punktes ξ zur Spannung in ξ bei, in der die Abweichung der Differenzgeschichte von ihrer Taylorentwicklung (d.h. das Restglied) sehr klein ist (s. Fig. 7.2). Also läßt sich das Materialgesetz dadurch approximieren, daß man die Differenzgeschichte durch ihre nach dem N-ten Glied abgebrochene Taylorentwicklung ersetzt[1]).

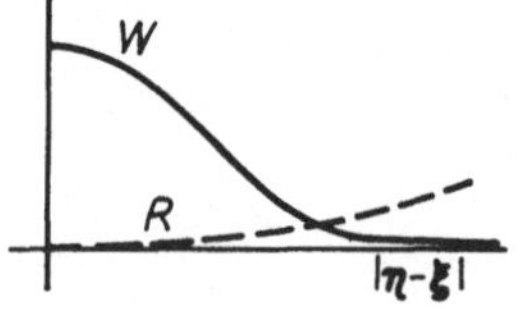

Fig. 7.2
Prinzipskizze: Abklingen der Wechselwirkungskraft (W) und Anwachsen des Restglieds der Taylorentwicklung (R)

---

[1]) Die Approximation läßt sich streng begründen. In der Sprechweise der Funktionalanalysis beruht sie auf der Stetigkeit des Funktionals f bezüglich einer Norm der Differenzgeschichte (vgl. auch die asymptotische Approximation des Materialgesetzes einfacher Materialien mit schwindendem Gedächtnis für langsame Bewegungen, Abschn. 7.8).

Setzt man das Taylorpolynom in das Funktional **f** ein, reduziert sich dieses auf ein Funktional der Geschichten der ersten N Deformationsgradienten an der Stelle des materiellen Punktes $\boldsymbol{\xi}$

$$\mathbf{T}(\boldsymbol{\xi}, t) = \overset{\infty}{\underset{s=0}{\mathbf{f}}} \ (\mathbf{F}(\boldsymbol{\xi}, t-s), \mathbf{F}_2(\boldsymbol{\xi}, t-s), \ldots, \mathbf{F}_N(\boldsymbol{\xi}, t-s); \boldsymbol{\xi}) \tag{7.7}$$

Solche Materialien können ein Gedächtnis für ihre Zustandsgeschichte haben, und ihr Materialgesetz beschreibt das Verhalten von Materialien mit weitreichenden Wechselwirkungen (7.1) näherungsweise, wenn der Einfluß der Wechselwirkungskräfte mit zunehmendem Abstand rasch schwindet. Sie heißen Materialien vom Grad N und gehören zur Familie der polaren Kontinua (vgl. Abschn. 3.3). Materialien höheren Grades ermöglichen u.a. eine genauere Beschreibung der mechanischen Eigenschaften elastischer und plastischer Kontinua mit körniger oder faseriger Mikrostruktur. Größere Bedeutung als den dreidimensionalen kommt den ein- und zweidimensionalen polaren Kontinua in der Theorie der Balken, Platten und Schalen zu.

Beispiel. Ein einfaches Beispiel eines eindimensionalen Kontinuums höheren (und zwar dritten) Grades ist der Bernoullische Balken der technischen Balkenbiegungslehre (vgl. auch Abschn. 4.6). Der Balken wird im eindimensionalen Modell durch seine neutrale Faser ersetzt. Wir beschränken uns auf Balken aus homogenem elastischem Material, Biegung in einer Ebene und kleine Auslenkungen w der neutralen Faser (s. Fig.

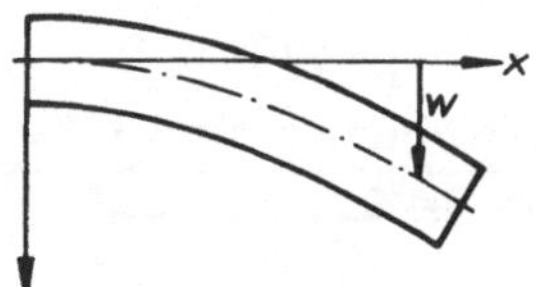

Fig. 7.3
Biegung eines Balkens

7.3). Die Bogenlänge ξ der neutralen Faser ist materielle Koordinate; im Rahmen der linearen Theorie stimmt sie mit der Ortskoordinate x überein. Somit ist die Bewegung

$$\mathbf{x}(\xi, t) = \begin{pmatrix} \xi \\ w(\xi, t) \end{pmatrix} \tag{7.8}$$

Daraus folgen durch Differentiation nach ξ die Deformationsgradienten, die beim eindimensionalen Kontinuum Vektoren sind

$$\mathbf{f} = \frac{\partial \mathbf{x}}{\partial \xi} = \begin{pmatrix} 1 \\ \dfrac{\partial w}{\partial \xi} \end{pmatrix}, \quad \mathbf{f}_2 = \frac{\partial^2 \mathbf{x}}{\partial \xi^2} = \begin{pmatrix} 0 \\ \dfrac{\partial^2 w}{\partial \xi^2} \end{pmatrix}, \quad \mathbf{f}_3 = \frac{\partial^3 \mathbf{x}}{\partial \xi^3} = \begin{pmatrix} 0 \\ \dfrac{\partial^3 w}{\partial \xi^3} \end{pmatrix} \tag{7.9}$$

und durch Differentiation nach t die Geschwindigkeit

$$v = \frac{\partial x}{\partial t} = \begin{pmatrix} 0 \\ \dfrac{\partial w}{\partial t} \end{pmatrix} \tag{7.10}$$

Die Impulsbilanz und die Momentenbilanz leiten wir uns aus einem herausgeschnittenen Element des Balkens her (s. Fig. 7.4). Die Normalkraft $N(\xi)$ und die Querkraft $Q(\xi)$ sind die Integrale der Normal- bzw. Schubspannungen über die Balkenquerschnitte. Es gilt $N = 0$, wenn der Balken als Ganzes nicht gedehnt wird. N und Q sind die Komponenten des Kraftvektors

$$\sigma = \begin{pmatrix} N \\ Q \end{pmatrix} \tag{7.11}$$

der im eindimensionalen Kontinuum den Spannungstensor des räumlichen Kontinuums vertritt. Die Impulsbilanz in z-Richtung ergibt, mit μ als Masse pro Längeneinheit des Balkens

$$\mu \frac{\partial^2 w}{\partial t^2} = \frac{\partial Q}{\partial \xi} \tag{7.12}$$

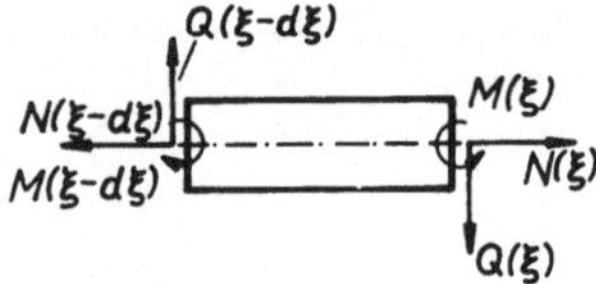

Fig. 7.4
Kräfte und Momente am Balkenelement

Das Biegemoment $M(\xi)$ ist das Integral der Momente der Normalspannungen über die Querschnitte. Die Drehimpulsbilanz reduziert sich (weil im Bernoullischen Balkenmodell die Drehträgheit der Querschnitte unberücksichtigt bleibt) auf das Momentengleichgewicht. Aus Fig. 7.4 lesen wir ab

$$\frac{\partial M}{\partial \xi} = Q \tag{7.13}$$

Für hookesches Material folgt unter den Bernoullischen Annahmen (Ebenbleiben der Querschnitte und Senkrechtbleiben auf der neutralen Faser) das lineare Elastizitätsgesetz

$$M = - EJ \frac{\partial^2 w}{\partial \xi^2} \tag{7.14}$$

wonach das Biegemoment der Krümmung der neutralen Faser proportional ist. Der Proportionalitätsfaktor, die Biegesteifigkeit, ist das Produkt aus Elastizitätsmodul E und Flächenträgheitsmoment

$$J = \int z^2 \, dA \tag{7.15}$$

der Querschnitte bezüglich der zur Biegeebene senkrechten Achse durch die neutrale Faser. Einzelheiten hierüber kann man in allen Büchern der Technischen Mechanik nachlesen (vgl. auch Abschn. 4.6). Aus (7.13) und (7.14) folgt

$$Q = - \frac{\partial}{\partial \xi} \left(EJ \, \frac{\partial^2 w}{\partial \xi^2} \right) \tag{7.16}$$

Die Gleichung (7.16) ist das vollständige Materialgesetz des Bernoulli-Balkens. Daß der Bernoulli-Balken ein Material dritten Grades darstellt, sieht man besser in der vektoriellen Form des Materialgesetzes

$$\boldsymbol{\sigma} = - \frac{\partial(EJ)}{\partial \xi} \, \mathbf{f}_2 - (EJ) \, \mathbf{f}_3 \tag{7.17}$$

Setzt man (7.16) in die Bewegungsgleichung (7.12) ein, erhält man die Schwingungsgleichung des Balkens

$$\mu \, \frac{\partial^2 w}{\partial t^2} + \frac{\partial^2}{\partial \xi^2} \left(EJ \, \frac{\partial^2 w}{\partial \xi^2} \right) = 0 \tag{7.18}$$

Der Bernoulli-Balken läßt sich auch als eindimensionales Cosserat-Kontinuum (vgl. Abschn. 3.3 und 6.2) verstehen. Die materiellen Punkte dieses Kontinuums werden ebenfalls durch die Punkte der neutralen Faser des dreidimensionalen Balkens repräsentiert. Darüber hinaus läßt sich die Lage der Querschnittebenen durch zwei Vektoren, sog. Direktoren, festlegen, die man sich an der neutralen Faser festgeheftet denkt. Die Drehung der Direktoren relativ zur Tangente an die neutrale Faser ist die „Eigendrehung" der materiellen Punkte, von der in den Abschn. 3.3 und 6.2 die Rede war. Während sich die Direktoren beim allgemeinen Cosserat-Kontinuum in jede Lage drehen können, ist ihre Bewegung beim Bernoulli-Balken eingeschränkt (constrained rotation), und zwar müssen sie aufgrund der Normalenhypothese immer senkrecht zur neutralen Faser bleiben. Läßt man diese Zwangsbedingung fallen, kommt man zu einem allgemeineren Modell des Balkens mit Schubverformung (Timoshenko-Balken). Übrigens hat das Biegemoment M des Balkens dieselbe Bedeutung wie der Momentenspannungstensor **M** im dreidimensionalen Cosserat-Kontinuum, und die Querkraft Q entspricht sowohl dem Spannungstensor **T** als auch dem Vektor $\mathbf{t}^*$. Die Gleichungen (7.12) und (7.13) stehen in vollkommener Analogie zur Impulsbilanz (3.15) bzw. zur Drehimpulsbilanz (3.40).

Aufgabe. 7.2.1. Ein homogener Balken (Länge ℓ, Masse pro Längeneinheit μ, Elastizitätsmodul E, Flächenträgheitsmoment J) ist am einen Ende eingespannt, am anderen Ende frei. Am eingespannten Ende sind die Auslenkung w und die Neigung $\partial w / \partial \xi$ des Balkens null, am freien Ende verschwinden Biegemoment $M = - EJ(\partial^2 w / \partial \xi^2)$ und Querkraft $Q = - EJ(\partial^3 w / \partial \xi^3)$. Bestimmen Sie mit dem Ansatz $w = f(\xi) \exp(i\omega t)$ die Frequenzgleichung des diskreten Spektrums der Biegeschwingungen des Balkens und zeigen Sie, daß für hohe Frequenzen (große ganze Zahlen n) $\omega_n = \sqrt{EJ/\mu}\,\{(2n+1)\,\pi/2\ell\}^2$ gilt (Fig. 7.5).

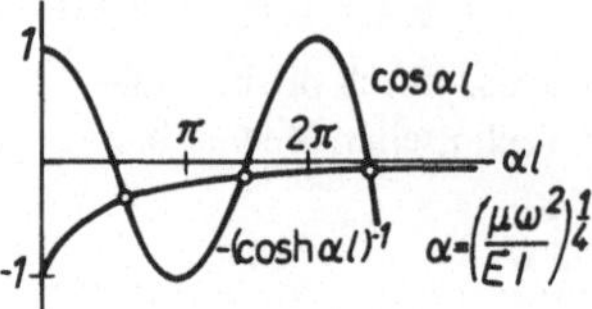

Fig. 7.5
Zum Spektrum der Biegeschwingungen eines Balkens
(Aufgabe 7.2.1)

7.3 Einfache Materialien

Ausgangspunkt der mechanischen Materialtheorie war das Materialgesetz (7.1) als der mathematische Ausdruck des allgemeinsten kausalen, rein mechanischen Zusammenhangs zwischen den Spannungen und der Bewegung im Material. Daraus ließ sich unter der Voraussetzung, daß die Wechselwirkungskräfte nur eine kleine Reichweite. haben, als Approximation das einfachere Materialgesetz der Materialien höheren Grades (7.7) ableiten. Für die meisten Anwendungen ist dieser Rahmen noch zu weit, die Theorie auf dieser Grundlage zu schwierig. Vorgänge wie die Deformation elastischer Materialien, das Strömen zäher Fluide oder das Fließen plastischer Medien und sogar Erscheinungen wie das Kriechen viskoelastischer Körper oder die Normalspannungseffekte in nichtnewtonschen Fluiden und damit das Verhalten fast aller Werkstoffe wie Stahl, Wasser, Öl, Luft oder Gummi lassen sich entweder mit den klassischen linearen Materialgesetzen (dem hookeschen Festkörper und dem newtonschen Fluid), den zahlreichen rheologischen Modellen (Maxwell-Flüssigkeit, Kelvin-Vogt-Körper, Bingham-Material) oder ihren nichtlinearen Verallgemeinerungen beschreiben. Die eben genannten Kontinua sind ausnahmslos Materialien vom Grade 1; sie heißen e i n f a c h e M a t e r i - a l i e n. Der Spannungstensor in einfachen Materialien hängt nur von der Geschichte des ersten Deformationsgradienten ab

$$T(\xi, t) = \underset{s=0}{\overset{\infty}{f}}\ (F(\xi, t-s), \xi) \tag{7.19}$$

Das Materialgesetz (7.19) verknüpft den Spannungstensor mit der Geschichte des Deformationsgradiententensors desselben materiellen Teilchens. Auf die explizite Angabe der Variablen ξ kann deshalb im folgenden meistens verzichtet werden. Die Materialgleichung (7.19) gilt zunächst nur in bezug auf die einmal gewählte Bezugskonfiguration, in der die materiellen Teilchen die Positionen ξ haben; das Symbol f sollte deshalb eigentlich den Index ξ tragen. Bei einem Wechsel der Bezugskonfiguration ändert die Materialgleichung ihre Form. Bezüglich der neuen Bezugskonfiguration hängt das Materialgesetz ebenfalls nur vom ersten Deformationsgradienten ab, d.h. das Material bleibt ein einfaches Material. $\tilde{\xi}$ seien die Orte der materiellen Punkte in der neuen Bezugskonfiguration, H mit den Elementen $\partial\widetilde{\xi}_i/\partial\xi_k$ der Deformationsgradient der Deformation aus der Konfiguration ξ in die Konfiguration $\widetilde{\xi}$. Folglich besteht zwischen den Deformationsgradienten F mit den Elementen $\partial x_i/\partial\xi_k$ und $\widetilde{F}$ mit den Elementen $\partial x_i/\partial\widetilde{\xi}_k$ irgendeiner Bewegung der Zusammenhang

$$F = \widetilde{F}H \tag{7.20}$$

Indem wir das Produkt (7.20) für F in die Materialgleichung (7.19) einsetzen, erhalten wir das Materialgesetz bezüglich der Konfiguration $\widetilde{\xi}$; das zugehörige Funktional nennen wir $\widetilde{f}$

$$\overset{\infty}{\underset{s=0}{f}} (F(t-s)) = \overset{\infty}{\underset{s=0}{f}} (\widetilde{F}(t-s)\,H) = \overset{\widetilde{\infty}}{\underset{s=0}{\widetilde{f}}} (\widetilde{F}(t-s)) \tag{7.21}$$

$\widetilde{f}$ ist im allgemeinen von f verschieden. Wir kommen später auf Gl. (7.21) zurück bei der Frage nach denjenigen Transformationen H, für die $\widetilde{f}$ mit f übereinstimmt. (Abschn. 7.4).

Wie das allgemeine Materialgesetz (7.1) muß auch das Materialgesetz (7.19) das Prinzip der materiellen Objektivität erfüllen[1]). Wenn die Bewegungen $x(\xi, t)$ und $y^*(\xi, t)$, die ein ruhender und ein bewegter Beobachter in ihren Koordinatensystemen am Material registrieren, durch die Gleichung (7.2) verknüpft sind, besteht zwischen dem Deformationsgradienten F mit den Elementen $\partial x_i/\partial\xi_k$ im ruhenden System und dem Deformationsgradienten $\hat{F}$ mit den Elementen $\partial y_i^*/\partial\xi_k$ im bewegten System nach (6.4) der Zusammenhang $\hat{F}(t) = Q(t)\,F(t)$. Die Bedingung der Bezugsinvarianz (7.3) reduziert sich damit für das Materialgesetz (7.19) zur Gleichung

$$\overset{\infty}{\underset{s=0}{f}} (Q(t-s)\,F(t-s)) = Q(t)\,\overset{\infty}{\underset{s=0}{f}} (F(t-s))\,Q^T(t) \tag{7.22}$$

Das Funktional f muß (7.22) für alle Drehungen $Q(t)$ erfüllen. Durch diese Bedingung werden die Funktionale f auf solche beschränkt, die im physikalischen Sinn Materialgesetze repräsentieren. Funktionale f, die die Funktionalgleichung (7.22) befriedigen, also „Lösungen" dieser Gleichung sind, werden als „objektive Darstellungen" des Materialgesetzes bezeichnet. Wir gewinnen sie durch zweckmäßige Wahl der Drehung $Q(t)$. Ausgehend von der polaren Zerlegung $F = RU$ des Deformationsgradienten in die Streckung $U = C^{1/2} = (F^T F)^{1/2}$ und die Drehung $R = FU^{-1}$ wählen wir

$$Q(t) = R^T(t) = U^{-1}(t)\,F^T(t) \tag{7.23}$$

Aus (7.22) folgt dann die Darstellung

$$\overset{\infty}{\underset{s=0}{f}} (F(t-s)) = R(t)\,\overset{\infty}{\underset{s=0}{f}} (U(t-s))\,R^T(t) \tag{7.24}$$

---

[1]) Die Allgemeingültigkeit dieses Prinzips wird verschiedentlich angezweifelt, vgl.
E d e l e n , D. G. B.: Int. J. Engng. Sci. **11** (1973), 813–817.

Daß die rechte Seite der Gleichung eine objektive Darstellung des Materialgesetzes ist, kann man leicht durch Einsetzen in Gleichung (7.22) verifizieren.

Da der Strecktensor $\mathbf{U}$ eine irrationale Funktion des Deformationsgradiententensors ist, formuliert man das Materialgesetz für die Anwendungen bequemer mit dem Quadrat von $\mathbf{U}$, dem Rechts-Cauchy-Green-Tensor $\mathbf{C}$

$$\mathop{\mathbf{f}}_{s=0}^{\infty} (\mathbf{F}(t-s)) = \mathbf{R}(t) \mathop{\mathbf{g}}_{s=0}^{\infty} (\mathbf{C}(t-s)) \, \mathbf{R}^{\mathsf{T}}(t) \tag{7.25}$$

In der Elastizitätstheorie und in der Rheologie werden verschiedentlich anstelle des Spannungstensors $\mathbf{T}$ materielle Spannungstensoren verwendet, die durch Transformation mit dem Deformationsgradienten aus $\mathbf{T}$ hervorgehen. Der Tensor

$$\mathbf{P} = (\det \mathbf{F}) \, \mathbf{F}^{-1} \, \mathbf{T}(\mathbf{F}^{-1})^{\mathsf{T}} \tag{7.26}$$

heißt Piolascher Spannungstensor, der Tensor

$$\bar{\mathbf{T}} = \mathbf{F}^{\mathsf{T}} \mathbf{T} \mathbf{F} \tag{7.27}$$

mitgeführter Spannungstensor (convected stress tensor). Die beiden Tensoren hängen durch die Relation

$$\bar{\bar{\mathbf{T}}} = (\det \mathbf{C})^{-\frac{1}{2}} \mathbf{C} \mathbf{P} \mathbf{C} \tag{7.28}$$

zusammen. Man sieht ein, daß man durch Transformation mit Funktionen von $\mathbf{C}$ noch viele andere Spannungsmaße einführen könnte. Für $\mathbf{P}$ und $\bar{\mathbf{T}}$ wird der Spannungstensor sozusagen in die Bezugskonfiguration zurückgedreht, und die Drehung $\mathbf{R}$ erscheint dann nicht mehr explizit im Materialgesetz

$$\mathbf{P}(t) = (\det \mathbf{C}(t))^{\frac{1}{2}} \mathbf{U}^{-1}(t) \mathop{\mathbf{g}}_{s=0}^{\infty} (\mathbf{C}(t-s)) \, \mathbf{U}^{-1}(t) = \mathop{\mathbf{g}_1}_{s=0}^{\infty} (\mathbf{C}(t-s)) \tag{7.29}$$

$$\bar{\mathbf{T}}(t) = \mathbf{U}(t) \mathop{\mathbf{g}}_{s=0}^{\infty} (\mathbf{C}(t-s)) \, \mathbf{U}(t) = \mathop{\mathbf{g}_2}_{s=0}^{\infty} (\mathbf{C}(t-s)) \tag{7.30}$$

Wir beschäftigen uns im folgenden nur mit h o m o g e n e n Materialien, d.h. solchen, für die es eine globale Bezugskonfiguration (für den ganzen Körper) gibt, in bezug auf die in allen materiellen Punkten dasselbe Materialgesetz gilt. In bezug auf diese Konfiguration entfällt die explizite Abhängigkeit des Funktionals vom materiellen Punkt $\boldsymbol{\xi}$

$$\mathbf{T}(\boldsymbol{\xi}, t) = \mathop{\mathbf{f}}_{s=0}^{\infty} (\mathbf{F}(\boldsymbol{\xi}, t-s)) \tag{7.31}$$

Für Materialien höherer Ordnung gilt entsprechendes. Bei Materialien mit weitreichenden Wechselwirkungen kann es Homogenität nur in solchen Teilen des Körpers geben, die nicht im Einflußbereich des Randes liegen. Materielle Homogenität besagt mehr als nur, daß der Körper aus einheitlichem Material besteht. Man denke sich aus einem Material (z.B. Gummi) ein rechtwinkliges und ein schiefwinkliges Prisma herausgeschnitten; das schiefe Prisma werde unter Zwang in rechtwinkelige Form gebracht, und die beiden Teile werden in dieser Form nahtlos miteinander verschweißt (vgl. hierzu Fig. 7.6).

Der entstehende Körper besteht zwar aus einheitlichem Material, denn man kann lokal (in jedem materiellen Punkt) eine Bezugskonfiguration so einführen, daß für alle materiellen Punkte dasselbe Materialgesetz gilt. Aber er ist nicht homogen, denn die Bezugskonfiguration hängt vom Ort ab. Das Materialgesetz eines homogenen einfachen Materials ist bereits durch das Verhalten des Materials bei allen homogenen Deformationen bestimmt, d.h. allen Bewegungen des Körpers, deren Deformationsgradient als Funktion der materiellen Teilchen und damit auch räumlich konstant ist (vgl. Abschn. 1.3). Das ist leicht einzusehen, denn das Materialgesetz (7.31) hängt nur vom ersten Deformationsgradienten ab. Zur experimentellen Bestimmung eines Materialgesetzes würden also

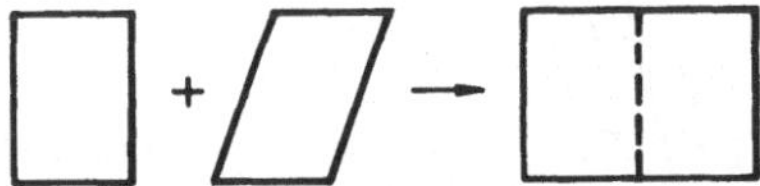

Fig. 7.6
Zusammensetzung eines inhomogenen
Körpers aus einheitlichem Material

unter der Hypothese, daß das Material homogen und einfach ist, homogene Deformationen genügen, nach Gleichung (7.24) sogar alle homogenen Streckgeschichten $F(\xi, t) = U(t)$. Umgekehrt sind nicht-einfache Materialien in homogenen Bewegungen nicht von einfachen Materialien zu unterscheiden. Für homogene Materialien höheren Grades sieht man das daran, daß alle höheren Deformationsgradienten, $F_2 = \partial F/\partial \xi$ usw., in homogenen Bewegungen verschwinden. Die Sonderstellung des einfachen Materials zeigt sich auch im Vergleich der physikalischen Dimensionen der Deformationsgradienten. Der erste Deformationsgradient ist dimensionslos und somit invariant gegen Maßstabsänderung, wohingegen der zweite Deformationsgradient die Dimension einer reziproken Länge hat; entsprechendes gilt für die höheren Deformationsgradienten. Materialien zweiter und höherer Ordnung müssen deshalb durch ausgezeichnete Längen charakterisiert sein, die ein Maß für die Reichweite der Wechselwirkungskräfte sind, die zu den Spannungen beitragen. Einfache Materialien besitzen keine solche charakteristische Länge. Damit ist nicht die Frage beantwortet, ob sich alle zur Bestimmung des Materialgesetzes eines homogenen einfachen Materials erforderlichen homogenen Bewegungen unter den im Laboratorium zur Verfügung stehenden Massenkräften (im wesentlichen der Schwerkraft) wirklich herstellen lassen. Diese Frage muß verneint werden. In zwangsfreien (insbesondere kompressiblen) einfachen Materialien lassen sich nur unbeschleunigte homogene Bewegungen realisieren.

Aufgaben. 7.3.1. Verallgemeinern Sie das Hookesche Gesetz (6.20) für endliche Verformungen! Gibt es nur eine solche Verallgemeinerung?

7.3.2. Prüfen Sie nach, ob die folgenden Ausdrücke für den Cauchyschen Spannungstensor der Form nach Materialgesetze sein können

a) $\varphi(F_{11})\,B$; b) $\lambda(\mathrm{sp}F^3 - 1)\,F$; c) $\varphi(\det F)\,I$; d) $\varphi(C_{11})\,A$, e) $\lambda(C - I)^2$, f) $2\lambda G$.

Dabei bedeuten: φ skalare Funktion, λ skalarer Parameter, $B = FF^T$ Links-Cauchy-Green-Tensor, $A = (I - B^{-1})/2$ Almansi-Tensor, $C = F^T F$ Rechts-Cauchy-Green-Tensor, $G = (C - I)/2$ Green-Tensor.

7.3.3. Aus einem hookeschen Material werden ein gerades und ein schiefwinkeliges Prisma von gleichem Volumen ausgeschnitten (s. Fig. 7.6). Nachdem das schiefe Prisma unter Zwang homogen in die rechtwinklige Konfiguration deformiert ist, werden die beiden Teilkörper nahtlos miteinander verschweißt. Wie lautet das Materialgesetz für kleine Verzerrungen?

7.3.4. Ein lockeres Gewebe besteht in der spannungsfreien Bezugskonfiguration aus zwei Systemen orthogonal angeordneter Fäden („Kette" und „Schuß") von verschieden großer Dehnbarkeit (Fig. 7.7). An den Kreuzungspunkten sind die Fäden so verheftet, daß das Gewebe gegen Deformationen, die die Fadenlängen nicht ändern, keinen Widerstand leistet. Das Verhalten größerer Stücke des Gewebes mit zahlreichen Maschen läßt sich durch ein ebenes Kontinuumsmodell beschreiben.

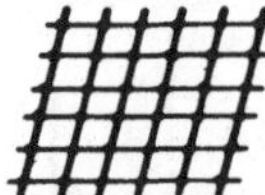

Fig. 7.7
Stück eines Gewebes (Aufgabe 7.3.4)

Bestimmen Sie das Materialgesetz des Gewebes für Fäden aus einfachem Material,

$$\sigma_i(t) = \overset{\infty}{\underset{s=0}{f_i}} \ (\epsilon_i(t-s)), \ i = 1, 2.$$

Überzeugen Sie sich von der Objektivität.

7.4 Materielle Symmetrie

Ein einfaches Material stellt sich in allen Bezugskonfigurationen als ein solches dar, die Form des funktionalen Zusammenhangs hängt aber von der Bezugskonfiguration ab. Physikalisch bedeutet der Übergang von einer Bezugskonfiguration zur anderen eine Deformation des Materials, durch die die Materialeigenschaften geändert werden können. Zum Beispiel hat ein elastischer Stab, der bezüglich einer spannungs- und dehnungsfreien Bezugskonfiguration dem Materialgesetz $\sigma = E\epsilon$ gehorcht, in bezug auf die Konfiguration, die durch Dehnung um ϵ_0 entsteht, das Materialgesetz $\sigma = E(\epsilon + \epsilon_0)$; $\sigma_0 = E\epsilon_0$ ist die Vorspannung in der neuen Bezugskonfiguration. Drehen wir dagegen den Stab nur um seine Achse oder um eine dazu senkrechte Achse um den Winkel π, ändert sich das Materialgesetz nicht.

Bei dem Übergang von der Bezugskonfiguration ξ zur Bezugskonfiguration $\tilde{\xi}$, bei dem die Deformationsgradienten F und $\tilde{F}$ durch (7.20) verknüpft sind, transformiert sich das Materialgesetz (7.19) nach Gleichung (7.21). Wir sagen, das Materialgesetz besitze m a t e r i e l l e   S y m m e t r i e unter der Deformation $H: \xi \to \tilde{\xi}$, wenn es in beiden Bezugskonfigurationen dieselbe Form hat, d.h. wenn dieselbe Deformation $F = \partial x/\partial \xi = \partial \tilde{x}/\partial \tilde{\xi}$ der Umgebung des materiellen Punktes dieselbe Spannung zur Folge hat gleichviel, ob sie aus der Bezugskonfiguration ξ oder $\tilde{\xi}$ erfolgt

$$\overset{\infty}{\underset{s=0}{f}} \ (F(t-s)) = \overset{\infty}{\underset{s=0}{\tilde{f}}} \ (F(t-s)) \tag{7.32}$$

Solche Transformationen H nennen wir Symmetrietransformationen des Materials und bezeichnen sie mit S. Durch Elimination von $\tilde{f}$ aus (7.21) mit $H = S$ (sowie F anstelle von $\tilde{F}$) und (7.32) folgt für f die Funktionalgleichung

$$\overset{\infty}{\underset{s=0}{f}} \ (F(t-s)) = \overset{\infty}{\underset{s=0}{f}} \ (F(t-s)\,S) \tag{7.33}$$

Gleichung (7.33) läßt sich so interpretieren: Die der Deformationsgeschichte $F(t)$ vorausgehende Deformation S bleibt ohne Wirkung auf das Materialgesetz. Die Transformationen S, die ein Materialgesetz ungeändert lassen, bilden eine Gruppe im mathematischen Sinne, die S y m m e t r i e g r u p p e (Isotropiegruppe)[1]) des Materials.

Die Symmetriegruppe hängt von der Bezugskonfiguration ab. Wenn H der Deformationsgradient einer Deformation aus der Bezugskonfiguration ξ in eine beliebige andere Bezugskonfiguration $\tilde{\xi}$ ist, besteht zwischen den Materialgesetzen bezüglich ξ und $\tilde{\xi}$ nach (7.20) und (7.21) der Zusammenhang

$$\mathop{\mathbf{f}}_{s=0}^{\infty} (\mathbf{F}(t-s)) = \mathop{\tilde{\mathbf{f}}}_{s=0}^{\infty} (\mathbf{F}(t-s)\,\mathbf{H}^{-1}) \tag{7.34}$$

Gehört S zur Symmetriegruppe bezüglich ξ, so gilt (7.33) und damit nach (7.34)

$$\mathop{\tilde{\mathbf{f}}}_{s=0}^{\infty} (\mathbf{F}(t-s)\,\mathbf{H}^{-1}) = \mathop{\tilde{\mathbf{f}}}_{s=0}^{\infty} (\mathbf{F}(t-s)\,\mathbf{S}\,\mathbf{H}^{-1}) \tag{7.35}$$

Setzt man $\mathbf{F} = \tilde{\mathbf{F}}\mathbf{H}$, so folgt

$$\mathop{\tilde{\mathbf{f}}}_{s=0}^{\infty} (\tilde{\mathbf{F}}(t-s)) = \mathop{\tilde{\mathbf{f}}}_{s=0}^{\infty} (\tilde{\mathbf{F}}(t-s)\,\mathbf{H}\mathbf{S}\mathbf{H}^{-1}) \tag{7.36}$$

Die Transformationen $\tilde{\mathbf{S}}$ der Symmetriegruppe bezüglich $\tilde{\xi}$ sind daher

$$\tilde{\mathbf{S}} = \mathbf{H}\mathbf{S}\mathbf{H}^{-1} \tag{7.37}$$

Wenn die Symmetrieeigenschaften eines Materials bezüglich einer Bezugskonfiguration bekannt sind, lassen sich die Symmetrieeigenschaften für jede andere Bezugskonfiguration nach (7.37) bestimmen.

Die Symmetriegruppe ermöglicht die Abgrenzung von Klassen einfacher Materialien nach ihren Symmetrieeigenschaften. Ein Material heißt i s o t r o p , wenn es eine Bezugskonfiguration gibt, in bezug auf die die Symmetriegruppe alle Drehungen enthält. Es heißt z e n t r o s y m m e t r i s c h , wenn die Spiegelung am Ursprung eine Symmetrietransformation ist[2]). Die konstitutive Gleichung des isotropen einfachen Materials läßt sich auf eine Form reduzieren, die die Invarianzforderung der Isotropie von selbst erfüllt. Aus Gleichung (7.22) und Gleichung (7.33) folgt die Funktionalgleichung

$$\mathop{\mathbf{f}}_{s=0}^{\infty} (\mathbf{F}(t-s)) = \mathbf{Q}^{\mathsf{T}}(t) \mathop{\mathbf{f}}_{s=0}^{\infty} (\mathbf{Q}(t-s)\,\mathbf{F}(t-s)\,\mathbf{S})\,\mathbf{Q}(t) \tag{7.38}$$

---

[1]) Man überzeugt sich leicht, daß die Transformationen S die folgenden Gruppenaxiome erfüllen:
1. Mit zwei Transformationen S_1, S_2 gehört auch ihr Produkt $S_2 S_1$ (die Hintereinanderausführung der Transformationen S_1 und S_2) zur Gruppe. Das Produkt ist assoziativ, d.h. $(S_3 S_2)\,S_1 = S_3(S_2 S_1)$.
2. Die identische Transformation $S = I$ gehört zur Gruppe.
3. Mit jeder Transformation S gehört auch die inverse Transformation, S^{-1}, zur Gruppe, die die Transformation rückgängig macht.

[2]) Verschiedentlich wird die Zentrosymmetrie in die Isotropie einbezogen Materialien, deren Symmetriegruppe nur die Gruppe der Drehungen (ohne Spiegelungen) ist, heißen dann hemitrop.

Sie muß für alle zeitabhängigen Drehungen $Q(t-s)$ und alle konstanten Drehungen S erfüllt sein.

Im Hinblick auf die Darstellung der Materialgesetze einfacher Fluide ist es zweckmäßig, den „relativen" Deformationsgradienten $F_t(s)$ einzuführen. Er ist der Gradient der Deformation aus der — zeitlich veränderlichen — aktuellen Konfiguration zur Zeit t in die Konfigurationen zu den Zeiten $t-s$ der Vergangenheit. Der relative Deformationsgradient $F_t(s)$ steht mit den „absoluten", auf eine feste Bezugskonfiguration bezogenen, Deformationsgradienten $F(t)$ und $F(t-s)$ in der Beziehung (s. Fig. 7.8)

$$F(t-s) = F_t(s)\,F(t) \tag{7.39}$$

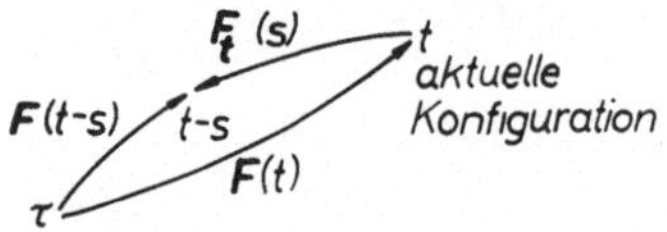

Fig. 7.8
Zur Bedeutung des relativen
Deformationsgradienten

Der relative Deformationsgradient läßt eine (2.9) entsprechende polare Zerlegung

$$F_t(s) = R_t(s)\,U_t(s) \tag{7.40}$$

in einen relativen Drehtensor $R_t(s)$ und einen relativen Rechts-Strecktensor $U_t(s)$ zu[1]). Wir führen nun eine polare Zerlegung beider Faktoren auf der rechten Seite von Gleichung (7.39) durch

$$F(t-s) = R_t(s)\,U_t(s)\,V(t)\,R(t) \tag{7.41}$$

Setzt man dies als Argument in das Funktional auf der rechten Seite von (7.38) ein und wählt für die Drehungen Q und S speziell

$$Q(t-s) = R_t^T(s) \quad \text{sowie} \quad S = R^T(t) \tag{7.42}$$

so folgt wegen $R_t(0) = I$ die reduzierte Darstellung

$$\mathop{f}_{s=0}^{\infty}\,(F(t-s)) = \mathop{f}_{s=0}^{\infty}\,(U_t(s)\,V(t)) \tag{7.43}$$

U_t ist auf die Augenblickskonfiguration, V auf die Referenzkonfiguration bezogen; daher drücken sich in U_t und V unterschiedliche Einflüsse der Bewegung aus. Das wollen wir durch die Schreibweise als Funktional zweier Argumente

$$\mathop{f}_{s=0}^{\infty}\,(F(t-s)) = \mathop{f_1}_{s=0}^{\infty}\,(U_t(s),\,V(t)) \tag{7.44}$$

---

[1]) Es ist zu beachten, daß $U_t(s)$ der positiv-definite Anteil der polaren Zerlegung von $F_t(s)$ ist und nicht etwa gleich $U(t-s)\,U^{-1}(t)$!

zum Ausdruck bringen. (7.44) sagt zwar etwas weniger aus als (7.43), aber beide Gleichungen erfüllen die Isotropieinvarianz von selbst; keine von beiden ist allerdings automatisch objektiv. Für praktische Rechnungen wird man das Materialgesetz (7.44) besser mit dem relativen Rechts-Cauchy-Green-Tensor $\mathbf{C}_t = \mathbf{U}_t^2 = \mathbf{F}_t^T \mathbf{F}_t$ und dem Links-Cauchy-Green-Tensor $\mathbf{B} = \mathbf{V}^2 = \mathbf{F}\mathbf{F}^T$ in der Form

$$\overset{\infty}{\underset{s=0}{\mathbf{f}}} \, (\mathbf{F}(t-s)) = \overset{\infty}{\underset{s=0}{\mathbf{g}}} \, (\mathbf{C}_t(s), \mathbf{B}(t)) \tag{7.45}$$

darstellen, weil sich $\mathbf{C}_t$ und $\mathbf{B}$ aus $\mathbf{F}$ ohne die Operation des Wurzelziehens bilden lassen. Der Begriff der Symmetriegruppe ermöglicht eine grobe Unterscheidung von Festkörpern und Fluiden. Versuchen wir zunächst, Festkörper durch ihre Symmetrieeigenschaften zu charakterisieren! Das isotrope linear-elastische (hookesche) Material ist ein Festkörper und sollte jedenfalls in einer wie auch immer abzugrenzenden Klasse der Festkörper enthalten sein neben Materialien mit geringerer Symmetrie (anisotropen Körpern). Die einzigen Deformationen $\mathbf{S}$ die das Hookesche Materialgesetz ungeändert lassen, sind Starrkörperbewegungen. Dabei kommt es nur auf die Drehungen an, weil die Translationen ohnehin keinen Einfluß auf das Materialgesetz haben. Es liegt deshalb nahe, die Klasse der Festkörper folgendermaßen abzugrenzen: Ein einfaches Material ist ein einfacher F e s t k ö r p e r , wenn alle Transformationen $\mathbf{S}$, die sein Materialgesetz unverändert lassen, spezielle Drehungen sind. Mathematisch gesprochen: seine Symmetriegruppe ist in der Drehgruppe enthalten. Das ist keine erschöpfende physikalische Charakterisierung fester Körper, sondern eine für die Zwecke der Kontinuumsmechanik nützliche Definition. Die größtmögliche Symmetrie eines Festkörpers ist die I s o t r o - p i e ; das Materialgesetz isotroper Materialien bleibt bei beliebiger Drehung invariant. Daneben treten in der Elastizitätstheorie auch Materialien mit geringerer Symmetrie auf, unter anderem solche mit T r a n s v e r s a l - I s o t r o p i e (Rotationssymmetrie bezüglich einer festen Achse) und O r t h o t r o p i e (sog. rhombische Symmetrie der Kristallklasseneinteilung). Unter Beschränkung auf Drehungen (orthogonale Transformationen positiver Determinante)[1]), die einzigen orthogonalen Transformationen, die an einem Körper wirklich ausführbar sind, besteht die Symmetriegruppe transversal-isotroper Körper aus den Drehungen um eine körperfeste Achse. Ein praktisches Beispiel für Transversal-Isotropie sind Werkstoffe, die in einer Richtung mit parallelen Fasern verstärkt sind. Eine Voraussetzung für die Behandlung solcher Materialien als homogene Kontinua ist natürlich, daß die Fasern genügend dicht liegen. Die Symmetriegruppe orthotroper Körper besteht, abgesehen von der identischen Transformation, aus den Drehungen um jeweils $180°$ um drei paarweise orthogonale Achsen. Hölzer sind wegen ihrer Faser- und Jahresring-Struktur näherungsweise orthotrop; ein zweidimensionales Beispiel aus der Technik sind orthotrope Platten, die als Fahrbahnplatten bei Stahl- und

---

[1]) In der Kristallkunde werden auch Spiegelungen (orthogonale Transformationen negativer Determinante) berücksichtigt.

Stahlbetonbrücken Verwendung finden. Sie bestehen aus einer Deckplatte von Flachblech, die mit einem dichten Netz von Längsrippen und Querträgern versteift ist[1]).

Fluide können in entsprechender Weise charakterisiert werden. Mit einer Flüssigkeit verbindet man die Vorstellung, daß ihre mechanischen Eigenschaften unabhängig von der Bezugskonfiguration sind, jedenfalls solange die Dichte sich nicht ändert. Zum Beispiel werden die mechanischen Eigenschaften von Wasser, einem newtonschen Fluid, nicht merklich dadurch geändert, daß man es umrührt[2]). Diese Feststellung legt nahe, ein **Fluid** (Flüssigkeit oder Gas) als ein einfaches Material zu charakterisieren, dessen Materialgesetz unter allen volumenerhaltenden Transformationen ungeändert bleibt, d.h. dessen Symmetriegruppe die volumenerhaltenden (unimodularen) Transformationen umfaßt. Da insbesondere alle Drehungen das Volumen konstant lassen, sind Fluide nach dieser Definition notwendig isotrop. Man kann zeigen, daß eine Gruppe von volumenerhaltenden Transformationen, die außer den orthogonalen Transformationen ein weiteres Element enthält, die volle Gruppe der volumenerhaltenden Transformationen ist[3]). Isotrope einfache Materialien sind also entweder einfache Festkörper oder einfache Fluide.

Die Unterscheidung zwischen Festkörpern und Fluiden kann vom Spannungszustand abhängen. Die meisten festen Materialien, sogar Metalle, können ebenfalls fließen, wenn die Spannungen eine bestimmte Grenze, Fließgrenze genannt, überschreiten; man nennt dieses Verhalten **plastisch**. Alltägliche Beispiele plastischer Materialien, bei denen zum Fließen viel geringere Schubspannungen erforderlich sind als bei Metallen, sind Zahnpasta oder Farbe. Zahnpasta läßt sich nur unter starkem Fingerdruck aus der Tube herauspressen, unter solchen Bedingungen aber in jede gewünschte Form deformieren. Sie zeigt das Verhalten eines starr-viskoplastischen Stoffes (Bingham-Medium), der für Schubspannungen unterhalb der Fließgrenze starr bleibt und sich für größere Schubspannungen wie eine zähe Flüssigkeit verhält. Damit ein einfaches Material sich unter allen Bedingungen wie ein Fluid verhält, muß es schon bei beliebig kleinen Schubspannungen zu fließen beginnen. Diese Aufzählung erschöpft die Klasse der einfachen Materialien nicht. Außer den erwähnten isotropen Materialien gibt es **anisotrope** einfache Materialien, die in gewissen materiellen Richtungen fließen können, in anderen nicht. Sie nehmen eine Sonderstellung zwischen den einfachen Festkörpern und den einfachen Fluiden ein. Wir werden später ein Beispiel dafür kennenlernen.

---

[1]) vgl. G i e n c k e, Der Stahlbau **33** (1964), 1–16.

Eine ausführliche Darstellung der Kristallklassen als Symmetriegruppen elastischer Festkörper findet man bei G r e e n, A. E., A d k i n s, J. E.: Large Elastic Deformations, Oxford, 2nd ed. (1970). Dort werden allerdings auch Spiegelungen in Betracht gezogen.

[2]) vorausgesetzt man wartet ab, bis sich Temperaturänderungen wieder ausgeglichen haben.

[3]) B r a u e r, R.: Arch. Rat. Mech. Anal. **18** (1965), 97–99.

N o l l, W.: Arch. Rat. Mech. Anal. **18** (1965), 100–102.

Die Materialgleichung (7.45) läßt sich für einfache Fluide weiter reduzieren. Zunächst folgt aus den Definitionsgleichungen $C_t(s) = F_t^T(s)\, F_t(s)$ und $F_t(s) = F(t-s)\, F^{-1}(t)$

$$C_t(s) = (F^{-1}(t))^T F^T(t-s)\, F(t-s)\, F^{-1}(t) \tag{7.46}$$

Weiter gilt

$$B(t) = F(t)\, F^T(t) \tag{7.47}$$

Unter der Transformation S, die $F(t-s)$ in

$$\widetilde{F}(t-s) = F(t-s)\, S^{-1} \tag{7.48}$$

überführt, transformieren sich $C_t(s)$ und $B(t)$, wie folgt:

$$\widetilde{C}_t(s) = C_t(s) \tag{7.49}$$

$$\widetilde{B}(t) = F(t)\, S^{-1}(S^{-1})^T F^T(t) \tag{7.50}$$

Für ein Fluid ist S eine beliebige volumenerhaltende Transformation; wählen wir speziell

$$S = (\det F(t))^{-1/3} F(t) \tag{7.51}$$

so folgt mit der Kontinuitätsgleichung

$$\widetilde{B}(t) = (\det F(t))^{2/3}\, I = (\rho_0/\rho(t))^{2/3}\, I \tag{7.52}$$

Das Materialgesetz einfacher (per def. isotroper) Fluide läßt sich also in der folgenden Form darstellen

$$\mathop{f}_{s=0}^{\infty} (F(t-s)) = \mathop{g}_{s=0}^{\infty} (C_t(s), \rho(t)) \tag{7.53}$$

Es hängt nach (7.53) außer von der Geschichte des relativen Rechts-Cauchy-Green-Tensors nur von der Dichte in der aktuellen Konfiguration ab. Man prüft leicht nach, daß sich bei beliebigem Wechsel der Bezugskonfiguration auf der rechten Seite von (7.53) nur die Dichte ändert. Die Darstellung (7.53) des Materialgesetzes bringt somit explizit zum Ausdruck, daß für ein Fluid alle Bezugskonfigurationen gleicher Dichte gleichwertig sind.

Aus Gleichung (7.53) läßt sich folgern, daß der Spannungszustand eines ruhenden Fluids kugelsymmetrisch ist. Wird der Deformationsgeschichte $F(t)$ die Drehung Q überlagert, so geht der relative Rechts-Cauchy-Green-Tensor in $QC_t(s)\, Q^T$ über, während $\rho(t)$ ungeändert bleibt. Der Spannungstensor ändert bei der Drehung nur die Richtungen seiner Hauptachsen, und es gilt

$$\mathop{g}_{s=0}^{\infty} (QC_t(s)\, Q^T, \rho(t)) = Q \mathop{g}_{s=0}^{\infty} (C_t(s), \rho(t))\, Q^T \tag{7.54}$$

Wir nehmen nun an, daß das Fluid sich für alle Zeit in der Bezugskonfiguration befindet, d.h. $\mathbf{F}(t) = \mathbf{I}$. Für die Ruhegeschichte $\mathbf{F}(t) = \mathbf{I}$ reduziert sich das Zustandsfunktional zu einer tensoriellen Konstante

$$\mathbf{T} = \overset{\infty}{\underset{s=0}{\mathbf{g}}}\ (\mathbf{I}, \rho_0) = \mathbf{T}_0 \tag{7.55}$$

die wegen (7.54) für alle Drehungen $\mathbf{Q}$ die Bedingung

$$\mathbf{Q}\mathbf{T}_0\mathbf{Q}^\mathsf{T} = \mathbf{T}_0 \tag{7.56}$$

erfüllt. $\mathbf{T}_0$ ist daher ein isotroper Tensor, d.h. er hat in allen cartesischen Koordinatensystemen dieselbe Darstellung. Diese Eigenschaft haben von allen Tensoren 2. Stufe nur die Vielfachen des Einheitstensors (vgl. Aufgabe 7.4.1); daher ist

$$\mathbf{T} = -\,\mathrm{p}\mathbf{I} \tag{7.57}$$

Der Spannungszustand des ruhenden einfachen Fluids ist also kugelsymmetrisch (vgl. Abschn. 6.3). Er heißt auch hydrostatischer Spannungszustand, p hydrostatischer Druck. Zugspannungen kommen in Fluiden nur ausnahmsweise vor; deshalb ist es üblich, anstelle einer Zugspannung den Druck p einzuführen, wie in (7.57) geschehen.

Außer den einfachen Fluiden, die isotrop sind, gibt es, wie schon erwähnt, anisotrope Materialien, die unter Schubspannungen fließen können, wenn auch nicht in allen materiellen Richtungen. Man nennt sie anisotrope Fluide (auch Subfluide oder flüssige Kristalle). Ihre Symmetriegruppen sind nicht mit der Gruppe der Drehungen „vergleichbar" (d.h. keine ist in der anderen als Untergruppe enthalten), und ihr Spannungszustand im Gleichgewicht braucht nicht der hydrostatische zu sein. Als Beispiel betrachten wir die Materialgleichung $T_{ij} = -\,\mathrm{p}\delta_{ij} + 2\mu d_{ij} + \lambda(|\mathbf{Fe}|)\,F_{ik}F_{j\ell}e_k e_\ell$ (d_{ij} Komponenten des Streckgeschwindigkeitstensors $\mathbf{D}$ (2.52), e_i Komponenten des Einheitsvektors $\mathbf{e}$ in der Bezugskonfiguration). Sie charakterisiert ein zähes anisotropes Fluid. Es läßt sich als Modell realisieren durch ein newtonsches Fluid, in dem in der materiellen Richtung $\mathbf{e}$ elastische Fäden gespannt sind. Die Symmetriegruppe dieses Materials enthält alle volumenerhaltenden Transformationen $\mathbf{S}$, die die materielle Richtung $\mathbf{e}$ ungeändert lassen ($\mathbf{Se} = \pm\,\mathbf{e}$, $\det \mathbf{S} = 1$). Diese Gruppe hat orthogonale und nicht orthogonale Elemente, und zwar sind die Drehungen um $\mathbf{e}$ als Achse orthogonale und die einfachen Scherungen mit Verschiebungen proportional zu $\mathbf{e}$ nicht orthogonale Transformationen aus der Symmetriegruppe des Materials. Wenn $\lambda(1) = 0$, ist der Spannungszustand in der Bezugskonfiguration kugelsymmetrisch, andernfalls nicht.

Aufgaben. 7.4.1. Zeigen Sie, daß ein Tensor $\mathbf{H}$, der für alle Drehungen $\mathbf{Q}$ die Bedingung $\mathbf{Q}\mathbf{H}\mathbf{Q}^\mathsf{T} = \mathbf{H}$ erfüllt, ein Vielfaches des Einheitstensors ist. H i n w e i s : Bilden Sie durch Multiplikation von links und rechts mit zwei beliebigen Vektoren $\mathbf{a}$ und $\mathbf{b}$ die Bilinearform $\phi(\mathbf{a}, \mathbf{b}) = \mathbf{a} \cdot (\mathbf{Hb})$, die als skalare Invariante nur vom Skalarprodukt der Vektoren $\mathbf{a}$ und $\mathbf{b}$ abhängen kann.

7.4.2. Nach (7.29) ist $P_{ij} = A_{ijk\ell}\,\gamma_{k\ell}(\gamma_{k\ell} = (C_{k\ell} - \delta_{k\ell})/2$, Greenscher Verzerrungstensor, P_{ij} Piolascher Spannungstensor, $A_{ijk\ell}$ Tensor der konstanten Stoffbeiwerte) ein Materialgesetz in objektiver Form. Es beschreibt einen im allgemeinen anisotropen linear-elastischen Festkörper bei endlichen Verzerrungen. Wenn das Material Symmetrieeigenschaften hat, sind nicht alle $A_{ijk\ell}$ voneinander und von null verschieden. Bei einer Symmetrietransformation $\mathbf{S}$, die $\mathbf{F}$ in $\widetilde{\mathbf{F}} = \mathbf{FS}^{-1}$ transformiert, gehen der Greensche Verzerrungstensor $\mathbf{G}$ in $\widetilde{\mathbf{G}} = (\mathbf{S}^{-1})^{\mathsf{T}} \mathbf{GS}^{-1}$ und der durch (7.26) definierte Piolasche Spannungstensor in $\widetilde{\mathbf{P}} = (\mathbf{S}^{-1})^{\mathsf{T}} \mathbf{PS}^{-1}$ über; das Materialgesetz wird $\widetilde{P}_{ij} = A_{ijk\ell} \, \widetilde{\gamma}_{k\ell}$. Daraus folgt für $A_{ijk\ell}$ die Bedingung $A_{ijk\ell} = S_{ip} \, S_{jq} \, S_{km} \, S_{\ell n} \, A_{pqmn}$ (Summe über p, q, m, n). O r t h o t r o - p i e liegt vor bei Invarianz des Materialgesetzes gegen Drehungen um 180° um drei paarweise orthogonale materielle Drehachsen. In einem Koordinatensystem mit den Drehachsen als Koordinatenachsen lassen sich alle diese Drehungen durch die folgenden Matrizen darstellen: $\mathbf{S}_0 = \mathbf{I} = (1, 1, 1)$; $\mathbf{S}_1 = (1, -1, -1)$; $\mathbf{S}_2 = (-1, 1, -1)$; $\mathbf{S}_3 = (-1, -1, 1)$. Die $\mathbf{S}_i$ sind Diagonalmatrizen mit den angegebenen Hauptdiagonalelementen). Man nennt die Matrizen $\mathbf{S}_i$ eine Darstellung der Symmetriegruppe des orthotropen Materials. Zeigen Sie, daß von den 81 Elementen $A_{ijk\ell}$ wegen der Symmetrie von $\gamma_{k\ell}$ und P_{ij} und der Orthotropie nur 9 unabhängig sind, z.B.: $A_{1111}, A_{2222}, A_{3333}, A_{1122}, A_{2233}, A_{3311}, A_{1212}, A_{2323}, A_{3131}$. I s o t r o p i e liegt vor bei Invarianz des Materialgesetzes gegen a l l e Drehungen. Zeigen Sie, daß die Zahl der unabhängigen $A_{ijk\ell}$ sich unter dieser Voraussetzung auf 3, unter Beachtung der Symmetrie von P_{ij} und $\gamma_{k\ell}$ auf 2, verringert. Es nimmt damit die Form des Hookeschen Gesetzes an, auf das es sich bei geometrischer Linearisierung reduziert.

7.4.3. Nach (7.25) ist $\tau_{ij} = R_{ip} \, R_{jq} \, A_{pqk\ell} \, \gamma_{k\ell}$ ($\gamma_{k\ell}$ Komponenten des Greenschen Verzerrungstensors, $\mathbf{R} = \mathbf{FU}^{-1}$ Drehungsanteil des Deformationsgradienten, $A_{pqk\ell}$ Matrix der Material-Koeffizienten) die objektive Darstellung des Materialgesetzes eines Festkörpers. Auf welche Form reduziert es sich bei Isotropie, auf welche bei anschließender geometrischer Linearisierung? H i n w e i s : In analoger Weise wie in Aufgabe 7.4.2 erhält man als Bedingung für die Isotropie: $A_{ijk\ell} = S_{ip} \, S_{jq} \, S_{km} \, S_{\ell n} \, A_{pqmn}$; $A_{ijk\ell}$ muß eine solche Form haben, daß diese Gleichung für alle Drehungen $\mathbf{S}$ gilt. Ein einfacher Weg zur Bestimmung der Elemente $A_{ijk\ell}$ ist der in Aufgabe 7.4.1 beschrittene: Durch Multiplikation mit vier beliebigen Vektoren $\mathbf{a}, \mathbf{b}, \mathbf{c}, \mathbf{d}$ bildet man die „Multilinearform"
$\phi(\mathbf{a}, \mathbf{b}, \mathbf{c}, \mathbf{d}) = A_{ijk\ell} a_i b_j c_k d_\ell$; $A_{ijk\ell}$ erfüllt genau dann die Isotropiebedingung, wenn die skalare Funktion ϕ bei allen Drehungen $\mathbf{S}$ ihren Wert nicht ändert. Das ist der Fall, wenn ϕ eine Linearkombination der verschiedenen Skalarprodukte $(\mathbf{a} \cdot \mathbf{b})(\mathbf{c} \cdot \mathbf{d})$ usw. ist.

7.4.4. Unter welcher Bedingung für $A_{ijk\ell}$ ist $\tau_{ij} = A_{ijk\ell} L_{k\ell}$ ($\mathbf{L} = \mathbf{L}_1 = \mathrm{grad}\ \mathbf{v}$) das Materialgesetz eines Fluids? Überzeugen Sie sich, daß das Fluid isotrop ist! H i n w e i s : Die Bedingung für Objektivität ist formal identisch mit der Bedingung für Isotropie in Aufgabe 7.4.3.

7.4.5. Um das Materialgesetz einer homogenen elastischen Membran zu bestimmen, führt man an einem Stück der Membran in einem dazu konstruierten Apparat unter verschiedenen Orientierungen des Materials homogene zweiachsige Dehnungen aus (Fig. 7.9).

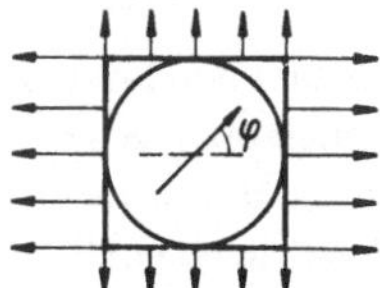

Fig. 7.9
Homogene zweiachsige Dehnung einer
Membran (Aufgabe 7.4.5)

Für welche Hauptdehnungen ϵ_1 und ϵ_2 und unter welchen Winkeln φ müssen Messungen angestellt werden, wenn bekannt ist, daß das Material a) beliebig (anisotrop), b) isotrop, c) hookesch ist? Welche Messungen sind auszuführen, wenn das Material magnetoelastisch ist, d.h. der Zusammenhang zwischen Verzerrungen und Spannungen durch ein Magnetfeld beeinflußbar ist, und ein homogenes Magnetfeld wirkt? Welche Folgerung würde man im Rahmen der mechanischen Materialbeschreibung daraus für die Objektivität ziehen?

7.4.6. Ein elastischer Festkörper gehorche bezüglich der Bezugskonfiguration $\boldsymbol{\xi}$ dem Materialgesetz $\mathbf{T} = f(\mathbf{F}) = 2\mu\mathbf{A} + \lambda(\mathrm{sp}\mathbf{A})\mathbf{I}$ $(\mathbf{A} = (\mathbf{I} - \mathbf{B}^{-1})/2$, Almansi-Tensor, $\mathbf{B} = \mathbf{FF}^{\mathsf{T}}$, Links-Cauchy-Green-Tensor), das bei geometrischer Linearisierung in das Hookesche Gesetz übergeht. Durch eine einachsige Streckung in ξ_1-Richtung $\tilde{\boldsymbol{\xi}} = \mathbf{S}\boldsymbol{\xi}$ $(S_{11} = \gamma,$ $S_{22} = S_{33} = 1$, $S_{ik} = 0$ für $i \neq k)$ werde eine neue Bezugskonfiguration $\tilde{\boldsymbol{\xi}}$ eingeführt. Überzeugen Sie sich davon, daß das Material in der Bezugskonfiguration $\boldsymbol{\xi}$ isotrop ist, und bestimmen Sie die Symmetriegruppe zur Bezugskonfiguration $\tilde{\boldsymbol{\xi}}$!

7.5 Zwangsbedingungen

Flüssigkeiten ändern ihr Volumen im allgemeinen nur unter großen Drücken. In Strömungen nicht zu großer Geschwindigkeit – gemessen an der Ausbreitungsgeschwindigkeit von Schallwellen in dem Medium – ändert sich deshalb die Dichte einer Flüssigkeit fast gar nicht. Dieses Materialverhalten kann man idealisiert dadurch beschreiben, daß man die Flüssigkeit überhaupt als inkompressibel (unzusammendrückbar) annimmt. Ähnlich sind sehr viel geringere Kräfte dazu erforderlich, einen dünnen Stahldraht zu biegen als ihn zu dehnen. Bei der Beschreibung der Biegung des Drahtes kann man deshalb von der Dehnung überhaupt absehen und den Draht als undehnbar voraussetzen. Inkompressibilität und Undehnbarkeit sind Beispiele geometrischer Zwangsbedingungen, die die Freiheitsgrade der Bewegung des Materials einschränken. Zur Aufrechterhaltung einer Zwangsbedingung, d.h. zur Verhinderung von Bewegungen, die die Zwangsbedingung verletzten würden, sind Kräfte, Zwangskräfte, erforderlich. Weil sie keiner stattfindenden Bewegung entsprechen, sind sie kinematisch unbestimmt, d.h. sie lassen sich nicht aus der lokalen Bewegung des Materials bestimmen, sondern ergeben sich erst aus der Bewegung im Großen und den Randbedingungen.

Im Folgenden werden Zwangsbedingungen für die Deformation betrachtet, die sich durch Funktionen des Deformationsgradienten ausdrücken lassen

$$\varphi(\mathbf{F}(\boldsymbol{\xi}, t)) = 0 \qquad (7.58)$$

Sie sind den holonom-skleronomen Zwangsbedingungen der Punktmechanik analog. Die beiden oben genannten Beispiele lassen sich in dieser Weise beschreiben. Um die Analogie zur Punktmechanik auszunutzen, denken wir uns den Deformationszustand $\mathbf{F}(\boldsymbol{\xi}, t)$ als Punkt in einem 9-dimensionalen Zustandsraum F_{ik} $(i, k = 1, 2, 3)$ dargestellt. Die

Zwangsbedingung (7.58) ist bei dieser Deutung die Gleichung einer Fläche in dem Zustandsraum. Gleichung (7.58) gilt während der gesamten Bewegung. Durch substantielle Differentiation nach der Zeit erhält man aus (7.58)

$$\frac{\partial \varphi}{\partial F_{ik}}\, \dot{F}_{ik} = sp\left(\frac{\partial \varphi}{\partial F}\, \dot{F}^{T}\right) = 0 \tag{7.59}$$

Die linke Seite von Gleichung (7.59) hat die Form eines Skalarprodukts. Da der Gradient $\partial \varphi / \partial F$ die Richtung der Flächennormalen hat, bringt Gleichung (7.59) zum Ausdruck, daß der Vektor der Geschwindigkeit des Zustandspunkts, $\dot{F}$, tangential zur Fläche gerichtet ist. Die Zwangsbedingung (7.58) wird durch einen Tensor Z von Zwangsspannungen aufrechterhalten, der die aus der Deformationsgeschichte folgenden Spannungen zum Spannungstensor ergänzt

$$T(t) = \mathop{f}_{s=0}^{\infty} \, (F(t-s)) + Z \tag{7.60}$$

Z ist der Anteil des Spannungstensors, der Bewegungen verhindert, die die Zwangsbedingung verletzen würden. Die Bestimmung der Zwangsspannungen Z erfordert eine Annahme. Bei ihrer Formulierung lassen wir uns wieder von der Analogie zur Punktmechanik leiten. Die Zwangskräfte, die einen Massenpunkt auf einer glatten Fläche führen, verrichten keine Arbeit (arbeitsfreie Bindung). Entsprechend machen wir für geometrische Zwangsbedingungen in Kontinua die Annahme, daß die Zwangsspannungen Z bei allen mit der Zwangsbedingung verträglichen Zustandsänderungen $\dot{F}$ nichts zur Änderung der inneren Energie beitragen. Nach (4.86) mit $L_1 = grad\ v$ aus (2.51) gilt

$$\rho \dot{e} = sp(TL_1^{T}) - div\ q \tag{7.61}$$

Dementsprechend ist der Beitrag der Zwangsspannungen bei allen mit der Zwangsbedingung verträglichen Bewegungen

$$sp(ZL_1^{T}) = sp(Z(F^{-1})^{T}\dot{F}^{T}) = 0 \tag{7.62}$$

Gleichung (7.62) bedeutet: Die Vektoren $Z(F^{-1})^{T}$ und $\dot{F}$ sind zueinander orthogonal. Die geometrische Aussage der beiden Gleichungen (7.59) und (7.62) ist daher die folgende: Der Vektor $Z(F^{-1})^{T}$ ist orthogonal zu allen Vektoren $\dot{F}$, die orthogonal zu dem Vektor $\partial \varphi / \partial F$ sind. Also muß Z proportional zu $(\partial \varphi / \partial F)F^{T}$ sein

$$Z = \lambda\, \frac{\partial \varphi}{\partial F}\, F^{T} \tag{7.63}$$

λ ist ein unbestimmter Lagrangescher Multiplikator, eine skalare Funktion des Ortes und der Zeit, die sich lokal nicht bestimmen läßt. Sie folgt für jede Bewegung aus den Bewegungsgleichungen und den Randbedingungen.

Die Zwangsbedingung (7.58) hat die Bedeutung eines Materialgesetzes und ist deshalb definitionsgemäß bezugsinvariant, d.h. unter allen eigentlich orthogonalen Transformationen Q gilt

$$\varphi(\mathbf{QF}) = \varphi(\mathbf{F}) \tag{7.64}$$

φ reduziert sich deshalb auf eine Funktion des Strecktensors $\mathbf{U}$ bzw. des Rechts-Cauchy-Green-Tensors $\mathbf{C}$. Unter dieser Voraussetzung ist auch die Darstellung (7.63) der Zwangs-spannungen bezugsinvariant. Wir behandeln die wichtigsten Beispiele.

Inkompressibilität. Die Zwangsbedingung lautet mit $\Delta = \det \mathbf{F}$

$$\varphi(\mathbf{F}) = \Delta - 1 = 0 \tag{7.65}$$

Daraus folgt unter Benutzung von Gleichung (1.42)

$$\frac{\partial \varphi}{\partial \mathbf{F}} \, \mathbf{F}^\mathsf{T} = \Delta \mathbf{I} = \mathbf{I} \tag{7.66}$$

also für die Zwangskraft

$$\mathbf{Z} = \lambda \mathbf{I} \tag{7.67}$$

Der Zwangsspannungstensor bei Inkompressibilität ist isotrop. Das ist anschaulich zu verstehen: Allseitig gleichmäßige Druck- oder Zugspannungen, die in einem kompressiblen Material Volumenänderungen bewirken würden, müssen in einem inkompressiblen Material durch entgegengesetzte Zwangsspannungen kompensiert werden. In der Hydrodynamik ist es üblich, anstelle der Spannung λ den Druck $p = -\lambda$ einzuführen und zu schreiben

$$\mathbf{Z} = -p\mathbf{I} \tag{7.68}$$

Starrheit. Alle Längen und Winkel bleiben erhalten. Das bedeutet für zwei beliebige materielle Linienelemente $d\boldsymbol{\xi}_1$, $d\boldsymbol{\xi}_2$

$$d\mathbf{x}_1 \cdot d\mathbf{x}_2 = d\boldsymbol{\xi}_1 \cdot (\mathbf{F}^\mathsf{T} \mathbf{F} \, d\boldsymbol{\xi}_2) = d\boldsymbol{\xi}_1 \cdot d\boldsymbol{\xi}_2 \tag{7.69}$$

Wegen der Willkürlichkeit der Strecken $d\boldsymbol{\xi}_1$, $d\boldsymbol{\xi}_2$ folgt daraus die Zwangsbedingung

$$\varphi(\mathbf{F}) = \mathbf{C} - \mathbf{I} = \mathbf{F}^\mathsf{T} \mathbf{F} - \mathbf{I} = 0 \tag{7.70}$$

Bei Starrheit ist also der Rechts-Cauchy-Green-Tensor gleich dem Einheitstensor, und der Deformationsgradient stellt eine Drehung dar. Die neun Komponentengleichungen von (7.70) ergeben wegen der Symmetrie von $\mathbf{C}$ sechs linear unabhängige Zwangsbedingungen

$$\varphi_{pq}(\mathbf{F}) = F_{kp} F_{kq} - \delta_{pq} = 0 \tag{7.71}$$

Durch Differentiation von φ_{pq} nach F_{ij}, Multiplikation mit F_{kj} und Summierung über j folgt

$$\frac{\partial \varphi_{pq}}{\partial F_{ij}} F_{kj} = F_{ip} F_{kq} + F_{iq} F_{kp} \tag{7.72}$$

Daraus ergibt sich durch Multiplikation mit neun beliebigen Koeffizienten λ_{pq} und Summation über p und q der Tensor der Zwangsspannungen

$$Z_{ik} = (\lambda_{pq} + \lambda_{qp})\, F_{ip} F_{kq} \tag{7.73}$$

Die Zwangsspannungen bilden nach (7.73) einen beliebigen symmetrischen Tensor. Somit sind beim starren Körper sämtliche sechs Komponenten des Spannungstensors kinematisch unbestimmt.

Aufgaben. 7.5.1. Zeigen Sie unter der Voraussetzung der Bezugsinvarianz der Zwangsbedingung (7.58), d.h. $f(\mathbf{F}) = g(\mathbf{C})$, die Bezugsinvarianz der Darstellung (7.63) des Zwangsspannungstensors!

7.5.2. Ein Material ist unausdehnbar in der durch den Einheitsvektor **e** angegebenen materiellen Richtung. Die Zwangsbedingung lautet in cartesischen Komponenten $\varphi(\mathbf{F}) = F_{jk} F_{jm} e_k e_m - 1 = 0$. Bestimmen Sie die Zwangsspannungen! Diese Zwangsbedingung ist näherungsweise verwirklicht in einem Material, in das Fasern eingebettet sind, deren Dehnsteifigkeit sehr viel größer als die des Matrixmaterials ist. Sie läßt sich somit auch als Grenzfall dieser speziellen Anisotropie verstehen.

7.5.3. Ein hookescher Festkörper ist durch Einlagerung unausdehnbarer Fasern in einer Richtung **e** unausdehnbar (und unzusammendrückbar) gemacht worden. Ebene Wellen kleiner Amplitude breiten sich unter einem Winkel φ gegen diese Richtung aus (Fig. 7.10). Bestimmen Sie die Bewegungsgleichungen! Untersuchen Sie die Grenzfälle

Fig. 7.10
Zur Wellenausbreitung in einem Material mit
unausdehnbaren Fasern (Aufgabe 7.5.3)

$\varphi = 0, \pi/2$! H i n w e i s : Das Materialgesetz lautet $\tau_{ij} = \sigma e_i e_j + 2\mu\gamma_{ij} + \lambda\gamma_{kk}\delta_{ij}$ mit der Zwangsbedingung als Nebenbedingung (s. Aufg. 7.5.2). Die Wellenausbreitungsgeschwindigkeit c ergibt sich aus $\rho_0 c^2 = \mu \cos^2\varphi + (2\mu + \lambda)\sin^2\varphi$ (μ, λ Lamé-Konstanten, σ Zwangsspannung, γ_{ij} Komponenten des linearisierten Greenschen Verzerrungstensors, $\mathbf{e} = (\cos\varphi, \sin\varphi, 0)$ Fadenrichtung, $\mathbf{n} = (1, 0, 0)$ Ausbreitungsrichtung der Welle).

7.6 Lineare Viskoelastizität

In Abschn. 6.4 wurde ein linear-viskoelastisches Material als ein Material charakterisiert, das Eigenschaften eines linear-elastischen Festkörpers und eines zähen Fluids in sich vereinigt. Unter Zuhilfenahme der Modellvorstellung von Elementen aus Federn und Dämpfern wurde als Beschreibung des isotropen linear-viskoelastischen Festkörpers das Materialgesetz (6.58) hergeleitet. Dieses Materialgesetz soll jetzt auf andere Weise gewonnen werden, und zwar als Approximation des Materialgesetzes eines isotropen einfachen Materials (7.45) für „kleine Amplituden". Darunter verstehen wir: Die Deformationsgeschichte $F(t)$ soll in jedem Augenblick nur wenig von der Ruhegeschichte $F_0(t) = I$ abweichen, d.h. die Verschiebungsableitungen sollen zu allen Zeiten klein gegen eins bleiben. Unter dieser Voraussetzung läßt sich das Materialgesetz des einfachen Materials im Verschiebungsgradienten $F - I$ linearisieren. Unter geeigneten Annahmen über das Gedächtnis des Materials geht das Materialgesetz dabei, wie sich zeigen wird, in das Materialgesetz (6.58) über. Im Abschnitt 7.8 werden wir später noch andere Approximationen untersuchen, für die nicht die Größe der Verschiebungsableitungen, sondern die Geschwindigkeit der Deformation wesentliches Kriterium ist.

Ausgangspunkt der Überlegung ist das Materialgesetz (7.45) eines isotropen einfachen Materials

$$T(t) = \overset{\infty}{\underset{s=0}{f}}\ (C_t(s),\, B(t)) \tag{7.74}$$

Dabei ist zunächst an einen Festkörper gedacht. Im Anschluß an die Ableitung für einfache Festkörper werden wir überlegen, was sich ändert, wenn das Material ein einfaches Fluid ist. Die Approximation läßt sich mit einfachen mathematischen Hilfsmitteln durchführen, wenn man zunächst eine einparametrige Schar von Deformationsgeschichten der Form

$$F(t) = I + \epsilon S(t) \tag{7.75}$$

mit einer fest gewählten Geschichte $S(t)^1)$ und dem Parameter ϵ betrachtet, dessen Wert zwischen 0 und 1 liegt. Später kann man S als variable Geschichte betrachten. Kleine Verschiebungsableitungen bedeuten kleine Werte von ϵ. Setzt man (7.75) in das Materialgesetz (7.74) ein, so reduziert sich das Funktional zu einer Funktion von ϵ. Die Aufgabe besteht somit darin, eine gewöhnliche reelle Funktion durch ein Taylorpolynom zu approximieren. Das geschieht der Übersichtlichkeit halber in zwei Schritten.

Im ersten Schritt werden die Tensoren $C_t(s)$ und $B(t)$ linearisiert (geometrische Linearisierung). Für den relativen Rechts-Cauchy-Green-Tensor folgt aus der Definitionsgleichung

$$C_t(s) = F_t^T(s)\, F_t(s) = (F^{-1}(t))^T F^T(t-s)\, F(t-s)\, F^{-1}(t) \tag{7.76}$$

in linearer Näherung

$$C_t(s) = I + \epsilon \left\{ S(t-s) + S^T(t-s) - S(t) - S^T(t) \right\} \tag{7.77}$$

Für den Links-Cauchy-Green-Tensor $B(t) = F(t)\, F^T(t)$ ergibt sich bis auf quadratische Terme in ϵ

$$B(t) = I + \epsilon (S(t) + S^T(t)) \tag{7.78}$$

$^1)$ S bedeutet jetzt nicht mehr wie in Abschn. 7.4 eine Symmetrietransformation, sondern ist ein beliebiger Verschiebungsgradient.

Mit der vorübergehenden Abkürzung $\mathbf{H}(t) = \mathbf{S}(t) + \mathbf{S}^T(t)$ läßt sich das geometrisch linearisierte Materialgesetz wie folgt schreiben

$$\mathbf{T}(t) = \mathop{\mathbf{f}}_{s=0}^{\infty} \; (\mathbf{I} + \epsilon\{\mathbf{H}(t-s) - \mathbf{H}(t)\}, \mathbf{I} + \epsilon\mathbf{H}(t)) \tag{7.79}$$

$\mathbf{H}(t)$ ist mit $\mathbf{S}(t)$ eine vorgegebene Funktion, die rechte Seite also eine Funktion von ϵ allein.

Im zweiten Schritt wird das Funktional $\mathbf{f}$ in den Abweichungen von der Ruhegeschichte linearisiert (Linearisierung im Stoffgesetz). Die Taylorentwicklung bis zum ersten Glied lautet

$$\mathbf{T}(t) = \mathop{\mathbf{f}}_{s=0}^{\infty} \; (\mathbf{I}, \mathbf{I}) + \epsilon \left[\frac{d}{d\sigma} \mathop{\mathbf{f}}_{s=0}^{\infty} \; (\mathbf{I} + \sigma\{\mathbf{H}(t-s) - \mathbf{H}(t)\}, \mathbf{I} + \sigma\mathbf{H}(t))\right]_{\sigma=0} \tag{7.80}$$

Die Bezugskonfiguration werde als spannungsfrei vorausgesetzt; dann ist der erste Summand null. Der zweite Summand läßt sich mit dem Greenschen Verzerrungstensor

$$\mathbf{G}(t) = \frac{1}{2} \; (\mathbf{F}^T(t) \, \mathbf{F}(t) - \mathbf{I}) \tag{7.81}$$

zweckmäßiger schreiben, dessen lineare Approximation lautet

$$\mathbf{G}(t) = \frac{\epsilon}{2} \; (\mathbf{S}(t) + \mathbf{S}^T(t)) = \frac{\epsilon}{2} \; \mathbf{H}(t) \tag{7.82}$$

Wegen der in der Linearität eingeschlossenen Homogenität des Funktionals läßt sich der Faktor ϵ ins Argument des Funktionals hineinziehen. Das Ergebnis der linearen Approximation des gegebenen Materialgesetzes (7.74) ist daher

$$\mathbf{T}(t) = \left[\frac{d}{d\sigma} \mathop{\mathbf{f}}_{s=0}^{\infty} \; (\mathbf{I} + 2\sigma\{\mathbf{G}(t-s) - \mathbf{G}(t)\}, \mathbf{I} + 2\sigma\mathbf{G}(t))\right]_{\sigma=0} \tag{7.83}$$

Durch Weiterführung der Reihenentwicklung lassen sich höhere Approximationen gewinnen. Die in (7.83) auftretende Ableitung heißt das Gateau-Differential (die Richtungsableitung) des Funktionals. Es stimmt, wie in der Funktionalanalysis gelehrt wird, mit dem sog. Fréchet-Differential (der Ableitung schlechthin) überein, wenn letzteres existiert. Unter dieser Voraussetzung, die hier als erfüllt gelten darf, ist es ein lineares, d.h. additives und homogenes, Funktional. Für ein explizit gegebenes Materialgesetz (7.74) läßt sich also die lineare Approximation (7.83) einfach durch Differenzieren berechnen.

Zum Beispiel ergibt die Anwendung der Linearisierungsformel (7.83) auf das Materialgesetz des isotropen elastischen Materials (6.9) das Hookesche Gesetz (6.20), ihre Anwendung auf das stokessche Fluid (6.41) das newtonsche Fluid (6.43). Damit (7.83) anwendbar ist, müssen die in (6.9) bzw. (6.41) auftretenden Funktionen offenbar differenzierbar sein. Will man das Materialgesetz (7.74) des einfachen Materials nach (7.83) approximieren, muß man über das Funktional f entsprechende mathematische Voraussetzungen machen. Sie sind gleichbedeutend mit Annahmen über die Struktur des Gedächtnisses. Darauf werden wir im Abschn. 7.7 genauer eingehen. Vorläufig stellen wir dazu eine heuristische Überlegung an, die zugleich die Betrachtungen des folgenden Abschnitts vorbereitet.

Da die asymptotische Approximation (7.83) des Materialgesetzes ein lineares Funktional darstellt, überlagern sich die Beiträge der Geschichte des Greenschen Verzerrungstensors $G(t-s)$ zu dem Funktional additiv mit gewissen, von dem Zeitabstand s abhängigen, Gewichtsfaktoren, die den Einfluß der Geschichte auf den aktuellen Wert des Spannungstensors bestimmen. Diese Gewichtsfaktoren kennzeichnen das Gedächtnis des Materials; sie legen z.B. fest, ob in einem Material große Verzerrungen kurzer Dauer oder kleine Verzerrungen, die über entsprechend längere Zeit eingewirkt haben, den Spannungstensor nachhaltiger beeinflussen. Wegen der Objektivität (und der vorausgesetzten Isotropie des Materials) ist jeder einzelne Beitrag von der Form des Hookeschen Gesetzes (6.20). Vom Momentanwert $G(t)$ kommen zwei Beiträge — je einer vom ersten und zweiten Argument des Funktionals f — die wir zusammenfassen. Die Beiträge der Geschichte $G(t-s)$ geben ein Integral. Das Materialgesetz insgesamt nimmt daher (bei passender Benennung der Materialkoeffizienten) die Form des schon früher angegebenen Materialgesetzes (6.58) eines linear-viskoelastischen Materials an

$$T(t) = 2\mu(0)\,G(t) + \lambda(0)\,(spG(t))\,I + \int\limits_{0}^{\infty} \left\{ 2\mu'(s)G(t-s) + \lambda'(s)(spG(t-s))\,I \right\} ds$$

$$(7.84)$$

Die Funktionen beschreiben den Anteil der „Momentanelastizität" an den Spannungen, die Integrale den Einfluß des Gedächtnisses. Wenn der Integralterm nicht vorhanden ist, d.h. das Material kein Gedächtnis hat, reduziert sich das Materialgesetz auf das Hookesche Gesetz (6.20).

Es sei angemerkt, daß wir stillschweigend eine „Stetigkeitsannahme" gemacht haben, die zur Folge hatte, daß die Geschichte in (7.84) durch ein Integral repräsentiert wird. Auf die Stetigkeit des Funktionals, auf die sich der abstrakte Begriff des „Schwindens des Gedächtnisses" gründet, wird im nächsten Abschnitt ausführlich eingegangen.

$\mu(s)$ und $\lambda(s)$, die „Relaxationsfunktionen" des Materials, lassen sich unmittelbar aus Relaxationsversuchen bestimmen, und zwar läßt sich $\mu(s)$ aus einer homogenen Scherung mit dem Verschiebungsfeld

$$u(t) = \begin{cases} 0 & t < 0 \\ 2\gamma\,x_2 e_1 & t > 0 \end{cases}$$

$$(7.85)$$

gewinnen. Bei der Bewegung (7.85) sind nur die 1-2-Elemente des Greenschen Verzerrungstensors und des Spannungstensors von null verschieden. Die Deformationsgeschichte und die Spannungsgeschichte sind nach (7.84) und (7.85)

$$\gamma_{12}(t) = \begin{cases} 0 & t < 0 \\ \gamma & t > 0 \end{cases}$$

und
$$\tau_{12}(t) = \begin{cases} 0 & t < 0 \\ 2\mu(0)\gamma + 2\gamma \int_0^t \mu'(t-s)\,ds = 2\mu(t)\gamma & t > 0 \end{cases}$$

(7.86)

Die Relaxationsfunktion $\mu(t)$ ist danach der gemessenen Spannung $\tau_{12}(t)$ proportional. Ein entsprechender Versuch mit einer isotropen Kompression liefert die Funktion $2\mu(t) + 3\lambda(t)$ (wenn das Material kompressibel ist, andernfalls bleibt der isotrope Anteil am Spannungstensor unbestimmt). Beide Messungen zusammen erlauben, das Materialgesetz (7.84) vollständig zu bestimmen. Die „Stufengeschichte" (7.86) läßt sich nur näherungsweise realisieren, und zwar durch einen raschen, aber stetigen Übergang vom konstanten Anfangszustand $\gamma_{12} = 0$ zum konstanten Endzustand $\gamma_{12} = \gamma$ in einer Zeit, die kurz im Vergleich zur Relaxationszeit (vgl. Abschn. 6.4) des Materials ist.

Die Materialgleichung (7.84) beschreibt ein festkörperartiges Verhalten. Für Fluide hängt die rechte Seite von (7.74), der Ausgangsgleichung der Approximation, nach (7.53) vom Momentanwert $\mathbf{B}(t)$ nur über die momentane Dichte $\rho(t)$ ab. Der momentanelastische Anteil der Spannungen ist daher kugelsymmetrisch und eine Funktion nur der Dichte. „Kleine Amplitude" bedeutet im Fluid kleine Abweichungen der Geschichte $\mathbf{C}_t(s)$ von der Ruhegeschichte, Gl. (7.77), die sich nach (7.82) durch den Greenschen Tensor ausdrücken lassen. Damit läßt sich das Materialgesetz eines linear-viskoelastischen Fluids in der folgenden Form schreiben

$$\mathbf{T}(t) = -\,p(\rho(t))\mathbf{I} + \int_0^\infty \left\{ 2\mu'(s)[\mathbf{G}(t-s) - \mathbf{G}(t)] + \lambda'(s)\mathrm{sp}[\mathbf{G}(t-s) - \mathbf{G}(t)]\mathbf{I} \right\} ds \qquad (7.87)$$

Die „Relaxationskerne" $2\mu'(s)$ und $\lambda'(s)$ der Gedächtnisintegrale haben die Bedeutung von Gewichtsfunktionen, die den Einfluß der früheren Deformationszustände $\mathbf{G}(t-s)$ auf den gegenwärtigen Spannungszustand $\mathbf{T}(t)$ bemessen. Sie sind nicht-negativ, andernfalls könnten sich die Einflüsse gleichartiger Deformationen zu verschiedenen Zeiten teilweise oder ganz gegenseitig auslöschen. Wenn das Erinnerungsvermögen an früher erlebte Deformationen mit wachsendem zeitlichen Abstand von der Gegenwart abnimmt, was man bei einer Vielzahl von Materialien beobachtet, sind sie monoton abnehmenden Funktionen der Retardierung s. In dem Maße, wie die Relaxationskerne mit wachsendem s abnehmen, schwindet das Gedächtnis des Materials für seine Zustandsgeschichte. Die linearen rheologischen Modelle (s. Abschn. 6.4) führen auf Relaxationskerne, die Summen abklingender Exponentialfunktionen sind, sagen also exponentiell schwindendes Gedächtnis voraus.

Aufgaben. 7.6.1. In einer Flüssigkeit ruht ein linear-viskoelastischer Körper. Seine Materialgleichung ist (7.84) mit den Relaxationsfunktionen $\mu(s) = \mu_1 + (\mu_0 - \mu_1)e^{-s/\tau}$, $\lambda(s) = \lambda_1 + (\lambda_0 - \lambda_1)e^{-s/\tau}$ ($\mu_0 > \mu_1$, $\lambda_0 > \lambda_1$, τ konstante Relaxationszeit). Zur Zeit $t = 0$ wird der Flüssigkeitsdruck plötzlich um p erhöht. Anschließend deformiert sich der Körper, bis er in dem durch den neuen Außendruck vorgeschriebenen Gleichgewichtszustand wieder zur Ruhe kommt. Die Bewegung erfolge so langsam, daß von Trägheitskräften abgesehen werden kann; unter dieser Voraussetzung ist die Deformation homogen. Bestimmen Sie die relative Volumenänderung $(dV - dV_0)/dV_0 = \Theta$ = div $\mathbf{u}$ des Körpers als Funktion der Zeit (Fig. 7.11).

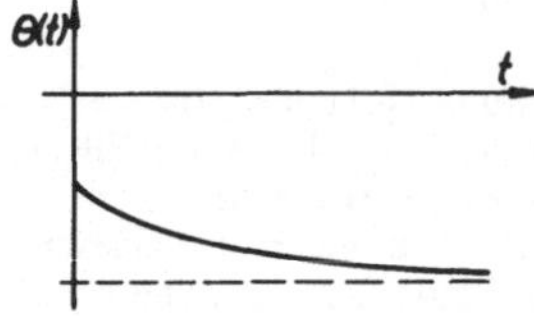

Fig. 7.11
Retardation der Volumenänderung in einem
viskoelastischen Körper (Aufgabe 7.6.1)

7.6.2. Die Oberfläche $\xi_1 = 0$ des Halbraums $\xi_1 \geqslant 0$ aus dem linear-viskoelastischen Material (7.84) mit der Relaxationsfunktion $\mu(s) = \mu_1 + (\mu_0 - \mu_1) e^{-s/\tau}$ $(\mu_0 > \mu_1)$ wird nach der Vorschrift $u_2(0, \xi_2, \xi_3, t) = A \sin \omega t$ periodisch in ihrer Ebene in ξ_2-Richtung hin- und herbewegt. In weitem Abstand von der Oberfläche $(\xi_1 \to \infty)$ ruht das Material. Von der Oberfläche laufen Scherwellen in die positive ξ_1-Richtung. Berechnen Sie die Wellenbewegung und die zu ihrer Aufrechterhaltung pro Periode aufzubringende Energie. H i n w e i s : Die partielle Integrodifferentialgleichung für das Verschiebungsfeld läßt sich mit dem Ansatz $u_2(\xi_1, \xi_2, \xi_3, t) = A e^{i(k\xi_1 - \omega t)}$ mit komplexem k lösen, wenn zwischen ω und k die Dispersionsrelation (vgl. Abschn. 6.5) besteht.

7.7 Schwindendes Gedächtnis

Bei den linear-viskoelastischen Materialien (7.84) läßt sich die Güte des Gedächtnisses unmittelbar am Materialgesetz ablesen. Die beiden Relaxationsfunktionen $\mu(s)$ und $\lambda(s)$ belegen die Deformationsgeschichte $G(t - s)$ zu verschiedenen Zeiten $t - s$ mit unterschiedlichen Gewichten je nach ihrem Einfluß auf den gegenwärtigen Spannungszustand. Das Materialgesetz selbst als Maß des Gedächtnisses ist für eine Materialtheorie zu kompliziert. Ein einfacheres Maß für das Schwinden des Gedächtnisses, das zugleich verallgemeinerungsfähig auf nicht-lineare Materialgesetze ist, gewinnt man, indem man anstelle des Spannungstensors $\mathbf{T}$ seinen Betrag $|\mathbf{T}| = (\mathrm{sp}\,\mathbf{TT}^T)^{1/2}$ betrachtet, dessen Wert eine nicht-negative reelle Zahl ist, und diesen Betrag durch ein anderes Funktional der Geschichte abschätzt, das die Form einer sog. „Norm" hat. Diese Abschätzung soll am linearen Material (7.84) demonstriert werden. Bei der Abschätzung des Materialgesetzes (7.84) für alle möglichen Deformationsgeschichten $G(t - s)$ treten zahlreiche Terme auf; man denke daran, daß der Betrag eines Tensors die Wurzel aus der Quadratsumme seiner Elemente ist und daß der Verzerrungstensor und der Spannungstensor je sechs Komponenten haben; diese Rechnung würde zu umfangreich werden. Die Abschätzung soll deshalb im folgenden nur für eine Unterklasse von Deformationen, die einfachen Scherungen, durchgeführt werden. Die vollständige Abschätzung kann nach demselben Muster und mit den gleichen Hilfsmitteln erfolgen und darf dem Leser überlassen bleiben. Für die Klasse aller einfachen Schergeschichten sind in einem geeigneten cartesischen Koordinatensystem nur die Elemente $\gamma_{12} = \gamma_{21}$ des Verzerrungstensors sowie $\tau_{12} = \tau_{21}$ des Spannungstensors ungleich null. Für diese besteht nach dem Materialgesetz (7.84) der Zusammenhang

$$\tau_{12}(t) = 2\mu(0)\gamma_{12}(t) + \int_0^\infty 2\mu'(s)\gamma_{12}(t-s)\,ds \tag{7.88}$$

Die Norm des Tensors $\mathbf{T}$ ist bis auf einen Zahlenfaktor gleich dem Betrag des von null verschiedenen Elements τ_{12}

$$|\mathbf{T}| = \sqrt{\tau_{12}^2 + \tau_{21}^2} = \sqrt{2}\,|\tau_{12}| \tag{7.89}$$

Mit Hilfe der Dreiecksungleichung[1]) folgt aus (7.88), (7.89)

$$|\mathbf{T}| \leqslant 2^{3/2}\left\{|\mu(0)\gamma_{12}(t)| + \left|\int_0^\infty \mu'(s)\gamma_{12}(t-s)\,ds\right|\right\} \tag{7.90}$$

Ferner gilt die Abschätzung

$$\left|\int_0^\infty \mu'(s)\gamma_{12}(t-s)\,ds\right| \leqslant \int_0^\infty |\mu'(s)\gamma_{12}(t-s)|\,ds$$
$$= \int_0^\infty |\mu'(s)|^{1/2}\,|\mu'(s)|^{1/2}\,\gamma_{12}(t-s)|\,ds \tag{7.91}$$

Mit der Schwarzschen Ungleichung[2]) folgt weiter

$$\int_0^\infty |\mu'(s)|^{1/2}\,|\mu'(s)|^{1/2}\gamma_{12}(t-s)|\,ds \leqslant \left(\int_0^\infty |\mu'(s)|\,ds\right)^{1/2}\left(\int_0^\infty |\mu'(s)||\gamma_{12}(t-s)|^2\,ds\right)^{1/2} \tag{7.92}$$

Unter Benutzung von $|\mathbf{G}| = \sqrt{2}\,|\gamma_{12}|$ läßt sich die Abschätzung für $|\mathbf{T}|$ zusammenfassen zu

$$|\mathbf{T}| \leqslant 2|\mu(0)||\mathbf{G}(t)| + \left(\int_0^\infty |2\mu'(s)|\,ds\right)^{1/2}\left(\int_0^\infty |2\mu'(s)||\mathbf{G}(t-s)|^2\,ds\right)^{1/2} \tag{7.93}$$

oder $|\mathbf{T}| \leqslant k\|\mathbf{G}\|$ $\tag{7.94}$

---

[1]) $|a + b| \leqslant |a| + |b|$.

[2]) $\displaystyle\int_a^b x(s)y(s)\,ds \leqslant \left(\int_a^b |x(s)|^2\,ds\right)^{1/2}\left(\int_a^b |y(s)|^2\,ds\right)^{1/2}$

mit der Konstante $k = 2|\mu(0)|$ und

$$\|G\| = |G| + \left(\int_0^\infty K(s)\,|G(t-s)|^2\,ds \right)^{1/2} \tag{7.95}$$

wobei $\quad K(s) = \dfrac{|\mu'(s)|}{\mu^2(0)} \displaystyle\int_0^\infty |\mu'(\sigma)|\,d\sigma$

Für beliebige Deformationsgeschichten folgt eine Abschätzung derselben Form, in der lediglich k und K etwas andere Bedeutungen haben und außer von $\mu(s)$ auch von $\lambda(s)$ abhängen. $\|G\|$ wird die „Norm"[1]) der Geschichte G genannt. In dem Ausdruck für $\|G\|$ tritt wie ursprünglich im Materialgesetz eine Gewichtsfunktion K(s) auf. K(s), Einflußfunktion oder auch „Obliviator" genannt, beschreibt das Schwinden des Gedächtnisses. Wie die Herleitung zeigt, ist K durch ein gegebenes Materialgesetz nicht eindeutig bestimmt, sondern jede Majorante einer Einflußfunktion ist wieder eine Einflußfunktion. Die Norm gibt dem Funktionenraum der Deformationsgeschichten eine geometrische Struktur, und zwar die eines normierten Raumes im Sinne der Funktionalanalysis. Die Theorie der normierten Räume läßt sich damit für die Materialtheorie nutzbar machen.

Wichtig ist nun die Umkehrung der vorstehenden Argumentation. Wurde ursprünglich von dem konkreten Materialgesetz (7.84) ausgegangen und daraus die Abschätzung (7.94) mit der Norm (7.95) abgeleitet, so läßt sich jetzt umgekehrt definieren: Ein linear-viskoelastisches Material hat schwindendes Gedächtnis im Sinne der Norm (7.95), wenn die Ungleichung (7.94) für alle Deformationsgeschichten $G(t-s)$ erfüllt ist. Das bedeutet, daß frühere Deformationszustände, die vermöge der Einflußfunktion K(s) nur geringen Einfluß auf die Norm (7.95) haben, einen ebenso geringen Einfluß auf den Spannungstensor haben müssen[2]). Die vorstehende Definition läßt sich auf nicht-

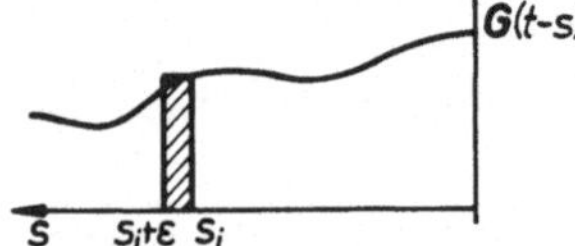

Fig. 7.12
Illustration zu Fußnote 2

---

[1]) Eine Norm hat drei aus der Geometrie des euklidischen Raums vertraute Eigenschaften eines Abstandes, die man an dem Ausdruck (7.95) sofort nachprüft:
1. $\|G\| \geqslant 0$, aber $\|G\| = 0$ dann und nur dann, wenn $G = 0$
2. $\|\lambda G\| = |\lambda|\,\|G\|$ 3. $\|G_1 + G_2\| \leqslant \|G_1\| + \|G_2\|$
Die beiden ersten Bedingungen sind unmittelbar verständlich; die dritte Ungleichung, die sog. Dreiecksungleichung, besagt in anschaulicher Deutung, daß eine Seite eines Dreiecks niemals länger sein kann als die beiden anderen Seiten zusammengenommen.

[2]) Indem man die Deformationsgeschichte $G(t-s)$ in lauter Geschichten $G_i(t-s)$ kurzer Dauer ϵ zerlegt derart, daß $G_i(t-s) = G(t-s_i)$ für $s_i < s < s_i + \epsilon$ und null für alle anderen Werte von s ist (s. Fig. 7.12), kann man sogar plausibel machen, daß unter der Norm (7.95) ein lineares Zustandsfunktional nur die Form (7.84) haben kann, bestehend aus einem Diracschen Anteil und einem Integral. Unter präziseren mathematischen Voraussetzungen läßt sich ein solcher „Darstellungssatz" auch in Strenge beweisen.

lineare einfache Materialien

$$T(t) = \mathop{\mathbf{f}}_{s=0}^{\infty} (F(t-s)) \tag{7.96}$$

verallgemeinern. Die Empfindlichkeit der Reaktion des Materials auf eine vergangene Deformationsgeschichte zeigt sich darin, welche Änderung

$$\delta T = \mathop{\mathbf{f}}_{s=0}^{\infty} (F(t-s) + \delta F(t-s)) - \mathop{\mathbf{f}}_{s=0}^{\infty} (F(t-s)) \tag{7.97}$$

des Spannungstensors durch eine willkürliche Änderung $\delta F(t-s)$ der Deformationsgeschichte bewirkt wird. Als eine „Norm des schwindenden Gedächtnisses" wird das Funktional

$$\|\delta F\| - |\delta F(t)| + \left(\int_0^\infty K(s)|\delta F(t-s)|^2 \, ds \right)^{1/2} \tag{7.98}$$

eingeführt mit einer geeigneten Einflußfunktion $K(s)$. Und es wird definiert: Das einfache Material (7.96) besitzt schwindendes Gedächtnis im Sinne der Norm (7.98), wenn die Abschätzung

$$|\delta T| \leqslant k\,\|\delta F\| \tag{7.99}$$

gilt[1]). Die Norm hängt vom betrachteten Material ab; (7.98) ist nur ein Beispiel einer Norm. Durch die Angabe einer Norm wird eine Klasse von Materialien charakterisiert, die schwindendes Gedächtnis im Sinne gerade dieser Norm haben. Die Norm (7.98) leitet sich vom linear-viskoelastischen Material ab. Wichtige einfache Materialien, z.B. die newtonschen Fluide, besitzen kein schwindendes Gedächtnis im Sinne der Norm (7.98). Es lassen sich leicht allgemeinere Normen angeben[2]), die diesen Mangel nicht haben, dafür aber schwerer zu handhaben sind.

Aufgaben. 7.7.1. Man zeige, daß das Materialgesetz (7.84) eines linear-viskoelastischen Festkörpers bei beliebigen Geschichten des Greenschen Verzerrungstensors $G(t-s)$ schwindendes Gedächtnis im Sinne der Norm $\|G\| = |G(t)| + \left(\int_0^\infty K(s)\,|G(t-s)|^2\,ds \right)^{1/2}$ hat, d.h. man bestimme eine Einflußfunktion $K(s)$ und eine Lipschitzkonstante k so, daß sich der Betrag des Spannungstensors $|T| = (spT^2)^{1/2}$ durch $|T| \leqslant k\,\|G\|$ abschätzen läßt. Für eine grobe Abschätzung genügt es, jedes Element von G durch den Betrag $|G| = (spG^2)^{1/2}$ des Tensors G abzuschätzen.

---

[1]) Funktionale, die (7.99) erfüllen, sind „lipschitz-stetig", k heißt Lipschitz-Konstante. Lipschitz-Stetigkeit schließt die einfache Stetigkeit ein, die nur besagt, daß $\|\delta F\| \to 0$ $|\delta T| \to 0$ nach sich zieht.

[2]) vgl. W a n g , C.-C.: Arch. Rat. Mech. Anal. **18** (1965), 343–366.

7.7.2. Man zeige, daß ein newtonsches Fluid (6.42) kein schwindendes Gedächtnis im Sinne einer Norm (7.98) für $C_t(s) - I$ besitzt; d.h. es gibt keine Einflußfunktion $K(s)$, für die $|T + pI| \leqslant k\,\|C_t - I\|$ mit $\|C_t - I\| = \left(\int\limits_0^\infty K(s)|C_t(s) - I|^2\, ds \right)^{1/2}$.

7.8 Langsame Prozesse und Prozesse kurzer Dauer

Für Vorgänge, die, gemessen an der Reichweite des Gedächtnisses eines einfachen Materials, langsam ablaufen, läßt sich eine andere Approximation des Materialgesetzes durchführen als die, die zu den linear-viskoelastischen Materialien führte. Die dazu nötige Überlegung wird besonders einfach, wenn man eine feste Geschichte $\widetilde{C}_t(s)$ zugrundelegt und neben ihr die Schar „gedehnter Geschichten" $C_t(s) = \widetilde{C}_t(\epsilon s)$ $(0 < \epsilon < 1)$ betrachtet (s. Fig. 7.13).

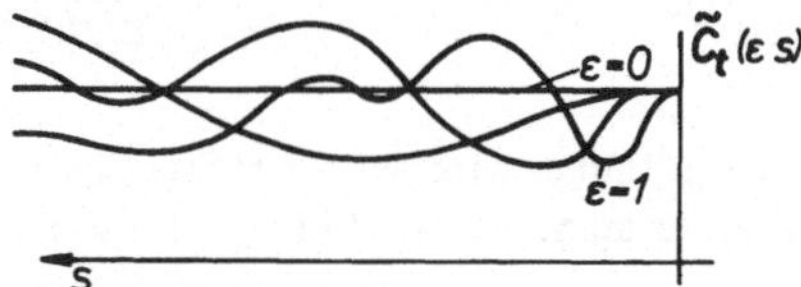

Fig. 7.13
Gedehnte Deformationsgeschichten

Diese beschreiben für kleiner werdendes ϵ immer langsamere Prozesse. Die Geschichte $C_t(s)$ läßt sich für kleine s durch den Anfang einer Taylorreihe approximieren[1]) (vgl. die Approximation für kleine $|\eta - \xi|$ in Abschn. 7.2)

$$C_t(s) \approx \sum_{k=0}^{N} \frac{\widetilde{A}_k(t)}{k!}\, (-\epsilon s)^k = C_t^N(s) \tag{7.100}$$

wobei die Koeffizienten $\widetilde{A}_k(t)$ die Rivlin-Ericksen-Tensoren der Geschichte $\widetilde{C}_t(s)$ sind. Zwischen ihnen und den Rivlin-Ericksen-Tensoren $A_k(t)$ der Geschichte $C_t(s)$ besteht der Zusammenhang $A_k(t) = \epsilon^k\,\widetilde{A}_k(t)$. Je kleiner der Parameter ϵ ist, desto größer ist das Zeitintervall, in dem die Taylorformel die Geschichte in guter Annäherung darstellt. Man kann bei noch so kleinem ϵ stets so große Werte von s angeben, daß (7.100) verletzt ist; für hinreichend kleine ϵ läßt sich aber immer die Norm (7.98) der Differenzgeschichte $C_t - C_t^N$ beliebig klein machen

$$\|C_t - C_t^N\| \ll 1 \tag{7.101}$$

Man muß nur dafür sorgen, daß die Näherung (7.100) erst für so große Retardierungen s ungültig wird, für die die Einflußfunktion $K(s)$ praktisch schon zu null geworden ist. Man sagt, (7.101) drücke aus, daß die Geschichte $C_t(s)$ durch das Taylorpolynom $C_t^N(s)$ „im Sinne der Norm" approximiert werde.

----

[1]) genau genommen, unter der Voraussetzung hinreichend oftmaliger Differenzierbarkeit

Von hier aus ist es nur noch ein kleiner Schritt zur Approximation des Materialgesetzes eines isotropen einfachen Materials

$$T(t) = \mathop{f}_{s=0}^{\infty} (C_t(s), B(t)) \tag{7.102}$$

Wenn ein Material (7.102) schwindendes Gedächtnis im Sinne der Norm (7.98) besitzt, gilt nach Definition die Abschätzung

$$|\delta T| = | \mathop{f}_{s=0}^{\infty} (C_t(s)) - \mathop{f}_{s=0}^{\infty} (C_t^N(s))| \leqslant k \, \|C_t - C_t^N\| \tag{7.103}$$

(Das Argument $B(t)$, das nur die Rolle eines Parameters spielt, wurde der Übersichtlichkeit halber weggelassen). Für hinreichend kleine ϵ gilt daher näherungsweise mit jeder gewünschten Genauigkeit

$$T(t) = \mathop{f}_{s=0}^{\infty} (C_t^N(s), B(t)) = \mathop{f}_{s=0}^{\infty} \left(\sum_{k=0}^{N} \frac{\epsilon^k \, \widetilde{A}_k}{k!} (-s)^k, B(t) \right) \tag{7.104}$$

In dieser Formel erscheint die Abhängigkeit von der Retardierung s explizit; somit reduziert sich das Materialgesetz in dieser Näherung auf eine Funktion der Koeffizienten $\widetilde{A}_k(t)$ bzw. der N ersten Rivlin-Ericksen-Tensoren, $A_k(t)$, sowie des Momentanwerts des Links-Cauchy-Green-Tensors, $B(t)$

$$T(t) = \varphi(A_1(t), \ldots, A_N(t), B(t)) \tag{7.105}$$

Die Materialgleichung (7.105) charakterisiert ein „Rivlin-Ericksen-Material" der „Komplexität" N. Isotrope einfache Materialien verhalten sich demnach in langsamen Prozessen wie Rivlin-Ericksen-Materialien. Rivlin-Ericksen-Fluide, für die das Materialgesetz (7.105) von $B(t)$ nur durch die Funktion $\det B(t) = (\rho_0/\rho(t))^2$ abhängt, haben Materialgleichungen der spezielleren Form

$$T(t) = \varphi(A_1(t), \ldots, A_N(t), \rho(t)) \tag{7.106}$$

In ihnen sind die stokesschen Fluide ($N = 1$, $A_1 = 2D$) als Spezialfall enthalten.

Für $\epsilon \to 0$ ergibt sich aus (7.106) eine Folge von Näherungsgleichungen, die asymptotische Approximationen der Zustandsgleichung eines einfachen Fluids sind. Der Einfachheit halber sollen nur inkompressible Fluide betrachtet werden. Inkompressible Rivlin-Ericksen-Fluide genügen Zustandsgleichungen der Form

$$T(t) + p(t)I = \varphi(\epsilon \widetilde{A}_1, \epsilon^2 \widetilde{A}_2, \ldots, \epsilon^N \widetilde{A}_N) \tag{7.107}$$

mit dem „unbestimmten" Druck p (vgl. Abschn. 7.5). Die Tensorfunktion φ ist wegen des Prinzips der materiellen Objektivität eine isotrope Tensorfunktion, d.h. bei einer Drehung Q des Koordinatensystems, die A_1 in QA_1Q^T, A_2 in QA_2Q^T usw. transformiert, geht φ in $Q\varphi Q^T$ über (vgl. Abschn. 6.2). Um die Form der Funktion zu bestimmen, bilden wir durch Multiplikation mit zwei willkürlichen Vektoren a und b die

Bilinearform $\phi(\mathbf{a}, \mathbf{b}) = \mathbf{a} \cdot (\boldsymbol{\varphi}\mathbf{b})$. ϕ ist eine skalare Invariante, die bei der Drehung $\mathbf{Q}$ ihren Wert nicht ändert. Sie kann deshalb nur von skalaren Funktionen von $\mathbf{A}_1, \mathbf{A}_2, \ldots, \mathbf{A}_N$ sowie $\mathbf{a}$ und $\mathbf{b}$ abhängen, die selbst gegen die Drehung $\mathbf{Q}$ invariant sind. Wesentlich ist, daß sämtliche in Frage kommenden Invarianten bilinear in $\mathbf{a}$ und $\mathbf{b}$ sein müssen. Die Methode besteht darin, eine Liste aller geeigneten Invarianten zusammenzustellen und daraus durch Linearkombination die allgemeinste gegen die Drehung $\mathbf{Q}$ invariante Bilinearform ϕ zu bilden. Wegen der Willkürlichkeit der Vektoren $\mathbf{a}$ und $\mathbf{b}$ kann man anschließend auf die Tensorfunktion $\boldsymbol{\varphi}$ schließen. Für die allgemeine Lösung dieser umfangreichen Aufgabe wird auf die Spezialliteratur[1]) verwiesen. Wir begnügen uns hier mit der Entwicklung der Funktion $\boldsymbol{\varphi}$ bis zur Größenordnung ϵ^2. Dazu bilden wir die Bilinearform

$$\phi(\mathbf{a}, \mathbf{b}) = \mathbf{a} \cdot (\boldsymbol{\varphi}(\epsilon\widetilde{\mathbf{A}}_1, \epsilon^2\widetilde{\mathbf{A}}_2, \ldots, \epsilon^N\widetilde{\mathbf{A}}_N)\mathbf{b}) \tag{7.108}$$

Die Invariante nullter Ordnung in ϵ, d.i. das Skalarprodukt $\mathbf{a} \cdot \mathbf{b}$, liefert nur einen kugelsymmetrischen Anteil zum Spannungstensor, den wir dem Druck hinzufügen. Die Invarianten erster und zweiter Ordnung sind $\epsilon\mathbf{a} \cdot (\widetilde{\mathbf{A}}_1\mathbf{b})$, $\epsilon^2\mathbf{a} \cdot (\widetilde{\mathbf{A}}_1^2\mathbf{b})$ und $\epsilon^2\mathbf{a} \cdot (\widetilde{\mathbf{A}}_2\mathbf{b})$. Weitere Invarianten, z.B. $\epsilon^2(\mathrm{sp}\widetilde{\mathbf{A}}_1)\,\mathbf{a} \cdot (\widetilde{\mathbf{A}}_1\mathbf{b})$, verschwinden wegen der vorausgesetzten Inkompressibilität oder lassen sich ebenfalls dem Druck zuschlagen. Also ist die allgemeinste Bilinearform

$$\phi(\mathbf{a}, \mathbf{b}) = \mathbf{a} \cdot (\boldsymbol{\varphi}\mathbf{b}) = \mathbf{a} \cdot (\epsilon\mu\widetilde{\mathbf{A}}_1 + \epsilon^2\beta\widetilde{\mathbf{A}}_1^2 + \epsilon^2\gamma\widetilde{\mathbf{A}}_2)\mathbf{b} \tag{7.109}$$

bis auf einen Rest, der für $\epsilon \to 0$ von höherer Ordnung gegen null geht als ϵ^2. Die Koeffizienten μ, β, γ in (7.109) sind Materialkonstanten. Wegen der Willkürlichkeit der Vektoren $\mathbf{a}$ und $\mathbf{b}$ können wir aus (7.109) auf $\boldsymbol{\varphi} = \mathbf{T} + p\mathbf{I}$ schließen

$$\mathbf{T} + p\mathbf{I} = \epsilon\mu\widetilde{\mathbf{A}}_1 + \epsilon^2(\beta\widetilde{\mathbf{A}}_1^2 + \gamma\widetilde{\mathbf{A}}_2) = \mu\mathbf{A}_1 + \beta\mathbf{A}_1^2 + \gamma\mathbf{A}_2 \tag{7.110}$$

Einfache Fluide verhalten sich also bei langsamen Prozessen in nullter Ordnung reibungsfrei und in erster Ordnung wie newtonsche Fluide. Inkompressible reibungsfreie und newtonsche Fluide bilden den Gegenstand der klassischen Hydrodynamik. Die vollständige Gleichung (7.110) bis zu Gliedern der Ordnung ϵ^2 kennzeichnet inkompressible F l u i d e   2.   O r d n u n g.   (7.110) ist das einfachste Materialgesetz eines Fluids, bei dem in einfacher Scherströmung alle drei Normalspannungen voneinander verschieden sind (vgl. Abschn. 6.3 und 7.9). Das Materialgesetz (7.110) ist daher die Grundlage zahlreicher Untersuchungen über Normalspannungseffekte in nicht-newtonschen Fluiden. Darüber ist in den letzten zwei Jahrzehnten eine umfangreiche, weit verstreute Literatur entstanden.

Ganz anders als in langsamen Prozessen verhalten sich Fluide bei rasch ablaufenden Vorgängen, die sich auf einen, gemessen an der Reichweite des Materialgedächtnisses, kurzen Zeitraum zusammendrängen. Das Material soll sich vor der Zeit $t - \epsilon$ in der

---

[1]) S p e n c e r, A.J.M.: Theory of Invariants, Part 3 of Vol. 1 in: Continuum Physics. A. C. Eringen, Ed. (1971), R i v l i n, R.S.: Nonlinear Continuum Theories in Mechanics and Physics and their Applications, Roma (1970), 151–310.

Bezugskonfiguration befunden haben, d.h. $F(t - s) = I$ für $s > \epsilon$. Die Geschichte des relativen Rechts-Cauchy-Green-Tensors ist daher für $s > \epsilon$ ebenfalls konstant und hat den Wert (vgl. Fig. 7.14)

$$C_t(s) = (F^{-1}(t))^T F^T(t - s)\, F(t - s)\, F^{-1}(t) = (F(t)\, F^T(t))^{-1} = B^{-1}(t) \quad (7.111)$$

Die Geschichte $C_t(s)$ unterscheidet sich von der Ruhegeschichte $B^{-1}(t)$ $(0 < s < \infty)$ im Sinne der Norm (7.98) (für $C_t(s)$ statt $\delta F(t - s)$) um so weniger, je kleiner die Zeitdauer ϵ wird, denn

$$\|C_t - B^{-1}(t)\| = \left(\int\limits_0^\epsilon |\, C_t(s) - B^{-1}(t)|^2 \, K(s)\, ds \right)^{1/2} \quad (7.112)$$

verschwindet für $\epsilon \to 0$. Wenn das Fluid schwindendes Gedächtnis bezüglich dieser Norm hat, gilt nach Definition die Abschätzung

$$|\delta T| = |\mathop{f}\limits_{s=0}^{\infty} (C_t(s), \rho(t)) - \mathop{f}\limits_{s=0}^{\infty} (B^{-1}(t), \rho(t))| \leqslant k \, \|C_t - B^{-1}(t)\| \quad (7.113)$$

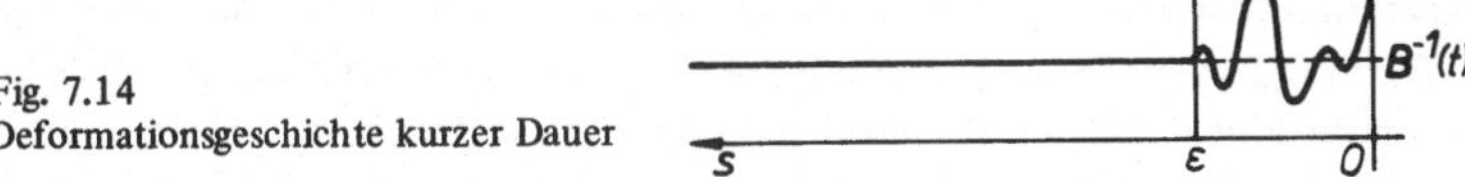

Fig. 7.14
Deformationsgeschichte kurzer Dauer

Also wird das Verhalten des Fluids für $\epsilon \to 0$ durch die Materialgleichung

$$T(t) = \mathop{f}\limits_{s=0}^{\infty} (B^{-1}(t), \rho(t)) = \varphi(B(t)) \quad (7.114)$$

beschrieben. (7.114) ist die Materialgleichung eines isotropen elastischen Materials. Bei sehr rascher Beanspruchung verhalten sich also auch einfache Fluide wie isotrope elastische Festkörper. Ein Beispiel für derartiges Materialverhalten gibt die im Spielwarenhandel angebotene springende Knetmasse (bouncing putty). Eine Kugel dieser Flüssigkeit springt wie ein ausgezeichneter Vollgummiball; legt man sie auf einen Tisch, so ist sie nach einer halben Stunde zu einem flachen Kuchen auseinandergelaufen. Der Widerstand, den ein Turmspringer beim Aufprall auf die Wasseroberfläche spürt, ist allerdings schwerlich auf festkörperartiges Verhalten des Wassers zurückzuführen, sondern vielmehr auf die Massenträgheit. Wenn die Trägheitskräfte alle übrigen an der Bewegung beteiligten Kräfte stark überwiegen, lassen sich sogar Festkörper wie reibungsfreie Flüssigkeiten behandeln. Ein Beispiel dafür ist die durch eine riesige Sprengung in der Nähe von Alma Ata in der mittleren Sowjetunion hervorgerufene Erdbewegung, mit der ein 80 m hoher Damm zum Schutze gegen die Erdlawinen aus dem Tienschan-Gebirge aufgeworfen wurde, die die Stadt bedrohten. Zur Voraussage der Erdbewegung wurde mit Erfolg das Modell des reibungsfreien Fluids verwendet. Da bei sehr raschen Bewegungen in der Regel beträchtliche Trägheitskräfte ins Spiel kommen, hat die Kurzzeitapproximation bei anderen als hochpolymeren Materialien mit sehr großer Relaxationszeit kaum mehr als akademische Bedeutung.

Aufgaben. 7.8.1. In dem Spalt zwischen zwei parallelen ebenen Wänden $x_2 = 0$ und $x_2 = d > 0$ befindet sich ein inkompressibles Fluid 2. Ordnung (7.110). Das Fluid wird dadurch in Bewegung gesetzt, daß die Wand $x_2 = 0$ sich in ihrer Ebene in x_1-Richtung bewegt, während die Wand $x_2 = d$ ruht; ein Druckgradient in wandparalleler Richtung ist nicht vorhanden.

a) Nehmen Sie an, daß die Geschwindigkeit überall x_1-Richtung hat, $\mathbf{v} = u(x_2, t)\,\mathbf{e}_1$, und leiten Sie die Bewegungsgleichung für $u(x_2, t)$ ab

$$\rho\,\frac{\partial u}{\partial t} - \mu\,\frac{\partial^2 u}{\partial x_2^2} - \gamma\,\frac{\partial^3 u}{\partial x_2^2 \partial t} = 0\,.$$

b) Die Wand $x_2 = 0$ oszilliere nach dem Zeitgesetz $u(0, t) = U\cos\omega t$, die andere Wand sei unendlich weit entfernt ($d \to \infty$). Bestimmen Sie die Bewegung mit dem Ansatz $u(x_2, t) = U\,e^{-ax_2}\cos(\omega t - bx_2)$.

c) Das Strömungsfeld der oszillierenden Wand bei endlichem d (Fig. 7.15) läßt sich durch Überlagerung zweier Lösungen der Form (b) darstellen. Bestimmen Sie die Geschwindigkeitsverteilung und die Spannungen für den Grenzfall engen Spalts ($ad \ll 1$).

d) Die Wand $x_2 = 0$ bewege sich mit der Geschwindigkeit $u(0, t) = U\,e^{\alpha t}$ ($\alpha > 0$). Bestimmen Sie das Geschwindigkeitsfeld des Fluids. Das Fluid 2. Ordnung verhält sich in diesem Fall wie ein newtonsches Fluid der Zähigkeit $\mu + \alpha\gamma$, sofern dieser Koeffizient positiv ist.

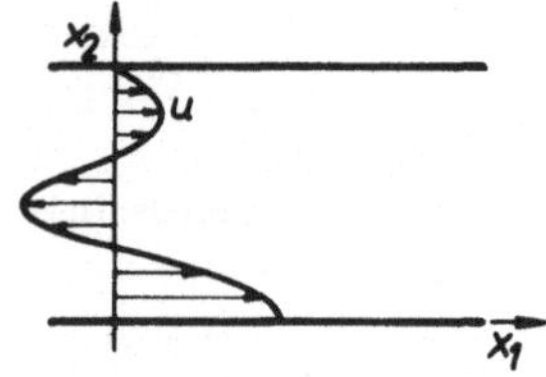

Fig. 7.15
Oszillierende Scherströmung (Aufgabe 7.8.1)

7.8.2. Man zeige: Die Geschwindigkeitsfelder aller ebenen schleichenden Strömungen inkompressibler newtonscher Fluide in konservativen Kraftfeldern unter vorgegebenen kinematischen Randbedingungen (Geschwindigkeiten am Rand des Strömungsgebietes) sind auch die Geschwindigkeitsfelder der schleichenden Strömungen inkompressibler Fluide 2. Ordnung (7.110) unter denselben kinematischen Randbedingungen. „Schleichend" heißt eine Strömung, wenn die Trägheitskräfte gegen die Reibungskräfte vernachlässigt werden können. H i n w e i s : Ohne die Beschränkung auf ebene Strömungsfelder läßt sich zunächst zeigen, daß $\mathrm{div}(\mathbf{A}_2 - \mathbf{A}_1^2)$ der Gradient einer (komplizierten) skalaren Funktion ist; für ebene Strömungen gilt weiter $\mathrm{div}\,\mathbf{A}_1^2 = -\,\mathrm{grad}\,I_2$ (I_2 zweite Grundinvariante von $\mathbf{A}_1$). Diese formalen Eigenschaften der Rivlin-Ericksen-Tensoren genügen, um die Behauptung zu beweisen.

7.8.3. Formulieren Sie die Materialgleichung eines inkompressiblen Fluids 3. Ordnung (6 Materialkoeffizienten). H i n w e i s : Führen Sie die zu Gl. (1.110) führende Entwicklung bis zu Gliedern der Größenordnung ϵ^3 durch, beachten Sie das Cayley-Hamilton-Theorem und Aufgabe 2.5.1.

7.9 Viskometrische Strömungen

Wenn das Materialgesetz eine einfache Form hat, lassen sich theoretische Voraussagen über verwickelte Bewegungsabläufe machen. Das gilt beispielsweise für die Hydrodynamik, die im wesentlichen die Mechanik reibungsfreier und newtonscher Fluide ist. Bei einem Kontinuum mit sehr allgemeinem Materialgesetz wie dem einfachen Fluid, das ein umfassendes Gedächtnis für seine Zustandsgeschichte hat, erscheint es aussichtslos, außer vielleicht mit numerischen Methoden, die Bewegung des Fluids unter vorgegebenen Kräften und Randbedingungen auf theoretischem Wege exakt berechnen zu wollen. Als Ausweg aus dieser Situation bietet sich an, entweder den Grenzfall langsamer Bewegung zu betrachten, in dem sich das Materialgesetz eines einfachen Fluids näherungsweise durch das eines Fluids 2. Ordnung ersetzen läßt (vgl. Abschn. 7.8) oder, wie im folgenden, die Kinematik drastisch einzuschränken, indem man einen Ansatz für die Bewegung macht, der nur noch wenige freie Parameter und Funktionen enthält, die in beschränktem Umfange vorgeschriebenen Randbedingungen angepaßt werden können. Auf die letztere Weise gelingt es, eine kleine Gruppe von Strömungen als e x a k t e Lösungen der Bewegungsgleichungen zu bestimmen. Diese Lösungen repräsentieren wichtige Strömungsvorgänge und haben gleichzeitig Bedeutung als Ausgangsnäherungen für Störungsverfahren zur Gewinnung von Nachbarlösungen[1]. Im übrigen besteht die Hoffnung, daß der Katalog der exakten Lösungen im Laufe der Zeit anwächst[2]. Viskometrische Strömungen lassen sich l o k a l (d.h. in einer beliebig kleinen Umgebung jedes materiellen Fluidteilchens) als einfache Scherströmungen mit zeitlich konstanter Schergeschwindigkeit, aber wechselnder Orientierung beschreiben. Sie sind eingehend untersucht worden und umfassen Strömungen von technischer Bedeutung. Ihren Namen verdanken sie dem Umstand, daß sie in einigen Visko(si)metern (Meßgeräten zur Bestimmung der Viskosität von Flüssigkeiten) näherungsweise verwirklicht sind. Der tiefere Grund für die Einfachheit der Theorie viskometrischer Strömungen liegt in ihrer Dynamik; und zwar ist der Spannungstensor viskometrischer Strömungen bis auf eine lokale Drehung (dieselbe, die die Orientierung der lokalen Scherströmung

---

[1]) Beispiele dafür sind die Theorie fastviskometrischer Strömungen (P i p k i n , A.C.; O w e n , D.R.: Phys. Fluids **10**.4 (1967), 836–843) und die Theorie rotationssymmetrischer Sekundärströmungen (B ö h m e , G.: Eine Theorie für sekundäre Strömungserscheinungen in nicht-newtonschen Fluiden, Habilitationsschrift, Darmstadt, 1974)

[2]) Auch L e o n h a r d E u l e r , als er 1756/57 die Gleichung $\Delta\phi = 0$ für das Geschwindigkeitspotential wirbelfreier Strömungen inkompressibler Flüssigkeiten gefunden hatte, untersuchte zuerst einfache exakte Lösungen in Form von Polynomen bis zum 5. Grade, ehe von einer Potentialtheorie die Rede sein konnte (vgl. N e m é n y i , Adv. Appl. Mech. **2** (1951), 123–151.)

bestimmt) auf Bahnlinien konstant. Fragt man allgemeiner nach allen Bewegungen, in denen der Spannungstensor bis auf eine lokale Drehung auf Teilchenbahnen konstant ist, ohne notwendig der einer irgendwie orientierten einfachen Scherströmung zu sein, kommt man zu der die viskometrischen Strömungen umfassenden Klasse der „Bewegungen mit konstanter Streckgeschichte", die im Abschn. 7.10 behandelt werden.

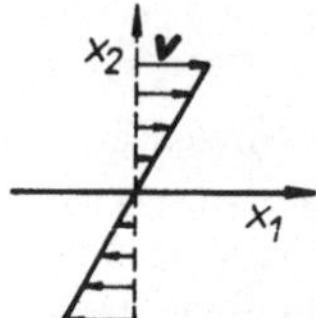

Fig. 7.16
Geschwindigkeitsfeld einer einfachen
Scherströmung

Die viskometrischen Strömungen leiten sich von der einfachen Scherströmung ab, deren Geschwindigkeitsfeld, bezogen auf ein cartesisches Koordinatensystem, durch

$$\mathbf{v}(\mathbf{x}) = \begin{pmatrix} \kappa x_2 \\ 0 \\ 0 \end{pmatrix} \tag{7.115}$$

gegeben ist (vgl. Fig. 7.16). Der Koeffizient κ, die „Schergeschwindigkeit", ist räumlich und zeitlich konstant. Durch Integration der Differentialgleichungen $d\mathbf{x}/dt = \mathbf{v}(\mathbf{x})$ mit der Bezugskonfiguration $\mathbf{x}(\tau) = \boldsymbol{\xi}$ als Anfangsbedingung finden wir die Bewegung

$$\mathbf{x}(\boldsymbol{\xi}, t) = \begin{pmatrix} \xi_1 + \kappa(t-\tau)\xi_2 \\ \xi_2 \\ \xi_3 \end{pmatrix} \tag{7.116}$$

und daraus durch Bildung des Gradienten nach $\boldsymbol{\xi}$ die Deformationsgeschichte

$$\mathbf{F}(\boldsymbol{\xi}, t) = \mathbf{I} + (t-\tau)\mathbf{L}_1 \tag{7.117}$$

Darin bedeutet

$$\mathbf{L}_1 = \operatorname{grad} \mathbf{v} = \begin{pmatrix} 0 & \kappa & 0 \\ 0 & 0 & 0 \\ 0 & 0 & 0 \end{pmatrix} \tag{7.118}$$

den Geschwindigkeitsgradienten. Das Strömungsfeld ist homogen; jedes materielle Teilchen des Fluids erleidet dieselbe konstante Schergeschichte. Die Ebenen $x_3 = \text{const}$, die „Scherebenen" der Strömung, sind parallele Ebenen.

Die Klasse der viskometrischen Strömungen geht aus der einfachen Scherströmung durch zwei Verallgemeinerungen hervor: Die lokale Scherströmung darf erstens vom materiellen Punkt $\boldsymbol{\xi}$ in dem Fluid abhängen und zweitens von einer von $\boldsymbol{\xi}$ und t abhängigen Drehung überlagert sein. Eine Bewegung eines Kontinuums ist demnach eine viskometrische Strömung, wenn es für jeden materiellen Punkt ein mitbewegtes Bezugssystem gibt, in dem ein Beobachter zu jeder Zeit dieselbe einfache Scherströmung vorfindet mit der Deformationsgeschichte

$$\mathbf{F}^*(\boldsymbol{\xi}, t) = \mathbf{I} + (t-\tau)\mathbf{N}^* \tag{7.119}$$

Der bewegte Beobachter kann ein Koordinatensystem mit den Basisvektoren

$$\mathbf{e}_1^* = \begin{pmatrix} 1 \\ 0 \\ 0 \end{pmatrix}, \quad \mathbf{e}_2^* = \begin{pmatrix} 0 \\ 1 \\ 0 \end{pmatrix}, \quad \mathbf{e}_3^* = \begin{pmatrix} 0 \\ 0 \\ 1 \end{pmatrix} \tag{7.120}$$

einführen, in dem der lokale Geschwindigkeitsgradient die Matrixdarstellung

$$\mathbf{N}^*(\boldsymbol{\xi}) = \begin{pmatrix} 0 & \kappa(\boldsymbol{\xi}) & 0 \\ 0 & 0 & 0 \\ 0 & 0 & 0 \end{pmatrix} \tag{7.121}$$

hat. Aus (7.121) folgt für die lineare Transformation $\mathbf{N}^*$ die Eigenschaft

$$\mathbf{N}^{*2} = 0 \tag{7.122}$$

(sog. Nilpotenz zum Index 2, s. Aufgabe 7.9.1). Außerdem sieht man leicht die folgenden Transformationsgleichungen ein

$$\mathbf{N}^*\mathbf{e}_1^* = \mathbf{N}^*\mathbf{e}_3^* = 0, \quad \mathbf{N}^*\mathbf{e}_2^* = \kappa \mathbf{e}_1^* \tag{7.123}$$

Wir müssen die Deformationsgeschichten sämtlicher Punkte in einem einheitlichen (von $\boldsymbol{\xi}$ unabhängigen), ruhenden Koordinatensystem darstellen. $\mathbf{Q}(\boldsymbol{\xi}, t)$ bezeichne die Matrix der Drehung des an dem materiellen Punkt $\boldsymbol{\xi}$ angehefteten Koordinatensystems gegen das ruhende System. Die Basisvektoren des bewegten Systems haben im ruhenden System die Darstellungen[1]

$$\mathbf{e}_i(\boldsymbol{\xi}, t) = \mathbf{Q}^\mathsf{T}(\boldsymbol{\xi}, t)\, \mathbf{e}_i^* \tag{7.124}$$

Die folgenden Überlegungen beziehen sich auf einen individuellen materiellen Punkt; wir lassen deshalb das Argument $\boldsymbol{\xi}$ vorübergehend weg. Die Basisvektoren zur Bezugszeit τ

$$\mathbf{e}_i^0 = \mathbf{e}_i(\tau) = \mathbf{Q}^\mathsf{T}(\tau)\, \mathbf{e}_i^* \tag{7.125}$$

stehen mit den Basisvektoren zur aktuellen Zeit t in dem Zusammenhang

$$\mathbf{e}_i(t) = \mathbf{Q}_\tau(t)\, \mathbf{e}_i^0 \tag{7.126}$$

worin $\quad \mathbf{Q}_\tau(t) = \mathbf{Q}^\mathsf{T}(t)\, \mathbf{Q}(\tau) \tag{7.127}$

die Drehung der Basisvektoren aus ihrer Lage zur Bezugszeit τ in ihre Lage zur aktuellen Zeit t bedeutet. Durch Transformation des Tensors $\mathbf{N}^*$ mit $\mathbf{Q}^\mathsf{T}(\tau)$ folgt seine Matrixdarstellung zur Bezugszeit τ in bezug auf das ruhende Koordinatensystem

$$\mathbf{N}_0 = \mathbf{N}(\tau) = \mathbf{Q}^\mathsf{T}(\tau)\, \mathbf{N}^*\mathbf{Q}(\tau) \tag{7.128}$$

---

[1] In Übereinstimmung mit Abschn. 6.2 betrachten wir den Wechsel des Bezugssystems als Koordinatentransformation (passiver Standpunkt); $\mathbf{e}_i(\boldsymbol{\xi}, t)$ und $\mathbf{e}_i^*$ sind nur verschiedene Matrixdarstellungen desselben Vektors, s. auch Gl. (1.128).

Die Transformationsgleichungen (7.123) gehen mit (7.125) und (7.128) über in

$$N_0 e_1^0 = N_0 e_3^0 = 0 \, , \qquad N_0 e_2^0 = \kappa e_1^0 \tag{7.129}$$

Die Transformation des Deformationsgradienten ist etwas verwickelter; sie hängt von den Drehungen zu den zwei Zeiten t und τ ab. Zwischen den Ortsvektoren der materiellen Punkte im ruhenden und im bewegten System besteht nach (6.3) zur aktuellen Zeit t der Zusammenhang

$$y^*(\xi, t) = Q(t) \, (x(\xi, t) - c(t)) \tag{7.130}$$

und entsprechend zur Bezugszeit τ^1)

$$\eta^*(\xi, \tau) = Q(\tau)(\xi - c(\tau)) \tag{7.131}$$

Nach der Kettenregel folgt[2])

$$\hat{F}(\xi, t) = \frac{\partial y^*}{\partial \eta^*} = \frac{\partial y^*}{\partial x} \, \frac{\partial x}{\partial \xi} \, \frac{\partial \xi}{\partial \eta^*} = Q(t) \, F(\xi, t) \, Q^T(\tau) \tag{7.132}$$

Lösen wir Gleichung (7.132) nach F auf und setzen F^* aus (7.119) ein, finden wir

$$F(\xi, t) = Q^T(\xi, t) \, (I + (t - \tau)N^*(\xi)) \, Q(\xi, \tau) \tag{7.133}$$

Mit den Abkürzungen (7.127) und (7.128) folgt die Deformationsgeschichte

$$F(\xi, t) = Q_\tau(\xi, t) \, (I + (t - \tau) \, N_0(\xi)) \tag{7.134}$$

Zur Illustration betrachten wir zwei einfache Beispiele. Bei der einfachen Scherströmung, die sich zwischen zwei parallelen ebenen Platten einstellt, deren untere ruht und deren obere sich mit konstanter Geschwindigkeit in ihrer Ebene bewegt (s. Fig. 7.17), sind die e_i konstante Vektoren. Bei der stationären Strömung im Ringspalt zwischen zwei mit unterschiedlichen Winkelgeschwindigkeiten rotierenden konzentrischen Kreiszylindern (Couette-Strömung, s. Fig. 7.18) sind die Bahnlinien Kreise; e_1, e_2, e_3 ist das begleitende Dreibein der Bahnlinien mit e_1 in Strömungsrichtung, e_2 in Richtung der Normalen und e_3 senkrecht zu den beiden anderen Basisvektoren.

Nach (7.124) ist das mitbewegte Dreibein e_i in Abhängigkeit von ξ und t gegeben. Unter der Annahme, daß die Bewegung $x(\xi, t)$ bekannt ist, lassen sich daraus zu jeder Zeit t die räumlichen Felder $e_i(x, t)$ bestimmen. Hiervon ausgehend können wir eine

---

[1])Weil jetzt die mitbewegten Koordinatensysteme vom materiellen Punkt ξ abhängen, müssen wir die im Abschn. 6.2 getroffene Verabredung fallen lassen, daß die Koordinatensysteme des ruhenden und des bewegten Beobachters zur Bezugszeit τ zusammenfallen.

[2]) Wie in Abschnitt 6.2 schreiben wir für die Darstellung des Deformationsgradienten $\hat{F}$ und nicht F^*, um zum Ausdruck zu bringen, daß der ruhende Beobachter $\hat{F}$ nicht als die Matrixdarstellung eines Tensors ansieht, sondern als eine „gemischte" Matrixdarstellung, die von den Orientierungen des bewegten Koordinatensystems zu den zwei Zeitpunkten t und τ abhängt.

Einsicht in die Differentialgeometrie viskometrischer Strömungen gewinnen: Die Integralkurven der Vektorfelder $e_1(x, t)$ und $e_3(x, t)$ sind materielle Fasern (d.h. sie bestehen immer aus denselben materiellen Teilchen), deren Länge sich bei der Bewegung nicht ändert. Die Integralkurven des Vektorfeldes $e_2(x, t)$ haben keine ähnlich einfache Eigenschaft.

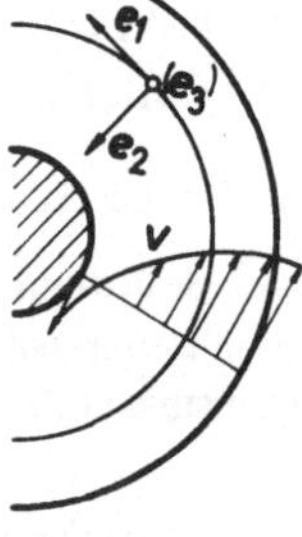

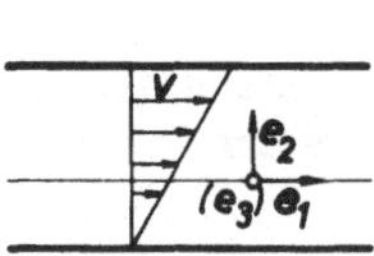

Fig. 7.17
Begleitendes Dreibein in einfacher
Scherströmung

Fig. 7.18
Begleitendes Dreibein in der
Couette-Strömung

Die Integralkurven $\xi_i(s)$ der Basisvektoren $e_i^0(\xi)$ in der Bezugskonfiguration findet man als Funktionen der Bogenlänge s durch Integration der Differentialgleichungen

$$\frac{d\xi_i(s)}{ds} = e_i^0(\xi_i(s)) \qquad (i = 1, 2, 3) \tag{7.135}$$

Die Strömung $x(\xi, t)$ deformiert diese Kurven in gewisse Kurven $x_i(s)$ in der aktuellen Konfiguration, die den Differentialgleichungen

$$\frac{dx_i(s)}{ds} = F(\xi_i(s), t)\,\frac{d\xi_i(s)}{ds} = F(\xi_i(s), t)\,e_i^0(\xi_i(s)) \tag{7.136}$$

genügen. Für die viskometrische Deformationsgeschichte (7.134) folgt aber unter Berücksichtigung von (7.129) und (7.126)

$$Fe_1^0 = Q_\tau e_1^0 = e_1 \quad \text{und} \quad Fe_3^0 = Q_\tau e_3^0 = e_3 \tag{7.137}$$

Somit gehen die Gleichungen (7.136) für $i = 1$ und $i = 3$ in die Differentialgleichungen der Integralkurven der Basisvektoren e_1 und e_3 in der aktuellen Konfiguration über. Damit ist gezeigt, daß die e_1-Linien und die e_3-Linien materielle Fasern sind. Wegen $|dx_i| = |d\xi_i|$ für $i = 1$ und $i = 3$ können diese Fasern nur verbogen, aber nicht gedehnt oder gestaucht werden. In viskometrischen Strömungen bildet das Netz der e_1- und e_3-Linien daher materielle „Gleitflächen", die sich während der Bewegung nur verbiegen, aber nicht verzerren (nur „isometrisch" deformieren) können.

Im Beispiel der einfachen Scherströmung sind die Gleitflächen die Ebenen $x_2 = $ const, und sie sind ebenso wie die Scherebenen „Stromflächen", d.h. sie werden überall vom

Geschwindigkeitsvektor tangiert. In allgemeinen viskometrischen Strömungen braucht die Geschwindigkeit nicht tangential zu den Gleitflächen zu sein, wie man an dem Beispiel der Strömung sieht, die aus der einfachen Scherströmung durch Überlagerung einer konstanten Geschwindigkeit in x_2-Richtung entsteht. Bei der Couette-Strömung bilden die Gleitflächen konzentrische Zylinderflächen. Gleitflächen sind nicht immer wie in den beiden angegebenen Beispielen starre Flächen, und viskometrische Strömungen sind auch nicht notwendig stationär[1]).

Viskometrische Strömungen gehen ohne Volumenänderung vor sich

$$\det \mathbf{F} = \det(\mathbf{I} + (t - \tau)\,\mathbf{N}^*) = 1 \tag{7.138}$$

Sie lassen sich deshalb in kompressiblen Fluiden nicht in all den Fällen realisieren, in denen sie in inkompressiblen Fluiden möglich sind. Wir werden uns aus diesem Grunde auf inkompressible einfache Fluide beschränken und von dem Materialgesetz

$$\mathbf{T}(t) = -\,p(t)\,\mathbf{I} + \underset{s=0}{\overset{\infty}{\mathbf{f}}}\,(\mathbf{F}_t(s)) \tag{7.139}$$

mit det $\mathbf{F}_t = 1$ ausgehen. Der Übersichtlichkeit wegen ist das Argument $\boldsymbol{\xi}$ weggelassen. Die Aufspaltung in den unbestimmten Druck (die Zwangsspannung, die die Unzusammendrückbarkeit gewährleistet) und die „Extraspannung" $\mathbf{S} = \mathbf{T} + p\mathbf{I}$ machen wir anders als in Abschn. 6.3 durch die Normierungsbedingung $\sigma_{33} = 0$ in einem geeigneten Koordinatensystem (vgl. Gl. (7.144)) eindeutig. Wegen der Objektivität erfüllt das Funktional $\mathbf{f}$ für alle Drehungen $\mathbf{R}(t)$[2]) die Funktionalgleichung

$$\mathbf{R}(t)\underset{s=0}{\overset{\infty}{\mathbf{f}}}\,(\mathbf{F}_t(s))\,\mathbf{R}^{\mathsf{T}}(t) = \underset{s=0}{\overset{\infty}{\mathbf{f}}}\,(\mathbf{R}(t-s)\,\mathbf{F}_t(s)\,\mathbf{R}^{\mathsf{T}}(t)) \tag{7.140}$$

Setzt man in die rechte Seite von (7.140) die viskometrische Geschichte (7.133) ein, benutzt (7.122), (7.127) und (7.128) und wählt $\mathbf{R}(t) = \mathbf{Q}(t)$, so folgt für die Extraspannung

$$\mathbf{S}(\xi, t) = \underset{s=0}{\overset{\infty}{\mathbf{f}}}\,(\mathbf{F}_t(\xi, s)) = \mathbf{Q}^{\mathsf{T}}(\xi, t)\,\underset{s=0}{\overset{\infty}{\mathbf{f}}}\,(\mathbf{I} - s\mathbf{N}^*(\xi))\,\mathbf{Q}(\xi, t) \tag{7.141}$$

Die Extraspannung $\mathbf{S}^*$ im mitbewegten System ist die einer einfachen Scherströmung

$$\mathbf{S}^*(\xi, t) = \underset{s=0}{\overset{\infty}{\mathbf{f}}}\,(\mathbf{I} - s\mathbf{N}^*) \tag{7.142}$$

---

[1]) Y i n, W.-L.; P i p k i n, A.C.: Arch. Rat. Mech. Anal. 37 (1970), 111–135.

[2]) Das vorübergehend eingeführte Symbol $\mathbf{R}$ für die Drehung hat nichts mit dem gleichen Symbol in der polaren Zerlegung (2.9) des Deformationsgradienten zu tun.

Das Funktional reduziert sich auf eine Funktion der Matrix $\mathbf{N}^*$ und damit auf eine Funktion der Schergeschwindigkeit $\kappa\,(\xi)$ allein

$$\mathbf{S}^*(\xi, t) = \boldsymbol{\varphi}(\kappa\,(\xi)) \tag{7.143}$$

Die Funktion $\boldsymbol{\varphi}(\kappa)$ läßt sich weiter einschränken. In der einfachen Scherströmung treten in den Ebenen $x_3 = $ const keine Schubspannungen auf (s. Fig. 7.19). Also sind $\tau_{31} = \tau_{32} = 0$ und damit $\tau_{23} = \tau_{13} = 0$. Die Matrix der Extraspannungen hat daher unter der Normierungsbedingung $\sigma_{33} = 0$, die Gestalt[1])

$$\mathbf{S}^* = \begin{pmatrix} \tau_{11} + p & \tau_{12} & 0 \\ \tau_{12} & \tau_{22} + p & 0 \\ 0 & 0 & \tau_{33} + p \end{pmatrix} = \begin{pmatrix} \sigma_{11} & \sigma_{12} & 0 \\ \sigma_{12} & \sigma_{22} & 0 \\ 0 & 0 & 0 \end{pmatrix} \tag{7.144}$$

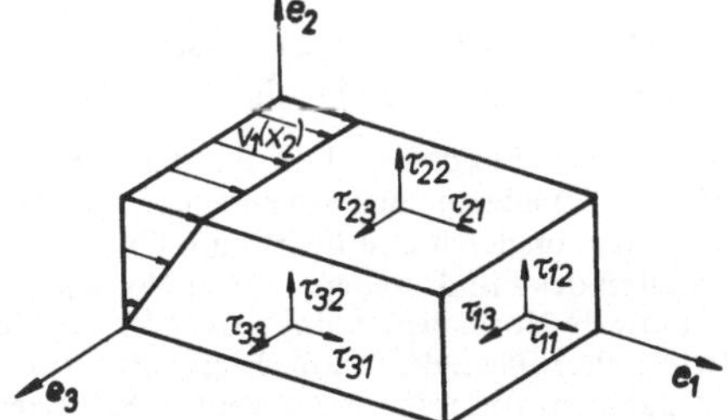

Fig. 7.19
Komponenten des Spannungstensors in
einfacher Scherströmung

Die Komponenten σ_{ik} von $\mathbf{S}^*$ sind Funktionen von $\kappa\,(\xi)$ allein. Die Komponenten τ_{ik} des Spannungstensors werden durch κ nach (7.144) nur bis auf den Druck p festgelegt, der sich nicht aus der lokalen Bewegung, sondern erst aus der Bewegung im Großen unter Berücksichtigung der Randbedingungen bestimmen läßt. Dadurch bleiben die drei Normalspannungen $\tau_{11}, \tau_{22}, \tau_{33}$ zunächst unbestimmt. Um den Druck zu eliminieren, bildet man ihre Differenzen

$$\tau_{12} = \tau(\kappa) \qquad \text{Schubspannungsfunktion}$$

$$\left.\begin{array}{l} \tau_{11} - \tau_{33} = \sigma_1(\kappa) \\[4pt] \tau_{22} - \tau_{33} = \sigma_2(\kappa) \end{array}\right\} \quad \text{Normalspannungsfunktionen} \tag{7.145}$$

Diese drei Funktionen heißen v i s k o m e t r i s c h e   F u n k t i o n e n. Sie bestimmen das Verhalten eines einfachen Fluids in viskometrischen Strömungen vollständig. Hat man sie einmal in speziellen viskometrischen Strömungen durch Messung bestimmt, lassen sich alle übrigen viskometrischen Strömungen berechnen. Mit den viskometri-

---

[1]) Dasselbe Ergebnis läßt sich übrigens auch formal aus der Bedingung der Objektivität (7.140) gewinnen, wenn man auf beiden Seiten $\mathbf{I} - s\mathbf{N}^*$ für $\mathbf{F}_t$ einsetzt und für $\mathbf{R}$ eine konstante Drehung um den Winkel π um die x_3-Achse wählt. Gegen diese Drehung ist die Matrix $\mathbf{N}^*$ invariant, während die Elemente $\sigma_{13} = \sigma_{31}$ und $\sigma_{23} = \sigma_{32}$ der Matrix $\mathbf{S}^*$ ihr Vorzeichen wechseln. Daraus folgt, daß sie null sein müssen.

schen Funktionen läßt sich die durch $\sigma_{33} = 0$ normierte Matrix der Extraspannungen auch in der folgenden Form schreiben

$$\mathbf{S}^* = \begin{pmatrix} \sigma_1 & \tau & 0 \\ \tau & \sigma_2 & 0 \\ 0 & 0 & 0 \end{pmatrix} \tag{7.146}$$

Bei Strömungsumkehr ($\kappa \rightarrow -\kappa$) wechselt die Schubspannung τ_{12} ihr Vorzeichen, während die Normalspannungen ungeändert bleiben. Die viskometrischen Funktionen haben daher die Symmetrieeigenschaft[1])

$$\tau(-\kappa) = -\tau(\kappa)$$
$$\sigma_1(-\kappa) = \sigma_1(\kappa) \tag{7.147}$$
$$\sigma_2(-\kappa) = \sigma_2(\kappa)$$

Im Zustand der Ruhe ($\kappa = 0$) herrscht in einem Fluid ein kugelsymmetrischer Spannungszustand. Aus (7.144) folgt daher für $\kappa = 0$: $\mathbf{S}^* = 0$, d.h. $\tau(0) = \sigma_1(0) = \sigma_2(0) = 0$.

Bei einfachen Fluiden sind die Normalspannungen τ_{11}, τ_{22} und τ_{33} in einfacher Scherströmung im allgemeinen voneinander verschieden und daher die Normalspannungsfunktionen ungleich und nicht null. Physikalische Effekte, die ihre Ursache in diesem Verhalten des Fluids haben, heißen Normalspannungseffekte (vgl. Abschn. 6.3). Der bekannteste Normalspannungseffekt ist der Weissenbergeffekt: Die Oberfläche nichtnewtonscher Flüssigkeiten im Ringspalt zwischen zwei mit verschiedener Winkelgeschwindigkeit rotierenden konzentrischen Kreiszylindern (Couette-Viskosimeter) wölbt sich entgegen der Zentrifugalkraft am inneren Zylinder empor. Der Weissenbergeffekt ist die Ursache dafür, daß beim Kneten von Kuchenteig mit einem rotierenden Knethaken der Teig am Knethaken hochsteigt. Manche Hausfrauen kennen den Effekt auch vom Sahneschlagen mit einem rotierneden Rührbesen. Solange die Sahne noch dünnflüssig ist, steigt ihre Oberfläche zum Schlüsselrand hin an wie bei einem newtonschen Fluid. Sobald die Sahne aber steif wird, klettert sie am Rührbesen hoch. Die geschilderten Strömungen sind wegen der freien Oberflächen keine viskometrischen Strömungen und können daher in diesem Zusammenhang nicht streng behandelt werden. Ein anderer Normalspannungseffekt, die Strahlverbreiterung beim Austritt eines nicht-newtonschen Fluids aus einer Düse, wird später näherungsweise berechnet.

Beispiel. (K a n a l s t r ö m u n g) Als einfachstes Beispiel einer viskometrischen Strömung, abgesehen von der einfachen Scherströmung, behandeln wir die stationäre ebene Kanalströmung zwischen zwei parallelen ebenen Platten $x_2 = \pm h$ (Fig. 7.20). Das Fluid

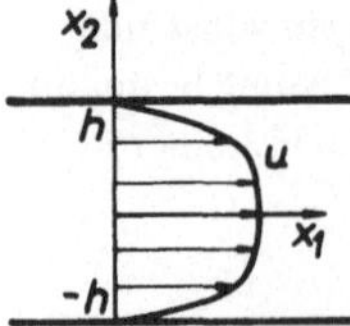

Fig. 7.20
Geschwindigkeitsprofil einer Kanalströmung

---

[1]) Diese Symmetrieeigenschaften lassen sich ebenfalls formal aus Gleichung (7.140) ableiten, wenn für $\mathbf{R}$ eine Drehung um π um die x_2-Achse eingesetzt wird.

haftet an den Platten (Haftbedingung). Die Strömung sei „eben", d.h. alle Feldgrößen hängen von einer Koordinate, x_3, nicht ab. Als Ursache der Bewegung nehmen wir an, daß in x_1-Richtung ein Druckabfall vorhanden ist („Druckströmung") oder die Platten sich in ihren Ebenen mit konstanten Geschwindigkeiten parallel zur x_1-Richtung bewegen („Schleppströmung"). Für das Geschwindigkeitsfeld wird der Ansatz

$$\mathbf{v}(\mathbf{x}) = \begin{pmatrix} u(x_2) \\ 0 \\ 0 \end{pmatrix} \tag{7.148}$$

gemacht. Wie bei der einfachen Scherströmung ergibt sich durch Integration der Differentialgleichungen $dx/dt = \mathbf{v}(\mathbf{x})$ mit der Bezugskonfiguration als Anfangsbedingung zur Zeit $t = 0$, $\mathbf{x}(0) = \boldsymbol{\xi}$, die Bewegung

$$\mathbf{x}(\boldsymbol{\xi}, t) = \begin{pmatrix} x_1 \\ x_2 \\ x_3 \end{pmatrix} = \begin{pmatrix} \xi_1 + u(\xi_2)t \\ \xi_2 \\ \xi_3 \end{pmatrix} \tag{7.149}$$

und durch Differentiation nach $\boldsymbol{\xi}$ die Geschichte des Deformationsgradienten

$$\mathbf{F}(\boldsymbol{\xi}, t) = \mathbf{I} + t\mathbf{L} \tag{7.150}$$

Dabei ist

$$\mathbf{L}(\boldsymbol{\xi}) = \begin{pmatrix} 0 & \kappa(\boldsymbol{\xi}) & 0 \\ 0 & 0 & 0 \\ 0 & 0 & 0 \end{pmatrix} \quad \text{mit } \kappa = \frac{du}{d\xi_2} \tag{7.151}$$

Der Unterschied zur einfachen Scherströmung besteht in der Abhängigkeit der Schergeschwindigkeit κ von der Koordinate ξ_2. Die Strömung ist viskometrisch, daher sind die Spannungskomponenten $\tau_{13} = \tau_{31} = \tau_{23} = \tau_{32} = 0$. Die Schubspannung

$$\tau_{12} = \tau_{21} = \tau(\kappa) \tag{7.152}$$

ist nach (7.151) und (7.148) eine Funktion von x_2 allein. Die Beschleunigung der materiellen Teilchen ist nach dem Ansatz (7.148) null. Damit reduzieren sich die Bewegungsgleichungen auf die zwei Gleichungen

$$0 = \frac{\partial \tau_{11}}{\partial x_1} + \frac{d\tau_{12}}{dx_2} \tag{7.153}$$

$$0 = \frac{\partial \tau_{22}}{\partial x_2}$$

Es ist angenommen, daß kein äußeres Kraftfeld wirkt. Das bedeutet keine wesentliche Einschränkung der Allgemeinheit, denn der Spannungstensor enthält infolge der Inkompressibilität des Fluids den unbestimmten Druck p; durch die Anwesenheit konservativer Kraftfelder wird nur das Druckfeld geändert. Weiter gilt

$$\tau_{11} = -p + \sigma_1$$
$$\tau_{22} = -p + \sigma_2 \tag{7.154}$$

σ_1 und σ_2 hängen ebenfalls nur von x_2 ab. Damit folgt aus den Bewegungsgleichungen (7.153)

$$\frac{\partial p}{\partial x_1} = \frac{d\tau}{dx_2}$$

$$\frac{\partial p}{\partial x_2} = \frac{d\sigma_2}{dx_2}$$

(7.155)

Die zwei Differentialgleichungen (7.155) für $p(x_1, x_2)$, deren rechte Seiten nur von x_2 abhängen, sind nur dann miteinander verträglich, wenn

$$\frac{\partial p}{\partial x_1} = b = const$$

(7.156)

Wenn die Schubspannungsfunktion $\tau(\kappa)$ bekannt ist, läßt sich das Geschwindigkeitsfeld aus (7.155) unter der Bedingung (7.156) bestimmen. Zunächst ergibt sich

$$\tau = b\,x_2 + a$$

(7.157)

(a Integrationskonstante). Die Umkehrfunktion der Schubspannungsfunktion wird mit $K(\tau)$ bezeichnet (derart, daß $K(\tau(\kappa)) = \kappa$ gilt). Dann folgt

$$\frac{du(x_2)}{dx_2} = \kappa = K(b\,x_2 + a)$$

(7.158)

Durch Integration unter Berücksichtigung der Randbedingung $u(-h) = U_1$ ergibt sich das Geschwindigkeitsprofil

$$u(x_2) = U_1 + \int_{-h}^{x_2} K(by + a)\,dy$$

(7.159)

Mit der Substitution (7.157) läßt sich das Integral umformen in

$$u(x_2) = U_1 + \frac{1}{b} \int_{a-bh}^{a+bx_2} K(\tau)\,d\tau$$

(7.160)

Die Konstante a wird aus (7.160) und der zweiten Randbedingung $u(h) = U_2$, bestimmt. Bei der reinen Druckströmung ($U_1 = U_2 = 0$) ist das Geschwindigkeitsprofil symmetrisch ($u(x_2) = u(-x_2)$) und $a = 0$. Mit (7.158) lassen sich die Normalspannungsfunktionen σ_1 und σ_2 als Funktionen von x_2 angeben. Wir führen die Bezeichnungen

$$\sigma_1(K(b\,x_2 + a)) = S_1(x_2)$$

$$\sigma_2(K(b\,x_2 + a)) = S_2(x_2)$$

(7.161)

ein. Schließlich folgt das Druckfeld durch Integration von (7.155) unter Berücksichtigung von (7.156) bis auf eine Integrationskonstante p_0

$$p = p_0 + \frac{\partial p}{\partial x_1} \, x_1 + S_2(x_2) \qquad (7.162)$$

Aus (7.146) ergibt sich die Matrix **S** der Extraspannungen und mit (7.144) und (7.162) der Spannungstensor **T** selbst

$$\mathbf{T}(x_1, x_2) = - \left(p_0 + \frac{\partial p}{\partial x_1} \, x_1 \right) \mathbf{I} + \begin{pmatrix} S_1 - S_2 & K & 0 \\ K & 0 & 0 \\ 0 & 0 & -S_2 \end{pmatrix} \qquad (7.163)$$

Die Integrationskonstante p_0 und der konstante Druckgradient in Strömungsrichtung, $\partial p / \partial x_1$, werden durch die Werte einer Normalspannung in zwei nicht in derselben Querschnittsebene liegenden Punkten bestimmt. Damit ist, abgesehen von den nicht allgemein ausführbaren Integrationen, das Strömungsfeld der ebenen Kanalströmung vollständig berechnet.

Anwendung. (Q u e r s c h n i t t s ä n d e r u n g   e i n e s   S t r a h l e s) Das Wirken der Normalspannungen läßt sich an einem Strömungsvorgang demonstrieren, der mit der Kanalströmung eng zusammenhängt: dem Ausströmen des Fluids aus dem Kanal. Dieser Vorgang ist keine viskometrische Strömung und kann deshalb in diesem Zusammenhang nur unter einer Zusatzhypothese behandelt werden. Außerhalb des Kanals bildet sich ein Freistrahl mit einer freien Oberfläche aus. Der Einfluß der Strömungsbedingungen außerhalb des Kanals pflanzt sich auch ein Stück stromaufwärts ins Kanalinnere fort und ändert die viskometrische Strömung ab. Diese Rückwirkung in den Kanal wird vernachlässigt, und im Austrittsquerschnitt wird die ausgebildete Kanalströmung vorausgesetzt. Der Strahlrand wird als schubspannungsfrei angenommen, von der Schwerkraft wird abgesehen[1]); die Oberflächenspannung bleibt ebenfalls unberücksichtigt. Der Außendruck fällt aus der Bilanz heraus und kann deshalb von Anfang an null gesetzt werden. Die Zähigkeit des Fluids sorgt dafür, daß das anfängliche Geschwindigkeitsprofil im Strahl allmählich geglättet wird, bis in weitem Abstand von der Mündung die Geschwindigkeit über den Strahlquerschnitt konstant geworden ist (s. Fig. 7.21). Bei dem Ausgleichsvorgang schnürt sich der Strahl entweder ein, oder er verbreitert sich. Die erste Erscheinung wird bei newtonschen Fluiden, z.B. Wasser, beob-

Fig. 7.21
Querschnittsänderung eines Flüssigkeitsstrahls

---

[1]) Diese Bedingungen kann man sich dadurch erfüllt denken, daß man eine sehr zähe Flüssigkeit in eine Flüssigkeit sehr kleiner Zähigkeit, aber derselben Dichte austreten läßt.

achtet, die zweite tritt bei gewissen nicht-newtonschen Fluiden, z.B. bei Schmelzen von Hochpolymeren, auf und ist ein Normalspannungseffekt. Die Strahlverbreiterung hat Bedeutung für die Kunststoffverarbeitung bei dem Problem, durch Auspressen einer Schmelze oder Lösung aus einer Spinndüse Fäden vorgeschriebenen Durchmessers herzustellen. In der Praxis werden die Fäden nicht einfach aus Rohren unter Druck ausgepreßt, sondern in sog. Extrudern durch Schneckentriebe vorwärtsbewegt und durch Spinndüsen hindurchgepreßt.

Zur Berechnung der Einschnürung bzw. Verbreiterung des Strahls werden die Kontinuitätsgleichung und die Impulsbilanzgleichung in integraler Form auf ein „Kontrollvolumen" (vgl. Abschn. 3.1) angewendet, das vom Austrittsquerschnitt $x_1 = 0$, dem Strahlrand und einem Strahlquerschnitt in weitem Abstand von der Mündung (Endquerschnitt) gebildet wird. In der x_3-Richtung soll das Kontrollvolumen die konstante Breite b haben. Die Projektion des Strahlrandes in die x_1, x_2-Ebene ist in die Figur gestrichelt eingezeichnet. Die Geschwindigkeit im Austrittsquerschnitt ist $u(x_2)$, die im Endquerschnitt U. Die Anwendung der Kontinuitätsgleichung auf das Kontrollvolumen liefert

$$0 = \oiint \rho(\mathbf{v} \cdot \mathbf{n})\, dA = b[\rho\, Ud - \int_{-d_0/2}^{d_0/2} \rho\, u(x_2)\, dx_2] \tag{7.164}$$

weil durch die Strahloberfläche keine Masse fließt. Zur Abkürzung definieren wir Mittelwerte von Funktionen über den Austrittsquerschnitt

$$\bar{h} = \frac{1}{d_0} \int_{-d_0/2}^{d_0/2} h(x_2)\, dx_2 \tag{7.165}$$

Damit schreibt sich die Kontinuitätsgleichung

$$Ud = \bar{u} d_0 \tag{7.166}$$

Die Impulsbilanz in x_1-Richtung

$$0 = \mathbf{e}_1 \cdot \oiint \left\{ \rho\mathbf{v}(\mathbf{v} \cdot \mathbf{n}) - \mathbf{Tn} \right\} dA \tag{7.167}$$

liefert für das Kontrollvolumen

$$0 = b\left[\rho U^2 d - \int_{-d_0/2}^{d_0/2} \rho u^2(x_2)\, dx_2 + \int_{-d_0/2}^{d_0/2} \tau_{11}(x_2)\, dx_2 \right] \tag{7.168}$$

Unter Verwendung der Mittelwerte läßt sich dies ebenfalls komprimiert schreiben

$$\rho U^2 d = (\rho \bar{u}^2 - \bar{\tau}_{11})\, d_0 \tag{7.169}$$

Die Gleichungen (7.166) und (7.169) sind zwei Gleichungen für die Unbekannten d und U. Durch Elimination von U erhalten wir das Verhältnis der Strahldurchmesser

$$\frac{d}{d_0} = \frac{(\bar{u})^2}{\overline{u^2} - \bar{\tau}_{11}/\rho} \tag{7.170}$$

Dieser Ausdruck läßt sich noch etwas umformen. Wir zerlegen $u(x_2)$ in seinen Mittelwert $\bar{u}$ und die Abweichungen $u'(x_2)$

$$u(x_2) = \bar{u} + u'(x_2) \tag{7.171}$$

mit $\overline{u'} = 0$. Für den Mittelwert von u^2 folgt nach (7.171)

$$\overline{u^2} = \bar{u}^2 + \overline{u'^2} \tag{7.172}$$

Bis hierhin war die Ableitung exakt. Nun wird die oben erwähnte Näherungsannahme gemacht, daß im Austrittsquerschnitt noch die ausgebildete Kanalströmung herrscht. Unter dieser Annahme lassen sich die Spannungen nach (7.163) und die Geschwindigkeitsverteilung nach (7.160) berechnen. Die Normalspannung τ_{22} am Strahlrand im Austrittsquerschnitt ist gleich dem negativen Außendruck, der null gesetzt wurde. Die Normalspannung τ_{11} wird damit gleich der Differenz der Normalspannungsfunktionen

$$\tau_{11}(0, x_2) = S_1(x_2) - S_2(x_2) \tag{7.173}$$

Mit (7.172) und (7.173) läßt sich das Verhältnis der Strahldurchmesser (7.170) wie folgt ausdrücken

$$\frac{d}{d_0} = \left(1 + \frac{\overline{u'^2}}{\bar{u}^2} - \frac{\overline{S}_1 - \overline{S}_2}{\rho \bar{u}^2}\right)^{-1} \tag{7.174}$$

Das Ergebnis zeigt, daß bei Abwesenheit von Normalspannungsdifferenzen ($S_1 = S_2 = 0$) immer Strahlkontraktion eintritt. Unter der Bedingung $\overline{S}_1 - \overline{S}_2 > \rho\overline{u'^2}$ ist Strahlverbreiterung zu erwarten. Für den runden Strahl ergibt die analoge Rechnung für das Radienverhältnis R/R_0 die Formel (7.174), wenn man darin $S_1 - S_2$ durch $S_1 - S_2/2$ und den Exponenten -1 durch $-1/2$ ersetzt. In Stokes-Fluiden ($\sigma_1 = \sigma_2$) tragen daher nach dieser vereinfachten Theorie die Normalspannungen zur Querschnittsänderung des runden, aber nicht des ebenen Strahls bei.

Aufgaben. 7.9.1. Die lineare Transformation $\mathbf{N}$ im dreidimensionalen Raum erfülle $\mathbf{N}^2 = \mathbf{0}$ (sog. Nilpotenz, Index 2). Man zeige, daß es ein cartesisches Basissystem $\mathbf{e}_1$, $\mathbf{e}_2$, $\mathbf{e}_3$ gibt, in dem $\mathbf{N}$ die Matrixdarstellung $N_{12} = \kappa$, alle übrigen $N_{ik} = 0$ hat.

7.9.2. Der Betrag des Streckgeschwindigkeitstensors $\mathbf{D}$ ($|\mathbf{D}| = (\mathrm{sp}\mathbf{D}^2)^{1/2}$) ist in viskometrischer Strömung gleich dem $1/\sqrt{2}$-fachen des Betrags der Schergeschwindigkeit $\kappa : |\mathbf{D}| = |\kappa|/\sqrt{2}$.

7.9.3. Bestimmen Sie die viskometrischen Funktionen für die folgenden inkompressiblen Fluide: a) Stokes-Fluid: $\mathbf{T} = -p\mathbf{I} + \varphi_1(I_1, I_2, I_3)\,\mathbf{D} + \varphi_2(I_1, I_2, I_3)\,\mathbf{D}^2$ (I_i Grundinvarianten von $\mathbf{D}$), b) Fluid 2. Ordnung: $\mathbf{T} = -p\mathbf{I} + \mu\mathbf{A}_1 + \beta\mathbf{A}_1^2 + \gamma\mathbf{A}_2$ (μ, β, γ Materialkonstanten), c) linear-viskoelastisches Fluid: $\mathbf{T} = -p\mathbf{I} + \int_0^{\infty} \mu'(s)\,\{\mathbf{C}_t(s) - \mathbf{I}\}\,ds$. Zur Bestimmung der viskometrischen Funktionen betrachte man eine einfache Scherströmung.

7.9.4. Bestimmen Sie das Geschwindigkeitsprofil und das Spannungsfeld in der ebenen Kanalströmung für das einfache Fluid mit den viskometrischen Funktionen $\tau = \mu\kappa$, $\sigma_1^* = \nu_1\kappa^2$, $\sigma_2 = \nu_2\kappa^2$ (vgl. Aufgabe 6.3.1)

7.9.5. Bestimmen Sie analog zur ebenen Kanalströmung die stationäre Strömung eines einfachen Fluids durch ein kreiszylindrisches Rohr. H i n w e i s : Man braucht keine Zylinderkoordinaten einzuführen. Die Strömung läßt sich in cartesischen Koordinaten (Achsenrichtung e_1) berechnen. Mit dem Ansatz $v = u(r)\,e_1$, $p = p(x_1, r)$ ($r = \sqrt{x_2^2 + x_3^2}$) für das Geschwindigkeits- und Druckfeld lassen sich Differentialgleichungen für $u(r)$ und $p(x_1, r)$ herleiten (vgl. Aufgabe 6.3.2).

7.9.6. Eine einfache Flüssigkeit strömt in einer Schicht der konstanten Dicke h stationär eine geneigte Ebene (Neigungswinkel α gegen die Horizontale) hinunter (Fig. 7.22). Bestimmen Sie das Geschwindigkeitsprofil und das Spannungsfeld für das einfache Fluid mit den viskometrischen Funktionen $\tau = \mu\kappa$, $\sigma_1 = \nu_1\kappa^2$, $\sigma_2 = \nu_2\kappa^2$. H i n w e i s: Die Bewegungsgleichungen eines inkompressiblen Fluids in einem konservativen Kraftfeld unterscheiden sich von denen eines kräftefreien Fluids nur dadurch, daß anstelle des Druckes p der „effektive" Druck $\bar{p} = p + V$ steht; dabei ist V die potentielle Energie pro Volumeneinheit des Fluids; für das Schwerefeld: $V = \rho g z$ (z Höhe im Schwerefeld).

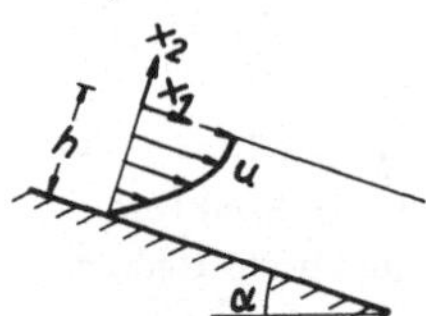

Fig. 7.22
Strömung einer Flüssigkeitsschicht entlang einer
geneigten Wand (Aufgabe 7.9.6)

7.9.7. Berechnen Sie nach Gleichung (7.174) die Querschnittsänderung eines ebenen Strahls des einfachen Fluids mit den viskometrischen Funktionen $\tau = \mu\kappa$, $\sigma_1 = \nu_1\kappa^2$, $\sigma_2 = \nu_2\kappa^2$. Welchen Wert muß $\nu_1 - \nu_2$ überschreiten, damit der Strahl sich verbreitert?

7.10 Bewegungen mit konstanter Streckgeschichte

Die vergangene Deformationsgeschichte hat geringen Einfluß auf den Spannungstensor, wenn das Gedächtnis des Materials rasch schwindet. Aber auch bei einem einfachen Fluid, dessen Gedächtnis weit in die Vergangenheit zurückreicht, ist der Einfluß des Gedächtnisses klein, wenn die Bewegung genügend eintönig verläuft. Zum Beispiel erlebt ein mitbewegter und sich in geeigneter Weise drehender Beobachter in einer viskometrischen Strömung eine immer gleichbleibende einfache Scherströmung, der Spannungstensor ist daher für ihn bis auf den Druck konstant. Wir fragen jetzt nach allen Bewegungen eines Fluids, in denen ein mitbewegter und in geeigneter Weise mitdrehender Beobachter immer auf dieselbe Deformationsgeschichte zurückblickt. In einer solchen Bewegung findet der bewegte Beobachter zu jeder Zeit dieselbe Geschichte des relativen Deformationsgradienten

$$\hat{F}_t\,(s) = H(s) \tag{7.175}$$

Eine langweilige Welt, in der es keinen Fortschritt gibt! Diese Bewegungen heißen „Bewegungen mit konstanter Streckgeschichte", weil in ihnen die Geschichten der relativen Streckungen $\lambda_t(s)$, der Eigenwerte der relativen Strecktensoren $U_t(s)$ und $V_t(s)$, von t unabhängig sind. Um das Letztere einzusehen, transformieren wir die Deformationsgeschichte, wie bei den viskometrischen Strömungen, in ein einheitliches ruhendes Koordinatensystem. Wenn das Koordinatensystem im materiellen Punkt ξ gegen das ruhende die Drehung $Q(\xi, t)$ ausführt, stellt sich die Deformationsgeschichte im ruhenden Koordinatensystem nach den Überlegungen in den Abschnitten 6.2 und 7.9 folgendermaßen dar

$$F_t(s) = Q^T(t - s)\,H(s)\,Q(t) \tag{7.176}$$

λ_t^2 sind die Eigenwerte des relativen Rechts-Cauchy-Green-Tensors

$$C_t(s) = U_t^2(s) = F_t^T(s)\,F_t(s) = Q^T(t)\,H^T(s)\,H(s)\,Q(t) \tag{7.177}$$

Aus der Eigenwertgleichung

$$0 = \det(C_t - \lambda_t^2 I) = \det(H^T(s)\,H(s) - \lambda_t^2 I) \tag{7.178}$$

folgt unmittelbar, daß $\lambda_t(s)$ nicht von t abhängt.

Die Bestimmung sämtlicher Funktionen $H(s)$, die Bewegungen mit konstanter Streckgeschichte erzeugen, ist nicht schwierig. Wir stellen uns dazu auf den Standpunkt eines Beobachters, der die Drehung $Q(t)$ mitmacht und in seinem Bezugssystem die relative Deformationsgeschichte (7.175) wahrnimmt, die nach Definition vom aktuellen Zeitpunkt unabhängig ist und nur durch die Dauer s bestimmt wird. Da das Ergebnis der Hintereinanderschaltung zweier Deformationen wieder eine Deformation ist, gilt (s. Fig. 7.23)

$$H(s_1 + s_2) = H(s_2)\,H(s_1) \tag{7.179}$$

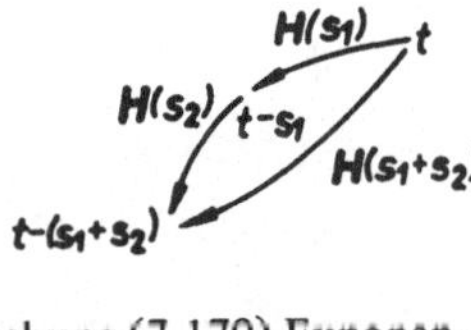

Fig. 7.23
Zur Erläuterung von Gleichung (7.179)

Als Gleichung für eine reelle Funktion hat die Differenzengleichung (7.179) Exponentialfunktionen als allgemeine Lösung. Um sie für Matrizenfunktionen $H(s)$ zu lösen, machen wir die Annahme, daß die Funktion $H(s)$ analytisch ist, d.h. durch eine Potenzreihe dargestellt werden kann

$$H(s) = I + sH_1 + s^2 H_2 + \dots \tag{7.180}$$

Anstatt die Reihe unmittelbar in (7.179) einzusetzen und die Matrizen H_i durch Koeffizientenvergleich zu bestimmen, empfiehlt es sich, die Funktionalgleichung auf eine Differentialgleichung zurückzuführen. Aus (7.179) ergibt sich

$$\frac{dH(s_1)}{ds_1} = \left(\frac{\partial H(s_1 + s_2)}{\partial s_1}\right)_{s_2=0} = \left(\frac{\partial H(s_1 + s_2)}{\partial s_2}\right)_{s_2=0} = \left(\frac{dH(s_2)}{ds_2}\right)_{s_2=0} H(s_1)$$

$$(7.181)$$

Mit der Bezeichnung $(dH(s)/ds)_{s=0} = H_1 = -N^*$ (das Vorzeichen ist reine Konvention) folgt die Differentialgleichung

$$\frac{dH(s)}{ds} = -N^*H(s) \tag{7.182}$$

Setzt man die Potenzreihe (7.180) in die Differentialgleichung (7.182) ein und führt einen Koeffizientenvergleich durch, so wird man auf die Rekursionsformel

$$H_{n+1} = -\frac{N^*}{n+1}\, H_n, \quad H_0 = I \tag{7.183}$$

geführt. Daraus ergibt sich die Reihenentwicklung

$$H(s) = \sum_{n=0}^{\infty} \frac{(-sN^*)^n}{n!} \tag{7.184}$$

Für sie schreibt man auch symbolisch die Matrix-Exponentialfunktion

$$H(s) = e^{-sN^*} \tag{7.185}$$

Mit Hilfe von (7.176) gehen wir zum ruhenden Koordinatensystem über

$$F_t(s) = Q^T(t-s)\, e^{-sN^*}\, Q(t) \tag{7.186}$$

Für (7.186) können wir auch schreiben

$$F_t(s) = Q^T(t-s)\, Q(t)\, Q^T(t)\, e^{-sN^*}\, Q(t) \tag{7.187}$$

Da die Exponentialfunktion eine isotrope Tensorfunktion ist, gilt[1]

$$Q^T(t)\, e^{-sN^*}\, Q(t) = e^{-sQ^T(t)N^*Q(t)} \tag{7.188}$$

Analog zu (7.128) stellt

$$N(t) = Q^T(t)\, N^*\, Q(t) \tag{7.189}$$

den Tensor N^* zur aktuellen Zeit t im ruhenden Koordinatensystem dar. Führt man analog zu (7.127) die Abkürzung

$$Q_t(t-s) = Q^T(t-s)\, Q(t) \tag{7.190}$$

ein, so folgt aus (7.186)

---

[1] Für jede Potenz sieht man leicht, daß sie eine isotrope Tensorfunktion ist: $Q^T(N^*)^k Q = (Q^T N^* Q)^k$. Damit sind auch Polynome isotrop und sogar analytische Tensorfunktionen, weil jede unendliche Reihe durch Grenzübergang aus einem Polynom hervorgeht (vgl. Abschn. 6.2).

$$F_t(s) = Q_t(t-s)\, e^{-sN(t)} \tag{7.191}$$

Um einen Vergleich mit (7.134) zu ermöglichen, wollen wir noch die Geschichte des Deformationsgradienten bezüglich einer festen Konfiguration angeben. Dazu zerlegen wir (7.186) entsprechend der Definitionsgleichung des relativen Deformationsgradienten $F_t(s) = F(t-s)\, F^{-1}(t)$ in zwei Faktoren. Die Zerlegung ist nicht eindeutig, sondern jeder der beiden Faktoren nur bis auf eine willkürliche Matrix A bestimmt

$$F(t) = Q^T(t)\, e^{tN^*}\, A \tag{7.192}$$

Durch die Wahl der Konfiguration zur Zeit τ als Bezugskonfiguration, $F(\tau) = I$, wird A festgelegt, und es ergibt sich

$$F(t) = Q^T(t)\, e^{(t-\tau)N^*}\, Q(\tau) \tag{7.193}$$

Führen wir noch N_0 nach (7.128) und Q_τ nach (7.127) ein, so folgt

$$F(t) = Q_\tau(t)\, e^{(t-\tau)N_0} \tag{7.194}$$

(7.194) ist die Verallgemeinerung von (7.134) auf Bewegungen mit konstanter Streckgeschichte[1]).

Bis jetzt haben wir uns nur mit der Kinematik beschäftigt. Der tiefere Sinn der Beschränkung auf Bewegungen mit konstanter Streckgeschichte zeigt sich erst bei der Betrachtung des Materialgesetzes. Bei den Deformationen (7.191) bzw. (7.194) kann sich die Dichte ändern (und zwar dann, wenn $\mathrm{sp}\, N \neq 0$ ist, s. Aufgabe 7.10.1). Wir setzen deshalb jetzt kompressible einfache Fluide

$$T(t) = \mathop{f}_{s=0}^{\infty}\ (F_t(s), \rho(t)) \tag{7.195}$$

voraus[2]). Wegen des Prinzips der materiellen Objektivität läßt sich mit der Drehung $Q(t)$ dafür auch schreiben

$$T(t) = Q^T(t)\, \mathop{f}_{s=0}^{\infty}\ (Q(t-s)\, F_t(s)\, Q^T(t), \rho(t))\, Q(t) \tag{7.196}$$

---

[1]) Jede Bewegung, deren Deformationsgeschichte die Form (7.194) hat, ist nach Definition eine Bewegung mit konstanter Streckgeschichte. Doch nicht alle Funktionen $F(\xi, t)$, die in jedem materiellen Punkt ξ die Form (7.194) haben, sind die Deformationsgeschichten einer Bewegung. Denn die neun partiellen Differentialgleichungen $\partial x_i(\xi, t)/\partial \xi_k = F_{ik}(\xi, t)$ für die drei Funktionen $x_i(\xi, t)$ einer Bewegung bilden ein überbestimmtes System, das nur dann Lösungen besitzt, wenn die rechten Seiten gewisse Verträglichkeitsbedingungen (Kompatibilitätsbedingungen) erfüllen.

[2]) Bei Bewegungen mit erheblichen Dichteänderungen hat die rein mechanische Materialbeschreibung allerdings nur begrenzte Gültigkeit, und es wird eine thermodynamische Theorie erforderlich.

Setzt man hier die Deformationsgeschichte (7.186) ein, erhält man

$$\mathbf{T}(t) = \mathbf{Q}^T(t) \overset{\infty}{\underset{s=0}{\mathbf{f}}} (e^{-sN^*}, \rho(t))\, \mathbf{Q}(t) \tag{7.197}$$

Das Funktional ist für die feste Argumentfunktion e^{-sN^*} eine gewöhnliche Funktion des Parameters $\mathbf{N}^*$ und der momentanen Dichte $\rho(t)$

$$\overset{\infty}{\underset{s=0}{\mathbf{f}}} (e^{-sN^*}, \rho(t)) = \mathbf{f}(\mathbf{N}^*, \rho(t)) \tag{7.198}$$

Das Materialgesetz eines einfachen Fluids in Bewegungen mit konstanter Streckgeschichte lautet daher

$$\mathbf{T}(t) = \mathbf{Q}^T(t)\, \mathbf{f}(\mathbf{N}^*, \rho(t))\, \mathbf{Q}(t) \tag{7.199}$$

Der Spannungstensor hängt also von der aktuellen Zeit t nur über $\rho(t)$ und $\mathbf{Q}(t)$ ab. Wenn die Dichte sich nicht ändert, ist er im bewegten Koordinatensystem für jedes Fluidteilchen konstant.

Die Funktion $\mathbf{f}$ ist nicht ganz willkürlich, sondern wird durch das Prinzip der materiellen Objektivität eingeschränkt. Wegen der Objektivität muß insbesondere für alle konstanten Drehungen $\mathbf{R}$ die Gleichung

$$\mathbf{R} \overset{\infty}{\underset{s=0}{\mathbf{f}}} (e^{-sN^*}, \rho(t))\, \mathbf{R}^T = \overset{\infty}{\underset{s=0}{\mathbf{f}}} (\mathbf{R}e^{-sN^*}\mathbf{R}^T, \rho(t)) \tag{7.200}$$

gelten. Aus (7.198) und (7.188) folgt somit

$$\mathbf{R}\mathbf{f}(\mathbf{N}^*, \rho(t))\, \mathbf{R}^T = \mathbf{f}(\mathbf{R}\mathbf{N}^*\mathbf{R}^T, \rho(t)) \tag{7.201}$$

d.h. $\mathbf{f}$ muß eine isotrope Tensorfunktion sein.

Die Klasse der Bewegungen mit konstanter Streckgeschichte ist überschaubar, aber nicht so klein, daß ihre sämtlichen Vertreter explizit beschrieben werden könnten. Nach formalen Kriterien lassen sich drei Familien von Bewegungen unterscheiden, und zwar nach dem „Index der Nilpotenz" der linearen Transformation $\mathbf{N}$ in (7.191) oder $\mathbf{N}_0$ in (7.194). Darunter versteht man folgendes. Während alle Potenzen einer von null verschiedenen reellen Zahl ungleich null sind, kann eine Potenz einer von null verschiedenen linearen Transformation sehr wohl null sein. Eine solche Transformation heißt Nullteiler. Ein Beispiel dafür ist die Transformation $\mathbf{N}^*$ (7.121), deren Quadrat jeden Vektor des Raums in den Nullvektor transformiert.

Die lineare Transformation $\mathbf{N}_0$ wird nilpotent vom Index k genannt, wenn $\mathbf{N}_0^k = 0$ und $\mathbf{N}_0^{k-1} \neq 0$ ist. Wenn $\mathbf{N}_0$ nilpotent ist, bricht die Potenzreihe der Exponentialfunktion (7.184) ab und reduziert sich auf ein Polynom. Man kann zeigen, daß für jede nilpotente Transformation $\mathbf{N}_0$ des dreidimensionalen Raums $\mathbf{N}_0^3 = 0$ gilt (s. Aufgabe 7.10.2), d.h. nur die Indizes 2 und 3 kommen in unserer Theorie vor.

Je nach dem Index der Nilpotenz des Tensors N_0 in Gl. (7.194) liegt eine von drei Familien von Bewegungen mit konstanter Streckgeschichte vor.

Fall 1. $N_0^2 = 0$: Die Reihe bricht mit dem linearen Glied ab, und (7.194) reduziert sich zu (7.134)

$$F(t) = Q_\tau(t)\,(I + (t - \tau)\,N_0) \tag{7.202}$$

Diese Bewegungen sind die im Abschnitt 7.9 behandelten viskometrischen Strömungen.

Fall 2. $N_0^3 = 0$: In diesem Fall hat die Reihe maximal drei Glieder

$$F(t) = Q_\tau(t)\left(I + (t - \tau)N_0 + \frac{(t - \tau)^2}{2}\,N_0^2\right) \tag{7.203}$$

Bei den Strömungen dieser Familie, die die erste umfaßt, bleibt das Volumen erhalten. Das ergibt sich daraus, daß sp N_0 die Divergenz des Geschwindigkeitsfelds ist (s. Aufgabe 7.10.1). Man kann auch leicht einsehen, daß alle Strömungen dieser Klasse entweder viskometrisch oder nicht eben sind. Ein Beispiel einer Strömung dieser Familie ist die Strömung mit dem Geschwindigkeitsfeld

$$v = \begin{pmatrix} v_1 \\ v_2 \\ v_3 \end{pmatrix} = \begin{pmatrix} \lambda x_2 + \mu x_3 \\ \nu x_3 \\ 0 \end{pmatrix} \tag{7.204}$$

(λ, μ, ν Konstante). Wie man leicht nachprüft, ist für diese Bewegung $Q_\tau = I$ und

$$N_0 = \begin{pmatrix} 0 & \lambda & \mu \\ 0 & 0 & \nu \\ 0 & 0 & 0 \end{pmatrix} \tag{7.205}$$

Wenn $N_0^3 = 0$ ist, kann man immer ein bewegtes Koordinatensystem so wählen, daß N^* die Matrix (7.205) ist (s. Aufgabe 7.10.3).

Fall 3. N_0 nicht nilpotent: Dann ist die Exponentialreihe eine unendliche Reihe in $t - \tau$. Ein Beispiel für diese Familie ist die stationäre isotrope Expansion mit dem Geschwindigkeitsfeld

$$v = \begin{pmatrix} v_1 \\ v_2 \\ v_3 \end{pmatrix} = \lambda \begin{pmatrix} x_1 \\ x_2 \\ x_3 \end{pmatrix} \tag{7.206}$$

(λ konstant). Man weist leicht nach, daß für die Bewegung (7.206) $Q_\tau = I$ und $N_0 = \lambda I$ sind.

Die Bewegungen mit konstanter Streckgeschichte sind so monoton, daß das Gedächtnis eines einfachen Fluids von der Geschichte $C_t(s)$ nicht mehr Information speichert, als auch ein Material mit einem weniger umfassenden Gedächtnis aufnehmen könnte. Die Rivlin-Ericksen-Tensoren A_n, genauer: $(-1)^n A_n/n!$, sind die Entwicklungskoeffizienten von $C_t(s)$ nach Potenzen von s (s. Abschn. 2.5). Für viskometrische Strömungen sind alle Rivlin-Ericksen-Tensoren mit $n > 2$ null, für die Klasse der Bewegungen mit konstanter Streckgeschichte, die $N_0^3 = 0$ erfüllen, verschwinden alle Rivlin-Ericksen-Tensoren mit $n > 4$ (s. Aufgabe 7.10.4). Die Reihe für $C_t(s)$

$$C_t(s) = I - sA_1(t) + \frac{s^2}{2}\, A_2(t) - \frac{s^3}{3!}\, A_3(t) \pm \ldots \tag{7.207}$$

bricht also nach dem dritten bzw. fünften Glied ab. Setzt man die übrigbleibenden Polynome 2. bzw. 4. Grades in das Materialgesetz eines einfachen Fluids

$$T(t) = \mathop{f}_{s=0}^{\infty} (C_t(s), \rho(t)) \tag{7.208}$$

ein, reduziert sich das Funktional zu einer Funktion der Dichte $\rho(t)$ und der ersten zwei bzw. vier Rivlin-Ericksen-Tensoren. In den durch $N_0^2 = 0$ und $N_0^3 = 0$ charakterisierten Bewegungen mit konstanter Streckgeschichte verhält sich demnach ein einfaches Fluid nicht anders als ein Rivlin-Ericksen-Fluid der „Komplexität" 2 bzw. 4 (s. Abschn. 7.8). Es läßt sich aber noch mehr zeigen. Für alle Bewegungen mit konstanter Streckgeschichte gilt der folgende Satz: Drei gegebene Tensoren $A_1(t)$, $A_2(t)$ und $A_3(t)$ sind die drei ersten Rivlin-Ericksen-Tensoren höchstens einer Bewegung mit konstanter Streckgeschichte[1]). Alle Rivlin-Ericksen-Tensoren mit höherem Index lassen sich auf die ersten drei zurückführen. Der relative Rechts-Cauchy-Green-Tensor muß sich daher in der Form

$$C_t(s) = \varphi(A_1(t), A_2(t), A_3(t); s) \tag{7.209}$$

darstellen lassen. Der Beweis dieses Eindeutigkeitssatzes stützt sich zwar nur auf elementare Hilfsmittel, ist aber nicht konstruktiv und wegen mehrerer Fallunterscheidungen für die Darstellung in diesem Rahmen ungeeignet. Setzt man (7.209) in das Materialgesetz (7.208) ein, reduziert sich das Funktional der Geschichte auf eine Funktion der drei ersten Rivlin-Ericksen-Tensoren und der Dichte

$$T(t) = f(A_1(t), A_2(t), A_3(t), \rho(t)) \tag{7.210}$$

Ein einfaches Fluid ist demnach in Bewegungen mit konstanter Streckgeschichte nicht von einem Rivlin-Ericksen-Fluid der „Komplexität" 3 zu unterscheiden. Umgekehrt läßt sich aus Messungen in Bewegungen mit konstanter Streckgeschichte nicht mehr über ein einfaches Fluid erfahren, als zur Bestimmung des Materialgesetzes des entsprechenden Rivlin-Ericksen-Fluids ausreicht.

Aufgaben. 7.10.1. Zeigen Sie a) In einer Bewegung mit konstanter Streckgeschichte bleibt das Volumen erhalten, wenn $spN = 0$ ist. b) Die Bewegung ist eine reine Drehung, wenn N schiefsymmetrisch ist, $N^T = -N$.

---

[1]) W a n g , C.-C.: Arch. Rat. Mech. Anal. **20** (1965), 329–340.

7.10.2. Man zeige a) Wenn für eine lineare Transformation N des dreidimensionalen Raums $N^n = 0$, aber $N^{n-1} \neq 0$ gilt, ist $n \leqslant 3$. b) Wenn $N^3 = 0$ ist, sind die drei Grundinvarianten des Tensors N null. H i n w e i s : Für einen Vektor a, der $N^{n-1}\,a = 0$ erfüllt, ist die lineare Unabhängigkeit der Vektoren $a, Na, \ldots, N^{n-1}\,a$ zu zeigen. Zu Teil (b) wird an die Gleichung von Cayley-Hamilton (s. Aufgabe 2.1.3) erinnert.

7.10.3. Für die lineare Transformation N des dreidimensionalen Raums gelte $N^3 = 0$. Zeigen Sie, daß es unter dieser Voraussetzung ein cartesisches Basissystem e_1, e_2, e_3 gibt, in bezug auf das N die folgende Matrixdarstellung hat: $N_{12} = \lambda$, $N_{13} = \mu$, $N_{23} = \nu$, alle übrigen $N_{ik} = 0$.

7.10.4. Zeigen Sie a) Die Rivlin-Ericksen-Tensoren erfüllen in einer Bewegung mit konstanter Streckgeschichte die folgende Rekursionsformel: $A_n = N^T A_{n-1} + A_{n-1} N$. (vgl. Aufgabe 2.5.1) b) Wenn $N^2 = 0$ ist, gilt $A_n = 0$ für $n \geqslant 3$. In viskometrischen Strömungen verhält sich also ein einfaches Fluid wie ein Rivlin-Ericksen-Fluid der „Komplexität" 2. c) Wenn $N^3 = 0$ ist, gilt $A_n = 0$ für $n \geqslant 5$.

7.10.5. Zeigen Sie a) Eine Bewegung, in der der Geschwindigkeitsgradient für jedes materielle Teilchen zeitlich konstant ist, $DL_1/Dt = 0$, ist eine Bewegung mit konstanter Streckgeschichte. b) In allen homogenen und stationären Bewegungen ist der Geschwindigkeitsgradient räumlich und zeitlich konstant. Homogenität der Bewegung bedeutet: $F(\xi, t) = F(t)$, stationäre Strömung: $v(x, t) = v(x)$.

7.10.6. Zeigen Sie, daß die (isochoren) homogenen, stationären Strömungen eines inkompressiblen einfachen Fluids in konservativen Kraftfeldern genau dann die Impulsbilanzgleichung erfüllen, wenn das Quadrat des Geschwindigkeitsgradienten, L_1^2, symmetrisch ist, d.h. die Zirkulation erhalten bleibt.

7.10.7. Bestimmen Sie die Stromlinien aller ebenen, isochoren, homogenen, stationären Strömungen (Fig. 7.24). Es empfiehlt sich, als Koordinatenachsen die Winkelhalbierenden der Hauptachsen des Streckgeschwindigkeitstensors $D = (L_1 + L_1^T)/2$ zu wählen.

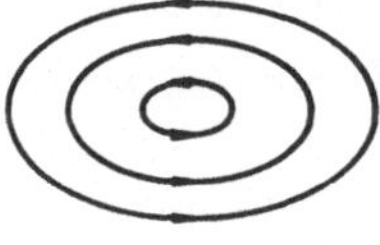

Fig. 7.24
Stromlinien ebener isochorer
Strömungen mit konstantem
Geschwindigkeitsgradienten
(Aufgabe 7.10.7)

Ergänzende und weiterführende Literatur

1. Thermodynamik

B u c h d a h l , H. A.: The concepts of classical thermodynamics. Cambridge 1966.

C a l l e n , H. B.: Thermodynamics. New York 1962.

D a y , W. A.: The thermodynamics of simple materials with fading memory. Berlin–Heidelberg–New York 1972.

D e   G r o o t , S. R.; M a z u r , P.: Non-equilibrium thermodynamics. Amsterdam 1962.

G u g g e n h e i m , E. A.: Thermodynamics. 5. Aufl. Amsterdam 1967.

G y a r m a t i , I.: Non-equilibrium thermodynamics. Berlin–Heidelberg–New York 1970.

M e i x n e r , J.; R e i k , H. G.: Thermodynamik der irreversiblen Prozesse. Handbuch der Physik. Bd. III/2, Berlin–Heidelberg–New York 1959, S. 413–523.

M ü l l e r , I.: Thermodynamik. Die Grundlagen der Materialtheorie. Düsseldorf 1973.

T r u e s d e l l , C.: Rational Thermodynamics. New York 1969.

2. Kontinuumsmechanik

E r i n g e n , A. C.: Mechanics of continua. New York 1967.

L e i g h , D. C.: Nonlinear continuum mechanics. New York 1968.

M a l v e r n , L. E.: Introduction to the mechanics of a continuous medium. Englewood Cliffs/N. J. 1969.

P r a g e r , W.: Einführung in die Kontinuumsmechanik. Basel 1961.

R i v l i n , R. S.: An introduction to nonlinear continuum mechanics. Nonlinear continuum theories in mechanics and physics and their applications. Rom 1970, S. 151–309.

S e d o v , L. I.: A course in continuum mechanics. 4 Bde., Groningen 1971/72.

T r u e s d e l l , C.: The elements of continuum mechanics. Berlin–Heidelberg–New York 1965.

T r u e s d e l l , C.; N o l l , W.: Die nichtlinearen Feldtheorien der Mechanik. Handbuch der Physik. Bd. III/3. Berlin–Heidelberg–New York 1965.

T r u e s d e l l , C.; T o u p i n , R. A.: The classical field theories. Handbuch der Physik. Berlin–Göttingen–Heidelberg 1960, S. 226–793.

3. Fluiddynamik

B a t c h e l o r , G. K.: An introduction to fluid dynamics. Cambridge 1967.

B e c k e r , E.: Gasdynamik. Stuttgart 1969 = Teubner Studienbücher Mechanik, Leitfäden der angewandten Mathematik und Mechanik.

L a n d a u , L. D.; L i f s c h i t z , E. M.: Lehrbuch der Theoretischen Physik. Bd. VI: Hydrodynamik, 2. Aufl., Berlin 1971.

P r a n d t l , L.; O s w a t i t s c h , K.; W i e g h a r d t , K.: Führer durch die Strömungslehre. 7. Aufl. Braunschweig 1969.

S l a t t e r y , J. C.: Momentum, energy, and mass transfer in continua. New York 1972.

W i e g h a r d t , K.: Theoretische Strömungslehre. 2. Aufl. Stuttgart 1974 = Teubner Studienbücher Mechanik, Leitfäden der angewandten Mathematik und Mechanik Bd. 4

4. Elastizitätstheorie

B l a n d , D. R.: Nonlinear dynamic elasticity. Waltham/Mass. 1969.

F u n g , Y. C.: Foundations of solid mechanics. Englewood Cliffs/N. J. 1965.

G r e e n , A. E.; A d k i n s , J. E.: Large elastic deformations. 2. Aufl. Oxford 1970.

G r e e n , A. E.; Z e r n a , W.: Theoretical elasticity. 2. Aufl. Oxford 1968

L a n d a u , L. D., L i f s c h i t z , E. M.: Lehrbuch der Theoretischen Physik. Bd. VII: Elastizitätstheorie. 3. Aufl. Berlin 1970.

S o m m e r f e l d , A.: Vorlesungen über Theoretische Physik. Bd. 2: Mechanik der deformierbaren Medien. 6. Aufl. Leipzig 1970.

Sachverzeichnis

Teubner Studienbücher Fortsetzung

Mathematik Fortsetzung

Kochendörffer: **Determinanten und Matrizen**
IV, 148 Seiten. DM 14,80

Stiefel: **Einführung in die numerische Mathematik**
Eine Darstellung unter Betonung des algorithmischen Standpunktes
4. Aufl. 257 Seiten. DM 18,80 (LAMM)

Stummel/Hainer: **Praktische Mathematik**
299 Seiten. DM 26,80

Topsøe: **Informationstheorie**
Eine Einführung. 88 Seiten. DM 11,80

Walter: **Biomathematik für Mediziner**
148 Seiten. DM 14,80

Witting: **Mathematische Statistik**
Eine Einführung in Theorie und Methoden
2. Aufl. 223 Seiten. DM 24,– (LAMM)

Physik

Bourne/Kendall: **Vektoranalysis**
227 Seiten. DM 16,80

Daniel: **Beschleuniger**
215 Seiten. DM 22,–

Großmann: Mathematischer Einführungskurs für die Physik
264 Seiten. DM 16,80

Heber/Weber: Grundlagen der Quantenphysik
Band 1:Quantenmechanik. VI,158 Seiten. DM 13,80
Band 2:Quantenfeldtheorie. VI,178 Seiten. DM 14,80

Kneubül: Repetitorium der Physik
XVI, 632 Seiten. DM 26,80

Mayer-Kuckuck: Physik der Atomkeme
Eine Einführung. 2 Aufl. 288 Seiten. DM 19,80
Walcher Praktikum der Physik
3. Aufl. 384 Seiten. DM 24,80